TBM
卡机脱困及高效掘进

刘志明　关志诚　池建军　吴剑疆　等 编著

中国水利水电出版社
www.waterpub.com.cn
·北京·

内 容 提 要

本书结合已建或在建的大型隧洞工程，总结了复杂地质条件下 TBM 卡机防控及脱困措施，研究了 TBM 施工条件和 TBM 设备对地质条件的适应性，基于不良地质条件下 TBM 工法卡机机理和风险评价研究，获得了快速脱困技术、TBM 高效掘进、TBM 适应性选型等成果。书中翔实的卡机脱困工程案例、科学的机理分析对 TBM 高效掘进和卡机防控脱困技术研究具有重要意义。

本书可供水利、岩土、隧道等工程及相关专业从业者参考，也可作为相关专业学生的学习用书。

图书在版编目（CIP）数据

TBM卡机脱困及高效掘进 / 刘志明等编著. -- 北京 : 中国水利水电出版社, 2021.4
ISBN 978-7-5170-9547-7

Ⅰ. ①T… Ⅱ. ①刘… Ⅲ. ①掘进机－隧道施工－研究 Ⅳ. ①U455.43

中国版本图书馆CIP数据核字(2021)第069244号

书　名	**TBM 卡机脱困及高效掘进** TBM KAJI TUOKUN JI GAOXIAO JUEJIN
作　者	刘志明　关志诚　池建军　吴剑疆　等　编著
出版发行	中国水利水电出版社 （北京市海淀区玉渊潭南路 1 号 D 座　100038） 网址：www.waterpub.com.cn E-mail：sales@waterpub.com.cn 电话：（010）68367658（营销中心）
经　售	北京科水图书销售中心（零售） 电话：（010）88383994、63202643、68545874 全国各地新华书店和相关出版物销售网点
排　版	中国水利水电出版社微机排版中心
印　刷	北京印匠彩色印刷有限公司
规　格	184mm×260mm　16 开本　16.25 印张　395 千字
版　次	2021 年 4 月第 1 版　2021 年 4 月第 1 次印刷
印　数	0001—1000 册
定　价	**90.00** 元

序 1

我国水资源时空分布不均，需要加快实现水资源的“空间均衡”，以支撑国民经济的可持续发展，一批跨流域调水工程正在建设或规划中，如南水北调东中线后续工程和西线工程、陕西引汉济渭工程、滇中引水工程和白龙江引水工程等。在引调水工程中，埋深上千米、长度10km以上的输水隧洞往往成为这些项目的控制性工程。为了更加安全、经济、环保和高效地开掘这些隧洞，仅靠传统的钻爆法已很难实现，取而代之的是采用具有施工速度快、效率高、隧洞成型好、环境影响小和作业安全等优点的全断面隧道掘进机掘进施工，即TBM工法。然而，随着隧洞埋深和掘进长度的增加，隧洞的地质条件变得异常复杂，TBM的施工风险不断增加，特别是在不利地质洞段掘进中，轻则TBM受困延误工期，重则TBM设备损坏甚至报废，造成重大经济损失和工期严重延误，且对施工人员的生命安全造成极大的危害。为提高TBM掘进效率并保证安全施工，有两方面的工作十分重要并且必要：一是根据隧洞围岩地质条件和设计参数等因素科学评价TBM选型及掘进适应性，开展TBM系统适应性设计，最终合理确定TBM类型；二是隧洞掘进中准确查明复杂不利地质情况，及时采取针对性的防治措施，利用地质超前预报技术指导不利地质隧洞段TBM掘进施工。

本书作者建立了各种复杂地质条件下TBM卡机数据库，研究提出了不利地质条件下TBM工法卡机机理、预测、风险评价及应对方法，总结了不同TBM设备类型的优缺点和不同地质条件下的TBM适应性，并阐述了基于模糊综合评价方法的TBM选型及掘进适应性评价模型建模过程和量化评价标准；详细介绍了TBM施工超前预报方法和技术体系，包括地表地质调查、洞内地质分析、超前钻探、TBM施工过程地震波类和电磁类超前探测、微震监测等手段，以及基于TBM掘进参数和渣土性态的预测法来综合判断近前方待掘岩体状况和地质环境。这些内容和成果将对后续众多的长距离大埋深隧洞设计、施工和科学研究提供技术支撑。

该书是在工程实例的总结提炼和科学研究的基础上编著而成的，为TBM卡机防控与脱困和高效掘进问题的深入研究提供了重要的经验结论和宝贵的资料素材，将促进TBM设备设计和施工技术取得更大进步和发展，以更好地为经济社会服务。

中国科学院院士 陈祖煜

2020年12月

序 2

随着我国大规模基础设施项目的建设，以及西部大开发战略的深入实施和“一带一路”倡议的加速推进，将有一大批超长、超大埋深隧洞（道）需要建设。目前我国最大隧洞长度已超过280km，最大埋深已超过2200m。由于能实现连续破岩、出渣及支护等施工作业，具有掘进速度快、效率高、安全、环保等优点，TBM在超长隧洞（道）施工中被优先采用已成为未来的发展趋势。根据国家发展规划，可以预见水利、铁路、公路等行业未来将对TBM具有巨大的需求，这为我国TBM施工技术从“跟跑”到“并跑”，再到“领跑”世界创造了难得的发展空间和机遇。虽然TBM装备制造及掘进技术经过半个多世纪的发展，已经逐渐趋于成熟，但施工过程中仍存在许多问题亟待研究和解决，设备制造、掘进与支护等技术还有待进一步提升。特别是在超长、深埋隧洞（道）工程，地质条件复杂多变，TBM的卡机防控、脱困和安全高效掘进还面临着极大的挑战，这些关键技术的解决对提高我国基建企业在国际上的竞争力具有重大的影响。

本书的作者是长期坚守在TBM隧道设计与施工一线的技术专家，工程经验极为丰富。书中围绕TBM卡机防控、脱困和高效掘进等关键技术问题，论述深入浅出、视角独特、图文并茂、内容翔实、通俗易懂。其显著特色是理论研究与工程实践紧密结合，在广泛调查研究的基础上，全面系统地收集国内外典型深埋长大隧洞TBM施工卡机脱困的工程案例，初步建立了相关数据库，并依托这些典型工程，系统研究了TBM施工条件、卡机机理与预测、卡机防控与脱困、高效掘进、设备适应性与选型、经验教训与改进措施等相关内容。本书是从工程案例出发所做的研究，积累了丰富的资料，得出了许多重要的认识和结论，书中的数据均来自工程实践，可信度高，可操作性强，使得本书不仅具有很高的学术价值，而且具有很好的工程应用价值，将会对我国长大隧洞（道）TBM施工起到重要的指导作用。

我相信以本书为基础，进行深入研究，必将对TBM工程设计与施工、研发与制造等领域的工程技术人员大有裨益，对提高TBM设备的适应性、掘进效率、安全性和推动TBM隧洞（道）施工技术进步必将产生重要的作用。

中国工程院院士 邓铭江

2020年12月

前　言

作为隧洞TBM掘进建设规模和需求最大的国家，我国已在TBM设计、制造和掘进技术方面取得了许多进展，但现阶段工程建设过程和经验表明，TBM在掘进过程中仍面临严峻的技术挑战。如何实现TBM安全、高效掘进仍是摆在我们面前的重要课题。在通过高外水、高地应力、超硬岩、强烈岩爆、褶皱、断层和软弱围岩等隧洞地质条件复杂地层时，TBM掘进经常发生卡机等事故，造成投资损失巨大和工期延误严重，如青海引大济湟工程因TBM卡机造成工期延误5年，甘肃引洮供水一期工程因局部段涌沙造成TBM无法施工，致使工期延误3年，在一定程度上限制了TBM技术快速发展与推广运用。

本专著结合了“十三五”国家重点研发计划项目“长距离调水工程建设与安全运行集成研究与应用”中的课题“高压水害等不良地质条件下深埋长隧洞施工灾害处治和成套技术研究”（编号：2016YFC0401805）中研究内容，并得到了课题资助。依托一定数量已建工程，全书以近期开发的超前地质信息与岩体实时信息、岩体状态监测与设备状态监测、决策支持系统与设备智能控制等作为基本技术支撑，通过对岩石隧洞地质参数的分析评价，利用超前预测和计算机模拟技术、现场试验和理论分析，并结合在建大型隧洞工程，总结和介绍了复杂地质条件下TBM卡机防控及脱困措施，研究了TBM施工条件和TBM设备对地质条件适应性，提出遭遇高外水、高地应力、断层带、泥岩砂岩互层等不良地质条件下的TBM施工卡机形成原因和机理、预测方法、预防措施、快速脱困技术，以及TBM高效掘进、机具设备对地质条件的适应性等成果，并建立了各种复杂地质条件下TBM卡机数据库，为TBM卡机脱困的高效处理提供科学依据，对后续长距离大埋深隧洞设计施工具有十分重要的意义。

全书共包括8章。第1章为绪论，由刘志明、关志诚负责编写；第2章为TBM施工条件及措施，由吴剑疆、谭志勇、边策、黄俊阁负责编写；第3章为TBM设备适应性及选型，由谭志勇、边策、洪松负责编写；第4章为TBM施工超前预报方法与卡机预测，由许振浩、刘征宇负责编写；第5章为卡机防控与脱困，由刘志明、池建军、吴剑疆、隋世军、章跃林、李宁博、杨凡、于茂负责编写；第6章为TBM高效掘进，由关志诚、宁向可、张啸、游金虎、黄俊阁、王琪负责编写；第7章为卡机防控与脱困工程案例，由刘志明、池建军、隋世军、章跃林、李宁博、杨凡、于茂、边策、刘思妤负责编写；第8章为结语与展望，由刘志明、吴剑疆、李宁博、边策、宁向可负责编写。各章初稿完成后，由刘志明、关志诚、吴剑疆对全书进行修改和定稿，边策进行汇稿。

在本书编写过程中，水利部水利水电规划设计总院、中水北方勘测设计研究有限责任公司、山东大学、中国水利水电科学研究院、长江勘测规划设计研究有限责任公司、陕西省引汉济渭工程建设有限公司、新疆伊犁河流域开发建设管理局、中铁工程装备集团有限公司和中铁隧道股份有限公司等单位领导、专业技术人员给予了大力支持，陈祖煜和邓铭江两位院士对课题组工作和本书编写给予了精心指导并为本书作序，在此一并表示衷心的感谢！

本书为TBM卡机防控与脱困的经验总结和最新技术简述，适用于岩石隧洞TBM工法施工，可供同类工程结合工程自身特点参照使用，希望为进一步提高我国在建工程处理TBM卡机防控与脱困的技术水平起到抛砖引玉的效果。由于本书涉及内容较多，编写时间仓促，书中不足或疏漏之处，敬请读者批评指正。

作者

2020年12月

目 录

第1章　绪　　论

随着我国经济社会的快速发展，工农业生产和人民群众生活对水资源的需要越来越大，使得长距离调水工程建设近年来得到了突飞猛进的发展。深埋长隧洞因其可以大大缩短线路长度和减少建筑物数量、移民占地及社会环境影响，以及降低工程运行管理难度等显著优势，在工程实践中获得了广泛运用。在深埋长隧洞的建设过程中，TBM 则以其作业环境好、安全性高、施工速度快和信息化程度高等优点被广泛采用。但 TBM 对地质条件变化适应性较差，在较大规模断层破碎带、软岩大变形、膨胀性围岩、超硬岩和强烈岩爆等不利于 TBM 施工的地质条件下，TBM 工法施工存在较大的风险，若应对不当往往会发生卡机事故。而一旦卡机，将可能造成严重的经济损失，并严重延误工程工期。如青海引大济湟工程因 TBM 卡机造成工期延误 5 年，甘肃引洮供水一期工程因局部洞段涌沙造成 TBM 无法施工，致使工期延误 3 年，锦屏二级水电站引水隧洞工程由于岩爆问题部分洞段不得不由 TBM 施工改为钻爆法施工。还有许多工程在施工过程也因不利地质条件而发生卡机事故。根据已建工程初步统计，卡机的主要种类和占比为：机头处坍塌占 20%、掌子面坍塌占 33%、洞壁变形破坏占 47%。如何避免卡机及卡机后如何快速脱困是深埋长隧洞 TBM 工法施工过程中难以回避且需重点关注的技术难题。

1.1　技术背景及现状水平

经过多年的技术发展和工程经验积累，现阶段 TBM 施工已有比较成熟的穿越断层破碎带技术，钢筋排连续封闭支护技术应对断层破碎带及中等以下岩爆取得较大成功，其技术特点是连续封闭支护，可避免岩石塌落，减少清渣，穿越速度快，安全性高。敞开式 TBM 穿越软弱大变形围岩技术取得成功，充分利用护盾与撑靴之间的距离，及时进行钢拱架立模与换填灌注混凝土，可有效控制围岩变形。另外，大直径盘形滚刀开发应用及刀盘耐磨设计不断取得新进展，变频驱动技术得到普遍推广，TBM 后配套布置和支护技术不断得到优化和改进，TBM 施工配套连续皮带机出渣技术得到普遍应用，低泄漏、长距离独头通风技术快速发展。这些技术的成功运用为应对可能出现的 TBM 卡机问题创造了有利条件。

但近年来，我国一批正在设计或施工的隧洞 TBM 掘进中面临新的技术难题和挑战，如特殊的高海拔、环保要求高等地理地貌和施工环境，特别是深埋长大隧洞工程经常面临大规模断层破碎带、软岩大变形、强蚀变岩、突水突泥、极强岩爆、超硬岩、高地热等复杂地质条件。这些条件对 TBM 施工，往往具有隐蔽性、复杂性、突发性和破坏性，其不良后果是掩埋隧洞和设备，需大量排水或堵水，大幅度增加工程投资，延长施工工期。如软岩大变形速率和量级大，持续时间长，变形过大或隧洞坍塌导致 TBM 卡机后，处理难度大和代价高，严重延误工期。又如在极强岩爆洞段，采用双护盾 TBM 时，支护管片难以抵抗强岩爆，可能造成管片损坏而封堵隧洞。综上，TBM 选型、设计、掘进、隧洞支护设计与施工技术面临新的课题。

根据上述情况，工程建设对勘察设计、TBM 选型、施工技术难题处理及风险控制均提出更高要求，需进行风险可控条件下的技术经济比较。对于大埋深隧洞工程，需综合权衡软岩大变形和强岩爆等施工风险以及隧洞工期和投资控制要求，选择合适的 TBM 设备，并采取合理的超前探测及掘进和支护技术措施，以避免 TBM 可能长时间被卡被困风险。为应对强烈岩爆，需开发新技术，采用合理的岩爆预测和防治措施；为应对大变形，研发可变径、可长距离扩挖的 TBM 主机设备，以及新型的支护与防护措施，如涨壳式锚杆支护、缓冲层支护等，以提前判定和有效解决可能发生的问题。

目前滇中引水、引汉济渭等长距离大埋深重大引调水工程已进入大规模建设期，开发的包括超前注浆、突涌水快速处理以及 TBM 卡机脱困成套等新技术，将对工程安全高效地施工提供有力的技术支撑及保障。

1.2　关键技术总结与应用

针对 TBM 施工面临的新的技术难题和挑战，为避免 TBM 在不利地质环境下卡机，确保深埋条件下 TBM 高效掘进，需解决三个方面关键技术问题：一是根据超前地质、水文地质信息和岩体实时信息采集与监测，以及设备状态监测等技术，提出决策支持系统与设备智能控制应用方法；二是结合 TBM 穿越富水和复杂地层的卡机机理分析，提出卡机预测、防控、脱困处理以及高效掘进成套技术；三是针对不良地质条件，提出 TBM 设备适应性要求及关键控制技术。主要包括如下内容：

(1) 不良地质条件 TBM 设备适应性分析及选型决策技术。依据前期和补充勘察资料，通过开展 TBM 选型和主要地质条件适应性研究，提出由于施工方法和技术措施不足而可能造成的安全事故的解决方案。

(2) 不良地质条件造成 TBM 卡机机理、预测和防控技术。根据不同地质条件下不同类型 TBM 卡机机理研究，利用围岩变形实时监测、超前预报、TBM 掘进参数调整等综合预测技术，在掌子面至前方围岩一定范围内，对 TBM 掘进体前方是否存在可能的卡机地质条件进行判别，为预防卡机发生提供决策信息，及时采取超前加固和 TBM 应急操控措施。

(3) 不同 TBM 卡机脱困针对性预案与高效处理技术。通过 TBM 卡机后脱困方案、支护与快速注浆施工工艺和方法研究，提出不同地质条件下不同类型 TBM 卡机脱困的针对性预案，形成富水、软岩和破碎带等地质条件下 TBM 停机、卡机脱困成套处理技术。

(4) TBM 高效掘进技术。总结 TBM 掘进主要技术参数与支护方案优化决策方法，建立 TBM 掘进姿态纠偏和智能控制关键技术；针对工程应用的 TBM 高效安全掘进技术，提出 TBM 长距离安全高效掘进措施；并研究提出卡机脱困技术的工业化实施方案。

本书在调查研究的基础上，收集归纳了国内外典型深埋长隧洞 TBM 施工卡机脱困工程案例20项，并初步建立了相关数据库，数据资料主要包括工程概况、地质条件、卡机现象、脱困技术措施、经验教训和改进措施等，将在第7章中作详细介绍。本书梳理的典型工程案例目录见表1.1。

表1.1　典型工程案例目录

序号	项目名称	序号	项目名称
1	新疆DB隧洞工程	11	吉林省中部城市引松供水工程
2	新疆天山输水隧洞工程	12	青海省引大济湟隧洞工程
3	昆明市掌鸠河引水供水工程	13	锦屏二级水电站引水隧洞工程
4	山西省万家寨引黄工程	14	天生桥二级水电站引水隧洞工程
5	甘肃省引洮供水工程输水隧洞工程	15	台湾省雪山隧道南下线工程
6	兰州市水源地输水隧洞工程	16	埃塞俄比亚 Gilgel Gibe Ⅱ水电站引水隧洞工程
7	陕西省引红济石调水工程	17	巴基斯坦N-J水电站引水隧洞工程
8	陕西省引汉济渭秦岭输水隧洞工程	18	印度吉萨冈戈水电站引水隧洞工程
9	辽宁省大伙房水库输水工程	19	厄瓜多尔科卡多-辛克雷水电站引水隧洞工程
10	辽宁省西部供水工程	20	意大利 Frasnadello 隧道和 Antea 隧道工程

第2章 TBM施工条件及措施

2.1 TBM 施工组织

2.1.1 TBM 施工作业系统

隧洞施工的基本目标是以合适的费用获取最好的进度、工期和施工质量。为达到此目标，必须研究 TBM 各个施工作业工序及它们之间的关系。

TBM 的推进过程就是施工的掘进过程。施工作业的保障系统包括直接和间接两大部分，即由物料的组织运输和 TBM 的维护保养构成。隧洞施工是以掘进、支护、出渣三项工作为基础进行的，并有供电、风、水系统支持。环保系统应满足施工所要求的基本环境，监控系统用来保证自动化（生产）施工的顺利进行，TBM 施工系统中各环节的关系见图 2.1。

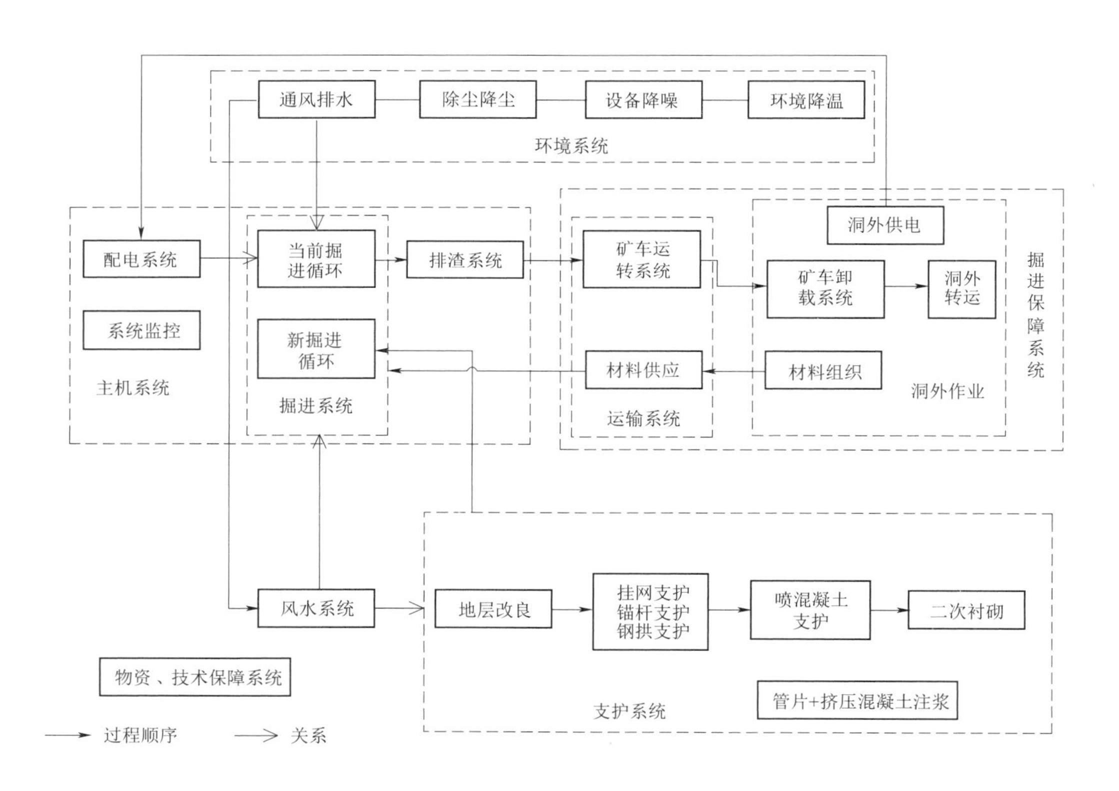

图 2.1 TBM 施工系统中各环节的关系示意图

2.1.2 施工组织

工程施工前做好施工准备，安排好工期，组织好TBM大件的进场运输、安装、调试、掘进准备工作，并编制好人员、材料、机具的需求量。编制施工组织进度图、计划进度、掘进指标、人员动态等，要充分考虑TBM通过特殊地质区段的设计方案和应急预案，场地及水电情况、进度指标、施工管理及质量、安全、环保等内容。

2.1.2.1 组织机构建立

组织机构设置原则：系统管理，重点突出，精干高效，部门分工明确，职责到位，全面覆盖项目管理的各个要素。采用矩阵式组织机构，项目领导、业务部门、作业队实行系统管理。根据工程规模、重难点和工期要求，按项目法组织施工，组建项目经理部，对工程全面实行项目管理。

2.1.2.2 总体施工部署

1. 部署原则及指导思想

针对工程的施工规模和特点，确立工程项目管理原则和指导思想，施工总体布置按以下原则及指导思想展开：

（1）施工组织以TBM掘进施工为重点，TBM掘进段的施工组织是其核心。

（2）围绕TBM掘进段施工组织，选择合理的TBM和与之施工能力相匹配的辅助机械设备，提升施工效率。

（3）结合工程地质条件，制定合理可行的施工组织设计方案，规范管理，动态控制，保证工程快速施工，确保节点工期和总工期目标。

（4）对各专业施工队伍、机械设备等资源进行优化配置，精心组织，科学调度，提高工作效率。

（5）积极开展科研攻关，结合工程开挖揭露的实际地质情况，对影响TBM掘进效率的各种不良地质条件深入开展科研攻关活动，为工程快速、顺利施工提供技术保证。

（6）制定合理的工程质量创优规划和安全保证措施，实现满足质量要求和安全管理目标。

（7）临时工程设施和施工场地布置整齐、有序，功能分区合理。

（8）环境保护放在日常工作的重要位置，常抓不懈，实现工程环境保护的要求。

2. 施工阶段划分

根据项目特点和规模，结合工期要求，TBM施工划分为四个阶段，施工阶段划分及阶段任务见表2.1。

3. 施工支洞、工区划分

根据工程规模、工程量大小、项目分布、总工期要求以及均衡施工等条件，安排TBM采购及前期准备工作与支洞工程同步进行。一般下设两类工区，分别为TBM工区和钻爆工区，TBM工区负责TBM设备到场前期准备、组装调试、掘进（含同步衬砌和仰拱预制块施工）、TBM拆卸外运和弃渣场防护工程施工、第二阶段掘进支洞通风、支洞皮带机出渣运行维护；钻爆工区负责TBM安装洞、步进洞及始发洞钻爆施工和支洞施工、检修洞施工。施工工区及任务划分见表2.2。

表 2.1 施工阶段划分及阶段任务

编号	阶段名称	划分标志	阶段任务
1	第一阶段	从开工至TBM进场	（1）支洞口临建场地施工等各种施工准备； （2）TBM设备招标、采购、制造及运输； （3）仰拱预制块施工，TBM进场前库存满足要求； （4）TBM安装洞、步进洞、始发洞钻爆开挖、初支、衬砌； （5）支洞施工准备及施工； （6）支洞运行维护、皮带机安装、泵房及水仓建设； （7）弃渣防护工程施工； （8）主机安装洞桥吊安装
2	第二阶段	从TBM进场至TBM第一段掘进完成	（1）TBM组装、调试、步进、试掘进及正式掘进； （2）支洞及TBM检修洞开挖、初支、衬砌等； （3）预制仰拱块施工； （4）TBM附属设备转场前相关准备工作； （5）支洞运行维护； （6）弃渣防护工程施工
3	第三阶段	从TBM第一掘进段贯通到TBM第二掘进段贯通	（1）TBM检修； （2）TBM二次调试、始发、掘进施工； （3）第一掘进段二次衬砌施工及灌浆作业； （4）第二掘进段同步衬砌施工及灌浆作业； （5）支洞运行维护及皮带机安装调试
4	第四阶段	从TBM掘进段贯通到交验退场	（1）TBM拆机外运； （2）支洞封堵； （3）场地恢复及竣工交验、退场

表 2.2 施工工区及任务划分

工区	施工项目	作业班组	任务划分
TBM工区	TBM掘进	掘进班	TBM工地组装、调试；TBM掘进、初支、衬砌、灌浆、排水及相关工作施工
		综合班	施工材料运输与出渣；负责皮带机出渣系统、通风系统、抽排水等系统运行管理与维修保养
		机械班	常规机械设备的维修与保养；钢拱架、网片、锚杆等材料加工；运输轨线、供排水管延伸及保养；后勤保障工作等
		保养班	TBM设备运行管理及例行维修与保养，刀具检查与更换
	仰拱块预制	钢筋班	仰拱预制块钢筋笼半成品料拉直、切割、弯曲加工
		浇筑班	钢筋笼入模、浇筑、蒸养、脱模等
		电焊班	钢筋笼焊接
		综合班	模具检修、混凝土拌制、仰拱块养护、倒运等
	弃渣场防护	砌筑班	弃渣场挡墙砌筑施工
		供料班	弃渣场挡墙砌筑施工材料供应

续表

工区	施工项目	作业班组	任务划分
钻爆工区	TBM 辅助洞室、支洞施工	开挖班	TBM 辅助洞室、支洞开挖
		支护班	TBM 辅助洞室、支洞支护、衬砌、灌浆
		出渣班	施工弃渣运输
		机械班	施工机械设备维修与保养；施工材料（钢拱架、锚杆、网片等）加工；通风、施工抽排水运行管理与维护；后勤保障工作等

4. 施工工序组织

TBM 掘进施工实行每天 20h 掘进、4h 设备维修保养的工作模式。

2.1.2.3 施工资源配置

1. 人力资源配置

将参与工程建设的全体人员分为管理层与作业层，分别组织、统一管理。其中管理层包括项目领导班子和职能部室，部分技术干部轮流倒班。生产作业层分两类工区按照工作任务组建队、班、组。

管理层分钻爆施工和 TBM 施工分期投入，作业层按照施工计划的内容分期投入，附属工程的作业人员视现有人员的情况，进行动态补充和调整。

生产人员主要将根据工程进展情况，配置足够的生产作业人员。

2. 设备资源配置

(1) TBM 掘进设备配置。TBM 掘进施工的设备配置以 TBM 为龙头，所配置的出渣、运输等设备满足 TBM 施工的需要。TBM 施工的特点是掘进速度快、掘进距离长，配置材料运输设备时选用适应距离长、性能优良的机械设备。

TBM 施工主要配备的设备有 TBM、出（排）渣设备、起重以及材料运输设备等；进料运输设备包括材料运输和混凝土运输设备；混凝土设备主要有混凝土拌和、运输以及衬砌设施等。

(2) 钻爆施工设备配置。钻爆法施工按专业化组织流水作业，配置性能好、效率高、机况良好的挖装机械、出渣汽车、锚喷、衬砌等设备，实现各机械化作业线的有机配合，用机械化程度的提高来实现隧洞施工的稳产、高产。

(3) 其他施工设备配置。仰拱块预制、弃渣场防护施工等设备配置按照流水作业，配备性能好、效率高、机况良好的设备。设备数量充足、机况良好，主要设备有备用。配备的机械设备能力大于进度计划指标能力，有足够的设备储备。

3. 施工管理措施

(1) 加强维修保养。要牢固树立掘进施工与维修保养并重的观念，确保每天 4h 强制停机保养，实行定时停机保养与运行中重点检查维护相结合的措施，坚决杜绝 TBM 设备带病作业，减少设备故障率，提高有效掘进时间。TBM 日常检查、维修保养应做到以下几点：

1）选定有丰富施工经验的技术管理人员和技术工人组成专职维护保养班，包括工班长、机械师、液压师、电气师和各工位操作及配属人员，规定所辖设备的职责范围。

2）确保 TBM 主机液压系统、内外机架润滑、主轴承润滑、主电机、变速箱及各液压系统独立泵站等重点部位的维修保养，切实做好清洁、点检、润滑、保养工作。

3）对每一点的每一项操作内容，制定相应的目标状态或需达到的标准，规范保养程序。

4）根据需要，做好设备安装、拆卸、作业、工班交接、例会、备忘录、检测、故障、维修保养、油品和材料消耗等多项记录，重要记录一律存档备案。

（2）加强工序衔接。在TBM后配套拖车上应备有一定数量的钢拱架、锚杆和钢筋网片，保证TBM在不同围岩支护参数间工序转换的连续性，减少停机待料时间。

（3）加强技术支持保障。作为高度机械化和自动化生产施工手段，TBM施工是一种技术密集型生产施工，技术支持的内容包括系统技术管理、技术维护、系统培训以及岗位培训等。同时，它还包括机器使用、状态记录、掘进性能，以及故障分析处理的资料等数据信息的统计分析与管理。

2.1.3 施工洞布置

2.1.3.1 施工支洞

为了实现长洞短打，以满足隧洞施工工期、施工通风、施工供电、施工排水、开挖出渣、施工交通的要求，施工时一般沿隧洞洞线一定距离布置施工支洞。施工支洞的布置遵循下列原则：①施工支洞的布置应与隧洞所采用的施工方法相适应，并能满足隧洞施工进度的要求，TBM施工支洞间距可结合TBM设备经济掘进长度，以及工程TBM施工布局情况确定，一般单台TBM的掘进长度控制在20～25km；②施工支洞的布置应满足隧洞施工通风的要求，通风系统按合理最大通风管直径所计算的风机全压低于该直径通风管的耐压值；③施工支洞的布置应满足隧洞施工供电、施工排水、开挖出渣、施工交通的要求；④支洞洞线宜与主洞正交，若为斜交，则交叉口应满足运输线路或TBM掘进施工的最小转弯半径的要求；⑤施工支洞断面尺寸应满足TBM最大件运输的需要；钻爆法施工支洞断面尺寸应满足通风管、供风管、排水管、施工交通运输布置的需要，若采用单车道，可相应一定距离布置一个错车道；⑥施工支洞洞口高程应满足防洪的需要，在施工支洞布置条件良好、费用合理的情况下，支洞尽量采用无轨运输，以提高运输效率；⑦支洞口尽量选择在地质条件好、基岩出露、洞外场地开阔处。

施工支洞根据坡度分为平洞、斜井及竖井。采用竖井与斜井作为施工支洞时，需满足：①斜井的倾角不宜大于25°，井身纵断面不宜变坡与转弯，与主洞相交支洞宜设置一定长度的下水平段；②竖井可布置在隧洞轴线上或其一侧，当布置隧洞一侧时，与隧洞的净距宜为15～20m，并应内设爬梯；③斜井或竖井井底应布置回车场及集水井；④斜井的一侧应设置人行道。

支洞洞底坡度设计满足以下要求：①条件许可时，施工支洞进口处的底高程宜低于主洞交汇点的底高程，底坡坡度宜按0.3%～3%设置；②采用人力推斗车的有轨运输时，轨道坡度不宜大于1%；机车牵引有轨运输时，轨道坡度不宜大于3%；③采用无轨运输时，洞底坡度不宜超过9%，相应坡长不超过150m，局部最大坡度不宜超过14%；④采用卷扬机牵引有轨出渣设备时洞底坡度不宜超过25°；⑤采用皮带机出渣的斜支洞的上坡洞，其洞底坡度不宜超过15°。

施工支洞从使用功能上分为TBM进入支洞、TBM中间支洞及钻爆法支洞三种类型。

TBM 进入支洞是指 TBM 段起始点的施工通道，TBM 拆分部件由此进入，一般为平洞或缓斜井，可采用钻爆法或 TBM 施工。如新疆某输水工程一共布置 6 条 TBM 进入支洞，其中 T1、T2、T3 和 T6 支洞采用钻爆法施工（断面为半圆城门洞型，净尺寸 6.7m×6.8m，综合纵坡 11%～12%），T4 和 T5 支洞采用 TBM 施工（断面为圆形，开挖直径分别为 8.0m 和 8.5m，综合纵坡 11%～11.5%）。TBM 中间支洞是指 TBM 段中间设置的施工通道，除具有洞内出渣运距和通风距离缩短、供电线路节省等优点外，还可兼顾 TBM 检修功能，结构型式可为平洞、缓斜井及竖井。如辽宁大伙房水库输水工程的 TBM 中间支洞布置 4 条，设计坡度为 18%以内；新疆某输水工程的中间支洞采用了缓斜井和竖井两种型式，缓斜井布置 4 条，综合纵坡 12%，竖井 1 条，井深 489m，内径 7.2m。钻爆法支洞是为主洞钻爆法施工而设置的施工通道，兼顾了 TBM 施工末端的工期接应作用。

针对 TBM 施工支洞选择、布置及结构型式，可根据施工条件及整个工程情况综合分析，将支洞工程与主洞工程投资一同进行技术经济比较，并择优选取，尽量做到工程量小、工期短，达到经济合理的目的。

2.1.3.2 辅助洞室

TBM 施工辅助洞室包括组装洞、检修洞和拆卸洞等洞室。其中，TBM 组装洞室是当工程不具备洞外组装的场地及条件而采取洞内组装所布置的施工洞，由 TBM 主机安装间、步进洞和出发洞组成。

1. 组装洞

主机安装间主要为 TBM 主机构件的安装及安装设备和工具提供场地，主要布置 TBM 组装、材料运输的起吊设备、工具备品备件库房、主洞连续皮带机、材料堆放场、机车充电间和风、水、电管路等。主机系统主要包括刀盘、刀具、主轴承、机头架和主大梁、支撑系统、液压系统、驱动装置、主机皮带机等几部分。考虑到安装 TBM 时的宽度和高度要求，并根据吊车的尺寸要求，确定安装间断面型式，如大伙房水库输水工程安装间断面为“蘑菇”型，新疆 DB 引水隧洞工程安装间断面为城门洞型。

2. 步进洞

步进洞的作用就是让先期已经组装好的 TBM 前部进入步进洞，让出场地继续组装其中部和后部，整机组装完成后进行调试和试运转。步进洞的长度根据 TBM 的型号和进场时间而定，并考虑与之相连接的出发洞位置尽可能避开地质围岩较差洞段。

3. 出发洞

TBM 出发洞是 TBM 开始掘进提供足够支撑能力的出发场所，TBM 推力靠撑靴支撑于洞壁上的反力实现，而与洞壁间的摩擦力用于平衡掘进时的刀盘推力和扭矩。由于支撑靴支撑于洞壁上，根据 TBM 掘进时支撑靴需提供足够的支撑力要求，出发洞的长度至少不能短于刀盘和前支撑靴段的长度，如适当加长至覆盖后支撑靴，则更有利于 TBM 掘进。对于出发洞的宽度和高度并无特殊的要求，只需满足 TBM 前部刀盘安放和撑靴支撑空间以及刀盘与撑靴之间的距离即可。

4. 检修洞

检修洞室主要布置在主支洞交叉段处，TBM 在检修洞内进行的检修工作包括设备部件清洗、检查、保养、修复、更换和整机调试等工作。检修洞室断面尺寸根据检修的大件尺寸和吊车及吊车梁的布置确定。

5. 拆卸洞

TBM拆卸洞目前普遍采取开挖大断面蘑菇状洞室，利用浇筑的衬砌直边墙作为受力载体，在两侧边墙上部施工托梁、铺设轨道、安装桥式起重机作为拆卸的主要起重设备，TBM在洞内解体后运至洞外，如兰渝铁路西秦岭隧道、辽宁大伙房输水、重庆轨道交通6号线铜锣山隧道工程TBM洞内拆机。根据TBM拆机吊装和运输空间需求，同时综合考虑现场工程施工难度、经济投入等因素，拆卸洞结构设计时应可能缩小拆卸洞开挖断面。

2.2 TBM 操 控

TBM操控主要通过扭矩变化并结合推进力参数选择掘进参数，控制单机电流不超过额定值。TBM以自动导向系统控制掘进姿态，其核心操作流程为掘进→换步→掘进，具体操作步骤为掘进准备→掘进→换步准备→换步，其中掘进准备指撑紧撑靴，收起后支撑；推进指刀盘旋转，开始掘进；换步准备指掘进行程完成后，准备换步，放下后支撑；换步指收回水平撑靴，前移撑靴，再撑紧水平撑靴，如图2.2所示。

2.2.1 TBM操作

主控室是TBM的心脏，设备上90%的指令在主控室内操作，其内部安装有操作盘，显示仪（包括参数显示、仪表显示、故障显示、状态显示及指示等），PLC系统、调向显示等。最主要的操作盘上有上百个操作按钮及手柄，控制不同部位设备的运转。必须全面了解设备状态，掌握正确操作规则，才能确保TBM正常掘进。TBM主控室内部结构如图2.3所示。

2.2.1.1 上机前操作要点

上机前操作要点是指当班主司机接班后，操作机器前的作业要点，主要如下：

（1）详细了解上一班运转情况及遗留问题，观察各仪表显示是否正常。

（2）检查风、水、电润滑系统的供给是否正常。

（3）观察分析围岩类别，选择合理掘进参数。

（4）了解上一班开挖中线标高偏差情况。

（5）了解上一班支护完成情况。

2.2.1.2 掘进时的操作要点

经过上机前检查，设备一切正常，才可以进行掘进作业。

（1）起动主泵站，包括供水系统。

（2）起动通风除尘系统。

（3）依次起动皮带输送机。

（4）启动电机。

（5）待主电机全部运转正常后，低速启动刀盘。

（6）选择合理的掘进参数进行掘进。

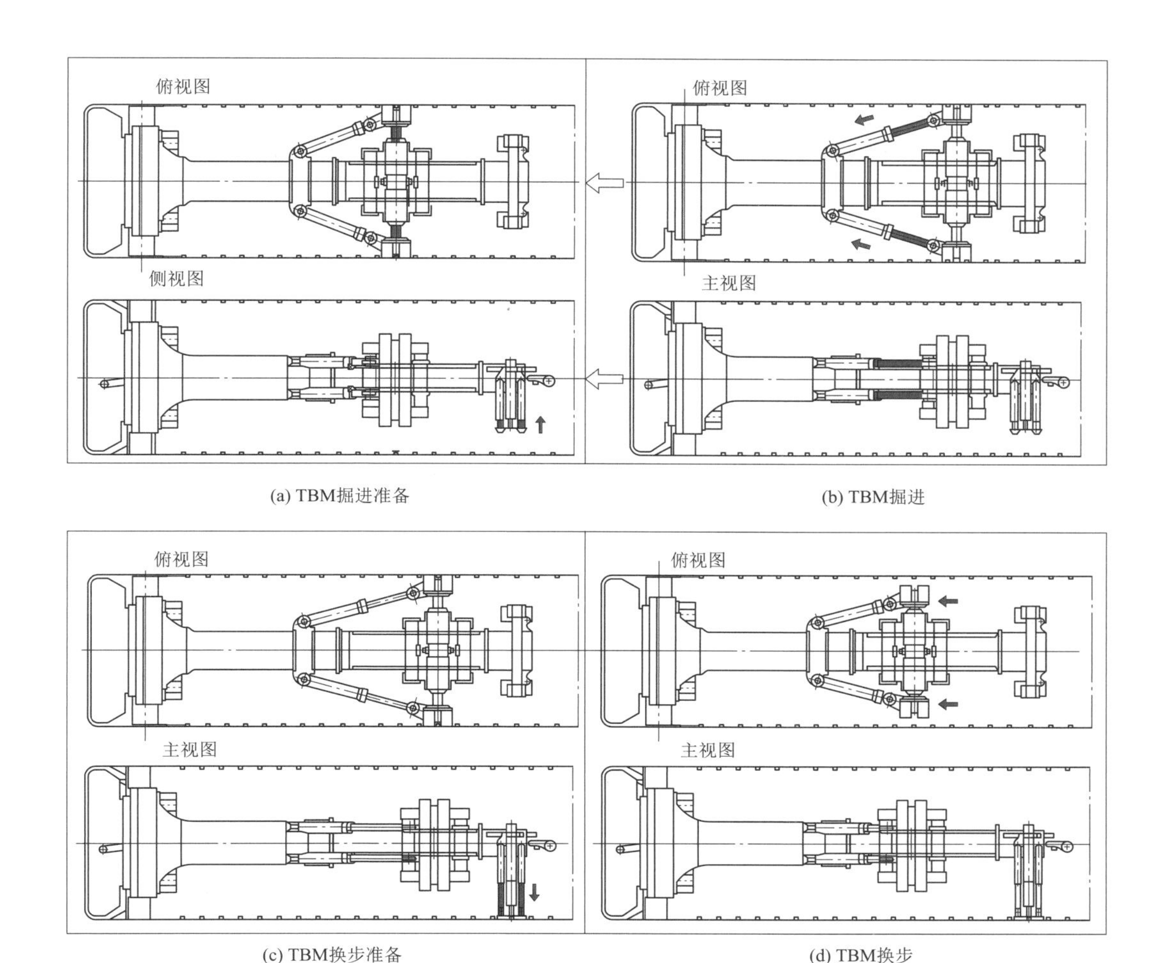

(a) TBM掘进准备　(b) TBM掘进

(c) TBM换步准备　(d) TBM换步

图 2.2　TBM 操作步骤

上述操作顺序不能更改，由 TBM 操作程序控制一大部分。其余则由 TBM 主司机控制，否则会损坏设备。

图 2.3　TBM 主控室内部结构

2.2.1.3　停机时的操作要点

正常情况下的停机，应与掘进时的操作相反。先停止掘进，后退刀盘 2～3cm，让刀盘空转 1min 左右，停止刀盘转动，停止电机转动，停止皮带机，调整掘进方向，换步进行下一循环的作业。

2.2.1.4　紧急情况下操作要点

发现刀具金属件损坏脱落从皮带机上输出，卸渣斗出现故障，液压系统出现故障，脂润滑故障等，要立刻停止掘进，后退刀盘 2～3cm，立即停止刀盘转动，依次停止各系统的工作，对故障部位进行检查，最好不按紧急停机按钮，以免损坏设备。若遇紧急情况，如皮带机皮带断裂或危及人身安全，方可按紧急按钮。

2.2.1.5 TBM操作

（1）换步及调向作业。根据设计要求，刀盘位移与上个循环的相对位置不能超过3cm。以防止调向过多，损坏边刀。如何实现调向的平滑过渡，首先应确保前支撑的压力在10MPa左右，前撑靴、后撑靴放松，调整后支撑，等前后支撑保持稳定后（调整夹角不再变化），先撑紧前撑靴后撑紧后撑靴，同时回收前后支撑，可满足每循环间的平滑过渡。进行下一个循环的掘进。

（2）掘进时的始发操作。始发作业必须在低速下进行，一般是等掘进10cm后，再慢慢以10%的幅度增加，直到达到推力或扭矩的额定要求。尤其是新换边刀后的起步操作，否则极易损坏边刀。

（3）皮带输送机运转速度的可调性。TBM的渣料运送一般由多台长大皮带机通过接力来实现，选择合理的运送速度，有利于降低成本。应根据渣料的输出量和掘进速度来选择，当掘进速度大于设定值的50%时，皮带机输送速度应调整为设定值的85%～90%；当掘进速度为设定值的30%～50%时，皮带机输送速度调整为设定值的25%～85%。

2.2.2 掘进模式选择

TBM施工集开挖、支护于一体，两者可平行作业。TBM有3种工作模式：自动扭矩控制、自动推力控制和手动控制模式。自动扭矩控制只适用于均质软岩，自动推力控制只适用于均质硬岩，手动控制模式操作方便、反应灵活，适用于各种地质，因此在掘进中通常采用手动控制模式进行掘进。

若围岩较硬，掘进推力先达到额定值，此时应以推力变化为参照，选择掘进参数，控制推进压力不超过额定值；若围岩节理发育、裂隙较多或遇破碎带、断层带等时，主要以扭矩变化并结合推进力参数选择掘进参数。特别是在岩石软弱条件下一般采用扭矩和贯入度控制掘进，同时兼顾各种参数变化。

变化的岩石条件反映在与TBM设备和掘进进度有关的各参数变化中，如刀盘主驱动电流增大一般表明刀盘超载或刀盘前面出现松散孤石和破碎岩石；刀盘出渣超载一般表明工作面可能出现塌陷；刀盘旋转速度降低一般伴随刀盘主驱动电流增加或刀盘出渣超载；TBM贯入度降低总是表明异常的工作面条件；TBM撑靴油缸压力变化反应围岩变化；渣土碎块尺寸和数量参数为岩石条件变化提供信息；TBM皮带机工作压力高表明皮带机超载，可能正在非常破碎的岩体开挖等。通过观察及时调整控制这些参数，并以此选择更为适合的掘进模式。

2.2.3 TBM掘进

TBM掘进以第三方超前地质预报成果为依据，结合掘进参数、出渣情况和成洞质量对掌子面围岩做出较为准确的判断，然后选择相应的掘进模式及掘进参数破岩掘进，其作业流程如图2.4所示。

2.2.3.1 超前地质预报探测前方围岩情况

TBM掘进过程中将超前地质预报纳入施工工序管理，超前地质预报以第三方超前地质预报成果为依据，结合掘进参数、出渣情况和成洞质量对掌子面围岩做出较为准确的判

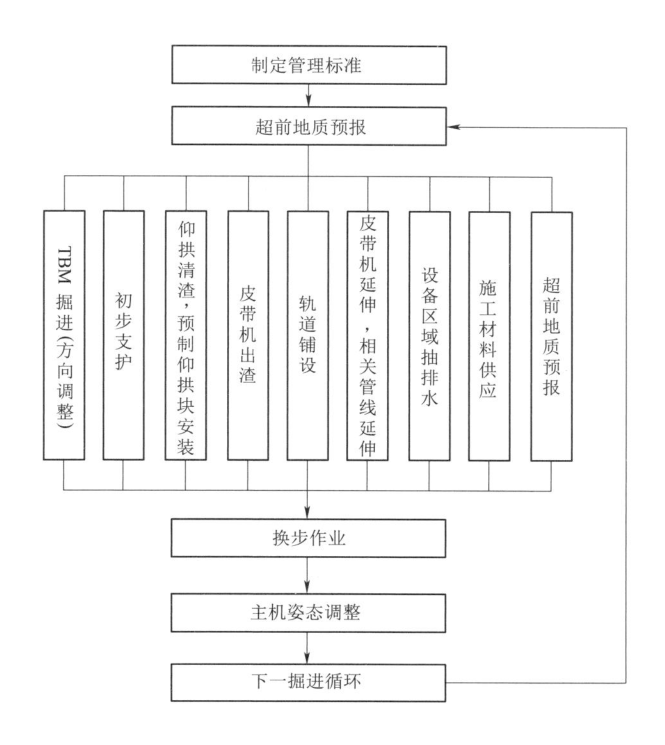

图 2.4　TBM 掘进作业流程图

断，从而为下一步掘进施工措施的选择提供可供借鉴的依据。

2.2.3.2　硬岩掘进工序

根据 TBM 工程实例及数据分析，当围岩单轴抗压强度超过 120MPa 时，TBM 掘进速度大幅度降低，称之为硬岩掘进；而当围岩单轴抗压强度超过 200MPa 时，TBM 掘进基本处于缓慢磨损状态，岩体被刀具磨损为粉状，贯入度极低，称之为极硬岩掘进，其掘进工序流程如图 2.5 所示。

2.2.3.3　软岩掘进工序

掘进中围岩在刀盘切削后，小颗粒较多，遇水易泥化，在刀盘正常喷水的情况下，基本可以消除由于刀具挤压围岩产生的扬尘，但刀盘易被结泥渣土糊住，导致出渣困难，TBM 掘进受到影响。因此，超前地质预报和采取超前加固围岩是决定 TBM 能否快速、顺利通过软岩地段的关键，应严格按照软岩掘进工序流程进行施工，如图 2.6 所示。

2.2.3.4　施工注意事项

在掌子面由于围岩破碎坍塌、掉块或岩爆频发的情况下，刀盘前方容易存在孤石，TBM 掘进存在局部受力过大问题，为减小对设备的损伤，需要注意如下事项：

（1）降低刀盘转速，减小掘进扭矩。为减少刀盘对围岩的扰动和减轻刀盘前方岩石对刀盘和刀具的冲击，掘进参数选择上使用低转速、降低刀盘扭矩。

（2）刀刃适当加厚、刀具保护罩设置。适当增加刀具刀刃厚度，减少刀圈崩刃；刀具保护块使用耐磨合金材料。

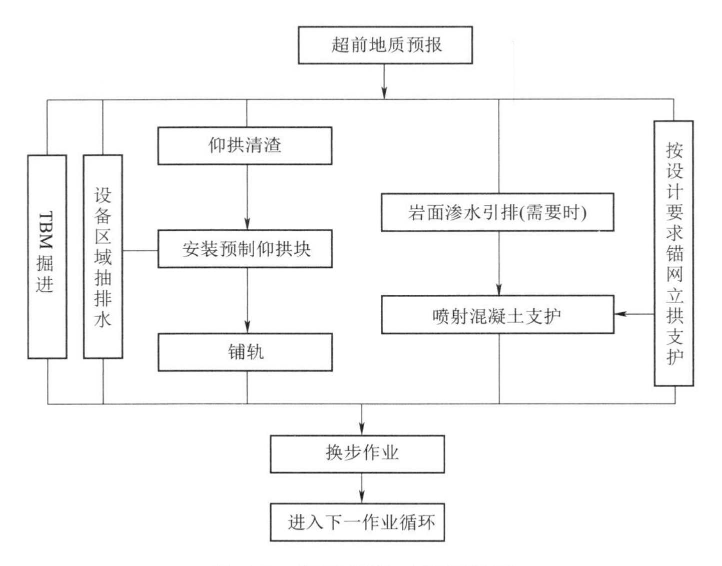

图2.5 硬岩掘进工序流程图

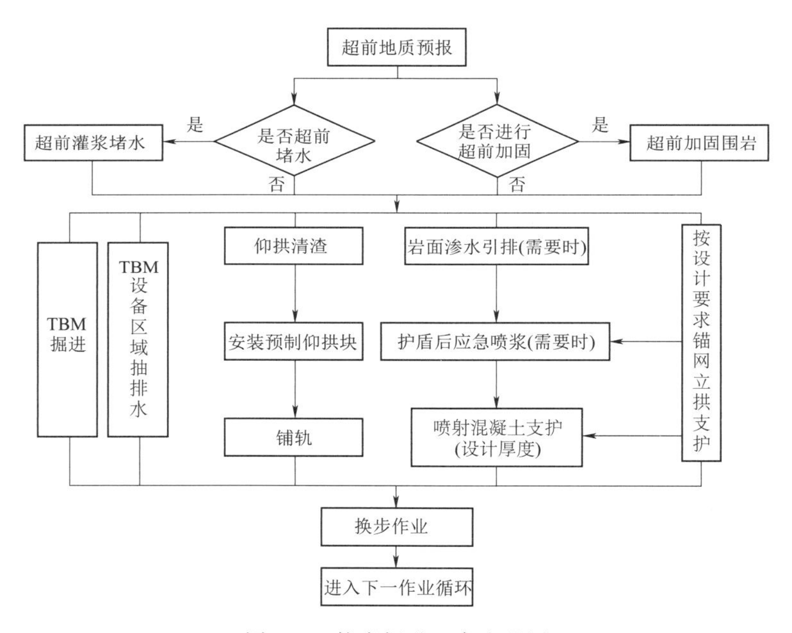

图2.6 软岩掘进工序流程图

(3) 增加刀盘检查频率。刀盘检查频率根据岩石状况，1～1.5个循环即需进行一次。

(4) 刮板的质量要求与及时更换。刮板使用应为正常磨损而无明显残缺现象，具有足够的韧性和较强的耐磨性；刮板磨损量达到1/3即需进行更换。

(5) V形块的及时焊接修复。V形块具有保护滚刀、防止滚刀被砸的作用，损坏后需及时进行修复，若磨损严重未及时修复，极易造成刀圈崩刃。

(6) 皮带的相关要求。皮带应具有强力高、耐冲击、成槽性好、纵向防撕裂等要求。

（7）大块孤石的处理。根据刀盘前方现场围岩，对大块孤石进行弱爆破或人工清理，减少或避免大块孤石对刀盘和刀具的损坏。

2.2.4 TBM 换步

当主推进油缸达到最大掘进行程时，TBM 需要停机换步，开始前移进程。在放下后支撑和刀盘底护盾支撑并撑于支座等构筑物表面后，将撑靴慢慢收回，使 TBM 前移。换步时应将超前钻机、锚杆钻机以及钢拱架安装器的支撑油缸锁定在最小状态，并密切注意操作室各相关仪表的显示，加强步进监控。

2.2.5 TBM 方向控制调整

TBM 掘进方向总体分为顺坡和逆坡，相比顺坡掘进，逆坡施工虽然因掘进阻力增大，设备功率有一定增加，但有利于施工排水，渗水及施工废水可自流排出，保证掌子面干地施工条件，并减小 TBM 设备淹没停机风险，因此一般尽量采用逆坡掘进。如采用顺坡掘进一方面做好施工排水措施方案，另一方面要做好掘进方向的实时监控，防止刀盘下沉。

由于地层软硬不均以及操作等因素的影响，TBM 推进不可能完全按照设计的隧洞轴线前进，而会产生一定的偏差。TBM 施工中必须采取有效技术措施控制掘进方向，使掘进偏差处于质量标准允许的范围（隧洞设计轴线水平方向±100mm、竖直方向±60mm）之内。TBM 掘进机方向控制工作原理为根据测量导向系统显示 TBM 的位置及方位，需要随时调整 TBM 掘进方向。TBM 以刀盘护盾为支点，通过调整主梁的左右上下位置来完成。如需要向左方掘进时，左侧支撑油缸伸出，右侧支撑油缸收回，主梁向右移动，即可改变掘进方向。如需要上下调整时，可以通过调整倾斜油缸实现主梁上下的调整。因此隧洞的方向在掘进过程中随时可以调整，隧洞中心是一条连续的曲线，保证掘进方向可控。其方向控制原理如图 2.7 所示。

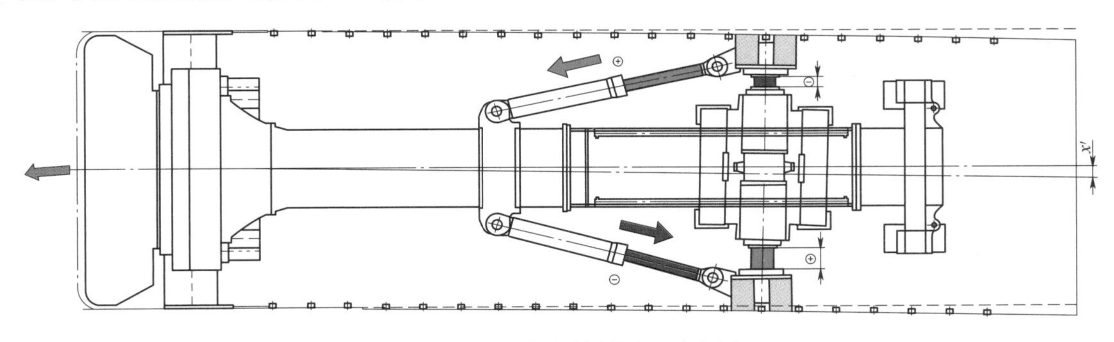

图 2.7 掘进方向控制原理示意图

2.2.5.1 TBM 姿态监测

TBM 姿态监测是控制掘进方向的唯一有效方法和手段，TBM 掘进测量采用自动导向系统。按照工作原理和测量方式的不同，分为陀螺仪导向系统和激光导向系统两类，现在常采用 PPS、VMT 激光导向系统，该系统配置了导向、自动定位、掘进计算程序软件和显示器等，能够全天候地动态显示 TBM 当前位置与隧洞设计轴线的偏差以及预测在当前状态下一定距离的偏差趋势。TBM 主司机可根据显示的偏差及时调整 TBM 的掘进姿态，使TBM能够沿着正确的方向掘进。同时为了保证导向系统的准确性、确保TBM沿着正确的方向掘进，需周期性的对导向系统的数据进行人工测量校核。

1. PPS导向系统工作原理

PPS激光导向系统主要由工业计算机、激光全站仪、目标棱镜、测斜仪、后视棱镜、数据传输等组成，如图2.8所示。测量掘进机的掘进方向和位置时，需从三维空间测量TBM上至少两个确定的点。技术人员用安装于掘进机前部的两个目标棱镜来代表这两个确定的点，在TBM安装设置时必须确定这两个点相对于TBM刀盘和轴线的确切位置。

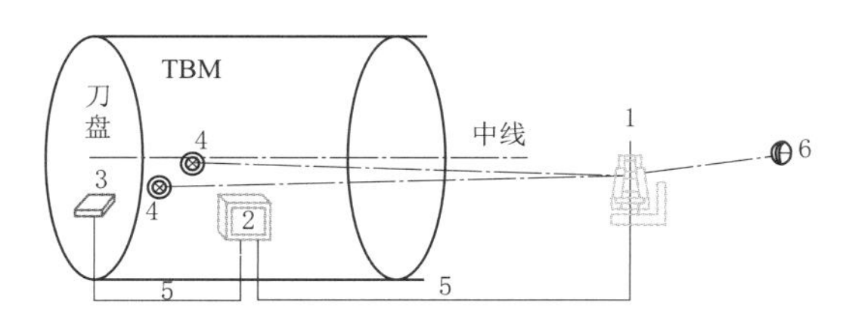

图2.8 PPS激光导向系统构成及原理图

1—激光全站仪；2—工业计算机；3—滚动和仰俯测斜仪；4—目标棱镜；5—数据传输；6—后视棱镜

目标棱镜在掘进机坐标系统中的位置在掘进机安装设置时已确定，而且掘进机的仰俯和滚动可实时测量，因此掘进机上任意一点均可在大地三维空间测量获得，并且计算机系统已录入隧洞设计中线，因此掘进机相对于隧洞设计中线的垂直、水平偏差及掘进机的方向可计算获得。

利用后视棱镜不仅可定位全站仪，同时也可通过联机检测潜在测量错误。TBM施工过程中，导向系统需定期检测后视镜，检查全站仪站点稳定性，并提示操作手是否发生位移。

2. VMT导向系统工作原理

VMT激光导向系统主要由激光全站仪、电子激光靶（内置测斜仪）、后视棱镜、黄盒子、工业计算机、控制箱、显示器等组成。测斜仪可以单独放置，也可以内置于电子激光靶中。通过黄盒子“WDC-REMOTE”和“WDC-LOCAL”也能够以无线方式实现全站仪与工业计算机之间的数据传输。另外，操作室内信息可以通过调制解调器传送到洞外计算机上。VMT激光导向系统软件还提供了盾尾间隙测量、管片安装测量计算、主推进液压缸测量、铰接液压缸测量等可选模块。

电子激光靶（ELS Target）内置了测斜仪，其用于确定滚动角、偏航角以及仰俯角，以及激光入射点的X、Y坐标。偏航角的测量过程如下：“阴屏”与电子激光靶前面板平行，当电子激光靶通电后，阴屏可以转动，其上设有小孔，可以透光。当阴屏转动到不同角度时，电子激光束射入阴屏透过的光的多少也就不同。光敏电子元件位于阴屏背后，当激光束射到它上面时可以感受入射激光的强度。当激光的强度达到最大值时，这时阴屏转动的角度被记录下来。激光束在激光靶上的入射角度与此位置角度精确吻合，由此便可得到偏航角。

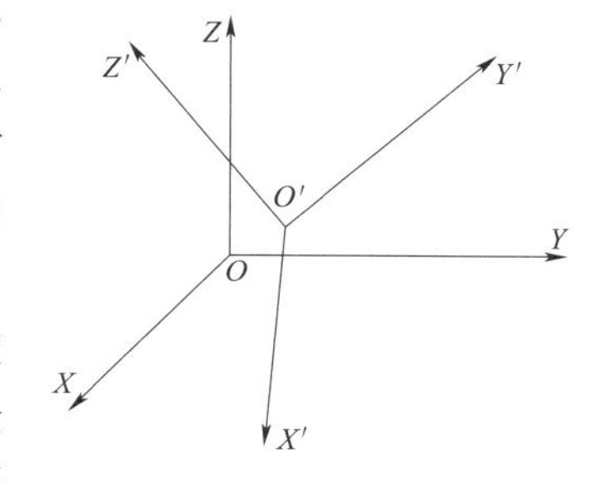

图2.9 坐标变换

电子激光束入射点坐标由一个光敏感板确定，即确定电子激光入射点中心相对于激光靶中心的X、Y坐标。全站仪与激光靶间的距离由安装在全站仪内部的光电测距仪（EDM确定），因此，在电子激光靶上装有一个专用棱镜。置于电子激光靶的测斜仪，一个为横向放置测斜仪，一个为纵向放置测斜仪。由这两个倾斜仪可以测得 TBM 的绝对仰俯角和绝对滚动角。

3. TBM 当前位置与隧洞设计轴线的偏差计算

TBM 当前位置与隧洞设计轴线的偏差计算过程分两步进行：第一步是计算隧洞掘进机首尾坐标计算，第二步是将隧洞掘进机首尾坐标与设计曲线进行比较得到平面与高程偏差。其中第一步隧洞掘进机首尾坐标计算通常采用空间坐标系转换法，如图 2.9 所示。

如式（2.1）所示。

$$\begin{bmatrix} X \\ Y \\ Z \end{bmatrix} = \mu \begin{bmatrix} a_1 & b_1 & c_1 \\ a_2 & b_2 & c_2 \\ a_3 & b_3 & c_3 \end{bmatrix} \begin{bmatrix} X_C \\ Y_C \\ Z_C \end{bmatrix} + \begin{bmatrix} X_0 \\ Y_0 \\ Z_0 \end{bmatrix} \tag{2.1}$$

式中：μ 为尺度比；（X_0，Y_0，Z_0）为两个坐标系原点的平移量。

对式（2.1）进行展开，并代入项目参数可得

$$\mathrm{d}X = 0.99\cos\kappa - 1.04\sin\kappa - \sin\varphi - 2\cos\varphi + 1 \tag{2.2}$$

$$\mathrm{d}Y = 0.99\sin\kappa + 1.04\cos\kappa - \sin\omega - 2\cos\omega + 1 \tag{2.3}$$

$$\mathrm{d}Z = \sin\varphi\cos\kappa + 0.04(\cos\kappa\cos\varphi - \sin\kappa\sin\varphi) + 2 \tag{2.4}$$

2.2.5.2 TBM 姿态方向的控制与调整

TBM 在进行换步作业时，操作司机根据测量导向系统电脑屏幕显示的主机位置数据进行 TBM 姿态调整，完成对主机掘进方向和主机滚动值的调整，使 TBM 以合理的姿态工作。

双护盾掘进机纠偏采用油缸编组、区域油压以及相应的措施进行。实施掘进机纠偏不得损坏已安装的管片，并保证新一环管片的顺利拼装；敞开式掘进机应采用扭矩油缸、撑靴油缸进行纠偏。

（1）在掘进过程中主要进行 TBM 的中线控制，当掘进一个循环完成后，在进行换步作业时，对主机的倾斜和滚动值进行调整控制，纠正偏差。

（2）为确保边刀不受损伤，每次调向的幅度不应太大，在更换完边刀的第一个掘进循环中不宜进行调向作业。

（3）当 TBM 出现下俯时，通过调整上下油缸，增大主机的坡度；反之，则减小主机坡度。

（4）水平方向纠偏主要是在通过调节水平支撑的油缸伸缩量进行调整。

（5）方向控制及纠偏注意事项：

1）根据掌子面地质情况应及时调整掘进参数，防止 TBM 突然“低头”。

2）方向纠偏时应缓慢进行，如修正过程过急，会对设备产生不利影响。

3）TBM 始发、贯通时方向控制极其重要，应按照始发、贯通掘进的有关技术要求，做好测量定位工作。

2.2.6 掘进参数选择

掘进中涉及的掘进参数主要有：刀盘转速、刀盘扭矩、电动机电流值、推进力、推进缸压力、贯入度（每转进尺）和推进速度。其中，电动机电流值与刀盘扭矩、推进缸压力与推进力成正比，实际掘进速度为刀盘转速与贯入度的乘积。

2.2.6.1 硬岩及硬-软弱围岩过渡段掘进

当TBM从硬岩进入软弱破碎围岩时，相应的掘进主参数和皮带输送机的渣量、渣粒会出现明显的变化。据此可判断刀盘工作面围岩状况，及时调整掘进参数，其掘进参数取值范围如下：

(1) 掘进速度。在硬岩的情况下，贯入度一般为9～12mm；当进入软弱围岩过渡段时，贯入度微小上升。

(2) 推力。在硬岩情况下，推进速度一般为额定值的75%左右，推进压力也成相应比例：当进入软岩过渡段时，推进压力成反抛物线形态下降，推进速度随推进压力的下降而适当降低。

(3) 扭矩。在硬岩情况下，一般为额定值的50%左右；当进入软岩过渡段时，扭矩缓慢上升。

(4) 刀盘转速。在硬岩情况下，一般采用高转速；当进入软岩过渡段时，进行调整；当完全进入软岩时，调整为额定值的90%左右。

(5) 撑靴支撑力。在硬岩情况下，一般为额定值；当进入软岩过渡段时，调整为额定值的90%左右。

2.2.6.2 软弱围岩段掘进

TBM在软弱围岩中施工时，会对周边围岩造成较大扰动，容易造成围岩剥落，增加支护工作量，甚至会卡住刀盘或护盾，造成掘进方向出现过大偏差；若TBM撑靴位置出现塌腔，会造成撑靴支撑不到位或打滑，这些问题会严重制约TBM的施工进度。为了避免上述问题的发生，在软弱围岩段施工，必须对TBM施工中的掘进参数进行必要的调整，其掘进参数取值范围如下：

(1) 刀盘转速。在软弱围岩中，依据上一掘进循环的掘进参数和岩渣的形态，动态调整刀盘转速和刀盘推力。

(2) 撑靴压力。遇到软弱围岩时，撑靴压力不宜太高，否则可能压碎洞壁岩石，造成坍塌，撑靴部位的围岩抗压强度不能抵抗撑靴的反力，易造成撑靴打滑，导致撑靴部位遭受扰动，变形过大。

(3) 刀盘扭矩。在软弱围岩段施工时，刀盘扭矩过大，易产生机身滚动、撑靴打滑，为此扭矩应控制在正常值的70%。

(4) 推进速度。推进速度是TBM掘进最重要的可控参数。在软弱围岩段施工时，推进速度必须依据撑靴数量和撑靴压力的大小来调整，一般控制在2.5m/h以下。推进速度的变化可导致刀盘推力、扭矩、皮带机压力的变化；反之，刀盘推力、扭矩、皮带机压力的变化也制约推进速度的调整。

(5) 换步行程。软弱围岩施工中，换步与调向是TBM操作的重要一环。选择坚硬的洞壁且错开钢拱架及洞壁的破碎部位作为撑靴的支撑位置是比较困难的；因此，换步行程不一定是设计行程，但应尽可能接近设计行程。

2.2.7 隧洞通风

保证隧洞施工中有良好的工作环境，最主要的是应有足够的新鲜空气。通风设计时应综合考虑隧洞通风方式、通风设备选择、洞室布置、洞室规模、施工程序及方法等因素。

2.2.7.1 施工通风方式

通风方式主要有自然通风和机械通风两种，当自然通风不能满足施工要求时，应考虑采用机械通风方式，机械通风方式主要有管式、巷道式和分道式，管式又有压入式、抽出式和混合式。对长隧洞，当洞体埋深小于 100m 时，也可考虑布置专用通风井。

1. 压入式通风

如图 2.10 所示，通风机把新鲜空气经风管压入工作面，使污浊空气沿隧洞排出。压入式通风方式的优点是有效射程大；排尘作用强；工作面回风不通过风机和通风管道，对设备污染小；工作面污浊空气沿隧洞流出，沿途带走了隧洞内的粉尘及有毒、有害气体，有利于改善工作面环境。缺点是长距离通风所需风量大，回风流污染整条隧洞。

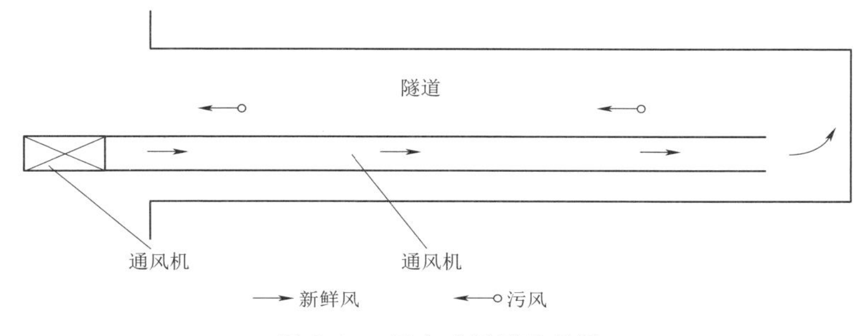

图 2.10 压入式通风示意图

在应用压入式通风时须注意以下两点：

(1) 风机安装的位置应与洞口保持一定距离，一般不得小于 30m，以保证压入隧洞内的是新鲜空气。

(2) 风筒出风口应和工作面有一段距离，断面不大、需要不是很大风量且小直径的风管，此距离不超过 15m；对于断面比较大、需要很大的风量且大直径的风管，该距离适当加大，在 45～60m 之内。

2. 抽出式通风

抽出式通风工作原理与压入式相反，工作面污浊空气由通风机经风管抽出，新鲜风沿隧洞流入。抽出式通风只能采用硬质风管。优点是在有效吸程内排尘效果好，回风流不污染隧洞。缺点是有效吸程短，只有通风口离工作面很近时才能获得满意效果，一般情况下不宜进行长距离供风，如图 2.11 所示。

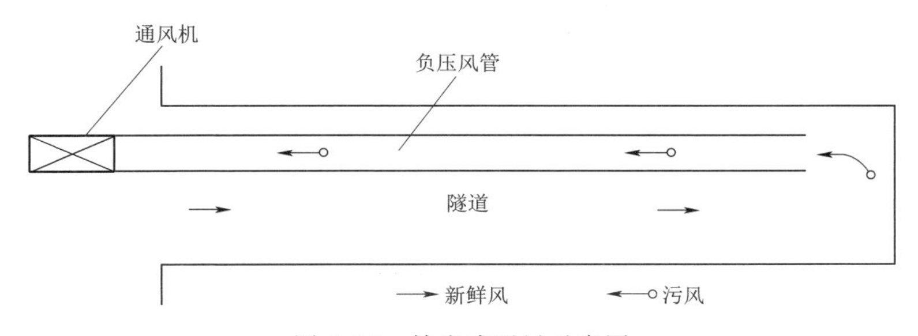

图 2.11 抽出式通风示意图

3. 混合式通风

混合式通风系统在隧洞进风流中安装压入式风机向工作面送入新鲜空气，在辅助坑道的通风竖井或斜井中安装抽出式风机将污浊空气排出。混合式通风综合了抽出式与压入式通风的优点，较适应长隧洞的施工通风，但要求隧洞净空要大，以便于布置通风设备，对于小断面的长隧洞则较难适用。

混合式通风具体的布置方式又分为长压短抽方式和长抽短压方式，而后者又分为前压后抽式和前抽后压式。

(1) 长压短抽方式。如图2.12所示，以压入式通风为主，靠近工作面设一段抽出式通风，抽出式通风要配备除尘装置。一般用在开挖工作面粉尘特别多的工点，但除尘器要经常随风管移动，并且增大了通风阻力，除尘效果差时，未除掉的微尘和污风会使全隧洞受到污染。在TBM施工中很少应用此通风方式。

(2) 前压后抽方式。如图2.13所示，以抽出式通风为主，靠近工作面设一段压入式通风。此通风方式可使整条隧洞不受烟尘污染，但主要使用刚性风管，成本较高。此通风方式也较适用于有轨运输施工的隧洞。

(3) 前抽后压方式。如图2.14所示，以抽出式通风为主，抽出风管口靠近工作面，巷道中设一段压入式风管，其出风口在抽出风口后面。其优缺点与前压后抽式相同。

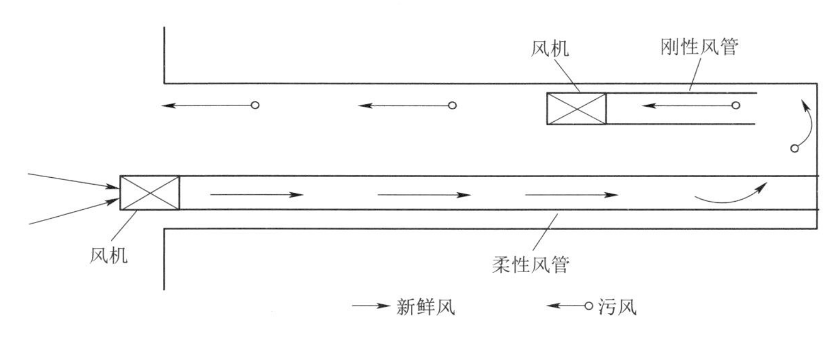

图2.12 长压短抽方式示意图

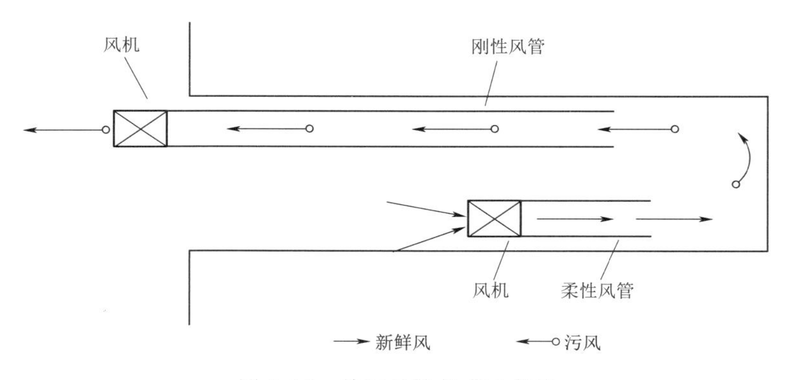

图2.13 前压后抽方式示意图

(4) 巷道式通风。巷道式通风系统由主隧洞、平行巷道、主风机、风墙和风门等组成。主隧洞与平行巷道之间每隔一定距离用横通道联通，通常还在主隧洞或平行巷道的一

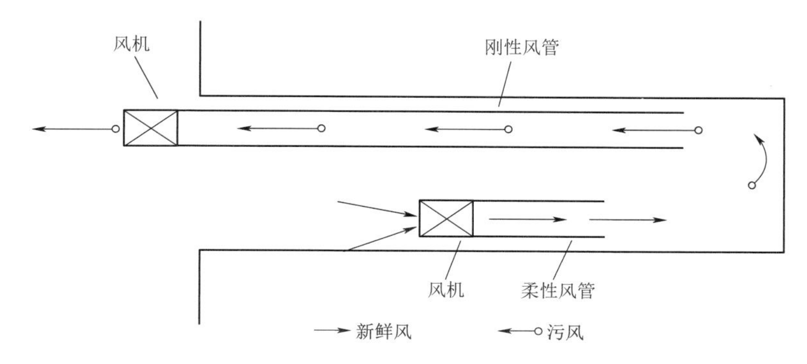

图 2.14 前抽后压方式示意图

端设置一条较短的通风洞，以布置主风机。一般情况下，要求新鲜空气自主隧洞进入，经横通道从平行巷道排出。如果主风机和通风洞布置在平行巷道一侧，则采用抽出式，主风机从洞内抽风；若主风机和通风洞布置在主隧洞一侧时采用压入式，主风机向洞内压风。

2.2.7.2 TBM 通风系统设计

1. 通风方式的选择

TBM 隧洞施工使用得最普遍的通风方式是通风软管与通风机的通风系统。选择 TBM 施工通风方式时应综合工程具体情况优先选择压入式和混合式通风。隧洞通风常用轴流式风机，其适宜阻力变化大而风量变化不大的隧洞。为提高风压，相同型号的风机可串联运行。

2. 通风量的计算

通风量计算时必须考虑以下 3 个方面：①应满足 TBM 及其后配套施工员所需新鲜空气量的要求；②应能稀释和排除隧洞内产生的有害气体和粉尘，使其浓度低于规范要求；③应能排除掘进机工作时产生的热量，以保证隧洞内环境温度达到规范要求。按隧洞内施工人员数量计算送风量时，通风系统从洞外向隧洞内送入的新风量应按式（2.5）计算：

$$Q=qmk \tag{2.5}$$

式中：Q 为送风量，m^3/min；q 为洞内每人每分钟所需新鲜空气量，$3m^3/(min\cdot 人)$；m 为洞内同时工作最多人数；k 为风量备用系数，取 1.10～1.15。

当按稀释和排除隧洞内产生的有害气体和粉尘计算送风量时，分为两种情况计算：

（1）当已知有害物（有害气体和粉尘）散发量时，通风量计算可按式（2.6）计算：

$$Q=\frac{Kx}{C-C_0} \tag{2.6}$$

式中：Q 为送风量，m^3/min；x 为有害物散发量；C 为隧洞内容许的有害物质量浓度，mg/m^3，一般情况下，粉尘容许浓度不得高于 $2mg/m^3$，CO 最高容许浓度为 $30mg/m^3$，氮氧化物（换算成 NO_2）为 $5mg/m^3$；C_0 为进风中的有害物质量浓度，mg/m^3，不得高于 $0.5mg/m^3$；K 为安全系数，要考虑多方面因素，如有害物的毒性、有害物在隧洞内散发和分布的不均匀性及通风的有效性等，可取 1.5～2。

（2）当不能确定隧洞内有害物散发量时，可按最低容许风速计算通风量。对于大直径

TBM 施工，要求隧洞内通风风速为 0.5m/s，通风量可按式（2.7）计算：

$$Q=vF \tag{2.7}$$

3. 通风机设计风量的确定

风量是选择通风机的主要参数之一。通风机设计风量的确定要同时满足洞内工作人员新风需求以及稀释和排除隧洞内产生的有害气体和粉尘的风量要求，因此设计风量计算依据应取其中的最大值，在确定通风机设计风量时必须考虑附加漏风量。

4. 通风机设计风压的确定

通风系统总阻力为沿程阻力和局部阻力之和，经过计算确定。考虑到通风系统的阻力计算不够精确，确定通风机设计风压时常按下式考虑风压附加：

$$P_f=K_p\Delta P \tag{2.8}$$

式中：P_f 为通风机风压，Pa；K_p 为风压附加系数，一般取 1.1～1.15；ΔP 为通风系统总阻力，Pa。

5. 隧洞降温

通过首先计算隧洞内的得热量包括电机及其所驱动的电动设备产热量和工作区围岩散热量等，隧洞内失热量包括给水系统、出渣系统渣石和通风系统带热量等，然后对得热量和失热量量值比较分析，即进行工作区热平衡计算，据此判断是否需要采用制冷方式来降低工作区环境温度。式（2.9）为热平衡等式：

$$\sum Q_{得}=\sum Q_{失} \tag{2.9}$$

通过热平衡计算最后得出隧洞内工作区的空气温度。当温度不大于 28℃时，可直接采用洞外新鲜空气向工作面送风；当温度大于 28℃时，就要采用制冷机空调组对送风进行冷却降温。

2.3 TBM 衬砌支护

2.3.1 围岩衬砌支护基本理论

工程建设中，根据破坏模式，隧洞围岩衬砌和支护问题可分为三大类，即应力破坏问题、结构面稳定问题和软岩变形问题，分别受地应力、结构面和岩石强度三个基本因素控制。由于地质条件和建设条件的不确定性和复杂性，实际出现的问题在性质和特征上更为复杂，可能出现一些复合型或过渡型破坏模式。应力型问题主要针对硬质岩石，高应力条件可导致完整坚硬岩石发生剧烈破坏，是深埋隧洞的主要问题。结构面失稳问题主要指低应力条件下因围岩结构面发生滑动引起的失稳破坏。在深埋高应力条件下，结构面也可以导致围岩的严重破坏。软岩变形问题中，岩性起控制作用。一般来说，只要岩石足够软，软岩大变形问题就可能存在。高应力使得这类问题更加突出。深埋隧洞软岩段，在高地应力和富水条件下围岩极易发生大变形，从而导致支护设施严重扭曲、损坏。采用 TBM 掘进时，软岩洞段的大变形可能导致衬砌混凝土管片损坏，严重时导致 TBM 卡机，给工程带来严重损失。

提到隧洞围岩的衬砌和支护，必然会提及新奥法。几乎目前所有的隧洞工程中，都有新奥法的应用。围岩作为隧洞的组成部分并与支护结构共同作用，不仅作为围岩压力荷载作用于衬砌和支护上，而且其本身也具有承受围岩压力的作用，即使是松弛的围岩也能承受一定的围岩压力。在隧洞的衬砌和支护设计中，需充分利用围岩自承能力这一特性，以优化支护措施和衬砌结构，节省工程投资。

岩体质量和地应力场是围岩衬砌和支护需考虑的两个十分重要的因素。岩体的基本力学特征通常用岩体的本构关系和强度准则来描述，是围岩变形特性和岩体是否发生破坏的内在本质。本构关系即应力-应变之间关系，反映了岩体在外力作用下应力或应力速率与其应变和应变速率之间的关系，包括弹性、弹塑性和黏弹塑性等模型。强度准则又称破坏准则，反映了岩体在破坏状态下的应力状态和强度之间的关系，常用的准则包括莫尔-库仑准则（简称 MC 准则）及霍克-布朗准则（简称 HB 准则）。岩体是一种较为特殊的固体材料，其力学性质很大程度上受岩体所处应力环境的影响。深埋高围压条件下的隧洞开挖可使围岩的应力水平和围压状态发生显著变化，从而表现出复杂的工程特征。

围岩变形量和屈服深度是围岩支护设计需考虑的两个重要指标。在岩体质量和地应力两个初始条件一定的情况下，隧洞的断面布置和支护措施成为影响围岩变形量和屈服程度的关键因素。如何根据围岩的应力条件和强度，分析给定设计条件下的围岩的变形量和屈服程度是支护设计的核心环节。对于深埋条件下构造发育岩体质量较差的隧洞，原则上需对围岩支护设计进行数值分析和验证，围岩条件较为简单时可采用经验公式法和解析法进行分析。

围岩变形控制标准是围岩支护设计的基础和主要依据。隧洞开挖后，受二次应力分布的影响，任何围岩都会产生一定的变形，只是变形量大小存在差异。围岩条件好，变形量小，低于控制标准可不进行支护。变形量超过标准不多时可采用工程中常用的喷锚支护方式。围岩条件差、变形量加大时则需不断加强支护措施，如增加拱架、管棚支护等措施对变形进行控制，甚至改变支护思想和施工开挖方式，前者包括采用适应大变形的屈服型支护系统，后者如掌子面的分幅开挖等。

受施工程序和支护时间等因素的制约，以及开挖后变形大和快的特点影响，软岩隧洞在衬砌前仍不可避免地存在一定量的变形，为确保隧洞净空和衬砌结构厚度不被侵占，在深埋隧洞的设计中预留一定的围岩变形量是非常必要的。软岩隧洞的变形受埋深、围岩变形特性、施工工法、支护措施和时机等许多因素影响，开挖后的变形特性和变形过程十分复杂，预留变形量需经综合分析确定。其中，支护强度和时机十分重要。支护措施越强，时机越早，预留的变形量可越小，但支护工程投资越大，施工控制难度更高，适当加大预留变形量是一种较为经济的选择。在无法获取现场实测资料时，对于埋深不大的隧洞，预留变形量可根据工程类比、经验公式等进行确定。对于埋深较大的软岩隧洞，还需结合数值分析经综合比选研究确定。

2.3.2 围岩衬砌支护设计一般要求

2.3.2.1 衬砌支护的作用和型式选择

隧洞围岩支护的主要功能是加固围岩，提高围岩的自承能力，保证围岩稳定或提供必要的稳定时间。对不良地质洞段，围岩的变形速率大，在施工过程中存在失稳倾向，支护措施必须起到防治围岩失稳趋势扩大的作用，以保证衬砌等后续施工具有足够的施工时间。具体支护型式根据工程地质、水文地质、断面尺寸、施工方法等，通过分析计算或工程类比等选定，包括锚杆、钢筋网喷混凝土、钢拱架等型式。

隧洞衬砌的主要作用为与围岩和支护联合承担荷载，保证工程运行期围岩稳定；平整围岩表面，满足运行所要求的水力学条件；提高防渗能力，满足防渗要求；防止水流冲刷以及温度、湿度、大气等因素对围岩的破坏作用。衬砌分不承载和承载两种，不承载衬砌主要为保护围岩表面和减少水头损失，承载衬砌则是加固围岩，单独或与围岩或与支护共同承担荷载。根据防渗要求，隧洞衬砌设计原则分为抗裂设计、限制裂缝开展宽度设计和不限制裂缝开展宽度设计。围岩抗渗能力差，内水外渗造成围岩、边坡、相邻建筑物的渗透失稳或环境破坏，处理费用大或很难处理时，需提出严格的防渗要求，按抗裂进行设计；围岩具有抗渗能力，内水外渗可能造成不良地质洞段的局部失稳，经处理不会造成危害时，可提出一般防渗要求，按限制裂缝开展宽度进行设计；围岩具有较好的抗渗性，内水外渗不存在渗透失稳和环境破坏问题，可不提出防渗要求。衬砌型式综合考虑断面形状和尺寸、运行条件及内水压力、地质条件、防渗要求、支护效果、施工方法等因素，经过技术经济比较确定，具体包括锚喷衬砌、混凝土衬砌、钢筋混凝土衬砌、预应力混凝土衬砌和钢板衬砌等型式。对有严格防渗要求的隧洞，需采用预应力混凝土衬砌或钢板衬砌。

实际工程中，围岩支护和衬砌的型式、参数选择往往考虑隧洞断面尺寸、防渗减糙要求等因素，根据围岩类别加以确定。围岩类别的级别越高，支护措施越强，衬砌要求越高。对Ⅰ类、Ⅱ类围岩，围岩自稳条件好，可只进行锚喷等初期支护，锚杆随机布置在顶拱，是否需二次衬砌根据防渗和减糙要求确定，如进行减糙衬砌，满足施工要求即可。对Ⅲ类围岩，支护措施和Ⅱ类围岩基本相同，但支护措施需加强，一般顶拱布置系统锚杆，边墙布置随机锚杆。衬砌型式根据防渗要求等选用，可采用混凝土衬砌和钢筋混凝土衬砌。对于Ⅳ类围岩，支护措施仍以锚喷和挂网为主，但支护需进一步加强，边墙和顶拱等需布置系统锚杆，根据地应力和地下水等条件考虑采取适当的钢支撑等措施，衬砌则需采用钢筋混凝土等衬砌。对于Ⅴ类围岩，由于围岩自稳条件差，除了锚喷和挂网等措施外，一般需采用钢支撑的措施，必要时采用超前锚杆、超前小导管注浆等超前处理措施，衬砌设计的参数则需进一步加强。

2.3.2.2 衬砌结构设计

荷载设计和分析方法是衬砌结构设计中的两个主要问题。作用在衬砌上的荷载包括永久荷载、可变荷载和偶然荷载。永久荷载包括衬砌自重、围岩压力、地应力和预应力等，可变荷载包括正常运用条件下的内水压力、外水压力、灌浆压力、施工荷载及温度作用等，其中内水压力包括静水压力和动水压力，偶然荷载包括地震作用、校核洪水时的内水压力和相应的外水压力。承载能力极限状态按基本荷载组合和偶然荷载组合进行分析。基本荷载组合为永久荷载和可变荷载效应的组合；偶然荷载组合为永久、可变荷载效应与一种偶然荷载效应的组合。正常使用极限状态按永久荷载与可变荷载标准值的荷载效应进行组合。

隧洞的内水压力根据隧洞的布置、运行条件、进口及出口的特征水位，结合工程具体情况及各种运行工况，按可能出现的最大内水压力经研究确定。

围岩压力除与地质条件、隧洞开挖尺寸有关外，还与施工方法、支护措施、支护时间等有较大关系。自稳条件好，开挖后变形很快稳定的围岩，可不计围岩压力。洞室在开挖过程中采取支护措施，对减小围岩变形有较大作用，可大大减少围岩变形造成的压力，在围岩处于基本稳定或已稳定的情况下，围岩压力可进行适当折减。不能形成稳定拱的浅埋隧洞，宜按洞室顶拱上覆重力作用计算围岩压力，再根据施工所采取的支护措施进行修正。块状、中厚层至厚层状结构的围岩，可根据围岩中不稳定块体的重力作用确定围岩压力。

对于薄层状及碎裂散体结构的围岩，作用在衬砌上的围岩压力可按下式计算：

垂直方向 $$q_v=(0.2\sim0.3)\gamma_r B \tag{2.10}$$

水平方向 $$q_h=(0.05\sim0.1)\gamma_r H \tag{2.11}$$

式中：q_v 为垂直均布围岩压力，kN/m^2；q_h 为水平均布围岩压力，kN/m^2；γ_r 为岩体重度，kN/m^3；B 为隧洞开挖宽度，m；H 为隧洞开挖高度，m。

采用 TBM 开挖、光面爆破、控制爆破等可减少对围岩的扰动和破坏，可增加围岩的自承能力，使围岩在衬砌上形成的压力减少，在这些情况下可适当少计围岩压力。具有流变或膨胀等特殊性质的围岩，可能对衬砌结构产生变形压力时，需进行专门研究，并宜采取措施减小其对衬砌的不利作用。温度变化、混凝土干缩和膨胀所产生的应力及非预应力灌浆等对衬砌的不利影响，应通过施工措施及构造措施解决。对于高地温地区产生的温度应力应进行专门研究。

作用在混凝土、钢筋混凝土和预应力混凝土衬砌结构上的外水压力，可按下式估算：

$$P_e=\beta_e\gamma_w H_e \tag{2.12}$$

式中：P_e 为作用在衬砌结构外表面的地下水压力，kN/m^2；β_e 为外水压力折减系数，取值可参考《水工隧洞设计规范》(SL 279—2016)；γ_w 为水的重度，kN/m^3；H_e 为地下水位线至隧洞中心的作用水头，m。

对设有排水设施的水工隧洞，可根据排水效果和排水设施的可靠性，对作用在衬砌结构的外水压力作适当折减，其折减值可通过工程类比或渗流计算分析确定。对工程地质、水文地质条件复杂、外水压力较大及深埋的隧洞，需通过渗流分析等进行专门研究。

对抗震设防烈度为 9 度的隧洞，抗震设防烈度为 8 度的 1 级隧洞，均需验算建筑物（进、出口及洞身）和围岩的抗震强度和稳定性；抗震设防烈度大于 7 度（包括 7 度）的隧洞，验算进、出口部位岩体的抗震稳定性。

混凝和钢筋混凝土衬砌应进行承载能力极限状态计算，并按其功能、抗渗要求、耐久性要求以及围岩的抗渗能力等确定是否进行正常使用极限状态验算。结构计算可根据衬砌型式、荷载特点、围岩条件和施工方法及程序等选取合适的计算方法。内水压力较高隧洞或重要的水工隧洞，宜采用有限元法进行计算。围岩相对均匀，且岩体覆盖厚度满足的有压圆形隧洞可采用弹性力学解析方法进行计算，计算中考虑围岩的弹性抗力。无压圆形隧洞及其他断面形式的隧洞可按边值数值解法进行计算。平行布置的多条隧洞，应考虑各隧洞间的相互影响，采用有限元法进行计算。

2.3.3 TBM 衬砌和支护设计

2.3.3.1 TBM 施工特点

TBM 掘进机是一种以机械能直接破岩来掘进隧洞的大型联合施工设备，在适宜的地质条件下，具有掘进效率高、对围岩扰动小、超挖量小、开挖面光滑、质量好、对施工人员劳动保护好等一系列优点。因此自掘进机问世以来，发展十分迅速。其适应范围不断扩大，直径不断增加，掘进速度不断提高，使用寿命不断延长。针对不良地质条件，考虑与新奥法相配合，配备扩挖边刀、超前钻机以及钢拱架架设、喷混凝土和注浆等辅助施工设备，掘进机能处理不良地层。随着掘进技术的发展，隧洞支护和衬砌技术也得到发展。在围岩条件较好的情况下，可不支护或仅喷锚支护；在围岩条件较差的情况下，可采用预制混凝土管片支护加豆砾石回填灌浆，实现长隧洞掘进快速、安全施工。

和钻爆法相比，TBM法可实现破岩、出渣、支护和衬砌等各工种多工序综合机械化联合作业，同一时间内可完成多道工序，开挖速度快。根据有关资料统计，掘进机成洞速度是钻爆法的8～10倍。在洞内通风方面，掘进机法比钻爆法具有明显的优势。掘进机依靠机械滚刀的强大推力和剪切力破碎岩石，采用电机车有轨运输出渣，没有炸药等化学物质爆炸产生的空气污染，可大大改善施工环境。由于工作环境的改善，掘进机法隧洞通风距离可大为增加，可有效减少施工临时设施的工程量。

掘进机开挖的隧洞洞壁光滑，超挖量小，在隧洞超挖方面，掘进机较钻爆法占绝对优势。钻爆法平均超挖量0.4m，而掘进机的平均超挖只有0.1m，可减少隧洞开挖和衬砌工程量。掘进机法开挖对围岩扰动小，钻爆法施工围岩的扰动范围为2～3m，而掘进机影响范围一般小于50cm，容易保持围岩的稳定性，可减小支护工程量。掘进机法隧洞断面一般为圆形，围岩结构受力条件较好，可减少支护措施和衬砌结构厚度。因此，相对于钻爆法而言，掘进机施工可大大减少支护和衬砌的工程量，而且能延长临时支护时间。根据有关资料进行统计，掘进机开挖法的成本仅为钻爆法的1/5～1/3，支护衬砌工程量方面，掘进机法比钻爆法节省30%～60%。另外，掘进机自身带有局部或整体护盾，施工人员可以在护盾下工作，掘进机配置有一系列的支护设备，在不良地质处可及时支护处理以保安全，掘进机支护施工的安全性更高。由于掘进机法开挖对围岩的扰动小，与钻爆法相比，发生岩爆的机会也减少。

但掘进机施工技术也有其局限性，如对地质条件要求较高，施工的灵活性较差。对于断层破碎带严重、岩溶发育地区及地下水丰沛洞段，掘进机施工存在一定风险。对于特软围岩及大的断层破碎带和大挤压变形洞段，掘进效率非常低，不能充分发挥其快速掘进的特点。此外，掘进机设备的尺寸一旦确定，在同一隧洞中，开挖断面不可随意改变。由于掘进机占据的空间较大，大规模的超前处理受到空间的限制，不如采用钻爆法灵活，效率较低。同时，在掘进施工过程中，一旦出现掘进机被卡事故，处理事故费钱费力，甚至严重影响工期。

对正常掘进洞段，TBM施工断面均采用圆形，直径大小根据隧洞净洞径、衬砌支护厚度和预留变形量等确定。净洞径考虑过水断面要求、净空面积要求等因素综合拟定。隧洞预留变形量则考虑蛇形误差、贯通误差、不均匀沉降及结构变形等因素，根据开挖断面大小、地质条件、掘进机特性、线路曲线及坡度等因素确定。为满足掘进机始发施工及安装、检修和拆卸等要求，需根据工程具体情况，通过钻爆法开挖始发洞及为设备在洞内安装、检修和拆卸的辅助洞室。

有条件时，掘进机宜在洞外进行组装。当场地不满足要求时，宜在洞外设置主机及部分后配套组装场，同时采用钻爆法施工做预备洞、始发洞等配套工程。组装场宽度根据组装掘进机所需龙门吊车的宽度并考虑富裕量来确定，周围应有足够的空间以堆放零部件。没有洞外组装条件或需要在洞内组装时（如从斜井进入施工），应设置专门的组装洞。组装洞应满足设备组装要求，断面布置和尺寸依据主机设备及配套设备高度、长度、最大起重重量和设备组装的需要进行设计，底板应满足掘进机步进时的承载力要求。组装洞可采用如下的断面布置，如图 2.15 所示。

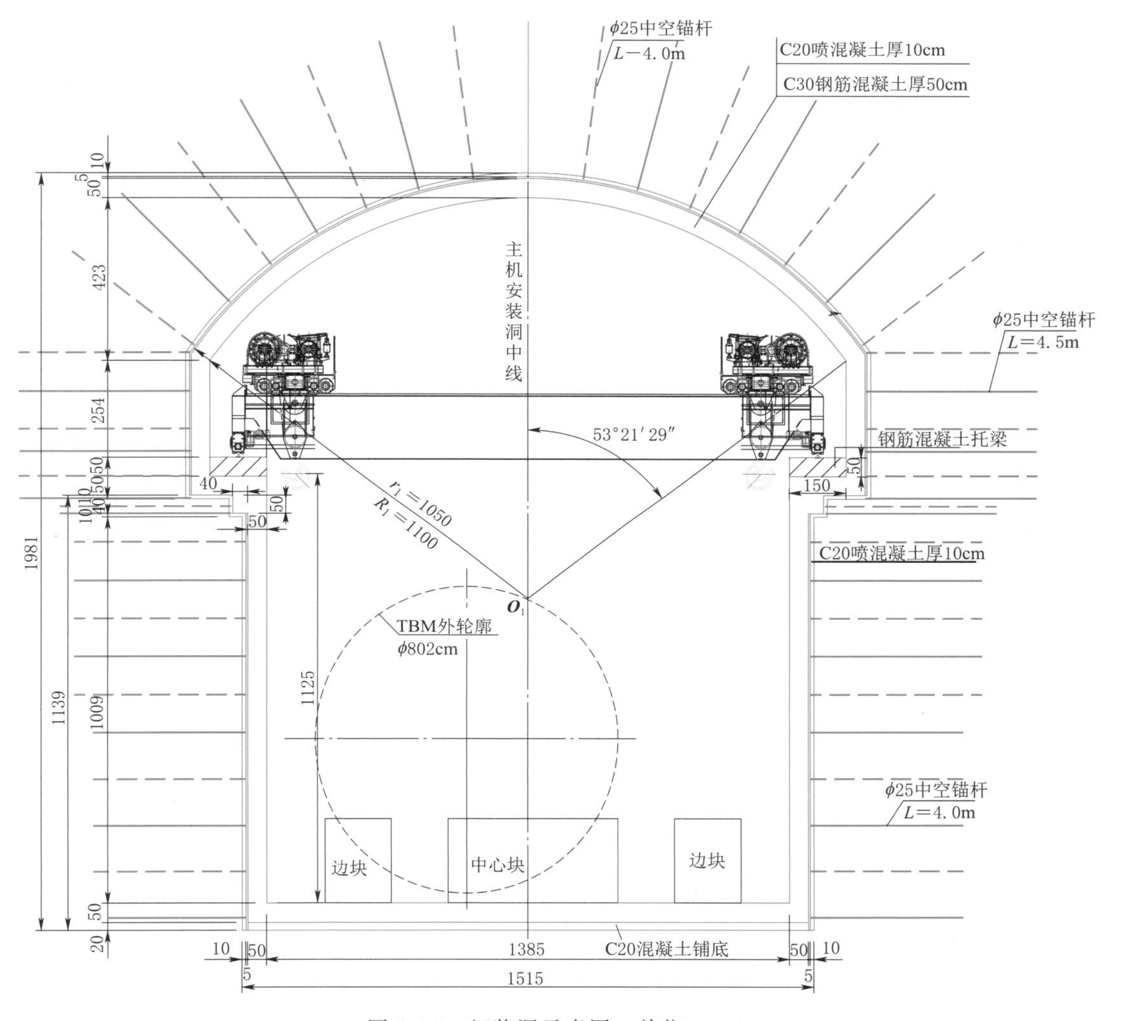

图 2.15　组装洞示意图（单位：cm）

敞开式掘进机施工应设置始发洞。始发洞断面通常采用圆形，直径较掘进机直径适当加大。其长度根据围岩情况，结合掘进机主机长度及撑靴能安全支承在洞壁上的要求确定，以保证掘进机始发时有足够的支撑反力。始发洞一般使用钢筋混凝土衬砌，衬砌完成后应对所有错台进行处理，错台不得大于 3mm。掘进机需要在洞内拆卸时需设置拆卸洞，拆卸洞应尽量设置在地质情况较好的地段。断面大小根据掘进机直径和起吊设备尺寸确定，其长度根据主机及其配套设施确定，宽度根据掘进机直径每侧适当留出一定富裕量确定，高度根据起吊设备布置等确定。

护盾式掘进机应设置始发台，采用在洞口处设反力架直接出发方式。施工结束若设置拆卸洞时，拆卸洞长度及大小可根据掘进机直径参照敞开式掘进机拆卸洞设计。

2.3.3.2 TBM施工支护措施

敞开式掘进机在软弱破碎围岩掘进时必须进行初期支护，以满足围岩稳定，确保施工安全。初期支护措施包括喷混凝土、挂网、锚杆、钢拱架等。

掘进机在不良地质条件下施工时，应在施工前根据设计提供的工程地质及水文地质情况，结合现场实际情况进行分析研究，制定完整的施工支护方案，并结合应急预案，做好技术、物资、机械的储备。掘进机在进入不良地质洞段前，应查明和分析工程的地质条件与隧洞周边环境，制定相应的支护措施和地质预测预报方案。施工时，根据地质预测、预报结果，及时地调整支护方案。同时加强施工监测，并及时反馈监测结果，进行动态设计和动态施工。

掘进机在软弱围岩洞段掘进时，应减缓掘进速度，必要时先停机对围岩进行支护处理，再行掘进。在软弱破碎带围岩洞段掘进时，根据围岩或掌子面坍塌程度，可采取以下三种支护方式；洞壁仅发生小规模岩石剥落现象时，掘进机无须停机，在掘进同时采用挂钢筋网、打锚杆、喷混凝土等措施，必要时立钢架。当遇到节理密集带或中等规模断层破碎带，可能发生较大规模的岩石塌落现象时，掘进机须停机，及时安装全圆钢拱架，安放钢筋网，利用喷混凝土及时封闭围岩，减少岩石暴露时间以及时形成支护体系。对于大规模断层破碎带，并伴有裂隙水，拱顶及洞壁发生大面积坍塌，自然拱很难形成时，掘进机立即停止掘进，考虑利用超前预注浆等超前处理方案。对富水软弱破碎围岩需采取加强防排水的技术措施。

隧洞施工中可能发生岩爆时，应遵循“以防为主，防治结合”的原则，对开挖面前方的围岩特性、水文地质情况等进行预测。当发现有较强烈岩爆存在的可能时，应及时研究施工对策措施，做好施工前的必要准备。施工过程中应进行地质预报，针对不同的岩爆级别采取不同的措施。遇轻微岩爆时，可采用加大刀盘并喷水等措施对掌子面和附近围岩进行一定的软化，促使其应力释放和调整，也可采取喷混凝土结合锚杆钢筋网加拱架的支护方式。对中等岩爆洞段，可钻设应力释放孔，也可向孔内喷灌高压水软化围岩，以释放部分地应力。强烈岩爆地段必要时除采取上述措施外，可采取网喷纤维混凝土、超前锚杆等方式，并进行专门研究。

掘进机通过小的岩溶地段时，应在施工前查明溶洞的分布范围、类型、规模、发育程度及地下水情况，制定施工方案。施工时通过超前地质预报，进一步判断溶洞的位置、大小、充填状况，并根据查明的溶洞规模、填充物的情况对溶洞进行处理，以满足掘进机施工要求。

2.3.3.3 TBM衬砌设计

掘进机施工隧洞的衬砌结构除应满足隧洞设计现行的相关规范、规程的要求外，尚应根据掘进机施工特点进行设计。

敞开式掘进机施工隧洞宜采用复合式衬砌，初期支护根据地质条件采用锚喷、钢筋网架和钢架联合支护，二次衬砌采用模筑混凝土，根据不同地质情况，可设计为素混凝土、钢筋混凝土或钢纤维混凝土等型式，根据围岩条件、埋深、断面结构尺寸等通过工程类比和计算分析确定。当二次衬砌在隧洞贯通后施作，其一期支护应作为主要承载结构保证掘进机在贯通之前围岩的安全稳定性。地质条件较好时，隧洞衬砌也可设计为模筑混凝土单层衬砌。

护盾式掘进机宜采用预制钢筋混凝土管片衬砌，以支承围岩压力、水压力等外部荷载，并承受掘进机的推进力及各种施工荷载，一般无需再设置二次衬砌。如围岩条件较差，需补强、防渗或采用有压输水方式且水压较大时，可进行二次衬砌，采用模筑素混凝土或钢筋混凝土衬砌和预应力混凝土衬砌型式。为了加固隧洞围岩、封闭隧洞周边岩体裂隙，提高隧洞围岩的整体性和抗变形能力，增强围岩抗渗能力和长期稳定渗透比降，使围岩成为承载和防渗的主体，对隧洞采取豆砾石回填灌浆、围岩固结灌浆等措施，并在施工过程中严格控制灌浆质量。

在实际工程中，对于护盾式掘进机是否仅采用单层管片衬砌需根据隧洞压力状态、水头、围岩条件和防渗要求等确定。目前，单层管片衬砌主要应用于无压输水隧洞，但也有用于有压输水隧洞的实例，国内如掌鸠河供水工程和兰州水源地工程等。国外有压输水隧洞采用 TBM 施工混凝土管片衬砌的有老挝 Theun Hinboun Expansion 项目、希腊调水二期工程、莱索托高原调水工程（Mohale 连通洞）等工程，其中老挝 Theun Hinboun Expansion 项目输水隧洞采用 6 块四边形单层混凝土管片衬砌，设计静内水压力 90m，水击压力为 25m，在水击压力作用下，管片接缝张开度为 0.96mm。国内外已建输水隧洞管片衬砌主要指标见表 2.3。

表 2.3　国内外已建输水隧洞管片衬砌主要指标表

名　称	输水方式/水头	内径/m	管片型式	混凝土等级	厚度/m	宽度/m	开挖洞径/m	备　注
引大入秦调水工程 30A 隧洞	无压	4.8	六边形管片，每环 4 块	C25	0.30	1.6	5.53	1995 年建成
万家寨引黄工程总干线 6～8 号隧洞	无压	5.46	六边形管片，每环 4 块	C30	0.25	1.6	4.29	2003 年 10 月建成
引洮供水一期工程	无压	4.96	六边形管片，每环 4 块	C45	0.28	1.6	5.75	2014 年 12 月建成
引大济湟工程	无压	4.96	六边形管片，每环 4 块	C45	0.28	1.6	5.75	正在建设
云南掌鸠河供水工程	有压（25m）	3.0	四边形管片，每环 5 块	C45	0.25	1.0	3.665	2007 年 3 月建成
兰州水源地工程主洞	有压	4.6	四边形管片，每环 6 块	C50	0.30	1.5	5.46	在建
老挝 Theun Hinboun Expansion 项目	有压（115m）	6.9	四边形管片，每环 6 块	C50	0.28	1.6	7.46	截至 2014 年 12 月 30 日，已安全运行 2 年
希腊调水二期工程	有压（70m）	3.5	六边形管片，每环 4 块	C50	0.2	1.5	4.04	1995 年建成
莱索托高原调水工程（Mohale 连通洞）	有压（70m）	4.2	无螺栓无止水的六边形管片，每环 4 块	C40	0.25	1.4	4.88	2004 年 3 月建成

衬砌管片形状主要有平行四边形、矩形四边形和六边形 3 种。矩形四边形管片具有外形相对简单、止水安装较易满足密封要求等优点，六边形管片具有位置相对固定、避免通缝发生，方便施工期运输轨道布置、施工期排水等优点，平行四边形管片特点则介乎上述两种管片之间，可根据工程具体情况选用。采用平行形四边形管片的工程有兰州水源地工

程、老挝 Theun Hinboun Expansion 项目等，采用矩形四边形管片的工程有厄瓜多尔CCS输水隧洞等，采用六边形管片工程数量较多，有引大入秦调水工程、万家寨引黄工程、引洮供水一期工程、引大济湟工程等。由于形状的不同，使得管片在构造、施工、受力条件等方面存在一定的差异。

对于TBM施工的有压输水隧洞管片衬砌，当围岩条件具备时，可按透水衬砌理论进行设计。即隧洞设计以围岩为承载主体，衬砌作为透水介质，主要起保护围岩、平整水流、减小糙率等作用，覆盖层厚度和水力劈裂设计要求与不衬砌隧洞相同。管片衬砌环由若干块管片块组成，环向接头用螺栓连接，环与环之间纵向用连接销连接，管片的自身的渗透系数小于围岩的渗透系数。在隧洞运行期，当内水压力增大到一定数值后，在内水压力作用下，管片接头处于张开状态，内水外渗，大部分内水压力将通过衬砌传递给围岩，管片内外水压力趋于平衡，水流在围岩中形成稳定的渗流场，围岩成为主要承载结构。

TBM施工隧洞衬砌结构的荷载和计算方法可参照钻爆法施工隧洞。在荷载取值中，由于采用掘进机开挖可增加围岩的自承能力，使得围岩在衬砌上形成的压力减少，因此相对钻爆法可适当少计围岩压力。对护盾式掘进机的管片衬砌结构进行计算时，需满足管片衬砌计算要求，宜采用有限元法对围岩、管片、回填豆砾石、连接螺栓等进行模拟，分析研究施工期和运行期管片的应力应变情况、接缝张开度、螺栓应力以及围岩的应力和变形情况。

2.3.4 TBM支护和衬砌施工

2.3.4.1 超前支护和预加固技术

岩石隧道经常遇到不良地质带，目前主要采用超前锚杆、超前管棚、超前小导管注浆和超前预注浆等超前支护方法。

1. 超前锚杆

超前锚杆是为确保围岩稳定，以较大的外插角向开挖面前方安装锚杆，形成开挖面的预支护。超前锚杆外插角约10°，孔深一般为20m，孔间距为0.3～1.0m，纵向搭接长度不小于2倍的TBM换步距离。采用超前锚杆进行支护的洞段，不再进行注浆处理。

2. 超前管棚

超前管棚有两种，即短管棚（短至10m）和长管棚（长至40m）。短管棚使用外径50mm左右钢管，环向间距40cm左右，外插角6°左右，钢管与圈梁搭接牢固。在TBM施工中，也可用钢板替代钢管，将钢板一端搭在圈梁上，另一端插入上护盾与隧道拱顶之间。长管棚使用管径70～180mm钢管，孔径比管径稍大，环向间距为20～80cm，纵向搭接长度不小于TBM的2倍换步距离。

施工顺序是：超前管棚支护16m后掘进10m，再进行超前管棚支护16m。在超前管棚支护过程中，采取超前管棚和超前导管注浆2种方案。超前管棚施工过程中，若岩石破碎，易塌孔，需采用偏心钻与套管跟进施作超前管棚。在富水区域施作管棚或导管的同时，还要注浆，使浆液与岩土固结，支护顶部的破碎带松散带，保证不冒落并阻隔地下水的渗漏。

3. 超前小导管注浆

超前小导管注浆是在开挖面周边钻孔，然后将导管插入已钻好的孔位，向围岩注入有压浆液，用于固结或加固地层。超前小导管注浆可全断面注浆，也可周边注浆。

TBM 施工中，利用 TBM 自身配备的超前钻机和注浆设备，对开挖面前方破碎围岩进行超前注浆加固。注浆前，先用水冲洗钻孔，注浆时为防止串浆和漏注，可先从两侧的钻孔向拱顶对称注浆。其注浆参数应根据围岩条件并结合试验确定。除此以外，还可通过超前钻孔安装锚杆，以进一步提高围岩稳定性。实际施工中，由于围岩裂隙发育程度及环境差异，每孔注浆主要以定压注浆进行控制。

4. 超前预注浆

超前预注浆范围由围岩塑性破坏区的大小具体计算，注浆材料与小导管注浆相同，注浆量取决于被加固围岩的孔隙率，该方法适用于所有软弱破碎围岩或非稳固性岩土层的加固，有时为提高注浆效果，注浆过程中可进行加压。

2.3.4.2 围岩一次支护技术

作为永久衬砌的一部分，一次支护主要解决施工期间的洞室稳定和安全，实施安装锚杆、喷射混凝土、安装钢拱架、加设钢网以及仰拱封底等，形成以锚杆、喷射混凝土和隧道围岩三位一体的承载结构，形成对围岩压力的支承作用。

1. 安装锚杆

锚杆利用主机配备的锚杆钻机安装，由于 TBM 主梁占据隧道中心位置，故锚杆孔不在隧道断面半径方向上，即非法线方向。注浆锚杆的钻孔孔径应大于锚杆直径，采用先注浆后安装锚杆的工艺时，钻头直径大于锚杆直径约 15mm；若采用先安装锚杆后注浆工艺时，钻头直径大于锚杆直径约 25mm。锚杆间距及钻锚杆孔深度由支护参数决定。

2. 喷射混凝土

是否应在 TBM 刀盘后部平台上进行喷射混凝土作业，要根据围岩变化来决定。为了及时封闭、稳固围岩，在围岩出露护盾后，立即喷射混凝土。喷射混凝土可采取人工喷射或 TBM 后配套上的喷射混凝土设备。当 TBM 在软弱围岩地段掘进时，建议采用人工干喷，其可控性好、针对性强，弥补了 TBM 后配套上喷射混凝土设备距掌子面较远不能及时喷射的缺陷。

3. 安装钢拱架

钢拱架包括格栅及各类型钢，型钢钢拱架也有刚性和可收缩式之分。钢拱架安装时，必须保证钢拱架紧贴岩面，使钢拱架保持竖直度及钢拱架连接螺栓和夹板螺栓坚固。两榀钢拱架之间可用螺纹钢搭焊，以增加其刚度。

2.3.4.3 衬砌施工

1. 喷射混凝土衬砌

喷射混凝土衬砌从喷射材料上区分，可分为素混凝土和钢纤维混凝土，作为隧道围岩的永久性衬砌，应用于围岩支护结构、防水等。

为提高混凝土拌和质量，喷射混凝土宜采用湿喷工艺、大面积喷射应尽量使用机械手。手工喷射时，注意喷嘴与受喷面的距离和角度，掌握喷射顺序，防止喷层的滑动脱落。较厚喷层可分层分次，一次不能太厚，注意分层喷射的时间间隔。在制作钢纤维混凝土时，钢纤维加入量为喷射混凝土体积的 1.5%左右，坍落度可控制在 10～12cm，使用钢纤维混凝土喷射设备应能满足隧道 TBM 施工进度要求，且与其他相关工序作业时间相配套。

当采用钢筋网喷射混凝土施工时，钢筋与壁面的间距宜为 15～30mm，钢筋网格的尺寸不小于 150mm。此外，当受喷面为岩面时，钢筋网宜在岩面喷射一层混凝土后铺设，而当受喷面为土层时，应将壁面修饰平整后，再铺设钢筋网。

2. 预制混凝土管片拼装

对于双护盾 TBM，隧洞掘进和管片安装两种施工工艺活动将同时进行，在尾盾处设有管片安装器，其形式为机械夹持式和真空式 2 种，安装在支撑护盾结构的悬臂梁上。为精确安装管片，管片安装器应能完成 6 个独立的安装动作，采用管片安装器将管片沿洞径向安装，首先安装底管片和顶管片，然后安装侧向管片，一环管片安装用时 15min。安装中应采取措施，将管片环向接缝控制在适当范围内，并尽可能减小纵向缝的宽度。通过弯道时，要尽可能减少弯道内侧的接缝宽度，以保证弯道外侧接缝内的止水条相互接触，必要时对超过设计缝宽的洞段先嵌填止水条然后再勾缝，发挥止水作用。

3. 管片回填灌浆

TBM 掘进后，在围岩和管片外的环形空间，需要填充豆砾石并注浆，以使管片衬砌与围岩形成整体结构，共同受力，达到封闭管片衬砌和防水效果。回填灌浆工艺取决于围岩条件：当围岩可能坍塌时，需在盾尾处及时回填；如果围岩条件良好，则可通过管片注浆孔进行回填。

回填灌浆采用先吹填豆砾石后注浆方式。通过高压风从管片预留压浆孔向管片与隧道间隙吹填豆砾石，充盈率达到 70%后，在距盾尾 10 环处注入水泥砂浆，以充填豆砾砂孔隙，达到固结作用。当采用超声波探明环状空间未注满，间隙较大时，应及时进行固结注浆。

4. 模筑混凝土衬砌施工

衬砌在围岩或支护基本稳定后施作，采用由下而上，先墙后拱的顺序浇筑，浇筑时需保证有足够的混凝土连续生产能力以及适宜的衬砌台车供应。衬砌台车的长度即单次模筑混凝土段长度，应根据施工进度要求、混凝土生产能力和浇筑技术要求以及曲线隧道的曲线半径等条件来确定，一般为 9～12m，此外衬砌台车腹部应留通行空间，以保证洞内运输的畅通，并在上部应留通风管通过。衬砌台车主要有简易衬砌台车、全液压自动行走衬砌台车和网架式衬砌台车。其中，全液压衬砌台车又可分为边顶拱式、全圆针梁式、底模针梁式、全圆穿行式等。此外，施工还将用到提升滑模、顶升滑模和翻模等。采用台车衬砌施工工序一般为施工准备、断面检查、放线定位、模板准备、衬砌台车就位、混凝土制备与运输。

施工时应注意的关键问题包括衬砌施作时机选择和拱部回填。其中拱部回填用模板台车、混凝土泵施工的混凝土，在拱顶上方因不能精确把握混凝土浇筑量或由于排气不畅易出现空洞，将直接影响衬砌安全，施工时应改进操作方法，采用封拱顶工艺进行施工，确保气体排出顺畅，同时采用先进的衬砌背后密实度检测仪，对已衬砌地段进行检查，有空洞及时处理，改进浇筑工艺。

2.4 TBM 出渣

掘进机施工是一多环节紧密联系的联合作业系统，掘进机开挖岩石时，边掘进边出渣，掘进与出渣同时进行，刀头破碎的岩渣由刀盘周边铲斗不断铲起，通过漏斗和溜槽卸到带式输送机上，在掘进机和后配套之间的连接处转载到后配套输送机上，然后由皮带输送机装渣装置直接卸料装入洞内出渣设备。由此可见，掘进机施工出渣的特点是连续出渣，出渣强度高。运输强度应能满足掘进机最大掘进速度的要求，否则掘进机就不能发挥快速掘进的优势，利用率大为降低，因此隧洞出渣运输是影响掘进速度的关键因素之一。

根据掘进机施工出渣特点，综合考虑隧洞的断面形状、尺寸、坡度和工程施工条件，掘进机施工选用的出渣设备应具备运输量大、速度快、牵引力强、污染小的特点。通过研究隧洞出渣运输方式，选择适宜的出渣运输设备，以利于隧洞的快速施工，保证施工工期。

2.4.1 隧洞出渣方式

隧洞出渣主要有有轨运输、无轨运输及皮带式输送机运输三种形式。有轨运输一般是指机车牵引矿车出渣，牵引机车有低污染的内燃机车、电瓶车及电力机车等。电瓶车具有使用灵活、维修保养简单、无污染等优点，但是使用寿命短、故障率高等问题，一般只用于中、小隧洞中小吨位的车辆牵引。而电力机车结构简单、工作可靠、维护方便，对地下隧洞施工无污染，有利于高海拔环境下的洞内作业，但是一次投资太高，需要架线，对作业空间和人员通行有一定的影响，且存在安全隐患。上述两种有轨运输方式，虽然不存在洞内污染问题，但是不能满足掘进机施工时连续、安全并高强度的出渣要求，对于长隧洞工程不宜采用。低污染的内燃机车牵引的有轨运输具有牵引力大、运输量大、速度快等特点，在安全制动距离、效率及机动性、成本等诸多方面均优于上述两种方案，适用于长大隧洞的出渣，但是其存在洞内污染问题，相对于其他有轨运输方式，应加强对通风系统的管理，洞内通风费用相对较高。

无轨运输是指采用轮胎式（汽车）运输机械出渣，无轨运输机动、灵活，出渣能力有限，为适应掘进机出渣必须选用大吨位的运输车辆，这就带来了隧洞内空气污染问题，对于高海拔、缺氧的深埋长隧洞施工是极不利的，由于其运输系统污染严重、隧洞通风费用高，对于开挖长度大于 4.5km，不宜采用无轨运输。

皮带输送机运输是指连续胶带机运输，其特点是出渣效率高、无污染、所需的通风费用低，随着近年来施工新技术的应用，皮带出渣系统的性能及技术指标都发生了变化，皮带运输的距离加长、带速增高、运输效率增加，因此对于长隧洞施工出渣系统也是重要的发展方向。

根据在国内外长大隧洞施工中运输方式的使用和比较，各种运输方式的适用条件及经济合理标准见表 2.4。

从上述出渣运输方式的比较分析可知，针对长隧洞出渣，运输方式应选择低污染的内燃机牵引的矿车（梭式矿车）和连续皮带输送机运输，不适合无轨汽车运输。

表 2.4　隧洞出渣方式比较表

类别	运输设备		经济合理标准及适用条件
	运输机械	牵引机械	
有轨	1. 矿车“V”形斗车，侧、底卸矿车。 2. 梭车。 3. 槽式列车	1. 蓄电池式电机车。 2. 架线电机车。 3. 内燃机车	1. 适用于各种断面，坡度小于2%。 2. 适用于长度大于4.5km的大隧洞出渣
无轨	自卸汽车，单向或双向行驶		1. 适用于坡度小于12%的大断面。 2. 适应于洞口距开挖面长度小于2.0km的隧洞出渣。 3. 洞内通风条件良好
带式输送机	连续皮带机		1. 适用于坡度小于22%大断面。 2. 适用于长度大于4.5km的大隧洞出渣。 3. 单向输送物料

2.4.2 长隧洞出渣方案选择

有轨运输方式和皮带运输方式相比各有优缺点，对于连续皮带机运输方式，其出渣连续，与掘进机的后配套出渣输送机相适应，无须等待渣车，可以使掘进机获得较高的利用率，并无需大量的操纵人员，减少了洞内施工人员数量及劳动强度。但是缺点是在掘进出渣过程中，皮带机需随工作面不断延伸，当洞内运输距离过大时，不仅皮带延伸工作量大，而且移动困难，洞线长，管理维修作业量大，每一段的故障都将控制着掘进机的运行，一旦皮带机某一部位发生故障，出渣系统将全线停工，给掘进机的操作和故障检查带来很大困难。此外，隧洞施工中，存在洞内和洞外双向运输，皮带机只能满足洞内渣料的单向运输，不能满足洞外管片、材料的输送，而这些材料的运送需要另外配置运输设备，这样洞内需要布置两套不同形式的运输方式，施工干扰大，因此皮带运输方式适用大断面隧洞施工，同时初次投入较大。总之，皮带机出渣有上述缺点，但其系统作业生产率高，生产人员少，相应的掘进机后配套系统简化，使这种运输方式具有较好的优越性。

内燃机车牵引的有轨运输具有牵引力大、运输量大等特点，近年来，梭式矿车又在向大吨位、不摘钩自动卸车、更安全的方向发展，它适宜于长大隧洞的出渣，同时又能满足掘进机施工过程中洞外管片、材料的运输问题。但是由于其动力为内燃机车，洞内污染较重，尤其是对在高原环境条件下的深埋长隧洞工程的施工而言，隧洞的施工通风难度将增大，但对于长隧洞工程来讲，此运输方案技术成熟，该方式仍较多采用。目前国内已竣工的引大入秦工程位于甘肃省境内，采用5.53m直径掘进机施工，洞内运输采用$7\times8m^3$的梭式矿车运输方式；引黄入晋总干线6～8号洞，由6.125m直径的掘进机施工，采用9～$10m^3$矿车运输出渣，其显著优点是仅一个系统即可解决隧洞施工的出渣和洞内外管片、材料的运输。

总之，两种出渣方案需针对特定工程隧洞施工条件、断面尺寸和型式的组合，以及支洞开挖面的大小、坡度等，并结合施工工效成本及工期效益，开展方案比选确定。

2.4.3 出渣运输系统构成及布置

2.4.3.1 连续皮带机

随着TBM向前掘进，皮带架不断安装，并在侧墙上向前延伸（或由固定在洞顶的链条悬挂洞内)。皮带机尾段安装在后配套系统台车上，随后配套系统向前移动，移动尾段装有上下、左右和倾斜可调整机构，以方便皮带机的调偏。皮带储存仓一般一次可储存长约 500m 的皮带，随着 TBM 的掘进，皮带在液压张紧装置的控制下不断向外释放。

当连续皮带运输机出渣时，运输机的能力也应满足掘进机出渣要求，参考《施工机械手册》上册，皮带机宽度按下式计算：

$$B=\sqrt{\frac{Q}{KV\gamma G}} \tag{2.13}$$

式中：B 为皮带机宽度，m；V 为皮带速度，m/s，受运料粒度等影响；Q 为输送量，t/h；K 为断面系数，取 385；γ 为料物堆积比重，t/m^3；G 为倾角系数，取 0.8。

1. 连续皮带机移动尾段

连续皮带机移动尾段安装在 TBM 后配套系统上，承接后配套系统皮带机卸下的石渣，随 TBM 掘进跟随皮带机一起向前移动。移动尾段通过与后配套系统连接的液压缸可以实现上下、左右和倾转的位置调整，从而调整和补偿皮带机的跑偏。在移动尾段前端，可以不断向前延伸安装皮带架和回程边托辊，通过移动尾段的工作窗口可安装承载边槽型托辊

2. 连续皮带机皮带储存仓

皮带储存仓由带导轨的机架、左右两个带多层滚筒的移动小车、张紧液压缸等组成，皮带通过相距一定距离的两个含多层滚筒的移动小车来回缠绕，从而可以存储约 600m 长的皮带，通过液压动力站操纵与小车用钢丝绳连接的液压缸张紧皮带。TBM 掘进带动后配套系统上的移动尾段向前延伸，皮带仓的两滚筒小车相向而行，不断趋近，从而释放皮带仓内存储的皮带，一次存储的皮带可使 TBM 掘进约 250m。

3. 连续皮带机驱动装置

连续皮带机驱动装置主要由驱动电动机、减速箱、驱动滚筒、卸渣滚筒、机架、卸渣斗等组成。渣量大、距离长、上坡运渣的轨道中间可设辅助驱动装置。每个驱动装置主要由变速箱、滚筒、多个驱动电机组成，随着 TBM 不断向前掘进，可以逐级启动驱动电机。驱动电机一般采用可以降低启动时皮带机冲击的变频驱动。连续皮带机一般由 PLC 控制，此举可协调启动时皮带自动张紧装置及各驱动装置，主 PLC 控制柜可以控制皮带机的停止和启动，其一般设于皮带驱动装置附近。此外，皮带机控制系统和掘进机控制也有接口，因此 TBM 司机也可以控制皮带机的停止和顺序启动。

4. 连续皮带机皮带架

连续皮带机皮带架悬挂在洞顶或安装在洞壁上，主要由斜撑、水平梁、回程托辊、边轨、承载槽型托辊等部分组成。斜撑、水平梁、回程托辊、边轨都是在移动尾段的前部不断向前延伸安装。

2.4.3.2 机车运渣方案

内燃机车牵引有轨运输出渣系统由刀盘铲斗、胶带运输机、卸渣机、渣车、内燃机车牵引、翻车机等部分组成。内燃机车牵引有轨运输出渣系统的工作过程为出渣与进料运输车辆进入 TBM 主机尾端的后配套移动式拖车系统，将施工用料与构件运至工作面。弃渣由安置在平台车顶上的胶带输送机卸入列车的渣车内。运渣车由内燃机车牵引至洞外卸渣

点，由翻车机卸渣。

1. 列车数量选择

列车数量 N 主要根据TBM掘进循环时间 T_1 及列车运行循环时 T_2 确定。当TBM连续作业时，列车数量可通过公式 $N=T_2/T_1$ 计算后，将其结果取整即可。其中 T_1 为包含TBM换步在内的掘进循环时间；T_2 为包括列车装渣、运行、卸渣、装料、编组等全部作业时间。

2. 机车数量选型配置

机车车辆的选型和配置数量应满足以下基本要求：

（1）每列车的运输量要满足掘进机一个循环所需的弃渣和材料进出量。

（2）机车车辆的外形尺寸要满足列车在隧洞内运行时两股轨道间彼此不影响，同时列车要满足翻车机对其外形尺寸及重量的要求。

（3）机车所能提供的牵引力要大于重载列车启动及在轨道上运行的牵引阻力。

3. 牵引力计算分析

计算机车牵引力的目的，是为在不同的运输条件和要求下，合理配置机车数量提供依据。以下按不同的运行速度下、最不利的重载上坡条件下进行计算分析，牵引力计算公式如下：

$$F=W_pP+W_qQ+(W_i+W_e)(P+Q) \tag{2.14}$$

式中：P 为一台机车的重量，t；Q 为运行车辆自重与载重量之和，t；W_p 为机车单位质量的基本阻力，N/t，$W_p=10.4+0.126V+0.001382V^2$；$W_q$ 为车辆单位质量的基本阻力，N/t，$W_q=10.7+0.011V+0.00236V^2$；$W_i$ 为列车单位质量的坡度阻力，N/t，$W_i=i$；W_e 为列车单位质量启动阻力，N/t，$W_e=20+3i$。

机车驱动牵引力的计算公式为

$$F_k=3600N_e\eta V \tag{2.15}$$

式中：N_e 为内燃机功率，kW；η 为传动效率；V 为列车牵引速度，km/h。

2.5 TBM施工排水

施工排水包括施工废水、地下渗水、生活污水及不可预见来水。施工排水应根据设计要求并结合实际情况引水归槽，集中引排，设置排水系统，确保排水畅通，保障隧洞施工安全。施工中产生的废水，应经处理达标后排放。隧洞施工排水主要的施工流程如图2.16所示。

施工前要对场区内水文地质进行详细调查，收集分析区域内地质构造、水文气象等资料，制定有效的施工排水方案。方案中包括：①洞内涌水量估算、排水方案和排水设备配置；②由于大量地下水从隧洞排出后可能影响地表的生态环境，因此需采取相应工程措施尽量防止洞内出现大量的渗漏水；③应有专项预防措施，对排出的施工废水要进行净化（化学或物理过滤）处理，达标后方可排出；④考虑突涌水等紧急情况时的应急预案，备用足够的水泵，增加排水量，排水泵的容量要比最大涌水量大30%～50%，重要部位需设备用电源。

2.5.1 顺坡排水

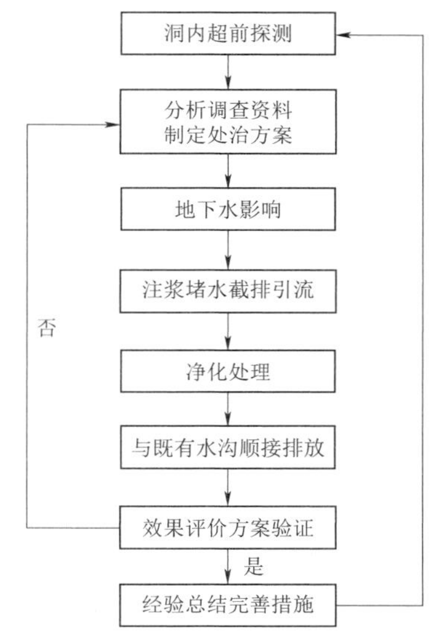

图 2.16 隧洞施工排水施工流程图

在未衬砌洞段设置排水沟、已衬砌地段应结合或尽快完成设计结构排水系统、仰拱施工时，于洞内设置集水坑，将水抽至洞外，利用已施工的侧沟将洞内各类水顺坡自然排出洞外。施工时需注意以下事项：

（1）洞内顺坡排水时，在隧洞单、双侧设排水沟，排水沟断面及坡度应能满足渗漏水和施工废水的排出需要，并且排水沟应经常清理以防堵塞。

（2）施工时临时排水沟的设置应与永久排水沟统筹考虑。

（3）在膨胀岩、土质地层、围岩松软地段，根据需要铺砌水沟或用管槽排水。

（4）仰拱施工时可在作业区前端设置临时集水井，妥善解决排水管路跨基坑问题。

（5）底板坡面应平顺，浇筑底板混凝土应考虑作业期间基坑排水，确保排水畅通。

2.5.2 反坡排水

洞内反坡排水一般采用分级排水，根据隧洞内反坡排水距离、纵坡大小等因素确定抽水设备规格和分级排水的级数，具体如下：

（1）对于较长反坡排水距离，采用分级设置临时集水井或临时储水仓、中转泵站，分级排水方式排水。通过抽水设备、排水管道将洞内水逐级抽排出洞外。

（2）对于较短反坡排水距离，在掌子面或相应位置设置集水坑，采用大功率水泵、较大直径排水管道，将洞内水直接抽排出洞外。

反坡排水施工需注意以下事项：

（1）长大隧洞在地下水发育地段进行反坡施工（包括斜井、竖井施工）时，反坡排水系统应具有两个独立的供电系统。

（2）反坡排水时，配备抽水机的抽水能力应大于预测最大涌水量20%以上，并应有足够数量的备用抽水设备，同时满足施工要求。

（3）洞内反坡排水应采用机械抽水，主要有下列两种方式：一是隧洞较短、线路坡度较缓时，分段开挖反坡侧沟，在侧沟每一分段上设一集水坑，用抽水机将水排出洞外；二是隧洞较长、涌水量较大时，开挖面的积水宜通过小型水泵抽到最近的集水坑内，再用抽水机从集水坑通过水管直接或分段将水排出洞外。

2.5.3 钻孔排水

通过超前地质探测发现掌子面前方有可能给施工带来危害的地下水体，且与地面水体无连通时，可以通过钻孔排水消解风险。钻孔排水施工时采取下列安全预防措施：

（1）非钻孔施工人员必须撤出。

（2）当隧洞向下坡开挖时，应备足抽水设备。

（3）孔口应预先埋管设阀，控制排水量，防止钻孔时承压水冲击及淹没坑道等灾害发生。

(4) 钻孔至预期深度尚未出水时，可会同相关专业部门，重新判定地下水情况。

2.5.4 辅助坑道排水

在岩溶地区，探明有地下溶洞与地面水体贯通或有地下暗洞时，设计上通常采用泄水洞排除地下水，以方便施工，通常采用平行导坑、横洞、斜井等增加工作面。这些辅助坑道的施工排水应因地制宜实施。辅助坑道口截水、排水系统和防冲刷设施，应在辅助坑道施工前按设计要求尽早完成。辅助坑道洞门应尽早施作。

2.5.5 高压富水地层施工排水

高压富水地层TBM掘进风险高，针对地下水的情况，综合采取以下措施：

(1) 施工设备应配备耐高水压的盾尾密封、铰接密封和主轴承密封。

(2) 通过配备二次补注浆设备，进行壁后充填。

(3) 采取超前地质预报获取地下水分布、水压及水量。

(4) 加强排水能力，采用高扬程水泵配合输送泵管直接排出洞外的方式进行排水。

(5) 在管片合适位置开孔进行排水降压，并将泄水排出洞外。

(6) TBM刀盘后部潜水泵抽排水和设备各系统冷却用水经管路进入后配套污水箱，当污水箱的水位接近最高水位线时启动污水回水泵，将污水排入后部沿程集水井。

(7) 可将供水、供风管路洞内、洞外接头拆开，接入排水系统中，作为应急排水管路。

(8) TBM的电气设备应注意防潮，提前做好保护措施。

第3章　TBM设备适应性及选型

3.1　TBM设备类型及优缺点

3.1.1　TBM的基本类型

TBM是集机械、电气、液压、激光、信息技术为一体的大型成套隧洞施工专用设备，是一座移动的隧洞施工工厂。

目前应用于隧洞的TBM主要有三种类型：即敞开式TBM、护盾式TBM和复合式TBM，护盾式TBM又分为单护盾TBM和双护盾TBM，复合式即为护盾式与敞开式的组合体。

随着盾构技术的发展，其适用范围越来越广，盾构机与TBM间的界线也越来越模糊。如大连地铁5号线跨海隧道，穿越中、强风化板岩，钙质板岩，白云质灰岩和中风化灰绿岩，岩石最大单轴抗压强度116MPa，采用直径12.26m复合式刀盘泥水平衡盾构施工；深圳春风隧道穿越地层为花岗岩、片岩、变质砂岩、凝灰质砂岩、糜棱岩，岩石最大单轴抗压强度173.7MPa，采用直径15.80m复合式刀盘泥水平衡盾构施工。

3.1.1.1　敞开式TBM

1. 敞开式TBM的一般配置

敞开式TBM护盾较短，除刀盘、主轴承及主驱动、拱架安装器外，其他主机设备均敞露于隧洞围岩之下。敞开式TBM具备钻爆法施工的全部功能，可实现掘进、出渣、安装钢拱架、钻设锚杆孔、挂钢筋网（人工辅助）、超前支护或预注浆等。敞开式TBM主机长20多米，按其支撑类型，可分为单水平支撑和双X支撑两类，后者目前已较少使用。

敞开式TBM由主机、主机辅助设备、后配套及后配套辅助设备组成。

敞开式TBM主机主要由刀盘及刀具、刀盘护盾、主轴承及主驱动、润滑系统、主梁、推进油缸、水平支撑及后支撑、主机胶带输送机、液压系统、电气及控制系统、操作室等组成。

主机主要辅助设备有：超前钻机、钢拱架安装器、L1区应急喷混凝土系统（视需要配置）、L1区锚杆钻机（视需要配置）、钢筋网辅助安装装置、L2区喷混凝土系统、L2区锚杆钻机、二次通风系统、除尘系统、数据采集及处理和传输系统、激光导向系统等。

2. 敞开式TBM主要部件及功能

（1）刀盘及刀具。刀盘是由钢板焊接的结构件，刀盘与主轴承转动组件通过专用高强螺栓连接。滚刀安装于刀盘上，刀盘旋转时，滚刀随着刀盘公转，同时还绕着滚刀刀轴自转。常用滚刀型号为432mm（17in）和483mm（19in）。

(2) 主轴承。主轴承是实现刀盘转动、传递刀盘破岩所需推力的部件，其大齿圈前端与刀盘螺栓连接，电机经减速机驱动小齿轮转动，小齿轮通过啮合带动大齿圈转动、从而驱动刀盘转动。主轴承设计寿命一般15000～20000h。

(3) 主驱动。主驱动主要包括驱动电机、减速机、小齿轮等。驱动电机是为TBM刀盘提供转动扭矩的动力装置，一般为变频电机；减速机是将电机的快速转动通过行星齿轮减速机转化为小齿轮的较低转速的机器。

(4) 护盾。敞开式掘进机护盾由顶护盾、侧护盾、下支撑等多块盾体及与之相连的油缸组成，油缸的联合伸缩可使护盾直径增大或缩小。护盾的作用是保护盾体内设备及承载主机前部重力。

(5) 主梁。主梁是箱式或圆筒状钢结构梁，其主要作用是传递推进油缸产生的推力和提供刀盘回转阻力矩。主梁内腔可布置主机胶带输送机。

(6) 推进油缸。推进油缸前端与主梁连接，后端与水平支撑连接，其作用是产生掘进所需推进力，油缸的伸缩可实现机头的推进和掘进换步。

(7) 水平支撑及后支撑。水平支撑是提供推进力反力的组件，由支撑架、支撑液压油缸、靴板组成，支撑油缸伸长时，靴板撑紧洞壁，为连接于支撑架上的推进油缸提供推进所需反力（即靴板与洞壁间的摩擦力）。靴板上设有拱架槽，在撑靴通过钢拱架支护段时拱架槽将已支护的钢拱架嵌入槽内，以免将其破坏。

后支撑连接于主梁尾部，用以支撑掘进机主机后部重量和实现换步。

(8) 主机胶带输送机。主机胶带输送机用于把TBM掘进产生的岩渣向后传输，经后配套胶带输送机转运至渣车或经隧洞连续胶带输送机、支洞胶带输送机输送至洞外，实现与TBM掘进同步出渣。

(9) 超前钻机。超前钻机安装敞开式TBM支护平台后方，主要用于地质钻探（可取短岩芯）和钻设超前支护或超前注浆孔。

(10) 钢拱架安装器。钢拱架安装器用于安装钢拱架，可实现拱架段的抓举、旋转，栓接成环后沿洞轴线移动一小段距离就位，并撑紧洞壁。

(11) L1区锚杆钻机。L1区锚杆钻机位于护盾后方、支护平台两侧，用于钻设锚杆孔。锚杆钻机沿其齿圈做切向运动，因此只能钻设与洞壁斜交的锚杆孔。锚杆钻机单杆钻进深度受其齿圈切线长限制，小直径隧洞单杆钻进深度小，反之则大。

(12) L2区喷混凝土系统。L2区喷混凝土系统由混凝土泵、导梁、喷射机械手等组成，导梁可沿其齿圈环向运动，喷射机械手沿导梁纵向运动，可使混凝土均匀喷射于洞壁。L1区配置应急喷混凝土系统时，一般与L2区喷混凝土系统接共用喷射泵。敞开式TBM主机结构如图3.1所示。

3.1.1.2 单护盾TBM

1. 单护盾TBM的一般配置

单护盾TBM由主机、主机辅助设备、后配套及后配套辅助设备组成。

单护盾TBM主机主要由刀盘及刀具、主轴承及主驱动、润滑系统、护盾、推进油缸、主机胶带输送机、管片安装机、液压系统、电气及控制系统、操作室等组成。

主机主要辅助设备有：超前钻机、刀具运输装置、二次通风系统、除尘系统、数据采

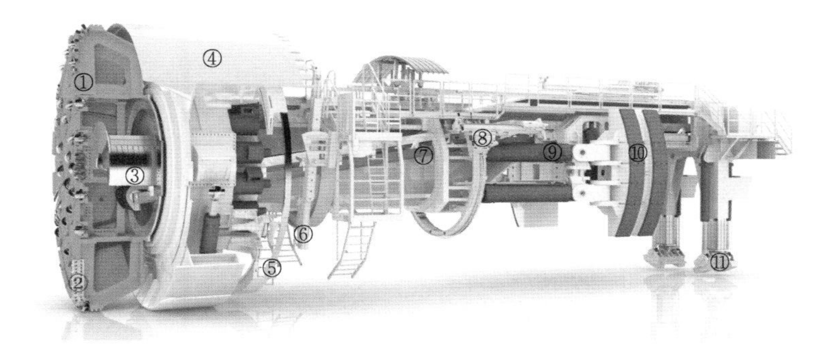

图 3.1　敞开式 TBM 主机剖视图

①—刀盘；②—铲斗；③—出渣环；④—顶护盾；⑤—钢拱架安装器；⑥—锚杆钻机；
⑦—主机胶带输送机；⑧—超前钻机单元；⑨—推进油缸；⑩—撑靴；⑪—后支撑

集及处理系统、激光导向系统等。单护盾 TBM 主机长一般 10.5m 左右，如图 3.2 所示。

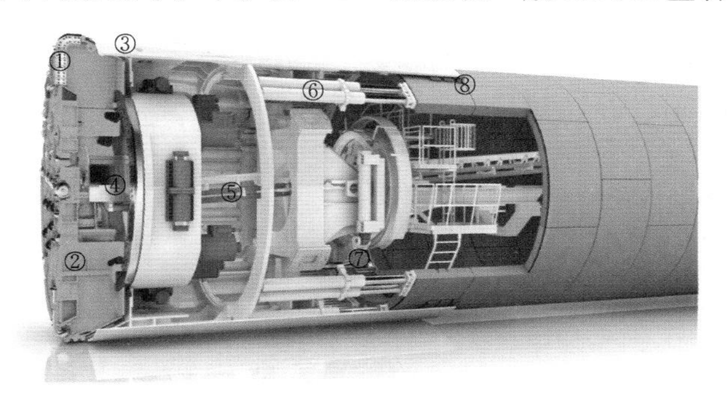

图 3.2　单护盾 TBM 主机剖视图

①—铲斗；②—刀盘；③—护盾；④—出渣环；⑤—主机胶带输送机；
⑥—推进油缸；⑦—管片安装机；⑧—豆砾石及回填灌浆

2. *单护盾 TBM 主要部件及功能*

（1）刀盘及刀具。单护盾 TBM 刀盘及刀具的结构与功能与敞开式 TBM 相同。

（2）主轴承及主驱动。单护盾 TBM 的主轴承及主驱动的结构与功能与敞开式 TBM 相同。

（3）护盾。单护盾 TBM 护盾分为前盾、中盾和尾盾，护盾为盾体内主轴承及主驱动、推进油缸、管片安装机等设备提供保护。尾盾上设有尾盾密封，其作用是防止充填豆砾石、回填灌浆浆液从盾尾间隙流向盾壳内。

（4）推进油缸。推进油缸前端固定于前盾内的刀盘支撑上，后端靴板顶推在已安装管片前端面，通过液压传递对活塞杆产生较大推力，活塞杆向外推出，为 TBM 掘进提供推进力。

（5）主机胶带输送机。单护盾 TBM 主机胶带输送机结构与功能同敞开式 TBM。

（6）管片安装机。管片安装机设置在尾盾的尾部，由平移机构、旋转机构、举升机构、抓举装置等构成，可完成管片的抓举和安装就位，一般采用真空吸盘方式抓举、安装。管片安装过程中由推进油缸为其提供临时支撑。

管片小车放置在设备桥下方，由管片吊机运送过来的管片在此临时存储，并可将管片转运到管片安装机的抓取范围之内，管片小车在牵引链的作用下随主机前进。

（7）超前钻机。单护盾 TBM 超前钻机结构及功能与敞开式 TBM 相同。

3.1.1.3 双护盾 TBM

1. 双护盾 TBM 的一般配置

双护盾 TBM 由主机、主机辅助设备、后配套及后配套辅助设备组成。

双护盾 TBM 主机主要由刀盘及刀具、主轴承及主驱动、润滑系统、前盾及稳定器、主推进油缸、伸缩护盾、支撑护盾及撑靴、尾盾、辅助推进油缸、主机胶带输送机、管片安装机、液压系统、电气及控制系统、操作室等组成。

主机主要辅助设备有：超前钻机、刀具运输装置、二次通风系统、除尘系统、数据采集及处理系统、激光导向系统等。双护盾 TBM 主机长一般 12m 左右，如图 3.3 所示。

图 3.3 双护盾 TBM 主机剖视图

①—刀盘；②—前盾；③—出渣环；④—稳定器；⑤—主推进油缸；⑥—伸缩护盾；⑦—扭矩油缸；⑧—主机胶带输送机；⑨—支撑护盾；⑩—撑靴；⑪—辅助推进油缸；⑫—管片安装机

2. 双护盾 TBM 主要部件及功能

（1）刀盘及刀具。双护盾 TBM 的刀盘及刀具的结构与功能同单护盾 TBM。

（2）主轴承及主驱动。双护盾 TBM 的主轴承及主驱动的结构与功能同单护盾 TBM。

（3）护盾。护盾分为前盾、伸缩护盾（含内伸缩护盾和外伸缩护盾）、支撑护盾和尾盾。TBM 掘进时护盾为其内主轴承及主驱动、主推进油缸、辅助推进油缸和管片安装机等设备提供保护。双护盾 TBM 伸缩护盾为内、外双层结构，外伸缩护盾与前盾连接、内伸缩护盾与支撑护盾连接。撑靴通过支撑护盾开口接触岩面，支撑油缸伸缩时撑靴撑紧或离开岩面。双护盾 TBM 撑靴无钢拱架槽。

前盾稳定器位于前盾上部，用于防止护盾机头的翻转并减小掘进过程产生的振动。

（4）主推进油缸。主推进油缸前端固定于前盾内的刀盘支撑上、后端固定于支撑护盾前端，支撑油缸伸长、撑靴撑紧洞壁时推进油缸可推进伸缩护盾以前部分及外伸缩护盾。

（5）辅助推进油缸。辅助推进油缸位于支撑护盾和尾盾内，后端靴板顶推已安装管片前端面，用于支撑已安装管片并推进支撑护盾以后主机部分。在围岩条件较差、撑靴无法工作时，辅助推进油缸可用作 TBM 推进油缸（即双护盾 TBM 的单护盾工作模式）。

（6）主机胶带输送机。双护盾 TBM 主机胶带输送机结构与功能与单护盾 TBM 相同。

（7）管片安装机。双护盾 TBM 主机管片安装机结构与功能与单护盾 TBM 相同。

（8）超前钻机。双护盾 TBM 超前钻机结构与功能与单护盾 TBM 相同。

3.1.1.4 复合式 TBM

复合式 TBM 有单护盾-敞开式复合 TBM 和双护盾-敞开式复合 TBM 两种类型，因单护盾-敞开式复合 TBM 尚无工程案例，本节不做过多介绍。

1. 单护盾-敞开式复合 TBM

单护盾-敞开式复合 TBM 为日本小松公司的概念机型，其主机构造如图 3.4 所示。其主要特征是在护盾内设有一组辅助推进油缸和管片安装机。

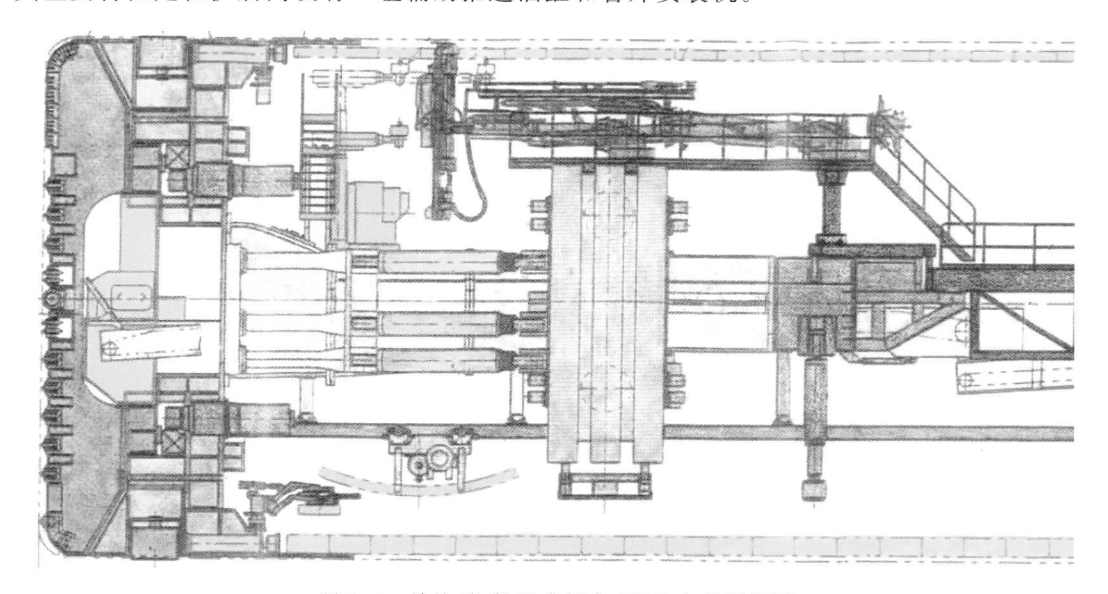

图 3.4　单护盾-敞开式复合 TBM 主机剖视图

2. 双护盾-敞开式复合 TBM

双护盾-敞开式复合 TBM 的一般配置。双护盾-敞开式复合 TBM 通常称为 DSUC（Double Shield Universal Compact 的缩写），即紧凑型通用双护盾。DSUC 配置有推进油缸、辅助推进油缸和锚喷支护设备，其兼具双护盾 TBM 和敞开式 TBM 功能。隧洞围岩完好时，DSUC 以敞开式 TBM 模式工作；隧洞围岩破碎，洞壁承载力低以致撑靴无法工作时，则采用辅助推进油缸顶推钢管片（采用钢拱架安装器安装）以单护盾模式掘进。其掘进模式较为灵活。DSUC 主机长一般为 11m 左右，如图 3.5 所示。

DSUC 主机与双护盾基本一致，但不配置管片安装机，并以指形护盾取代双护盾 TBM 的尾盾。

DSUC 主机主要辅助设备有：钢拱架安装器、锚杆钻机、超前钻机、喷混凝土系统、刀具运输装置、二次通风系统、除尘系统、数据采集及处理系统、激光导向系统等。

3. DSUC 主要部件及功能

（1）刀盘及刀具。DSUC 的刀盘与刀具的结构与功能与双护盾 TBM 相同。

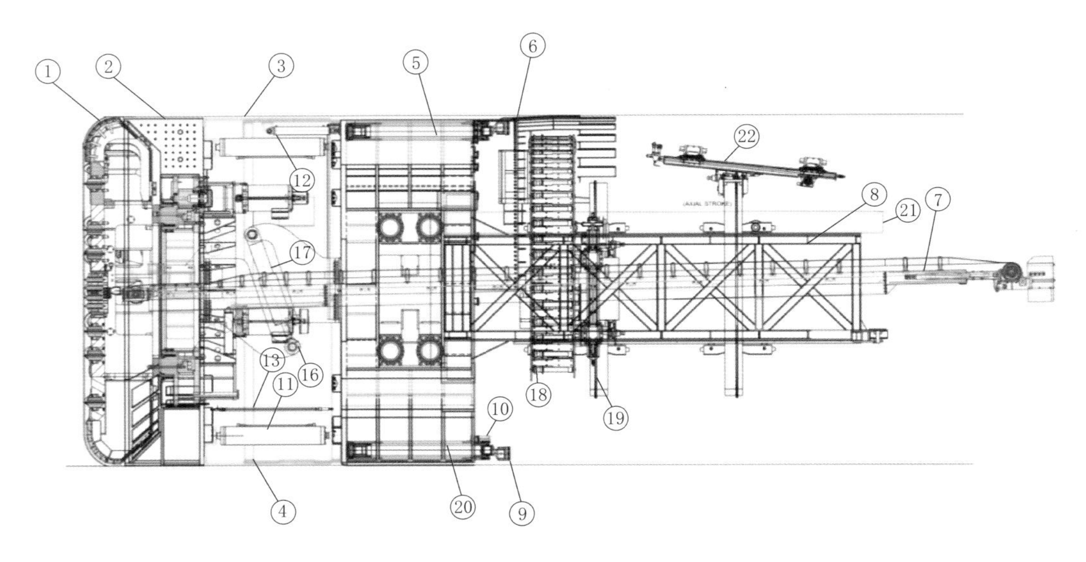

图 3.5 DSUC 主机剖视图

①—刀盘；②—前护盾；③—外伸缩护盾；④—内伸缩护盾；⑤—支撑护盾；⑥—指形护盾；⑦—主机胶带输送机；⑧—超前钻机和锚杆钻机主梁；⑨—辅助推进油缸靴板；⑩—辅助推进油缸靴板固定装置；⑪—主推进油缸；⑫—铰接油缸；⑬—行程测量油缸；⑭—轴承支撑；⑮—出渣环；⑯—扭矩臂；⑰—反扭矩油缸；⑱—钢拱架安装器；⑲—锚杆钻机；⑳—辅助推进油缸；㉑—二次通风管；㉒—超前钻机

(2) 主轴承及主驱动。DSUC 的主轴承及主驱动的结构与功能与双护盾 TBM 相同。

(3) 护盾。DSUC 的前盾、伸缩护盾（含内伸缩护盾和外伸缩护盾）、支撑护盾的结构与功能均与双护盾 TBM 相同，其尾盾为指形护盾。

(4) 主推进油缸。DSUC 主推进油缸的结构与功能与双护盾 TBM 相同。

(5) 辅助推进油缸。由于 DSUC 施工时采用锚喷支护，正常情况下其辅助推进油缸不工作，当隧洞围岩破碎，撑靴无法支撑洞壁提供推进力时，需采用单护盾模式工作。与双护盾 TBM 的单护盾工作模式不同，因 DSUC 的辅助推进油缸后部无可供支撑的预制混凝土管片，此时需先形成起始环为 DSUC 的单护盾工作模式提供推进反力。

(6) 主机胶带输送机。DSUC 主机胶带输送机结构与功能与双护盾 TBM 一致。

(7) 钢拱架安装器。DSUC 的钢拱架安装器位于指形护盾内，用于安装钢拱架，其可沿洞轴线移动一小段距离。

(8) 超前钻机。DSUC 超前钻机结构与功能与双护盾 TBM 一致。

(9) 锚杆钻机。DSUC 锚杆钻机结构与功能与敞开式 TBM 相同。

(10) 超前钻机及锚杆钻机主梁。超前钻机及锚杆钻机主梁为超前钻机和锚杆钻机的安装及行走支架，其腔内布置主机胶带输送机。

(11) 喷混凝土系统。DSUC 喷混凝土系统组成与功能与敞开式 TBM 相同。

3.1.2 各型 TBM 主要施工工艺

3.1.2.1 敞开式 TBM

1. 掘进

掘进时，刀盘旋转，水平支撑油缸伸长并使撑靴撑紧洞壁，收起后支撑，再伸长推进油缸向前顶推主梁并将推力传递至刀盘，刀盘上的滚刀随刀盘旋转并挤压、切割岩体，将其破碎为岩渣，岩渣经铲斗、溜渣槽落入主机胶带输送机上。随着刀盘前方岩体不断被破碎、输出，刀盘同时被向前推进。当推进油缸推进一个行程后，刀盘停止回转，将后支撑下伸至洞底以支撑机体重量，收缩水平支撑油缸使撑靴离开洞壁，再收缩推进油缸使水平支撑向前移一个行程，完成一掘进循环。

掘进机的水平调向由水平支撑油缸来实现，垂直调向由连接水平支撑架与主梁的垂直调向油缸来实现。

2. 钢拱架安装

钢拱架安装器位于护盾内，其可沿隧洞轴向移动一定距离。钢拱架安装器从支护平台逐节抓取、旋转拱架节，支护作业人员将相邻拱架节采用螺栓连接，逐节安装成环后，移出护盾外就位，再由张拉油缸向外张拉，完成最下两节拱架的封闭。钢拱架的最小间距取决于撑靴及拱架槽尺寸。

3. 锚杆钻孔及安装

敞开式TBM有两个支护区，分别为L1区和L2区，一般L1区布置2台锚杆钻机，L2区布置2台锚杆钻机。

L1区锚杆钻机布置于主梁前部、护盾后方，左右各一台，主要用于需及时实施的随机锚杆和部分系统锚杆孔的钻设。锚杆钻机沿环绕主梁的固定齿圈切向运动、切向钻设锚杆孔，钻孔轴线与岩面不垂直。L1区锚杆钻机一般可钻设上部240°～270°范围内的锚杆孔。锚杆钻机可沿隧洞轴向移动2～3m距离，当TBM向前掘进时，锚杆钻机以掘进相同速度向后运动，即锚杆钻机相对于洞壁处于静止状态，以便锚杆施工可与掘进同步进行。锚杆插入孔内后，即向孔内充填砂浆。

L2区锚杆钻机布置于后配套台车上，一般左右各1个，用于打设L1区尚未完成的系统锚杆孔的钻设，其施工工艺与L1区锚杆钻机相同。

4. 喷混凝土系统

喷混凝土系统也可分为L1区和L2区喷混凝土系统。L1区喷混凝土系统用于需及时施喷的混凝土的喷射，其喷射机构布置于L1支护平台，无定型设计，一般在TBM采购设计联合会时根据使用需要确定；L2区喷混凝土系统布置于后配套台车上、距掌子面数十米处，为自动化的喷混凝土系统，其喷射机械手可沿与洞轴线平行的导梁纵向移动，导梁可沿齿圈环向移动。根据混凝土喷射强度的需要，L2区可配置1～2个机械手。

L1区、L2区喷混凝土系统仅喷嘴位置不同，两者共用混凝土运输、速凝剂添加装置和混凝土输送泵。

混凝土运输采用轨道式混凝土搅拌运输车运至混凝土泵处，吊运就位后与混凝土泵联接，即可实施混凝土的喷射。

5. 出渣

TBM出渣与运输方式主要有列车轨道出渣运输系统和胶带输送机出渣运输系统。胶带输送机运输系统采用电驱动，可减少洞内内燃机械总功率，从而减少通风难度。

（1）列车轨道出渣运输系统。当隧洞出口为平洞时可采用列车轨道运输系统出渣，以下对此系统做简要介绍。

TBM 掘进与出渣同时进行，掘进时产生的石渣通过刀盘上的铲斗、刀盘背侧的溜槽在重力作用下滑落至主机胶带输送机上，再通过后配套胶带输送机装入出渣列车。每组列车挂有可容纳 TBM 掘进 2 个行程的出渣量的一组矿车。当一组矿车装满石渣后，由内燃机车牵引驶向洞口，运至洞外转渣场后由翻车机将渣车内的石渣卸入转渣坑内，如图 3.6 和图 3.7 所示。

图 3.6 两节渣车驶入翻车机

图 3.7 翻车机卸渣

(2) 胶带输送机石渣运输系统。

1) 主要组成。

胶带输送机系统自前向后由主机胶带输送机（1 号胶带输送机）、后配套胶带输送机（2 号或 2 号和 3 号胶带输送机）、隧洞连续胶带输送机、胶带输送机延伸安装平台、胶带仓及张紧机构、硫化台、卸渣头等组成，渣料经主胶带输送机、后配套胶带输送机、隧洞连续胶带输送机、支洞胶带输送机（经支洞出渣时）送至洞外转渣场。胶带仓每次预装 400～600m 胶带，可供掘进机掘进 200～300m。

2) 胶带延伸。

在 TBM 掘进过程中，胶带被连接在后配套上的胶带通过动轮从胶带仓逐渐拉出，胶带机延伸安装平台处的胶带处于悬空状态，当悬空长度达到 1.0～1.5m（一个胶带支架间距）时，从胶带机延伸安装平台上在此安装支架、托辊等，使隧洞连续胶带输送机得以延伸。当 TBM 掘进完 200～300m，胶带仓内储存的胶带已全部拉出，无法继续提供延伸所需的胶带时，将另一卷 400～600m 胶带运至硫化台处，断开连续胶带输送机的封闭胶带，将新胶带卷的两个端头与胶带系统内的两个端头硫化连接为一整条胶带。

3) 转渣。

TBM 从隧洞进、出口掘进时，转渣场设在洞外，可在卸渣点设胶带输送机转输至弃渣场，或采用装载机装、挖掘机装自卸汽车运至弃渣场。

TBM 掘进主洞以支洞作为出渣通道时，石渣经隧洞连续胶带输送机末端卸入渣斗，再转至支洞胶带输送机运至支洞洞口外，再采用自卸汽车转渣。

3.1.2.2 单护盾 TBM

1. 掘进

TBM 掘进时，刀盘转动，推进油缸伸长并顶推已安装管片前端面，提供推进反力，岩体受到纵向的挤压和刀具的环向切割而破碎，推进油缸持续推进一个行程后，分区收缩推进油缸，并安装该区管片，直至完成全环管片的安装，完成一个掘进循环。在 TBM 掘进过程中，石渣随着刀盘旋转沿刀盘背侧的溜槽在重力作用下滑落至主机胶带输送机，再经后配套胶带输送机输送至渣车或隧洞连续胶带输送机上。单护盾 TBM 无撑靴系统，只有一种工作模式。

2. 出渣

单护盾 TBM 可采用与敞开式 TBM 相同的出渣方式。

3. 管片运输及安装

从预制厂生产的管片，通过列车运至 TBM 后配套内 1 号台车处，沿轨道梁吊运到设备桥下方的管片运输小车上，并在此临时存储，在需要时再将管片转运到管片安装机能够抓取的范围之内，由管片安装机械手将管片安装就位。管片运输小车在牵引链的作用下随主机前进。

4. 豆砾石充填和回填灌浆

衬砌管片安装后和 TBM 掘进的洞径之间存在着 5～20cm 的间隙（根据盾体锥度、预留变形量确定，下部间隙小，上部间隙大），采用豆砾石（粒径为 5～10mm）充填，再对其空隙进行回填灌浆，使其成为类似细石混凝土的结构。豆砾石充填及回填灌浆既保证了施工期间管片的稳定，又能使管片与围岩形成整体联合承受外力作用。

（1）豆砾石充填。预制管片衬砌脱离护盾后立即进行豆砾石充填。将豆砾石罐车与豆砾石喷射机上料系统连接，打开卸料阀使豆砾石卸入胶带输送机的上料口，启动胶带输送机将豆砾石输送到豆砾石喷射机上方料斗，将豆砾石均匀输送到豆砾石喷射机接料口，在放料的同时启动豆砾石喷射机，通过压缩空气将豆砾石经管道压送至喷头、喷入管片外侧与围岩之间的空腔中。

（2）回填灌浆。回填灌浆在距豆砾石充填作业面后一段距离处进行，按先底拱、再边拱、后顶拱的顺序进行。灌浆施工采用环间分序、环内加密的原则。灌浆结束后，排除孔内积水和污物，采用特制微膨胀砂浆将全孔封堵密实和抹平。

3.1.2.3 双护盾 TBM

1. 掘进

双护盾 TBM 有两种工作模式，即双护盾工作模式和单护盾工作模式。

TBM 以双护盾工作模式工作时，首先将撑靴和前盾稳定器撑紧洞壁洞壁，刀盘开始转动，主推进油缸在液压作用下活塞杆向前推出，刀盘前方岩体在刀具挤压、切割下变成岩渣，并通过主机胶带输送机向后运输，主推进油缸将其前方机体推向前掘进一个行程。在 TBM 掘进过程中，同步进行管片的安装，如图 3.8 所示（管片为环宽 1.60m 六边管片时）。

当围岩破碎以致撑靴无法撑紧洞壁提供推进力时，采用单护盾工作模式掘进。TBM 以单护盾工作模式工作时，伸缩护盾的内伸缩护盾和外伸缩护盾完全重叠，前盾、伸缩护盾、支撑护盾和尾盾合成一体，推进油缸处于收缩状态。由辅助推进油缸顶推已安装管片产生向前的推力进行掘进作业，此时掘进和管片安装无法同时进行，掘进速度相应降低，如图 3.9 所示（管片为环宽 1.60m 六边管片时）。

2. 出渣

双护盾 TBM 出渣方式与单的护盾 TBM 相同。

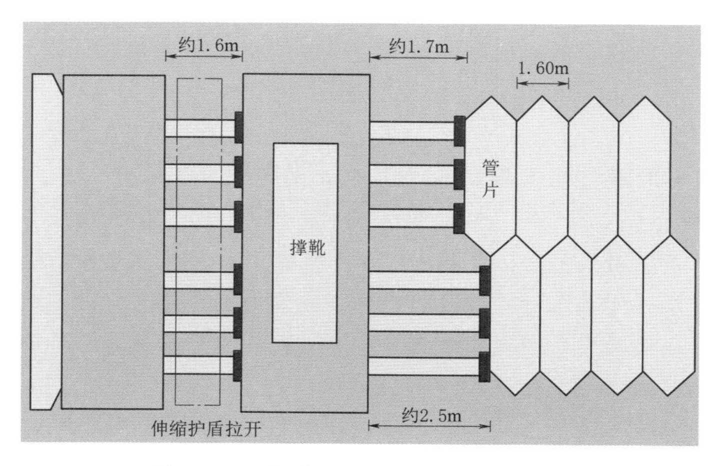

图 3.8 双护盾 TBM 的双护盾掘进模式

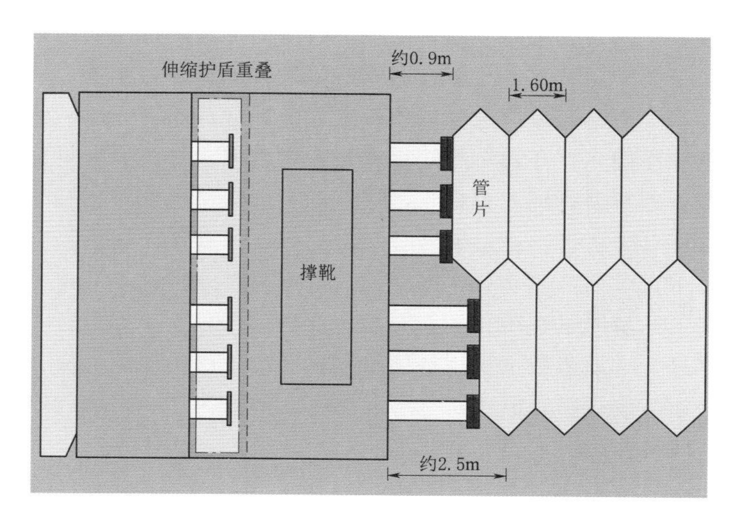

图 3.9 双护盾 TBM 的单护盾工作模式

3. 管片运输

双护盾 TBM 管片运输方式与单护盾 TBM 相同。

4. 管片安装

双护盾 TBM 以双护盾模式工作时，管片安装可与 TBM 掘进同步进行。当 TBM 向前掘进一个行程过程中，辅助推进油缸分区收缩，完成整环管片的安装。

双护盾 TBM 以单护盾模式工作时，管片安装与 TBM 掘进不能同步进行。伸缩护盾始终处于重叠状态，撑靴油缸始终处于收缩状态。此时，由辅助推进油缸推进 TBM，当 TBM 主机向前推进一个行程后，分区收缩辅助推进油缸完成整环管片的安装。

5. 豆砾石充填和回填灌浆

双护盾 TBM 豆砾石充填和回填灌浆工艺与单护盾 TBM 相同。

3.1.2.4 复合式 TBM

1. 掘进

在正常情况下，DSUC 的撑靴可支撑洞壁提供推进反力，主推进油缸提供推进力，在掘进过程中，同步进行锚喷支护施工；当围岩破碎，撑靴无法提供推进反力时，此时需启用辅助推进油缸，由辅助推进油缸提供推进力。但因 DSUC 施工隧洞采用锚喷支护，需先为辅助推进油缸设置反力设施（如反力架、钢管片环）。

2. 钢拱架安装

DSUC 钢拱架安装与敞开式 TBM 略有区别。DSUC 钢拱架安装器位于撑靴之后的尾盾内，因此，钢拱架间距不受撑靴尺寸限制。

3. 锚杆钻孔及安装

DSUC 锚杆钻孔及安装工艺与敞开式 TBM 相同。

4. 喷混凝土系统

DSUC 喷混凝土系统喷射工艺与敞开式 TBM 相同。

5. 出渣

DSUC 出渣方式与双护盾 TBM 相同。

3.1.3 各型 TBM 优缺点

3.1.3.1 敞开式 TBM

1. 优点

（1）支护手段较为灵活，具备钻爆法施工的全部支护手段。

（2）盾体较短，且可在一定范围内沿径向收缩，护盾卡机概率相对较小且较易处理。

（3）设备价格相对较低。

2. 缺点

（1）设备及施工人员暴露在隧洞围岩或初期支护之下，施工安全性比护盾式 TBM 低，尤其在强岩爆区施工存在较大安全风险。

（2）洞壁为软弱围岩时撑靴无法提供推进力，TBM 无法掘进。

（3）深埋长隧洞一般布置施工支洞困难，导致单工作面独头掘进长度大，若采用敞开式 TBM 施工，则需在隧洞贯通后再进行现浇混凝土衬砌，使 TBM 月成洞进尺大大降低。

（4）受撑靴宽度限制，钢拱架间距需为 900mm 左右（中型断面以上隧洞），小于此间距时，钢拱架不能嵌入撑靴上的拱架槽中，已安装的钢拱架将被撑靴压坏。为避免这一情况发生，需在撑靴通过前在已安装钢拱架周围喷射混凝土，将钢拱架埋入其中，这一过程大大降低了 TBM 的掘进速度。

（5）L1 区应急喷混凝土系统工作时，对设备污染大，需覆盖保护，导致施工效率降低。

（6）锚杆钻机沿环绕主梁的齿圈运行，钻孔方向与齿圈相切，因此，锚杆的单杆钻深受齿圈切线长限制，在中、小直径隧洞中，锚杆钻机单杆钻孔深度较小、且锚杆与洞壁不垂直，使锚杆有效长度减小。

（7）Ⅳ类、Ⅴ类围岩洞段一次支护占用掘进时间，TBM 纯掘进时间少，平均掘进进尺较慢。

3.1.3.2 单护盾 TBM

1. 优点

(1) 与敞开式 TBM 相比，单护盾 TBM 的设备和施工人员在护盾或已衬砌管片的保护之下，安全性及洞内施工环境相对较好。

(2) 与敞开式 TBM 相比，单护盾 TBM 由推进油缸向后顶推已安装管片提供推进力，不受围岩条件限制，在软岩段仍可掘进。

(3) 与双护盾 TBM 相比，单护盾 TBM 无伸缩护盾，盾体比双护盾 TBM 短，护盾卡机概率相对较低，卡机处理相对容易。

(4) 与双护盾 TBM 相比，单护盾 TBM 无伸缩护盾、支撑系统、辅助推进油缸，主机价格相对较低。

2. 缺点

(1) 与敞开式 TBM 相比，单护盾 TBM 盾体仍相对较长，护盾卡机处理相对困难。

(2) 与双护盾 TBM 相比，单护盾 TBM 无独立支撑系统，推进油缸同时承担着辅助安装管片的功能，管片安装时需停止掘进，即 TBM 掘进和管片安装不能同时进行，综合掘进速度比双护盾低。

(3) 因采用管片衬砌，单护盾 TBM 不宜用于内水压力超过 0.6MPa 的输水隧洞的施工，若采用则需对相应洞段进行固结灌浆加固。

3.1.3.3 双护盾 TBM

1. 优点

(1) 与敞开式 TBM 相比，双护盾 TBM 和单护盾 TBM 一样具有较好的安全性和软岩洞段的适应性。

(2) 与单护盾 TBM 相比，双护盾 TBM 有推进系统和辅助推进系统，掘进和管片安装可同时进行，掘进速度相对较高。

2. 缺点

(1) 与敞开式和单护盾 TBM 相比，双护盾 TBM 盾体相对较长，护盾卡机概率相对较高且卡机处理相对困难。

(2) 与单护盾 TBM 相比，双护盾 TBM 有伸缩护盾、支撑系统、辅助推进油缸，主机价格较高。

(3) 因采用管片衬砌，不宜用于内水压力超过 0.6MPa 的输水隧洞的施工，若采用则需对相应洞段进行固结灌浆加固。

3.1.3.4 DSUC

1. 优点

(1) 与敞开式 TBM 相比，DSUC 可由辅助推进油缸向后顶推已安装管片提供推进力，不受围岩条件限制，在软岩段仍可掘进。

(2) 与敞开式 TBM 相比，DSUC 撑靴位于拱架安装器前方，拱架安装间距不受撑靴宽度限制，在一定程度上提高了支护效率。

(3) 与护盾式 TBM 相比，DSUC 既可以护盾式模式掘进，又可以敞开式模式掘进，支护形式灵活，对地质条件适应性相对较强。

2. 缺点

(1) 与敞开式 TBM 相比，DSUC 盾体仍相对较长，护盾卡机概率相对较高且卡机处理相对困难。

(2) 与敞开式 TBM 相比，DSUC 钢拱架安装器位于指形护盾内（相当于双护盾 TBM 的尾盾位置），其一次支护时间相对滞后，在稳定性较差洞段掘进时易因支护不及时引起塌方、掉块等。

(3) 与单护盾及双护盾式 TBM 相比，DSUC 不配置管片安装器，采用拱架安装器安装钢管片效率低，通过不良地质洞段相对困难。

3.2 不同地质条件 TBM 的适应性

掘进机的设计制造和使用效率与隧洞围岩的地质因素密切相关，隧洞地质环境的优劣、岩石的强度、岩石的耐磨性及岩体的结构面发育程度等是决定是否采用掘进机及掘进机的效率能否发挥的主要因素。地质因素对掘进机工作条件的影响主要表现在两大方面：一是隧洞围岩的总体地质环境是否适宜于采用掘进机施工；二是决定围岩稳定性和坚硬程度等主要地质参数（围岩类别、岩石抗压强度、结构、构造及破碎程度等，还包括断层及其构造、地下水数量及性质等不良地质现象）对掘进机工作效率的影响。掘进机施工能否尽可能地发挥其效率，并达到安全、快速掘进的目标，主要取决于掘进机的工作条件，即取决于掘进机的工作对象——隧洞围岩的工程地质条件的好坏及与相应地质条件相适应的掘进机配套措施准备充分与否。

3.2.1 TBM 对不同地质条件的适应性

TBM 型式的选择主要考虑地质条件、隧洞埋深及其断面尺寸，尤其是洞线地质条件是确定掘进机型式最主要的因素。主要评价项目包括：岩性、围岩类别、节理情况、裂隙宽度、涌水情况、断裂破碎带宽度、膨胀岩存在的可能性等。其中，敞开式掘进机主要适用于岩石整体较完整—完整，有较好自稳性的硬岩地层（50～150MPa）。当采取有效支护手段并经论证，也可适用于软岩隧道，但掘进速度应予以限制。双护盾式掘进机主要适用于较完整，有一定自稳性的软岩—硬岩地层（30～90MPa）。单护盾式 TBM 主要适用于有一定自稳性的软岩—硬岩地层（5～60MPa）。

此外，根据国内外工程经验，尤其是国内贵州省的天生桥水电站、台湾省的林坪隧洞、云南省掌鸠河供水工程上公山隧洞的施工经验，认为当隧洞岩体为下列情况时不宜采用掘进机施工：

(1) 非圆形断面开挖，或开挖直径小于 3m 或大于 12m，掘进长度小于 3km，且有不宜使用掘进的弯角和坡度。

(2) 塑性变形大的岩体不宜采用掘进机施工，这类围岩因其岩石抗压强度低而围岩地应力高容易产生大的挤压塑性变形，会造成掘进机掘进效率大大降低，甚至掘进机被卡，损坏机械。

(3) 类砂性土构成的软弱围岩和具有中等以上膨胀性的围岩段，一般也不宜采用掘进机施工，特别不宜采用敞开式掘进机施工。

(4) 断层破碎带，主要是指那些由碎裂岩与断层泥构成的大断层带，此断层带不但围岩自稳性差或无自稳能力，而且大多富水，因此也不宜采用掘进机施工。若其位于隧洞中某段，必须由掘进机开挖时，应对该段采取工程处理措施（破碎岩预注浆加固、超前锚杆加固、钢拱架加固等），以避免埋机、陷机等事故发生。

(5) 涌水、漏水、流沙严重地段，若围岩为软弱岩石、断层破碎带，严重的涌、漏水将大大恶化围岩的工程地质条件，一般情况下不宜采用掘进机掘进。若采用掘进机掘进，可能会发生工作面坍塌、坍拱和隧洞基底、侧壁承载力降低等问题，掘进机极难推进。

(6) 岩溶发育地段，当隧洞穿越岩溶强烈发育地段时，隧洞极有可能遭遇巨大的岩溶洞穴，充填溶洞或充水溶洞（暗河通道），掘进机掘进或通过都极为困难，严重时有可能发生掉机、陷机、埋机等严重事故。

对于存在大的断层破碎带、涌水且岩石抗压强度低、围岩挤压塑性变形大的隧洞，宜采用钻爆法施工，或提前采取处理措施后使用TBM施工。

3.2.2 TBM施工效率评价指标

对于TBM开挖隧洞的施工效率，一般用4个指标来衡量，即掘进速度、施工进度、掘进机利用率及刀具的磨损。掘进速度主要反映TBM的破岩效率；施工进度和掘进机利用率与TBM的适用性、岩体条件和施工管理等措施相关；刀具的磨损不仅与岩石的矿物组成及结构相关，也与机器的运行参数是否合理、掌子面岩体条件以及滚刀的特性相关，因此，刀具的磨损是TBM开挖隧洞过程中的综合运行结果。

3.2.2.1 掘进速度

掘进速度定义为一次连续掘进过程的挖掘长度除以相对应的挖掘时间，一般以米每小时（m/h）来表示。掘进速度是TBM与岩体相互作用的结果，它揭示了所选TBM对开挖岩体的适应性，也反映了目前所用的TBM掘进参数是否合理。掘进速度的另一表达是TBM每转进尺，以每转进尺的毫米数（mm/r）表示。它是一个基本的进尺速度，当讨论TBM的开挖效率时，用每转进尺来表示。根据施工资料统计，掘进速度值为0.5～14.4m/h，相对应的每转掘进速度为2～20mm/r。

3.2.2.2 施工进度

TBM施工进度定义为开工以来TBM掘进的总里程与总当班时间的比值，以米每小时或米每天（m/h，m/d）表示。时间量度范围越大，其值越小。施工进度主要由实际掘进时间和掘进速度控制，而TBM的实际掘进时间则受行程间的换刀和支护等活动时间、TBM维修和隧洞服务系统的安装时间控制。因此，如果实际掘进时间在整个台班的时间中比例变小，则掘进速度对施工进度的影响变小。反之，掘进速度和施工进度间的相关性变强。根据施工资料统计，在近水平隧洞的TBM施工中，其施工进度变化范围为0.3～3.3m/h。

在岩体稳定条件下，施工进度也会远远小于掘进速度。即使TBM处于正常维护状态下，掘进机利用率也通常只有30%～50%。对于地质条件差的岩体，由于支护、清渣、地下水涌入和其他机械故障，会导致施工进度很低，有时施工进度/掘进速度可以低到5%～10%，甚至更小。

3.2.2.3 掘进机利用率

掘进机利用率定义为 TBM 掘进时间与总当班时间的百分比。它是机器对地层的适应性、施工管理，以及不利事故造成的时间延误的综合反映。以往的 TBM 施工经验表明，TBM 的一个施工台班时间中，主要由如下部分组成：实际掘进时间、行程间的换刀和支护等活动的时间、TBM 维修和隧洞服务系统的安装时间，还有少部分的 TBM 或后配套系统停工时间（通常小于 10%）。以往的 TBM 施工项目中掘进机利用率一般为 15%～65%。

3.2.2.4 刀具的磨损

刀具磨损实际上是随时间磨耗的滚刀刀圈数，主要考虑的是滚刀的正常磨损。它可以用每把滚刀的工作时间表示，如 h/cutter，或者是每把滚刀转动的距离，如 km/cutter。但上述表示的滚刀寿命或滚刀磨损，由于 TBM 直径的不同不宜进行对比。为了对滚刀使用寿命进行对比，用滚刀工作时间乘以掘进速度，再根据 TBM 直径来计算每把滚刀开挖方量（m^3/cutter）或者每把滚刀的开挖长度（m/cutter）。

滚刀需要更换的条件或是由于正常刀圈磨损大于更换的规定值（一般取 20mm 左右），或是滚刀的异常破坏，如偏磨、刀圈开裂或崩片、刀轴破坏等。对于 TBM 开挖工地来讲，把正常磨损和异常磨损分开是很有用的，因为偏磨、刀圈开裂、刀圈崩片及刀圈的支持结构破坏反映一种非正常的掘进机工作状态，当然这种运行状态与场地地质条件相关，也与 TBM 的运行参数相关。遇到此种情况时，需要着重改进 TBM 的运行状态，优化 TBM 施工，减少刀具的异常磨损。

3.2.3 影响 TBM 掘进效率的主要地质因素

国内外隧洞工程施工的有关资料显示，影响掘进机工作条件的主要地质因素如下：

(1) 岩石的抗压强度。岩石的抗压强度是影响掘进机掘进的关键因素之一，岩石过硬，掘进机刀具消耗过大，开挖成本急剧升高，经济合理性降低，围岩过软，由于机体很重，尤其掘进机前端机头更重，引起掘进过程中机械下沉，方向难以控制，甚至无法取得进尺。即围岩不能太硬或过软，根据国内外掘进机施工经验，一般的掘进机最适宜于掘进岩石抗压强度为 30～150MPa 的中等坚硬至坚硬岩。现阶段已能够设计制造出开挖抗压强度超过 250MPa 围岩的掘进机。

(2) 岩石的硬度和耐磨性。对掘进机掘进经济性影响极大的是滚刀和刀圈的磨损程度，刀具的磨损程度主要由岩石硬度和岩石中石英颗粒的大小、含量决定的，岩石的硬度、石英颗粒的大小及其含量的高低，决定了岩石的耐磨性指标。一般来说，岩石的硬度越高，其耐磨性越好，对掘进机刀具的消耗越大。

(3) 岩体节理裂隙发育程度。岩体的结构面（节理、层理、片理、小断层）发育程度，即岩体的裂隙化程度或岩体的完整程度与掘进机掘进效率有很大关系。岩石的抗压强度、硬度、耐磨性相同或相近，但其结构面发育程度不同，掘进机的纯掘进速度差异明显，由其组成的岩体完整性系数不同时，掘进机的掘进速度也不相同。

一般情况下，岩体完整程度较低和结构面间距较小时，掘进机掘进速度就较快，但是当结构面极为发育，即节理密度极大，岩体完整性很低，作为掘进机施工的工程围岩，他们已经不具有自稳性，在此围岩条件下掘进机掘进的速度不但不会提高，反而会变慢，因为对极不稳定的围岩必须加固，需要耗费大量的时间。因此，对一特定强度的围岩，要取得满意的掘进速度，相应围岩结构面的发育程度应在一定的范围内，岩体的结构面特别发育或极不发育时，往往都不利于掘进机掘进速度的提高。此外，对围岩稳定性起关键作用的主要结构面的产状与隧洞轴线方向的组合关系，对掘进机掘进速度也有一定影响，当主要结构面与隧洞轴线平行或交角小于45°，且该结构面倾角小于30°时，掘进机掘进速度受到限制，不能过快。

（4）地应力条件。地应力既影响TBM的开挖速度也影响TBM的总掘进进度，对刀具磨损的影响也比较大。地应力对TBM掘进速度的影响如下：

1）当地应力较低或不足以使岩石产生板裂时，地应力的增大意味着围压增大，不利于岩石破碎，TBM掘进速度随之降低。

2）相对于岩石强度，如果地应力足以使岩石产生板裂．而且又不至于造成破坏性岩爆，有利于岩石破碎，TBM掘进速度随之增加。

3）如果地应力过高，使岩石产生劈裂、剥裂、岩爆等，会造成掌子面不稳定，不利于岩石破碎和进尺。

地应力对岩体支护（掘进进度）的影响如下：

1）高地应力作用下，脆性岩石产生的岩爆，对施工安全及支护产生很大的影响。岩爆造成了隧洞壁的破坏，对TBM撑靴的稳定及提供反力产生很大的困难。

2）高地应力作用下，软弱岩体会产生很大的挤压变形，给支护及TBM开挖造成很大困难，也可能造成TBM卡机事故。

地应力对TBM滚刀磨损的影响如下：

1）高地应力条件下，掌子面岩石的破裂及劈裂造成岩石不规则破坏，容易形成大块的岩石不能进入岩片收集口，形成岩块的二次碾磨。

2）岩爆过程中形成的岩片易造成滚刀口的堵塞，造成滚刀的异常磨损及轴承的破坏。

3）由于掌子面不平整，刀盘在滚动过程中对滚刀产生冲击荷载，易造成滚刀的异常破坏。

（5）地下水条件。地下水主要影响TBM施工进度，对TBM的掘进速度影响不大，关键遇到高水压力与高涌水量情况时处理措施应及时得当。地下水对TBM开挖的影响如下：

1）地下水对TBM掘进速度的影响很小，主要是影响TBM的有效施工时间，降低了TBM的施工进度及利用率。

2）地下水与TBM开挖过程中形成的岩石颗粒与岩粉形成糊状物可能堵塞滚刀口，加剧滚刀磨损。

TBM施工遇到高水压力与高涌水量时，首先要依据地质情况制定处理措施，然后进行超前钻探、水压测量、水量观测，并分析水量水压随时间变化，在掘进过程中严格依据处理措施进行处理并根据实际情况对处理措施进行修正。

3.3　TBM 选　型

3.3.1　TBM选型的依据及原则

采用TBM对隧洞进行掘进施工时，影响工程成败最为关键的是选取适宜的TBM机型进行施工。但是影响TBM选型适应性的影响因素众多，需对影响TBM选型的因素进行归纳总结，并制定相应的 TBM 选型依据和原则。

3.3.1.1 TBM 选型依据

（1）隧洞断面型式和几何尺寸，以及隧洞长度、坡度、转弯半径和埋深等设计参数。

（2）隧洞工程地质条件和水文地质条件，主要包括地层岩石类别、岩石强度、完整性、石英含量和断层破碎带等不良地质条件，以及地下水分布、可能涌水量等地质条件。

（3）隧洞线路周边环境条件、地下建筑物布置和地面沉降变形要求。

（4）施工场地气候条件、对外交通、水电供应、TBM 组装、工程工期等施工条件。

（5）TBM 一次连续掘进隧洞的长度以及单个区间的最大长度和不良地质处理的灵活性、经济性要求等 TBM 适应性条件。

3.3.1.2 TBM 选型原则

掘进机施工的关键首先是 TBM 正确选型，掘进机的选型需要解决两个问题：首先是选择合适的掘进机类型，其次是确定合理的掘进机主要技术参数。选型原则如下：

（1）做到安全可靠、技术先进、经济合理和操控性强。

（2）满足隧洞设计有关要求和不利地质条件的处理。

（3）满足施工安全、质量、工期和造价要求。

（4）后配套设备与主机配套，满足生产能力与主机掘进速度相匹配，以及职业健康安全和文明施工要求。

3.3.1.3 TBM 选型中需要重点考虑的问题

（1）隧洞断面形状与大小，直接影响到 TBM 型式以及刀盘直径，护盾、撑靴、主梁（或内外机架）等的结构与尺寸，后配套布置形式、出渣及施工材料运输方式等。

（2）围岩岩性与自稳能力决定了 TBM 型式选择；围岩岩性、抗压强度、石英含量等决定刀盘设计结构、刀盘选材、刀盘开口率、刀具布置等；围岩裂隙、节理、断层、破碎带、支护类型及参数等决定了 TBM 支护方式的选择以及支护设备选型、数量、布置方式等。

（3）隧洞坡度、曲线半径等因素，影响到主机、连接桥及后配套结构设计。

（4）隧洞掘进长度决定了 TBM 供电方式的选择和关键部件寿命计算。

（5）隧洞埋深、地应力、围岩收敛性决定了 TBM 扩挖量的设计。

（6）隧洞沿线是否穿越有害气体地层决定了 TBM 电气系统是否要求防护。

3.3.2 TBM 选型的主要影响因素分析

各种掘进机类型的共同之点是采用旋转式刀盘，刀盘上装有盘形滚刀和铲斗，刀盘通过大轴承和密封装置与导向壳体（又称刀盘支撑壳体）相连，还有推进和支撑液压缸及后配套、出渣系统，不同之处在于是否有护盾，护盾结构形式等。

不同类型掘进机的工作原理和特性不同，适应的地质条件也不同，掘进机类型的选择主要根据各种类型掘进机的特性、隧洞设计断面、衬砌类型、隧洞埋深、地层岩性等条件综合因素分析比较确定。不同类型掘进机特性比较见表 3.1，地质灾害对敞开式和双护盾式掘进机的影响程度对比见表 3.2。

根据 TBM 的选型依据、原则、各类 TBM 优缺点对比以及 TBM 掘进施工遇到的不良地质危害分析可知，影响 TBM 掘进机选型的因素主要集中在隧洞设计参数、地质条件、不良地质问题等几个方面。

表3.1 不同类型掘进机特性比较表

项目	类型		
	敞开式掘进机	单护盾掘进机	双护盾掘进机
适应于岩石类别	硬岩、较硬岩	软岩	硬岩及软岩
岩石完整稳定性	岩石比较完整，而且围岩能自稳	岩石较破碎，但围岩能自稳	完整、破碎均可，但围岩能自稳
岩石可支撑性	岩石能承受掘进机水平支撑的支撑力	岩石不能承受水平支撑的支撑力	岩石能或不能承受水平支撑的支撑力
掘进性能	可根据不同地质情况，采用不同的掘进参数，随时调整		
掘进速度	较快	较慢	相对较快
支护速度	地质情况好时只需要进行锚网喷，支护工作量小，速度相对较快；地质情况差时，需要超前加固，支护工程量大，速度慢	一般地质条件下不需要进行超前支护，采用混凝土预制管衬砌，成洞速度快；地质情况差时，需要超前加固处理，速度较慢	
连续作业	在伸、收撑靴时停止掘进	铺设衬砌管片时，停止掘进	岩石完整时，衬砌安装与岩石掘进同时进行，岩石破碎时，同单护盾式掘进机
要求初期支护	锚杆、喷混凝土、钢拱架	混凝土预制块	混凝土预制块
处理坍塌	相对较容易	相对较难	相对较难

表3.2 地质灾害对敞开式和双护盾式掘进机的影响程度对比表

典型地质岩石类型	相关的地质灾害	敞开式掘进机	双护盾式掘进机	影响程度比较
软岩、断层带、受剪切的板岩、大埋深的板岩	挤压变形、蠕变	稍优越	稍次之	敞开式掘进机稍优越
	软岩强度低，撑靴不稳定	不能提供撑靴支撑力，无法掘进	由衬砌后的管片提供掘进机的撑力	双护盾掘进机具有显著优势
	由于围岩变形大，掘进机切削刀头不能转动	由脱困扭矩确定	由脱困扭矩确定	相同
严重节理化的破碎岩石（断层带及断层影响带）、具不利产状的节理化砂岩、板岩互层（S∥b、S+b）	应力导致的开裂、剥落等	当岩体有充分的自稳时间时，与护盾式相同	显著优越或相同	一般当岩体开裂、剥落不是很严重时，双护盾式掘进机稍微或显著优越；当岩体有充分的自稳时间时，两者等同
严重节理化的破碎岩石、例如断层带及其影响带	坍塌	有自稳时间时，敞开式掘进机距离掌子面近，能及时进行预加固处理	预加固处理时间较敞开式稍滞后些	在无自稳时间时，两种机型等同；在有一定的自稳时间时，能够进行超前注浆等处理时，敞开式稍显优越

续表

典型地质岩石类型	相关的地质灾害	敞开式掘进机	双护盾式掘进机	影响程度比较
隧洞掌子面为破碎、松散岩块	由于研磨作用，刀头不再切割岩石	等同		
受剪切及含少量砂岩的板岩	不均匀变形或挠曲	一般情况下敞开式掘进机稍微优越或等同		
整体软弱的岩石		双护盾式稍微或显著优越		
节理化岩石，例如砂、板岩互层	应力导致的斜楔形体变形	在有自稳时间时，敞开式较优越；在无自稳时间时，双护盾式掘进机优越		
厚层块体状砂岩	高地应力下出现岩爆	一般双护盾式掘进机优越		
整体坚硬的节理化岩石（砂岩占主导地位）		等同，应从经济角度考虑选型		
断层带及其边缘	突水、冒沙	双护盾掘进机优越；在没有明显的突水突沙情况下两者等同		
断层带及其边缘	冒汽	等同		
富含石英透镜体砂岩	研磨性	等同		

3.4 适应性评价方法与模型

3.4.1 适应性及评价方法

适应性评价的方法众多，主要有模糊评价模型、层次分析法、综合评价方法、神经网络法等。目前，适应性评价方法已在多个领域中成功得到应用。各种方法各有特点，有其适用范围和局限性。复杂条件下的 TBM 选型及掘进适应性评价受多种定量和定性不确定因素的影响，由于这些影响因素不具有公度性，很难做到对其进行相互比较。对于评价指标的公度性问题，采用模糊数学方法能够有效的解决，且针对如此多的 TBM 选型及掘进适应性评价影响因素，采用模糊综合评判方法得到的结果相对更为合理。

3.4.2 模糊综合评价方法

模糊综合评价分析方法的理论基础是模糊数学，把待考察的模糊对象以及反映模糊对象的模糊概念作为一定的模糊集合，建立适当的隶属函数，并通过模糊集合理论的有关运算和变换，实现对模糊对象进行定量分析。

3.4.2.1 方法步骤

传统的模糊评判方法的具体步骤如下：

（1）建立因素集。因素集是由各指标因素组成的集合，即

$$U=\{u_1,u_2,\cdots,u_m\} \tag{3.1}$$

式中：U 为因素集；u 为各因素；m 为因素个数，集合中因素均具备不同程度的模糊性。

（2）建立评价集。评价集中的元素是对评价对象做出的各种评价结果，见式（3.2）：

$$V=\{v_1,v_2,\cdots,v_m\} \tag{3.2}$$

式中：V 表示评价集；v 为评价指标，评价集各元素的量化取值区间为［0，1］，同时用

“较好，好，一般，较差，差”等模糊性描述语言与之相匹配。

(3) 因素隶属度集。确定因素集 U 对评价集 V 的隶属度，进而得到因素隶属度集 R，通常用矩阵形式表示。

(4) 因素权重集。权重是各因素对评价对象重要性大小的量值。设因素 u_i 的权重为 $a_i(i=1,2,\cdots,m)$，则 u_i 的权重集见式 (3.3)：

$$A=\{a_1,a_2\cdots,a_m\} \tag{3.3}$$

通常要对 a_i 进行归一化处理，使各因素权重满足式 (3.4)。

$$\sum_1^m a_i=1 \quad (a_i\geqslant 0) \tag{3.4}$$

(5) 模糊综合评价。模糊综合评价是将因素集 U 上的模糊集合 A 通过模糊关系 R 变换为评语集 V 上的模糊集合 B。当模糊权重矩阵 A 与模糊评价矩阵 R 为已知时，由模糊变换进行模糊综合评价见式 (3.5)：

$$B=A\times R=\{b_1,b_2,\cdots,b_n\} \tag{3.5}$$

式中：B 为评语集 V 上的模糊子集；$b_j=(j=1,2,\cdots,n)$ 为评价对象对应于等级模糊子集 B 的适应度。

最后比较评价集各因素隶属度值，按照最大隶属度原则，最大数值对应的等级即为被评对象最有资格属于的等级。

3.4.2.2 隶属函数的确定方法

由于评价指标具有不同的单位、属性、重要程度等，各指标间没有公度性，因此不能直接进行比较。采用模糊隶属函数可以实现评价指标公度性。该函数的定义区间 [0，1] 是一个模糊集合，任意函数值称为影响因素对该模糊集合的隶属度。

构造隶属函数应尽可能地反映客观规律，避免主观改造。确定隶属函数的方法包括模糊统计法、典型函数法、多项模糊统计法、择优比较法和绝对比较法等。定量指标隶属函数的构建常用的分布类型主要有：单值型、三角与半三角分布、矩形与半矩形分布、梯形与半梯形分布、正太分布等，可根据不同变量的规律来选择隶属函数。

3.4.2.3 权重确定方法

权重是以某种数量形式对比、权衡被评价事物总体中诸因素相对重要程度的量值。权重的确定方法有多种，主要分为专家主观、客观及主客观组合三大类赋权法。

1. 专家主观赋权法

大多采用综合咨询评分的定性方法来确定各指标的权重，其具体方法主要有德尔菲 (Delphi) 法、层次分析 (AHP) 法、G1 法等。上述这些方法都是利用专家的知识和经验对实际问题给出权重。主观赋权法能充分吸收本领域专家的理论知识和丰富经验，体现出各个指标的重要程度，但如果专家样本选取不当，该类方法就容易受人为主观因素的影响，夸大或降低某些指标的作用，使评价结果有可能产生较大的主观随意性，以至于不能完全真实地反映客观事物之间的现实关系。

2. 客观赋权法

客观赋权法一般是根据各指标间的相关关系或各指标值的变异程度来确定权重，因而使权重具有绝对的客观性。常用的有主成分分析 (PCA) 法、熵值法、因子分析法等。

该类方法只根据调查所得的数据来做出判断，具有赋权客观、不受人为因素影响等优点。但也有不足之处：由于没有充分考虑指标本身的相对重要程度，也容易忽略评价者的主观信息，有可能违背指标的物理意义，各指标的权重不能体现各指标自身价值的重要性；同时，样本的变化可能导致权重的变化，造成权重的不稳定。

3. 主客观组合赋权法

针对上述专家主观及客观赋权法的利弊，实际应用中应该有机结合，使之不仅能客观地反映各适应性评价指标的重要性程度，而且能反映决策者的主观判断，最终可以找到一个比较符合实际的各适应性评价指标权重。采用主客观组合赋权方法，首先主观赋权法采用层次分析法确定主观评价指标权重，同时客观赋权法采用熵值法确定客观评价指标权重，最后基于最小二乘法对主客观赋权法所得的指标权重进行融合。

（1）层次分析法。层次分析法首先把所要研究的问题看作系统，通过对系统多个因素的分析，划出各因素间的有序层次；再请专家对每一层次的各因素进行较为客观的判断后，给出相对重要性的定量表示；进而建立数学模型，计算全部因素的相对重要性的权值，并加以排序；最后根据排序结果进行规划决策。具体分析步骤如下：

1）指标层次化。应用 AHP 进行问题决策时，应首先构造一个有层次的结构模型。该模型中，待决策问题被分解为若干层次，每一层次包含若干元素。上一层次的元素下一层次元素的准则，对其起支配作用。层次按照属性可分为三类：最高层、中间层、指标层。其中指标层是为实现目标而设定的最基本元素。

2）构造判断矩阵。要比较 n 个因子 $X=\{x_1,\cdots,x_n\}$ 对某因素 Z 的影响大小，则每次取两个因子 x_i 与 x_j，设 a_{ij} 表示 x_i 与 x_j 对 Z 的影响程度之比，比较结果用矩阵 $A=(a_{ij})n\times n$ 表示，称 $Z-X$ 的判断矩阵。容易得到，若 x_i 与 x_j 对 Z 的影响程度比为 a_{ij}，则 x_j 与 x_i 对 Z 的影响程度比应为 $a_{ji}=1/a_{ij}$。a_{ij} 的取值参照 1～9 标度法，见表 3.3。

表 3.3　判断矩阵中元素的赋值标准

标度	含　义
1	表示两个因素相比，具有同样的重要性
3	表示两个因素相比，某一因素比另一因素稍微重要
5	表示两个因素相比，某一因素比另一因素明显重要
7	表示两个因素相比，某一因素比另一因素强烈重要
9	表示两个因素相比，某一因素比另一因素极端重要
2、4、6、8	介于以上两种判断的中值
倒数	指标 x_i 与 x_j 相比得判断 a_{ij}，则指标 x_j 与 x_i 相比得判断 $a_{ji}=1/a_{ij}$

采用上述办法构建的判断矩阵 A 虽然能比较客观地反映出成对指标影响大小的差别，但分析全部指标的比较结果时难免包含一定程度的非一致性。要消除这种非一致性，矩阵 4 的元素还应当满足式（3.6）：

$$a_{ij}a_{jk}=a_{ik}(\forall i,j,k=1,2,3,\cdots,n) \tag{3.6}$$

3）层次单排序及一致性检验。设 $\Omega(\omega_i)$ 是矩阵 A 对应于最大特征值 λ_{max} 的特征向量，则经归一化后即为同一层次指标对于上一层次某个指标相对重要性的权重值排序。层

次单排序 A 的最大特征值及所对应的特征向量可以采用方根法近似求解。

4）层次总排序及一致性检验。在完成单层次排序后，还要得到各指标，尤其是最底层中各指标对于目标层的排序权重，即层次总排序。总层次排序的权重可自上而下地将单层次排序权重合成而得。设上一层次（C 层）包含 $C_1, C_2, \cdots, C_m$ 共 m 个因素，其层次单排序权重分别为 $C_1, C_2, \cdots, C_m$。又设其后的下一层次（D 层）包含 $D_1, D_2, \cdots, D_n$ 共 n 个因素，它们关于 C_j 的层次单排序权重分别为 $d_{1j}, d_{2j}, \cdots, d_{nj}$（当 D_i 与 C_j 无关联时，$d_{ij}=0$）。现求 D 层中各因素关于总目标的权重，即求 D 层各因素的层次总排序权重 $\{d_1, d_2, \cdots, d_n\}$，见表3.4。

表3.4　　权重合成方法

D	C				D 层次总排序值
	C_1	C_2	…	C_m	
	c_1	c_2	…	c_m	
D_1	d_{11}	d_{12}	…	d_{1m}	$\sum_{j=1}^{m} d_{1j}c_j$
D_2	d_{21}	d_{22}	…	d_{2m}	$\sum_{j=1}^{m} d_{2j}c_j$
…	…	…	…	…	
D_n	d_{n1}	d_{n2}	…	D_{nm}	$\sum_{j=1}^{m} d_{nj}c_j$

虽然各层次均已经过层次单排序的一致性检验，各判断矩阵都已具有较为满意的一致性，但当综合考察时，各层次的非一致性仍有可能积累起来，引起最终分析结果较严重的非一致性。故层次总排序也需做一致性检验，检验仍像层次单排序由高层到低层逐层进行。

设 D 层中与相关的因素的成对比较判断矩阵在单排序中经一致性检验，求得单排序一致性指标为 $CI(j)(j=1,2,\cdots,n)$，相应的平均随机一致性指标为 $RI(j)$。$CI(j)$、$RI(j)$ 已在层次单排序时求得，则 D 层次总排序随机一致性比例为

$$CR=\frac{\sum_{j=1}^{m} CI(j)c_j}{\sum_{j=1}^{m} RI(j)c_j} \tag{3.7}$$

同理，若 $CR<0.1$，认为层次总排序结果一致性较好，并接受该分析结果。

（2）熵值法。

1）基于熵权法理论建立一个评价矩阵，若选取评价适应性的指标有 m 个，待评隶属度数据有 n 个，故 n 组待评隶属度数据与之相对的 m 个指标构成 $m\times n$ 评价指标特征值矩阵 $(x_{ij})_{m\times n}$。

2）对 $(x_{ij})_{m\times n}$ 进行标准化和无量纲处理，得到矩阵 $(r_{ij})_{m\times n}$。

3）计算第 i 个评价指标的熵值 E_i，计算式为

$$E_i=-(\ln n)^{-1}\sum_{j=1}^{n} P_{ij}\ln P_{ij} \quad (i=1,2,\cdots,m) \tag{3.8}$$

$$P_{ij}=\frac{r_{ij}}{\sum_{i=1}^{n}r_{ij}} \tag{3.9}$$

且当 $P_{ij}=0$ 时，规定 $P_{ij}\ln P_{ij}=0$，则有 $i\leqslant 0$。

由熵值 E_i 的运算公式能够得出，若选取的评价指标熵值 E_i 越小，则说明该指标的差异程度就越大，其反映的信息量就会越大，对最终评价结果的影响程度就强，其权重值应该越大，反之亦然。

4）计算第 i 个指标的熵权，即权重 w_i：

$$w_i=\frac{1-E_i}{\sum_{i=1}^{m}(1-E_i)} \tag{3.10}$$

（3）基于最小二乘的主客观权重组合法。

求解主客观权重的基本思路是：设有 m 个隧洞段，n 个适应性评价指标的隶属度值，标准化后的决策矩阵为 $Y=(y_{ij})_{mn}$，则第 i 个洞段的 TBM 选型及掘进性评价适应度值为

$$f_i=\sum_{j=1}^{n}\omega_{cj}y_{ij}\quad(i=1,2,\cdots,m) \tag{3.11}$$

设层次分析法对 n 个评价指标所赋权重为 $W_z=[\omega_{z1},\omega_{z2},\cdots,\omega_{zn}]^{\mathrm{T}}$，熵值法对 n 个评价指标所赋权重为 $W_k=[\omega_{k1},\omega_{k2},\cdots,\omega_{kn}]^{\mathrm{T}}$。对所有隧洞段的所有评价指标而言，主客观赋权所得的评价指标权重的偏差应当越小越好。为此建立如下最小二乘优化模型，即

$$\min H(\omega)=\sum_{i=1}^{m}\sum_{j=1}^{n}\{[(\omega_{zj}-\omega_{cj})\times y_{ij}]^2+[(\omega_{kj}-\omega_{cj})\times y_{ij}]^2\} \tag{3.12}$$

$$s.t.\quad \sum_{j=1}^{n}\omega_{cj}=1,\omega_{cj}\geqslant 0\quad(j=1,2,\cdots,n)$$

式中：ω_{cj} 为第 j 个适应性评价指标的最小二乘组合后的主客观组合权重。求解式（3.12）即可得到第 j 个适应性评价指标的主客观组合权重 ω_{cj}。

3.4.2.4 TBM 选型及掘进分级评价标准

TBM 选型及掘进适应情况的“优、劣”是十分抽象的定性概念，因此，需要将其划分为可度量的若干适应度等级。根据已有研究，可将复杂地质条件下 TBM 选型及掘进适应性评价划分为 5 个等级，见表 3.5。

表 3.5　评价目标适应度等级划分

等级		适应度	适应性评价
Ⅰ		≥0.9	完全适应
Ⅱ	Ⅱa	0.8～0.9	适应（高度）
	Ⅱb	0.7～0.8	适应（中度）
Ⅲ		0.6～0.7	适应（低度）
Ⅳ		0.4～0.6	弱适应
Ⅴ		<0.4	不适应

3.4.2.5 TBM选型及适应性评价

针对具体工程，根据隧洞设计要求及沿线地形地质条件，对隧洞进行分段，计算不同TBM类型在各隧洞段的适应度值 D_i，然后计算整条隧洞的综合适应度值 D，综合适应度值 D 的计算结果如下。最终取不同TBM类型的综合适应度值中的最大值，并对比表3.5，进行适应性评价。

$$D=\frac{\sum_{i=1}^{n}D_iL_i}{\sum_{i=1}^{n}L_i} \tag{3.13}$$

式中：D 为该隧洞工程选用某类型TBM掘进施工的综合适应度值；D_i 为第 i 洞段某类型TBM掘进施工的适应度值；L_i 为第 i 洞段洞长。

第4章　TBM施工超前预报方法与卡机预测

4.1　超前预报方法

4.1.1　超前地质预报方法与技术体系

TBM施工隧洞环境极为复杂，为了能准确定位和提前识别不良地质和灾害风险，目前的主要做法是采取超前地质预报方法进行预判，即结合地表地质调查、洞内地质分析、超前钻探、TBM施工过程地震波类和电法类超前探测、钻孔地质雷达法、微震监测等手段，以及基于TBM掘进参数和渣土性态的预测法来综合判断近前方待掘岩体状况和地质环境。

地表地质调查可以宏观推断隧洞区沿线地质灾害的分布范围以及可能发生地质灾害的位置；洞内地质分析可推断TBM掘进面前方较大范围内可能存在的不良地质类型及规模，研判所处桩号的不良地质风险等级；以地表地质调查和洞内地质分析为基础，采用地震波法进行远距离超前探测可以对岩体破碎区域进行定位和识别，采用激发极化法可以进一步识别不良地质构造的含水性并估算水量，采用钻孔地质雷达法可以对隧洞前方不良地质体进行精细识别，采用微震监测技术可对岩爆发生的时间、位置和震级进行预报。与此同时，基于TBM掘进参数和渣土性态快速预测近前方待掘岩体的物理力学参数是当前TBM信息化智能化施工的一个重要发展方向，已成为TBM综合地质预报的重要组成部分。由此可见，建立融合地表和洞内地质分析、地震波法超前探测、激发极化超前探测、钻孔地质雷达超前探测、微震监测以及基于TBM掘进参数和渣土性态的预测法为一体的TBM综合地质预报方法与技术体系，对掌子面前方地质情况进行综合判断，可为隧洞建设、不良地质防控提供综合信息，给出施工方案和防控措施建议，对保障TBM安全、高效掘进具有十分重要的意义。

4.1.2　地表地质调查方法

随着越来越多的水工隧洞等工程陆续开展建设，在隧洞施工前的勘察阶段，已经形成较为成熟的地表地质调查方法。近年来，随着卫星、无人机技术的发展和应用，以及计算机的普及，搭载于卫星或无人机上的遥感技术开始越来越多地被用于隧洞区沿线地表地质调查。

利用遥感技术，结合现有地质勘察验证的方法，使得地质勘察工作进展迅速。遥感技术在高原中的应用价值可见一斑。借助于高分辨率遥感数据对地区开展地质灾害遥感解译与现场验证，并利用GIS空间分析，分析地质灾害的分布范围以及可能发生地质灾害的位置，为地区地质灾害的防控提供技术支持。随着无人机技术发展和进步，借助于无人机航空遥感平台获取需要地区的高精度遥感影像、高密度的点云数据以及0.5m分辨率的数字高程模型，通过影像与模型叠加建立工作区三维地表模型，可实现区内微地貌形态的高清晰度真三维再现，真实客观地描述区域地表微地貌特征，促进了不同基岩上形成的微地貌特征的精细化研究，提高了遥感数据的解译程度。除此之外，借助于低空遥感的地质数字化测量技术，可以准确地进行数字化测量。除了遥感技术，其他技术也蓬勃发展。航空磁力测量，并结合区域重力、物性资料，根据航磁特征异常，获得当地最新的地质环境，为当地的工程建设提供安全保障和理论支撑。将地质调查的方法综合起来，借助于地面调查、遥感调查、INSAR、地质勘查等技术手段可以建立重大地质灾害的早期识别机制，提升重大地质灾害隐患的识别精度。

4.1.3 TBM施工过程超前地质预报方法

4.1.3.1 地质分析预报技术

地质分析预报技术是隧洞超前地质预报最基本的技术，主要采用工程地质分析法、超前导洞（坑）法和超前钻探法进行超前地质预报。

1. 工程地质分析法

通过收集分析地质资料，地表详细调查，隧洞内地质编录、素描、数码照相、超前炮孔、涌水量预测等方法，了解隧洞所处地段的地质条件，运用地质学理论，对比、论证、推断和预报隧洞施工前方的工程地质和水文地质情况。

通过地质分析法可对工程区域地质情况进行判断，划分风险等级，辨识重点高风险区域，为超前地质预报方案的制定提供指导。工程地质调查法是隧洞超前预报中使用最早的方法，主要分为地表地质体投射法和掌子面编录预测法，通过地表和隧洞内的工程地质调查与分析，了解隧洞所处地段的地质结构特征，推断前方的地质情况。其调查的内容包括地层的产出特征、断裂构造与节理的发育规律、岩溶带发育的部位、走向、形态等，预测隧洞掌子面前方的不良地质现象可能的类型、部位、规模，以便在隧洞施工中采取合理的工艺与措施，避免事故。在隧洞埋深较浅、构造不太复杂的情况下，这种预报方法有很高的准确性，但是在构造比较复杂地区和深埋隧洞的情况下，该方法工作难度较大，准确性难于保证。

2. 超前导洞（坑）法

在隧洞上导坑或隧洞的附近开挖一平行的小断面导洞，对导洞（坑）出露的地质情况进行地质编录、素描、作图，综合分析其地层岩性、地质构造、水文地质情况，根据地质理论预测相应段隧洞的工程地质和水文地质条件，以及可能发生地质灾害的位置、性质、规模，并提出防治措施意见。

超前平行导洞（坑）法最为直观，精确度很高，通过直观的地质情况，施工单位可提前了解主隧洞开挖断面的地质情况，以便采取相应的工程防护措施。缺点是成本高，对施工影响大。

工程实践中，人们往往将并行的几条隧洞中的某一条作为超前探洞，而不是专门开挖地质探洞，既节约了费用又实现了超前探测，以青岛胶州湾海底隧道为例，将左右主洞中间的服务洞作为超前导洞，实施全程地质素描和编录，通过地质投影和映射，较准确地推断出了主要不良地质体（如断层、破碎带等）在主洞的揭露里程，是较成功的案例。在大秦铁路隧道线上12座115km以上的隧道有9座采用了平行导洞；秦岭隧道为了保证Ⅰ线隧道 TBM 安全顺利的施工，在Ⅱ线隧道中线位置上先期利用平行导洞贯通，对Ⅰ线正洞做出了直观、高精度的地质超前预报。

另外，在超前平行洞（坑）中辅助以室内物理力学测试、现场点荷载测试、地应力测试、物探地震反射等方法，可以完善地质超前预报的内容。

3. 超前钻探法

超前钻探法按钻探长度分为长距离（大于 60m）、中距离（40～60m）、短距离（15～40m）三种形式，又可分为取芯和不取芯两种类型。利用掘进机上搭载的超前钻机进行钻探（一般掘进机配套的超前钻机不能钻取岩芯只能从钻孔的时间、速度、压力、卡钻、跳钻以及冲洗水的颜色、成分等数据并综合不同位置钻孔的钻进时间变化曲线，大致判断前方地质的一般状况）。也可以使用岩芯钻机通过钻机速度、钻取的岩芯以及相关的试验获取开挖面前方岩体的强度指标、可钻性指标、地层岩性资料、围岩完整程度以及地下水状况等直接资料。使用超前钻机和岩芯钻机进行超前钻探都需要刀盘停止转动，实际操作过程中为不耽误正常掘进，大多利用 TBM 日常检修班时间进行，钻进深度大多不深，一般不超过 40m。

超前钻探一般是在隧洞洞体内长期、短期超前地质预报的基础上进行的，并侧重那些长、短期超前地质预报已经基本认定的主要不良地质区段内进行。

超前钻探的布孔数量，视不良地质的性质和可能发生施工地质灾害的严重程度来决定。对于较大的断层破碎带，布置 1～4 孔即可，对于溶洞、可能发生突水突泥的洞段，则布置 5 孔为宜。布孔的位置，则主要依据短期超前地质预报的结论来确定。超前钻探即可对隧洞洞体内长、短期超前地质预报进行验证，并发出不良地质洞段预警信息。

冲击钻探只钻进而不取岩芯，通过钻探能够粗略探明地层岩性、岩体强度和完整性，地下水发育特征，断层、软弱夹层、溶洞等不良地质体的空间赋存位置和规模，瓦斯和其他气体的赋存情况等，是一种较为直观的勘探方法。由于作业时需停止掌子面开挖施工，且钻探时间较长，预报成本比较高，因而一般在不良地质段采用冲击钻探法。

取芯钻探数据基于钻取的岩芯，预报结果更为准确与可靠。但由于其作业时间更长，所以延误的工期相对较长，预报成本高，一般在某些特殊洞段需进行精细预报时采用，比如对溶洞、断层破碎带、软弱夹层等不良地质体的成分进行鉴定，需测试岩体的强度时。

对于 TBM 施工的隧洞来说，TBM 超前钻探对查明隧洞洞身的围岩特性，塌方、涌突水、瓦斯等地质灾害及各种不良地质体的特征的探测效果较佳，在能够准确确定围岩类型和预测前方岩体情况的同时，对于指导 TBM 安全、有效掘进意义重大。但该方法由于作业时间较长，施工成本较高，容易在破碎带、节理裂隙密集带区域发生卡钻，通常在需要对物探方法预报圈定的不良地质段做进一步验证时采用。

超前钻探可准确地鉴定不良地质情况，从而详细地编录开挖面前方围岩的地质情况。目前，国内配合 TBM 施工运用最多的超前地质探测方法是超前钻探，在秦岭隧道、引大入秦隧洞、山西引黄隧洞的超前地质预报中均运用该法对断层破碎带及其影响带、溶洞、异常地下水等不良地质进行了准确预报。

4.1.3.2 TBM 施工隧洞地球物理勘探方法

基于物探的超前地质预报技术主要包括弹性波法（HSP、SAP、SSP、TAP、ISIS 综合地震成像系统、破岩震源SAP超前地质预报方法)、激发极化法（BEAM、TIP)、钻孔地质雷达法、微震监测技术等。

1. 地震波类超前预报方法

地震波类超前预报是隧洞超前地质探测中最常用的方法，它以不同地质类型之间的弹性差异（即波阻抗差异）为物性基础，来识别隧洞前方不良地质的结构，具有探测距离较远与界面识别效果较好的特点。在实际工程中，隧洞地震超前探测方法利用震源（铁锤等）和布置于隧洞边墙的检波器，通过分析检波器接收的地震记录所携带的反射信息，实现掌子面前方不良地质体探测。

(1) 地震波超前地质预报方法。

1) 水平声波剖面法（Horizontal Sound Probing，HSP)。

如图4.1所示，水平声波剖面法的原理是向岩体中辐射一定频率的高频地震波，当地震波遇到波阻抗分界面时，将发生折射、反射，频谱特征也将发生变化，通过探测反射信号（接收频率为声波频段的地震波)，求得其传播特征后，便可了解工作面前方的岩体特征。震源和检波器的布置离开开挖面，对施工干扰较小，除此之外，还因反射波位于直达波、面波延续相位之外而不受干扰，因此记录清晰、信噪比高、反射波同相轴明显。

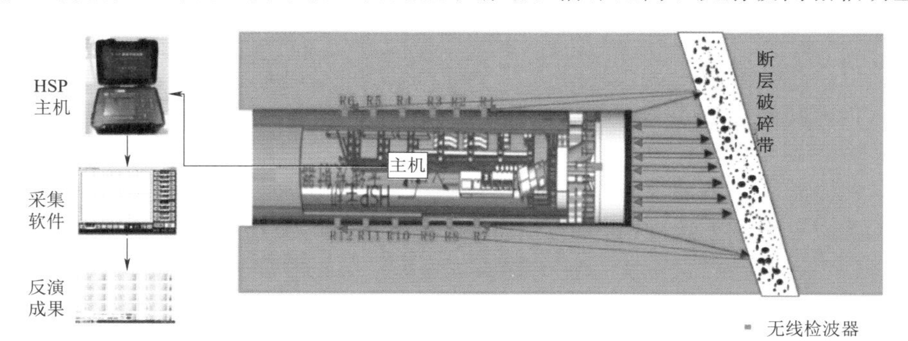

图4.1 TBM施工隧洞HSP法测试布置示意图

观测时在隧洞的两个侧壁分别布设震源和检波器，按其相对位置设计成两种观测方式即固定激发点（或接收点）和激发与接收点相错斜交方式。震源在预报目的体的远端，接收点间距采用小道间距，多道接收，构成“水平声波剖面”。利用时差和频差与地质相结合的方法确定反射面的空间方位并“投影”到该剖面上，从而确定反射面的空间位置及性质。其特点是各检测点所接收的反射波路径相等，反射波组合形态与反射界面形态相同，图像直观，同时观测时也不影响掌子面的掘进。

2) SAP (Seismic Ahead Prospecting) 技术。

TBM隧洞SAP超前地质预报方法是利用围岩介质与不良地质构造之间的弹性差异，通过观测和研究人工地震波传播规律，对隧洞掌子面前方的地质情况进行推测，该方法对具有显著波阻抗差异的岩性变化、断层破碎带、溶洞等不良地质体有明显效果，如图4.2所示。实际工程施作过程中，首先通过开展现场试验，测试TBM现场环境噪声，进而优选出合适的仪器测量参数；在刀盘后方的隧洞边墙上确定检波器和震源点的位置，并测量其坐标，通过依次激震产生地震波，边墙上的检波器用来接收地震信号，通过数据处理、解译，实现对隧洞前方不良地质结构识别与定位。

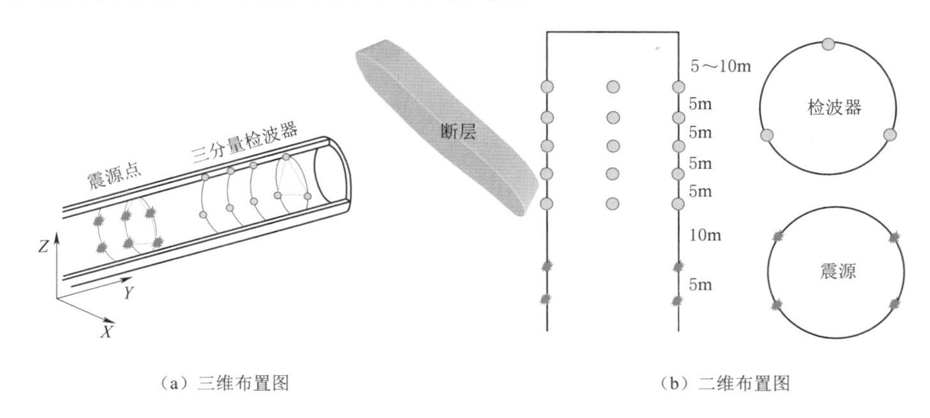

（a）三维布置图

（b）二维布置图

图 4.2　SAP 三维空间观测方式布置示意图

3）破岩震源超前地质预报技术。

破岩震源超前地质预报是利用 TBM 掘进时的破岩震动作为震源，该方法不需要额外安装复杂的激震装置，并且能够随 TBM 掘进实时探测，更加满足 TBM 快速施工、自动探测的需要，应用前景广阔。如图 4.3 所示，该方法在刀盘后方安装先导传感器（又称为参考传感器）近似获取破岩震动信号，在 TBM 隧洞边墙上安装接收传感器采集破岩震动在地层中传播引起的地震信号，通过将先导传感器信号与接收传感器信号进行处理，提取出有效反射信息，从而预测掌子面前方的地质情况。

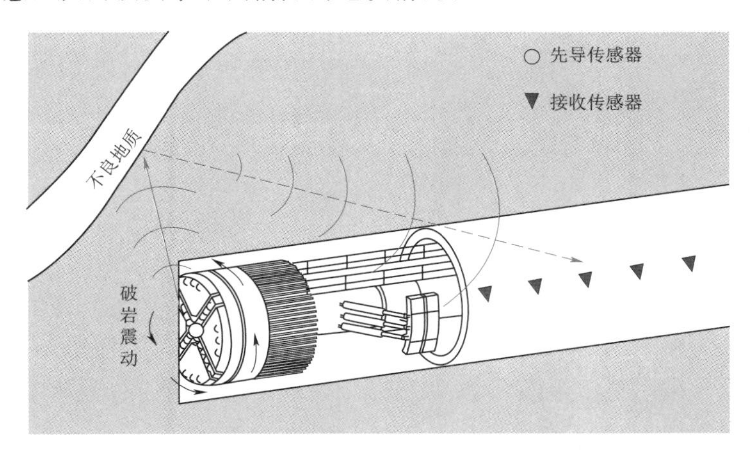

图 4.3　TBM 破岩震源地震波超前探测方法示意图

（2）TBM 搭载式地震超前预报方法。

1）ISIS（Integrated Seismic Imaging System）综合地震成像系统。

德国 GFZ（GeoForschungsZentrum）公司研发的 ISIS 地震成像系统，共有 2 个震源和 4 个三分量检波器（见图 4.4）。震源距离刀头大约 40m，接收器在刀头后方隧洞边墙 2～15m 范围内。利用气动冲击锤或电磁振动源作为震源，将三分量检波器集成于锚杆顶端，接收到的地震记录以无线传输的形式传输到接收机。ISIS 具有高度自动化，很容易集成到TBM隧洞施工现场工作流程中，当TBM停机时，ISIS开始工作，利用地震走时断层成像技术，获得隧洞周围和前方反射强度的空间分布情况，从而实现隧洞地震主动源超前探测。ISIS系统可以结合地震数据成像结果、地质信息和岩石参数进行综合成像。根据TBM生产商德国海瑞克公司资料，在探测条件合适的情况下可以对隧洞前方50m范围进行地质探测。但在全世界采用ISIS仪器的TBM比较少，仅有6台TBM，其中1台引进中国，尚未见到关于其探测效果和应用实例的公开报道。

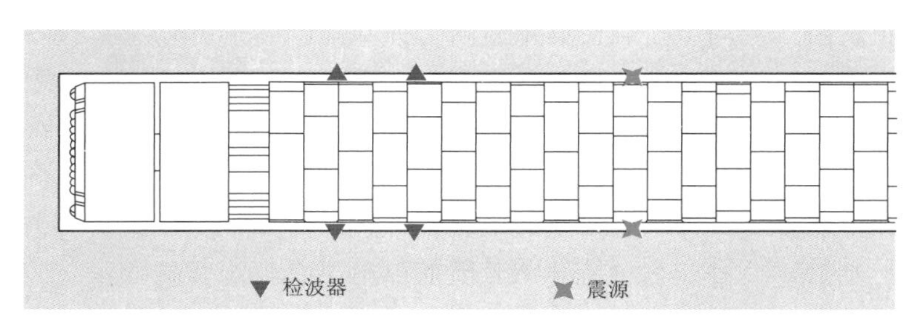

图4.4 ISIS超前探测系统

2) SSP (Sonic Soft-ground Probing) 技术。

掘进机超前探测系统SSP是一种适用于软土地层的声波探测方法，其观测系统的高频震源和检波器均布置在刀盘上（见图4.5），能够随着TBM刀盘转动进行测量，工作时可通过导向系统获得刀盘的实时位置，用磁致伸缩扫频震源来锤击前方钢板，会产生几百到几千赫兹的地震波，通过刀盘处的检波器接收反射回来信号并进行数字化，传到后方主机。SSP易受TBM工作噪声的影响，采集的数据的信噪比比较低，因此在数据处理时首先要经过带通滤波等方法对噪声压制或去除，另外，还需要补偿能量损失，提取主反射波，结合叠前深度偏移与自动剩余时差分析来计算速度，最后获得隧洞掌子面前方40m范围内的三维结果图。

图4.5 SSP超前探测系统

3) TBM隧洞搭载式SAP技术。

TBM隧洞搭载式SAP系统包括液压震源、探测主机、信号电缆、三分量地震检波器等，通过电缆与主控室中的探测主机连接检波器和震源。安装在主控室内的控制柜控制液压震源，按照探测需要依次激震，激发产生地震波，粘贴在墙壁上的检波器用于接收反射回来的地震信号。地震探测单元安装在TBM主控室中的机柜中，在联用主机的控制下激发和接收地震波。

震源油缸底座设计成旋转式底座，TBM停机震源工作时底座旋转至与隧洞轴线垂直位置；TBM掘进时底座旋转至与隧洞轴线平行位置，保证设备的正常行进不受影响。液压震源（见图4.6）通过安装在TBM主控室内的超前地质预测控制柜内进行控制，需要探测时由主控室发出探测指令控制液压震源激震，检波器同时检测激震信号。

图 4.6　液压震源现场布置图

2. 激发极化类超前地质预报方法

激发极化法是以不同地质介质之间的激电效应差异为物质基础，通过观测和研究被测对象的激电效应实现探查地质目的的一种电法分支。由于围岩的激发极化参数对围岩的含水情况比较敏感，断层破碎带、溶洞、暗河等含水体构造的位置、规模、赋存形态、含水情况对围岩的导电性有很大的影响，激发极化法对含导水地质构造的超前三维定位具有独特的优势，可以了解到隧洞掌子面前方不良地质的位置和规模等情况，同时在探查隧洞掌子面前方含水异常等地质情况时，可以对含水体水量进行估算。

(1) 激发极化超前地质预报方法。

1) 定点源三极测深法。

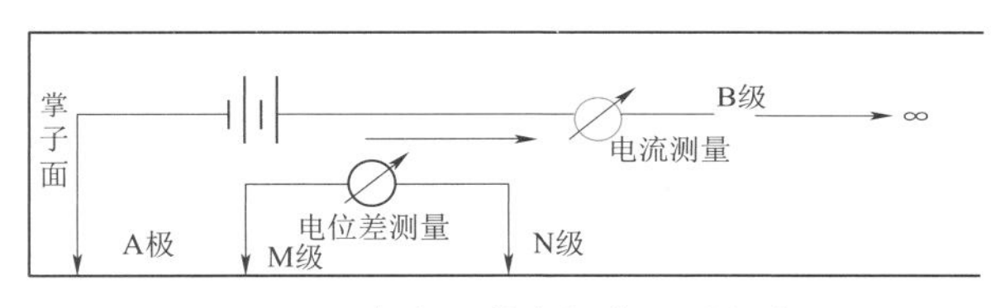

图 4.7　定点源激发极化观测方式

激发极化定点源三极测深法在隧洞超前探测实际工程中取得了较好的效果，该方法是将供电电极固定在掌子面附近，而测量电极 MN 沿着测线在掌子面后方边墙或底板上移动采集数据（见图 4.7）。但这种方式难以屏蔽测线附近的旁侧干扰，如低阻含水体、金属构件等，超前指向性差。面对复杂的 TBM 探测环境，定点源三极测深法很难从背景干扰数据中提取到隧洞前方的有效信息，容易导致预测精度较低或者会出现误报，该问题一直未能得到很好的解决。

2) TIP 超前探测聚焦测深法。

山东大学借鉴聚焦电法和电测深思想，提出的 TBM 隧洞激发极化超前探测聚焦测深观测模式（见图 4.8），在实际工程中得到了较好的应用。隧洞激发极化聚焦测深型观测方式利用了同性电流相互排斥的原理，使掌子面电流产生类似聚束效应，大大降低了来自掌子面后方的干扰。在数据采集过程中，将供电电极向掌子面后方移动，通过增大供电电极与测量电极间距来增大探测深度，实现了对隧洞前方不同距离含水体信息的感知。采用 4 个供电电极，测量电极阵列位于掌子面，采集完毕后，供电电极向掌子面后方移动，实现移动式测深。

(2) TBM 隧洞搭载式激发极化超前探测系统。

1) BEAM 法。

德国 GD 公司研发的基于聚焦电法的 BEAM (bore-tunneling electrical ahead monitoring) 系统（见图 4.9），最先应用于 TBM 环境中，其最大特点是通过外围的环状电极发射一个屏蔽电流和在内部发射一个测量电流，使得电流聚焦进入要探测的地质体中，通过测量视电阻率和百分比频率效应（PFE）的变化，可以预测隧洞前方岩体的完整性和含水状态。该方法工作效率高，可进行自动探测，但在定位精度、探测距离、分辨率等方面

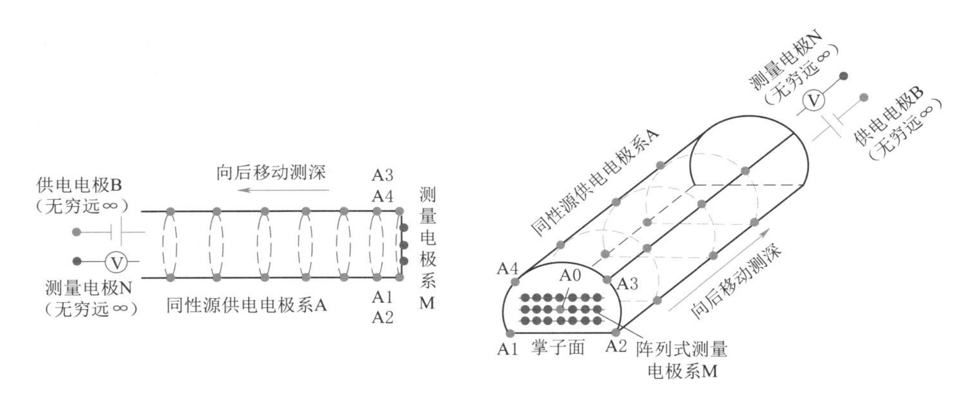

图4.8 TIP聚焦测深型超前探测示意图

存在很大问题，只能做近距离预报，无法有效探测与洞线方向近平行或呈小角度相交（一般在40°以内）的地质构造，只能定性判断不良地质的含水性，无法估算充填水量。

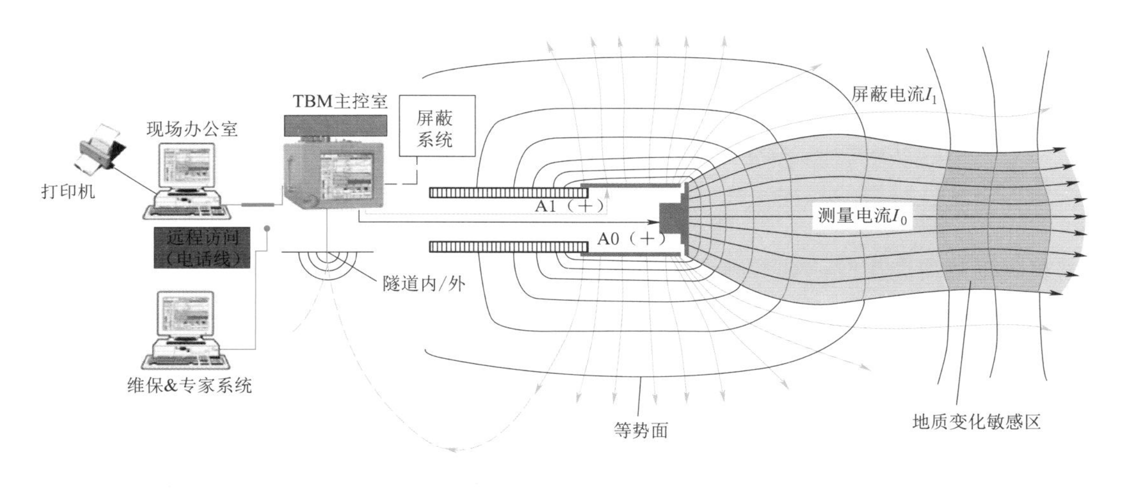

图4.9 BEAM超前探测系统

2）TBM搭载式激发极化法。

随着理论和技术的突破，山东大学发明TBM隧洞搭载的前向三维激发极化超前探测仪器，实现了与TBM装备高度融合和巧妙搭载，可在TBM复杂环境下实现激发极化聚焦测深以及全自动化快速数据采集，大大节约了探测时间。TBM搭载式激发极化超前探测可用于隧洞前方含水体的定位和识别，根据现场条件不同，探测的距离一般为30～40m。

TBM搭载的激发极化超前地质预报系统由刀盘电极、护盾电极、边墙电极、回转接头、液压系统与多芯电缆组成。TBM停机探测时，液压油缸将柔性耦合电极推出至掌子面，探测结束后，油缸收缩将电极收回至刀盘护盾内，保证隧洞施工正常掘进不受影响。

激发极化探测主机和液压控制器安装在TBM主控室内，统一安置在具有恒温恒湿功能的专用机柜中，如图4.10所示。

3. 钻孔地质雷达超前地质预报方法

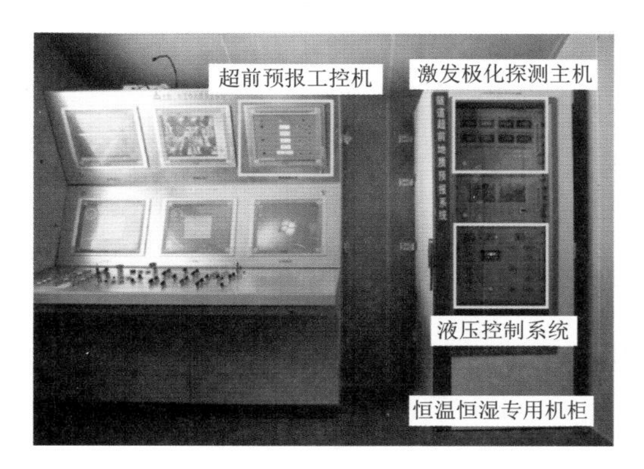

图 4.10 安装于 TBM 主控室的激发极化超前探测系统示意图

利用已有钻孔实施钻孔地质雷达成像探测，可较好地识别裂隙、破碎岩体、溶洞等不良地质体。在钻孔探测中，将发射天线和接收天线分别置于两个钻孔中，接收天线能够采集电磁波的透射信号和反射信号。探测时发射天线固定在一个位置，接收天线在另一个钻孔中进行移动接收；然后发射天线移动到下一个位置，接收天线再次进行移动接收；重复进行上述操作，直至发射天线覆盖整个钻孔为止（见图 4.11）。通过层析成像技术，不仅可以获取异常体的位置和形态信息，还可以获取两个钻孔之间介电常数和电导率的分布情况。钻孔雷达成像技术是对 TBM 超前地质钻探的补充与扩展，由于其分辨率高、定位精度高，代表了隧洞不良地质精细探查技术的发展方向和未来研究热点。但由于需要钻取 2 个孔，加之跨孔探测过程耗时较长，可能会干扰 TBM 施工作业，可用于对重点高风险段落的精细探测，难以成为一种常规性的探测方法。此外，单孔定向雷达是一种探测效果较高的理想选择，但定向探测理论及仪器研制的难题亟待攻克。

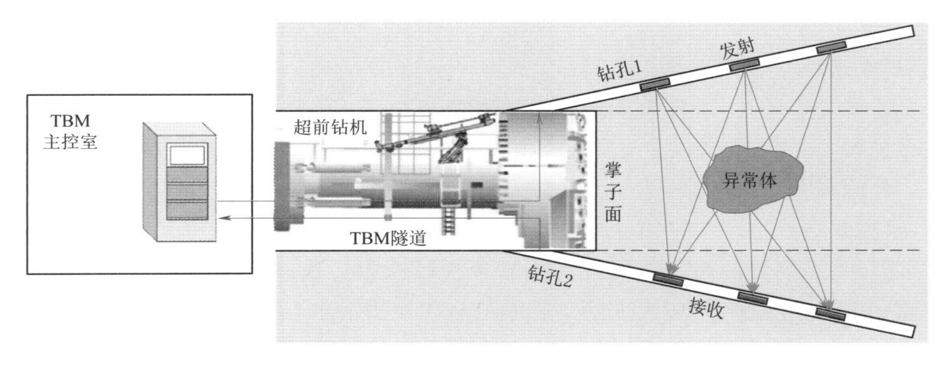

图 4.11 TBM 钻孔雷达探测系统示意图

4. 微震监测技术

微震监测技术是一种针对岩体微破裂在空间发育的监测技术。在隧洞开挖过程中，开挖导致岩体受力变形和破坏同时发射出微震波，运用微震监测技术采集岩体震动信号，能够高精度定位震源，通过对监测数据的分析便可获取微震时间、位置和震源强度等信息，评估与判断监测范围内岩体稳定性，基于对岩体微破裂事件的捕获和定位算法，从而对潜在危险区和岩爆区进行圈定和识别，如图 4.12 所示。该方法可以在地下工程岩爆预警上发挥重要作用。然而，目前应用于深埋隧洞围岩的微震监测精度还有待提高，包括了震源位置的定位精度以及受震源位置影响的震源参数的精度。此外，利用微震信息深入理解岩爆的孕育过程和机理是实现对隧洞围岩岩爆灾害有效预警的关键，即利用微震信息解译岩爆的发育过程并提高对其预测预警的有效性还需要进行更加深入的研究。

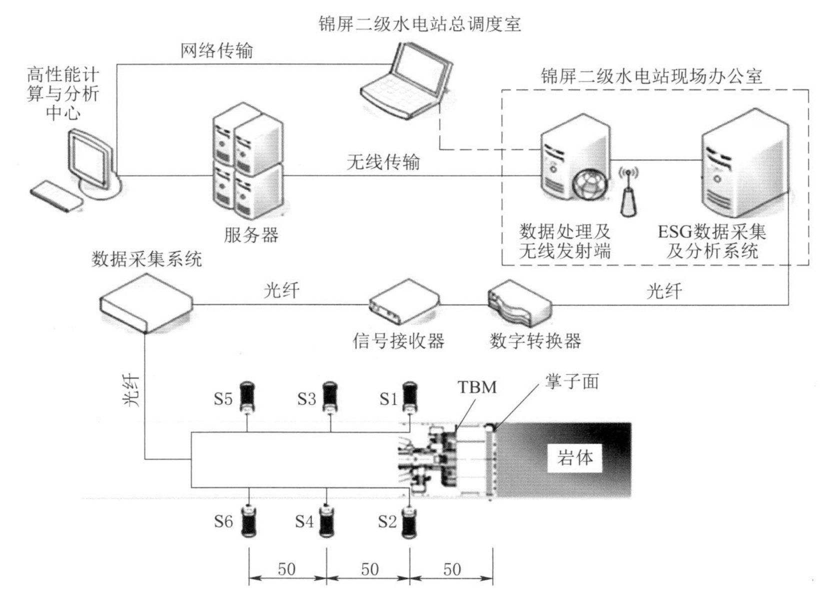

图4.12 锦屏二级水电站深埋4号引水洞微震监测分析系统（单位：m）

4.2 TBM卡机类别与卡机预测

4.2.1 TBM卡机类别

在TBM施工过程中，由于隧洞内地质情况的复杂性，极易发生TBM卡机灾害，造成经济上不必要的损失。TBM卡机主要有三种类型：卡护盾、卡刀盘和姿态偏差造成的卡机。

4.2.1.1 卡护盾

在实际隧洞施工过程中，由于卡护盾造成的TBM卡机屡见不鲜。当隧洞穿越软弱、破碎岩层时，由于围岩的挤压变形或者围岩掉块等原因造成TBM卡护盾事故。比如：引大济湟工程由于围岩发生挤压大变形，造成TBM护盾被卡。分析总结前人的经验，TBM卡护盾主要有两个原因：①隧洞内围岩非常破碎，开挖过程中，由于围岩坍塌将护盾掩埋造成护盾被卡；②隧洞穿越软弱岩层，围岩发生挤压大变形，使护盾与围岩发生接触挤压，产生较大的摩擦力，造成卡护盾事故。其致灾机理如下：

当护盾周围围岩变形量超过开挖预留变形量或围岩坍塌时，围岩开始与护盾接触并挤压护盾，进而在TBM推进时围岩对护盾产生摩擦阻力，当TBM推力无法克服围岩对护盾产生的摩擦阻力时，TBM的护盾便被卡住。根据上述机理，可知TBM护盾被卡必须满足两个条件：①护盾周围围岩变形量超过开挖预留变形量或围岩坍塌时；②TBM推力不能克服围岩对护盾产生的摩擦阻力。

4.2.1.2 卡刀盘

TBM卡刀盘灾害在施工中也经常遇到，卡刀盘的原因有很多，例如：隧洞内围岩较破碎，隧洞内发生围岩坍塌将刀盘卡死；隧洞内发生突水突泥灾害，将刀盘淹没，造成刀盘无法转动从而发生刀盘被卡。其中，隧洞内发生围岩坍塌是造成卡刀盘的主要原因。

4.2.1.3 姿态偏差造成的卡机

对于姿态偏差，由于隧洞内地质情况十分复杂，TBM在掘进过程中造成方向偏移且很难完成方向转换，致使后续管片无法有效安装，最后造成TBM发生卡机。

4.2.2 TBM卡机预测方法

随着隧洞向长距离、大埋深的方向发展，TBM工法越来越发挥出不可替代的作用。由于隧洞内地质情况的复杂性，TBM卡机灾害极易发生，造成经济上不必要的损失。因此，TBM卡机预测的需求越来越大。

4.2.2.1 TBM卡机灾害风险源地质判识与预报识别

1. 卡机灾害风险源地质判识

不良地质构造是诱发TBM卡机灾害的关键因素。因此，有效判别TBM隧洞的不良地质构造，并明确其地质特征与孕灾模式，是后期开展TBM隧洞致灾构造地球物理探测与灾变防控的基础。根据工程实践数据与已公开发表的文献资料统计，TBM卡机灾害发生时最为常见的不良地质构造为破碎带，且TBM卡机多发于断层影响区内。地下水对TBM卡机灾害的影响模式多为起到“催化作用”的间接影响模式，即软弱围岩遇水发生软化与膨胀，导致持续的洞室围岩收敛变形，进而导致TBM卡机。除了地下水的间接影响模式外，TBM掘进穿越隔水层或遇到承压水时，往往会发生突水突泥灾害而产生卡机。

对TBM卡机灾害赋存的地质环境的快速识别与评价有助于成功识别TBM卡机灾害风险源。如图4.13所示，依据TBM隧洞中的TBM卡机实例、通过理论分析发生TBM卡机的不良地质构造类型，同时借助于原位地勘资料，确定TBM卡机的灾害风险源。

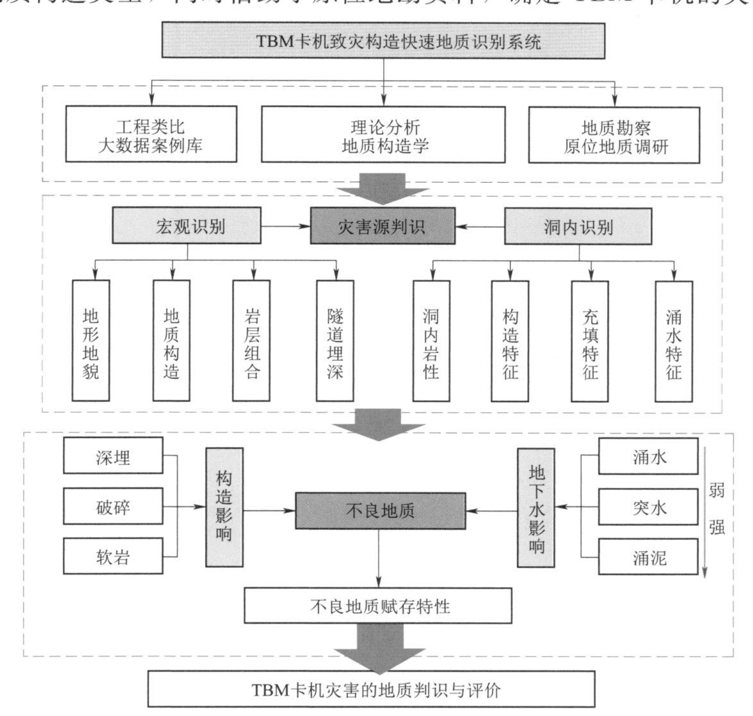

图4.13 TBM卡机致灾构造地质识别流程图

在实际隧洞工程建设过程中，通过宏观判识，确定隧洞的埋深、隧洞所处环境的地形地貌特征、地质构造特性以及岩层组合，之后通过洞内识别，确定隧洞内围岩岩性特征、围岩构造特性、洞内围岩的充填特性和含水情况，联合隧洞外宏观识别与洞内地质勘察工作，实现不良地质的构造影响和地下水影响评估，进一步能够反映卡机灾害赋存的不良地质的特性，从而对 TBM 卡机致灾构造进行判识与评价。

2. 卡机灾害风险源预报识别

TBM 隧洞对不良地质条件敏感，且施工灵活性差，施工空间小，只有提前探明不良地质构造，才能根据获取的地质信息对不良地层进行具有针对性的改良。但 TBM 隧洞电磁及金属体的干扰强烈，瞬变电磁和探地雷达等电磁类方法难以应用于 TBM 隧洞。

同时，为了满足 TBM 快速掘进的特点，在 TBM 隧洞实际工程开挖过程中，采用搭载于 TBM 的破岩震源和激发极化仪（见图 4.14）进行灾害源的预报识别。

(a) TBM破岩震源地震搭载方案

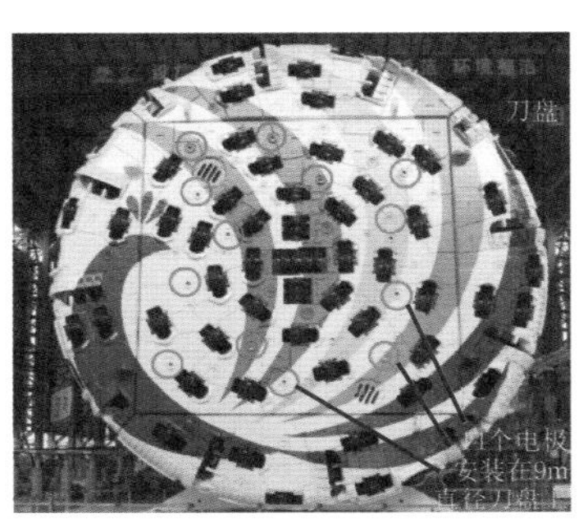

(b) TBM搭载的聚焦型激发极化勘探系统

图 4.14 TBM 超前探测系统搭载

TBM 破岩震源地震波超前探测利用 TBM 掘进过程中刀具破岩产生的强烈震动作为震源，进行 TBM 施工前方不良地质的实时超前预报。该方法在刀盘后方搭载先导传感器获取破岩震动信号，借助于在 TBM 隧道边墙上搭载的接收传感器实现对破岩震动引起的反射波的采集，通过将先导传感器信号与接收传感器信号进行联合处理，实现掌子面前方地质情况的实时预测。

TBM 搭载的激发极化系统将供电电极系集成到 TBM 的护盾上并沿环向布置，测量电极系集成在刀盘上，刀盘上通过开孔的方式搭载测量电极系，TBM 施工时测量电极系收缩到刀盘的刀仓中。采用多芯电缆与供电与测量电极系连接，同时设计单芯电缆连接电极 B 与 N，探测仪器安装在 TBM 主控室，电缆连接到主控室的仪器。测量时，通过液压系统推出电极伸缩到掌子面实现激发极化超前探测。

借助于破岩震源和激发极化探测方法，预测掌子面前方断层破碎带以及含水体等不良地质的规模和位置，反映掌子面前方的不良地质情况，为 TBM 卡机防控提供理论基础。

4.2.2.2 基于渣片性态的岩体参数预测方法

TBM 近前方岩体参数快速预测和感知问题一直是近年来国内外学者十分关心的科学问题，动态获取 TBM 近前方岩体参数变化信息可为 TBM 卡机预警提供宝贵的数据参考。目前基于现场取样和实验室测定的方法耗时长、成本高，测试结果存在滞后性，无法快速有效地预测前方岩体参数。因此，专家学者开始研究 TBM 掘进过程中机械设备与围岩相互作用过程，以期形成基于 TBM 掘进参数的近前方岩体力学参数快速预测方法。随着人工智能的发展，机器学习和深度学习逐渐应用于 TBM 领域，利用机器学习和深度学习等方法动态预测 TBM 隧洞岩体参数，建立掘进机施工性能与岩体地质条件之间的响应规律和统计关系，成为当前 TBM 信息化智能化施工的重要研究热点。除 TBM 掘进参数外，岩渣作为 TBM 机械设备与围岩条件相互作用的产物，近年来同样受到了该领域专家学者的重视。如何充分利用渣片性态信息判断隧洞围岩力学参数，是当前研究亟待解决的另一个重要问题。

1. 信息化技术在渣片分析中的应用

工程实践中，地质工程师可以通过观察 TBM 开挖出的渣土几何形态、粒径分布特征确定隧洞工作面岩体条件。然而这种传统方式过于依赖主观经验，渣土信息无法定量表达，及时性和可操作性非常差。基于计算机视觉和大数据技术的粒度分布统计可以有效地定量判断渣片的几何形态信息及物理参数，在数据库中可以对应岩体特征参数和渣片性质进行研究智能算法的岩体质量评价和分类挖掘。这种方法有效地避免了对渣片的主观判断，充分利用计算机视觉与大数据技术将岩渣的主观定性评价提升为客观定量分析，在 TBM 掘进中已开展实际应用。通过构建包含海量历史掘进数据、岩渣数据与现场实测岩体参数的数据库，采用神经网络、深度学习等人工智能算法挖掘数据间的相关关系，证明渣片几何形态信息与物理参数与开挖比能（SE）、贯入度指数（FPI）之间都呈现明显的协同变化规律，可以为 TBM 近前方岩体参数的感知、判断提供信息。

2. 基于回归分析的近前方岩体参数感知方法

目前，建立回归模型是一种预测前方岩体参数的主流方法。其中，QTBM 模型由 Barton 基于 100 多个 TBM 隧洞相关数据的基础上建立，包含了众多复杂的隧洞地质条件，涵盖了多种不良地质条件。该模型在 Q 分类系统的基础上，构建了岩体参数与对应 TBM 掘进参数的关联。此外，基于 RME 岩体分级系统的 RME 岩体分级的预测模型，依托 400 多条 TBM 隧洞相关数据，同样提供了 TBM 机械参数与岩体参数的关系映射。此类以现场实测数据为驱动的经验模型的效果远远好于理论模型，在实践中便于施工人员学习操作，可以获得较高的预测精度。

3. 基于 Monte Carlo - BP 神经网络的岩体参数感知方法

基于 Monte Carlo - BP 神经网络的净掘进速度映射模型是温森等以美国纽约 Queen No. 4 输水隧洞为工程实例建立的。它采用 Monte Carlo - BP 神经网络算法，构建了单轴抗压强度（UCS）、巴西试验劈裂抗拉强度（BTS）、冲击试验压头的最大荷载与相应的位移的比值（PSI）、节理间距（DPW）、节理角度（α）等参数与 TBM 净掘进速度之间的相关关系，研究表明神经网络方法可以用来构建 TBM 掘进性能与近前方的岩体参数的映射关系，可有效地用于围岩岩体参数的预测。

4. 基于模糊神经网络和支持向量回归算法的岩体参数感知方法

模糊神经网络与支持向量回归等人工智能算法具有较好的非线性映射和自适应学习的能力，对于挖掘隐蔽且非线性强的参数关联方面具有突出的能力，因此在挖掘岩体参数与 TBM 掘进参数的相关关系方面效果较好，M. AlvarezGrima 等依托超过 640 个 TBM 硬岩隧洞项目相关数据所组成的数据库，通过模糊神经网络建立了 TBM 掘进速度预测模型，Dudt 等人应用惩罚因子法预测变化地层中 TBM 的性能，Satar Mahdevari 通过支持向量回归算法构建掘进性能与岩石强度、完整性等指标的相关关系。这几种模型都可以构建岩体参数与 TBM 掘进参数的关系映射，其预测能力均被证明超过传统方法。据此可判断 TBM 近前方的岩体参数。

5. 建立 TBM 推力、扭矩等掘进参数变化的预测模型

数据挖掘为发现岩土工程知识系统的不确定性、模糊性和随机性背后隐藏的知识规律提供了一种新的手段。贯入度指数（FPI）的预测模型考虑了有关地质参数单轴抗拉强度等影响因素，由 Hassanpour 等与 Delisio 等分析不同的 TBM 隧洞工程的实测数据，并结合回归方法建立的；Zhao 等针对岩石与土层混合地层中 TBM 掘进控制扭矩的关键问题，在 CSM 模型和刀具三维极限分析模型的基础上，建立了扭矩计算模型并提出了混合面扭矩贯入度指数（MTPI）新的预测指标；Armaghani 等人获取了包含单轴抗压强度（UCS）、石英含量（q）、推力和转速等在内的多种岩机参数，运用分层竞争算法（ICA）和粒子群（PSO）改进的人工神经网络（ANN）算法建立了掘进速度预测模型；Gao 等人使用递归神经网络（RNNS）、长短时记忆（LSTM）和门控递归单元（GRU）三种神经网络算法，对 TBM 扭矩、掘进速度、推力等主要掘进参数进行动态预测，取得了不错的预测效果。

人工智能的兴起使数据的分析效率得到提升，通过深度学习、强化学习等方法，可以发现数据中存在的非线性规律，有效地进行预测、分类，从而利用数据指导工程现场实践。相对于传统的方法来说，基于人工智能方法建立的 TBM 近前方岩体参数预测模型和适应性评价方法具有更好的泛化性和可操作性，能够在 TBM 施工时运用数据库进行实时指导，发掘 TBM 近前方岩体参数与掘进速度之间的关系，对渣片参数、性质进行实时定量测量分析，具有更高的效率、更好的精度和性能。

6. 通过单目标堆叠算法（SST）实现岩体信息的定量化表达

相比于传统支持向量回归（SVR）方法，首先，SST 法不是为每个目标分别建立模型，而是考虑到了回归模型中每个目标之间的关系，通过训练建立初始模型，得到每个目标的初始预测结果。然后将预测值作为输入变量进行再训练，建立最终模型。其次，SST 法主要用于研究各目标之间的关系并将其引入模型，将上述 SST 法应用于 SVR 法中，可以改进 SVR 算法，提高模型的精度。改进后 SVR 算法可以总结为四个步骤：首先，将整个数据集按比例随机分为数据集 $D1$、$D2$ 和测试集。其次，利用基于数据集 $D1$ 的 SVR 算法训练初始模型。再次，将初始模型应用于数据集 $D2$，并将初始预测结果作为新的输入变量添加到数据集 $D2$ 中，然后利用扩展后的数据集 $D2$ 的来训练得到最终的预测结果。最后，通过测试集检验最终模型的准确性和泛化能力，选择最优的最终预测模型。

将改进后的 SVR 方法用于构建岩-机映射模型，首先以掘进机主要的控制与性能参数（推力、扭矩、转速等）为输入参数，分别建立抗压强度等目标的初始预测模型；其次将初始模型的预测结果作为新增输入变量进行二次训练，得到最终预测模型。相比于传统算法针对多个预测目标建立多个独立的预测模型，该方法引入岩体参数之间的相关性，通过二次训练，提高了岩体参数的预测精度。

在模型验证阶段，使用 TBM 驱动数据（Th、Tor、RP、PR 等参数）作为输入，并通过以下 4 个步骤输出岩体参数（UCS、BI、DPW 和 α 等）的预测值：

（1）开发包括输入变量和预测目标的数据集，然后将数据集划分为训练集和测试集。在训练模型之前，需要两个不同的训练集 $D1$ 和 $D2$ 分别训练初始模型和最终模型。

（2）利用支 SVR 法和 SST 法对模型进行训练，得到训练误差。本书使用均方百分比误差（MSPE）和相关系数（R2）来测量训练和预测误差。如式（4.1）和式（4.2）所示：

$$MSPE=\frac{1}{n}\sum_{i=1}^{n}\frac{|Y'_i-Y_i|^2}{Y_i^2} \tag{4.1}$$

$$R^2=1-\frac{\sum_{i=1}^{n}(Y'_i-Y_i)^2}{\sum_{i=1}^{n}(Y_i-\overline{Y})^2} \tag{4.2}$$

式中：Y_i 为预测目标的实测值；Y'_i 为预测值；n 为投入产出样本总数；$\overline{Y}$ 为测量变量的平均值。

（3）使用模型预测每个目标，并将测量值和预测值进行比较以获得预测误差。

（4）通过比较训练和测试误差来验证模型。合格模型的测试误差通常低于或略高于其训练误差；否则，模型会过度拟合，可能需要重新训练。

本书依托引松工程四标段工程现场采集的近 400 组岩体-机械参数样本为数据集，依据数据集建立了抗压强度 UCS、脆性指数 BI、节理间距 DPW 和节理夹角 α 的预测模型，岩体参数预测偏差在 20%以内，取得了不错的预测效果，如图 4.15～图 4.18 所示。

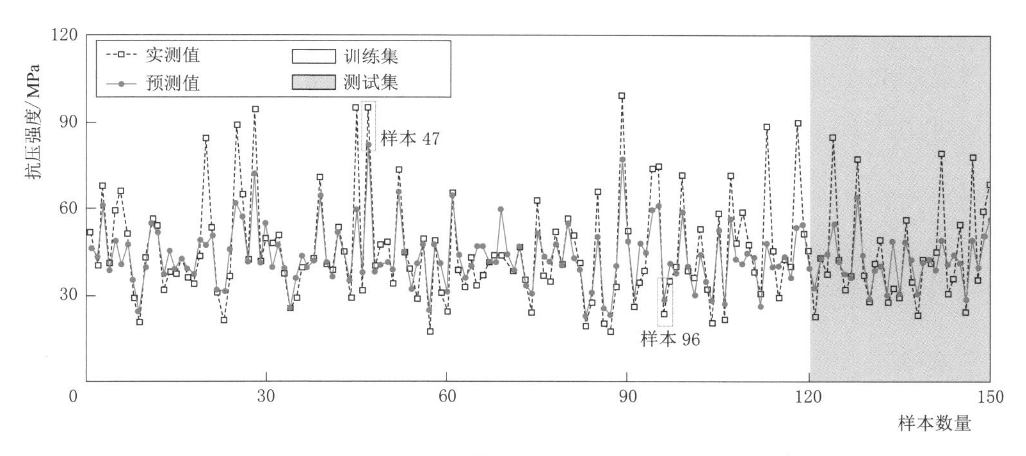

图 4.15 抗压强度预测结果（样本平均偏差＝16.50%）

4.2.2.3 围岩变形监测

采用围岩变形监测系统，实时监测围岩变形，获得围岩与护盾之间的距离，预测 TBM 卡机的风险，进而提出相应的解决方案，保障 TBM 安全、高效地进行施工。

TBM 围岩变形监测系统工作流程如图 4.19 所示，包括超声波发射接收装置、滤波装置、数据处理装置、显示预警装置、监测控制装置。

超声波发射接收装置由圆形薄片和连接线组成。圆形薄片上有超声波发射模块、超声

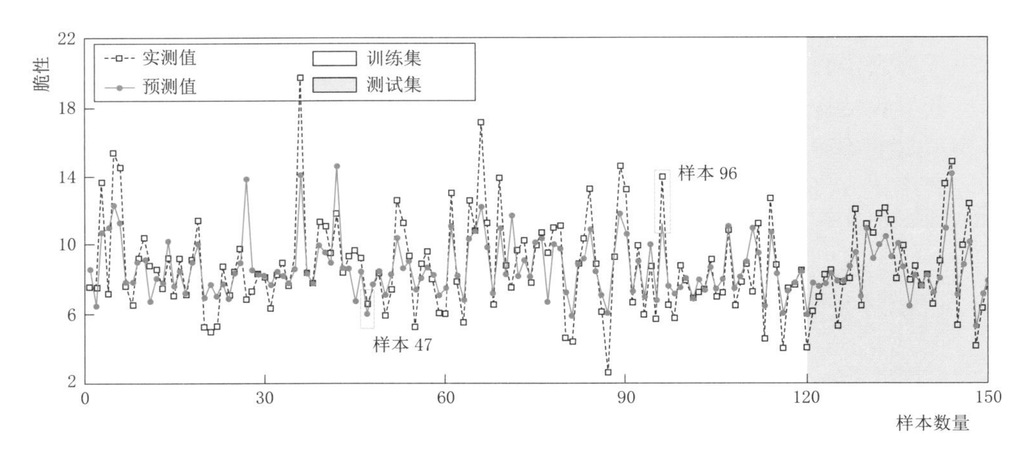

图 4.16　脆性预测结果（样本平均偏差=17.86%）

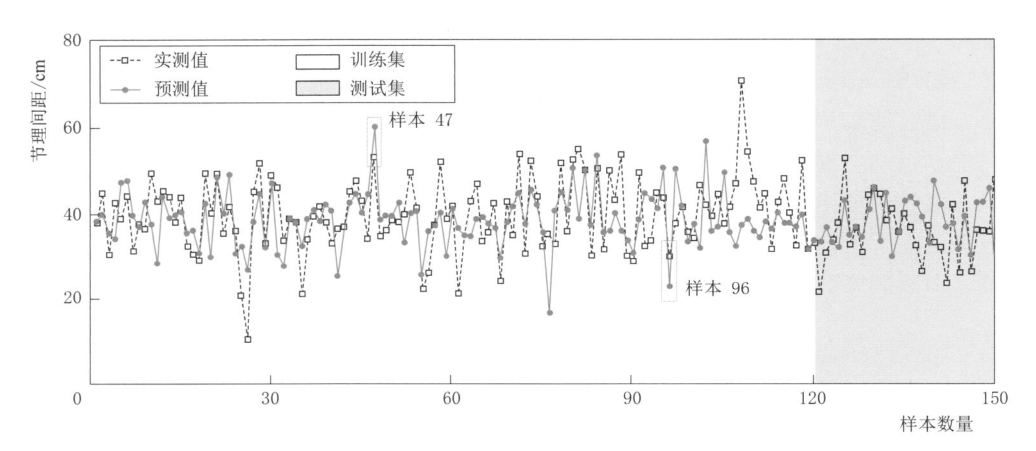

图 4.17　节理间距预测结果（样本平均偏差=19.02%）

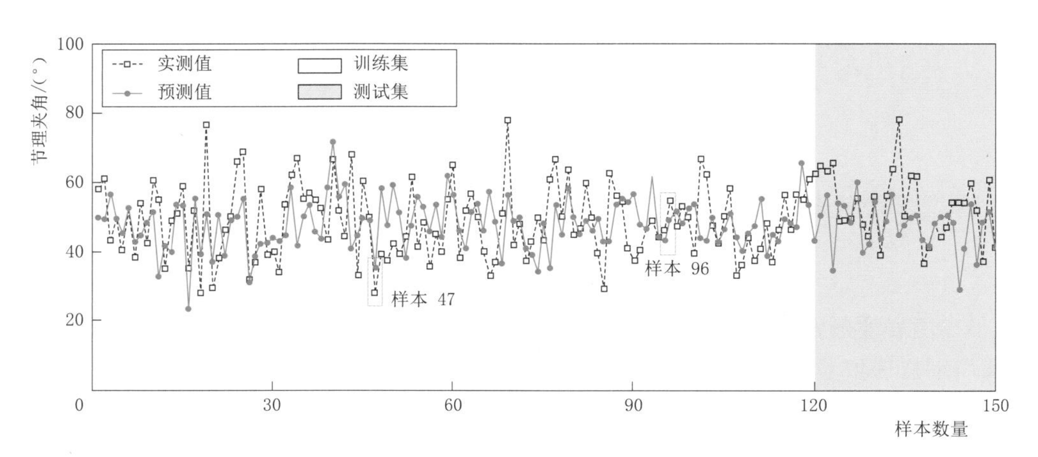

图 4.18　节理夹角预测结果（样本平均偏差=18.40%）

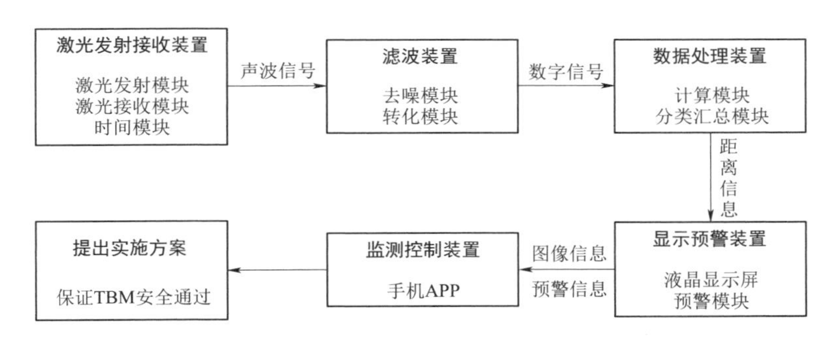

图 4.19　围岩变形监测流程图

波接收模块以及时间模块，由此可以获得超声波发射和接收时的时间，从而可以得到二者的差值。圆形薄片均匀地贴在 TBM 护盾的周围，对每一个薄片进行编号，编号的顺序不进行限制，可以横向编号（同一个桩号先编号，然后下一个桩号位置）或者纵向编号（不同桩号位置先编号，然后下一列位置）。圆形薄片同一桩号位置处用一根连接线连接，不同桩号位置处薄片用一根连接线连接端部位置。

在进行实地测量之前，可以先检查薄片好坏，根据薄片的编号进行检查。由于隧洞开挖半径的大小不一，可以选择在护盾的同一圆周处选择安装 5 个或 7 个圆形薄片，开挖半径较大时，选择多安装 2 个薄片；在安装薄片时，选择每 1m 在护盾的四周安装 1 组圆形薄片。因为隧洞的扩挖半径一般小于 20cm，所以超声波在护盾和隧洞壁之间的传播时间很短（忽略不计），选择同一薄片进行超声波的发射和接收，一般不影响测量的精度。

滤波装置含有去噪模块和转化模块，将超声波发射和接收装置获得的声波信号进行去噪处理，并将去噪后的声波信号转化为数据处理装置可以处理的数字信号，将转化后数字信号传递给数据处理装置。去噪模块主要进行噪声的去除，在 TBM 施工中，容易产生较大的噪声干扰，主要为 TBM 切割岩石产生的噪声，噪声在传播过程中为平行于隧道传播（假设为横波），而超声波发射接收装置发射的超声波垂直于隧道（假设为纵波），去噪模块的主要目的是清除横波，避免 TBM 掘进产生的噪声对仪器精度的影响。转化模块将去噪后的声波信号转化为数字信号，以便于接下来数据处理装置的处理。

数据处理装置有数学计算模块和分类模块，可以将滤波装置得到的数字信号（时间信息和位置信息）进行计算处理，计算出某一点处某一时刻护盾与隧道围岩之间的距离，同时对不同的桩号以及编号的薄片进行汇总处理，然后将汇总处理好的距离信息传递给显示预警装置。数学计算模块主要进行智能计算，将获得的时间信息进行差值处理，然后调用超声波传播速度与时间差相乘并乘 1/2，获得这一点处护盾与围岩间的距离。分类模块进行智能分类处理，为显示预警装置做基础，数据主要分为两类，一类是不同薄片编号同一时刻的距离信息，一类是相同薄片编号不同时间的距离信息。

显示预警装置包括液晶显示屏和预警模块，位于 TBM 主控室。液晶显示屏将数据处理装置获得的距离信息经过图像化处理后显示在液晶显示屏上，有两种平面坐标显示方法：①同一时刻不同薄片编号的距离信息，横坐标为编号、纵坐标为距离。这样可以获得在同一时刻，随着薄片编号的变化，护盾与围岩间距离的变化。通过距离变化可以预测出在什么位置更容易发生TBM卡机；②同一编号处不同时刻的距离信息，横坐标为时间、纵坐标为距离。这样可以获得随着时间的推移，同一位置处护盾与围岩间距离的变化，如果距离在不断减小，甚至有加速的趋势，则可能产生TBM卡机的风险比较大。预警模块根据液晶显示屏显示的距离变化，对TBM容易产生卡机的位置进行预警。当某一位置处的护盾与围岩距离在不断减小且有加速趋势，则应当对这一位置发出预警信号；同样的，当某一位置处护盾与围岩距离趋于0时，也应该对其发出预警信号。发出预警信号时，将预警处的位置用红色加粗标出，便于阅读，同时将预警信号发送到监测控制装置。

监测和控制装置为手机APP，施工人员通过手机APP接收到由显示预警装置处理好的图像，以便于施工人员对隧道内部围岩变形的准确实时把握，对于发生预警信号的地方，及时采取相应的处理解决措施，保证TBM可以安全、高效地通过危险区域，保障施工安全。

第5章 卡机防控与脱困

5.1 卡机防控方法和技术

防控的基本原则以实现“掘进顺利，洞室不塌，支护稳定”为目标，利用超前地质预报、围岩变形实时监测等技术对可能卡机的要素进行分析预测，依据预测成果提出针对性防控方案，在确保人员、工程设备以及隧洞安全的前提下，及时采取超前加固、TBM掘进参数调整等综合技术措施预防卡机事故的发生，以实现TBM的顺利掘进。

5.1.1 卡机防控要素分析

TBM施工过程中，影响隧洞工程质量的因素归纳起来主要有五个方面，即人（Man）、机械设备（Machine）、材料（Material）、方法（Method）和环境（Environment），简称4M1E。TBM卡机事故的出现主要与4M1E有关。

5.1.1.1 人的因素

“人”承担着决策、设计、管理、实施的责任，先进的技术、优良的设备以及科学的决策都需通过“人”的命令才能发挥作用。“人”的质量意识强弱、专业素质高低及工作积极性程度，都会影响到TBM能否顺利掘进。若“人”的因素（例如反应缓慢、操作不当、麻痹大意等）对隧洞正常施工产生了不良影响，那么TBM卡机的发生概率将大大提高。

在TBM隧洞施工中，涉及诸多人员的参与，具体可以分为生产人员、技术人员以及管理人员。生产人员与工程直接接触，其技术熟练程度、相关工作经验等，直接影响TBM的掘进。管理人员和技术人员的知识、经验、直觉判断等，直接影响工程施工的决策。因此，需高度重视相关人员的培训和管理工作，深入探究人在TBM正常掘进过程中可能存在的不利影响，分析不利影响出现的根源，并利用科学的措施进行管理，有效预防TBM卡机事故。

人员方面可能产生的不利影响因素包括：

管理人员方面：管理制度不完善，管理方式方法不到位，管理松懈，防控意识、责任意识不强等。

技术人员方面：缺乏相关技能经验，对机械设备认识不全面，缺乏对设备参数、监测数据分析能力，对预报数据及监测结果所表达含义反应不灵敏，甚至麻痹大意，对地质条件认识不清，没有掌握围岩的变化规律等。

生产人员方面：没有按照设计要求和操作规程进行施工，工作态度消极，对于异常情况没能及时发现和及时上报等。

现场管理方面：除了各类人员应具备一定的素质以外，现场应建立有效的组织协调和决策机制，遇到异常现象时，及时现场处理，卡机事故的发生往往是现场没有及时得到处置而造成的。

5.1.1.2 机械设备

隧洞施工常用的TBM类型有敞开式、护盾式等机型，护盾式又分为单护盾和双护盾。

TBM一般由主机、后配套及辅助设备三大部分组成，具体如下：

(1) 主机主要由刀盘、盾体、驱动系统、主轴承及其密封、管片（拱架）安装系统、主机皮带输送机以及主机的辅助系统组成等；主机的辅助系统包括：液压系统、润滑系统、供配电系统、排水系统、数据采集系统等。

(2) 后配套系统的作用是安放能够为掘进机主机持续工作提供可靠的动力、液压、润滑、风、水、电、除尘等附属设备，为渣料、钢拱架、管片和其他材料转卸提供场地，多采用平台车式。

(3) 辅助设备包括：锚杆钻机、自动导向系统、有害气体检测报警系统等。

每条TBM施工的隧洞的地质条件、水文地质条件都有其特殊性，一种类型的TBM不能够适应所有类型的地质条件，在TBM选型中，需根据前期地勘资料，判断隧洞开挖过程中遇到的主要工程地质条件，选择适宜的机型，可有效降低TBM卡机概率。对于Ⅱ类、Ⅲ类围岩为主的隧洞，隧洞围岩条件稳定，卡机概率低，可以考虑选择敞开式TBM。对于Ⅳ类、Ⅴ类围岩为主的隧洞，一般建议选择护盾式TBM，在设计TBM时应尽量减小护盾长度，以减少卡机概率；同时要进行防卡机针对性设计，如尽可能缩短护盾长度，主机采用倒锥形设计等。

TBM设备在定制时需要考虑施工洞段的不利地质条件，并需具备处理不利地质条件的能力。优化设备配置，满足复杂地质条件下超前预报，超前预处理设施的布置、安装和使用，针对不同的地质条件增设相应的辅助设备，如超前钻机、灌浆设备、排水设备等，均能有效降低卡机风险。

机械设备往往由于发生故障、性能不能满足施工要求等，对工程本身、人员以及其他要素造成伤害。施工时可以通过各种传感器、视频监测等技术手段，实时读取TBM关键掘进参数（如推力、扭矩、贯入度、转速等，了解机械设备的状态及性能），采取相应措施，预防机械设备引发的卡机事故。

5.1.1.3 工程材料

TBM施工过程中常用的材料包括：混凝土、钢拱架、预制混凝土管片、钢管片、钢筋、锚杆、注浆材料等。在TBM掘进过程中需对围岩进行及时支护，因此材料的供应以及质量必须要有保障。进场材料要经过多道检验工序或试验，以达到现场施工要求。随着技术的不断发展，市场上经常会出现一些新材料，这些材料大多进行了性能方面的改进，但有些没有或很少经过实际工程的检验，质量难以保证，在选用这些材料时一定要经过充分的论证及现场试验，以确保材料性能满足要求后方可应用。材料质量不合格、性能不能满足隧洞施工要求，将直接影响施工质量，从而可能导致卡机事故的发生。

5.1.1.4 方法因素

隧洞施工条件较为复杂，不同地质条件、不同设备，需选择相适应的设计处理方案和施工工法，才能使隧洞工程高效、保质保量地完成。方法因素不仅涉及地质勘察、隧洞设计和施工组织，还需结合不同的工法需求和施工队伍对工法的熟悉程度进行工艺方面的分析。以护盾式 TBM 施工为例，涉及掘进机的姿态、趋向特征，管片拼装精度等因素。

5.1.1.5 环境因素

隧洞施工的环境因素较为复杂，具体的隧洞施工环境因素主要包括隧洞环境、周围环境、工作环境等。

隧洞环境主要指隧洞的拱顶沉降、收敛变形、钢拱架变形及应力情况等指标。

周围环境包括复杂的水文与工程地质条件、周围的建筑物、地表沉降等要素。

工作环境包括采光、照明、温度、工作空间等，工作环境主要是通过影响人的情绪和状态，从而影响事故是否发生。

断层及断层破碎带、软岩大变形、突涌水、塌方、岩爆、溶洞、膨胀岩等不良水文与工程地质条件是造成 TBM 卡机的主要地质因素。具体如下。

1. *断层及断层破碎带*

在 TBM 卡机要素中，断层及断层破碎带是引起卡机最常见的不良地质因素。

断层是地壳受力发生断裂，沿破裂面两侧岩块发生显著相对位移而造成，是广泛发育的构造形态，大小不一、规模不等，小的不足一米，大到数百、上千米，但都破坏了岩层的连续性和完整性，而由许多断层组成的带状范围，称为断裂带或破碎带。在断层带上往往岩石破碎，易被风化侵蚀，沿断层线的地表常常发育为沟谷，有时出现泉或湖泊。因此，在 TBM 隧洞穿越断层时，也时常伴随着大量的涌水。

由断层所生成的破碎带含有断层角砾岩、碎裂岩、糜棱岩或断层泥等，由斜坡破坏生成的破碎带也可含有角砾、碎裂块石和糜棱状黏土等。而断层破碎带则是由断层或裂隙密集带所造成的岩石强烈破碎的地段，按其形成时的受力状况，可分为压性、扭性和张性三种。

破碎带也称碎裂带，有的被重新胶结起来形成破碎岩、断层角砾岩等。规模较大的断裂带常为多期活动，隧洞及地下工程在这种地段通过时，常伴生严重塌方、冒顶、涌水，甚至引起山体滑动以至造成 TBM 卡机问题。例如辽宁省大伙房水库输水工程 TBM1 标段穿越 MDf11－16 断层破碎带及部分影响带，辽宁省西部供水工程穿越 F64 断层或断层影响带，昆明市掌鸠河引水供水工程穿越上公山隧洞 13 号断裂（小仓—银场箐逆断层）和 14 号断裂（兆乌—龙泉村断层），山西省万家寨引黄工程 TBM 通过摩天岭大断层（F65）影响带时，均造成不同程度卡机现象。

2. *软岩大变形*

软岩是软弱围岩的简称，其大变形引发隧洞的快速收敛经常会导致卡机等事故的发生。近年来有关隧洞围岩快速收敛变形导致卡机事故的报道较多。如委内瑞拉长 27km 的 Yacambu 隧洞，在泥灰岩段其围岩收敛变形每分钟达到 20cm，致使 TBM 无法正常掘进而被迫停机时间长达数月；荷兰南部西斯凯尔特河隧洞施工过程中，两台德国海瑞克

TBM在含海绿石的粉砂质砂岩地层中掘进时，由于受到围岩的强烈变形挤压，被困两周；此外，在我国山西万家寨引黄工程和新疆DB隧洞工程的软岩掘进过程中，也发生了由于洞周围岩快速收敛变形而导致TBM被困等卡机现象。

3. 涌水、涌泥、涌沙

对深埋长隧洞，涌水在隧洞施工中一般难以避免，突涌水常常具有水量大、水压高、突发性强等特点，因此经常会导致围岩失稳、出现塌方，甚至淹没隧洞，危及洞内施工人员及设备的安全，严重影响TBM施工效率甚至造成卡机。

由于涌（突）水、涌泥（沙）主要受地质构造、地层岩性、含水层的富水性、隔水岩墙的厚度和地下水压力等的影响。根据隧洞水源和地质构造，可将隧洞涌突水分为以下几种类型：揭穿地表或地下水体涌水、揭穿含水岩层涌水、断层破碎带涌水（富水断层涌水、导水断层涌水、隔水断层涌水）、岩溶管道涌水（溶腔溶洞涌水、地下暗河涌水）、背斜和向斜构造破碎带涌水和层间破碎带涌水。

在TBM卡机的主要水文地质因素中，涌（突）水、涌泥（沙）大都具有伴生性，一般与断层及断层破碎带、溶岩溶洞、地下暗（沟）河等相关。TBM开挖过程中，大量涌（突）水夹杂着断层破碎岩体或溶洞中的泥沙一起涌出，成流-塑态，将TBM全部或部分掩埋，造成卡机。例如越南中部的海文隧洞，由于洞内施工过程中突水涌水量大，被迫停机近两个星期。奥地利坎波罗索铁路隧洞和我国昆明上公山引水隧洞掘进过程中，都出现了由于突水而被迫停机的工程事故。

归纳起来，掘进中的突涌水常会给隧洞施工带来不良影响，主要有：由于水压作用，掌子面发生坍塌，增大刀盘的旋转扭矩，降低掘进效率；涌水或泥沙淹没TBM机体，使设备不能正常工作，并危及洞内工作人员的生命安全；洞壁坍塌，撑靴反力不足，致使无法正常推进，同时造成支护、衬砌实施非常困难，不能及时进行支护作业，进而造成卡机。

4. 岩爆

岩爆是深埋长隧洞在高地应力、硬脆性岩体中隧洞开挖诱发的一种工程地质问题，严重威胁洞内施工人员和设备的安全，影响隧洞正常施工。TBM施工对围岩扰动较小，且开挖断面多为圆形，在一定程度上减弱了围岩应力局部集中现象，降低了岩爆发生的可能性。尽管如此，在国内外一些TBM隧洞施工过程中，仍然有岩爆发生，如我国的新疆某输水隧洞、齐热哈塔尔水电站引水洞、锦屏二级水电站排水洞、引汉济渭秦岭隧洞和天生桥二级水电站引水隧洞等工程，在施工中均发生了不同程度的岩爆。

岩爆专家认为，强大的地应力场构成的地质环境是岩爆发生的决定因素，因此发生岩爆地区实测的地应力均是很高的，即所谓的高应力区。

岩爆的等级与围岩强度应力比S（岩石单轴抗压强度R_b/最大主应力σ_m）具有如下关系：

S等于4～7时为轻微岩爆（Ⅰ级）。

S等于2～4时为中等岩爆（Ⅱ级）。

S等于1～2时为强岩爆（Ⅲ级）。

S小于1时为极强岩爆（Ⅳ级）。

在施工阶段，岩爆等级的判别可按以下条件作为依据：

（1）轻微岩爆。岩石表层发生爆裂脱落、松弛和碎裂现象，零星间断发生破坏，一般影响深度小于 0.3m，内部有“噼啪”撕裂声，持续时间相对较短。

（2）中等岩爆。围岩爆裂脱落、剥离现象较为严重，围岩表层时常呈板裂化，一般影响深度为 0.3～1.0m，有少量弹射，伴有清脆的响声。TBM 在埋深超过 1000m 以上的围岩洞段中掘进，发生中等岩爆几率逐步增加。

（3）强烈岩爆。围岩大片爆裂脱落，出现强烈弹射，一般影响深度 1～3m，持续时间较长，并向围岩深度发展。

（4）极强岩爆。围岩易发生大片严重爆裂，往往容易沿结构面发生大面积的崩塌。其振动强烈，有沉闷的声响，迅速向围岩深部发展，一般影响深度超过 3m；其能量巨大，对 TBM 构成严重威胁，甚至摧毁设备和工程。

在掘进过程中除岩爆强度和形式不同外，岩爆发生的空间部位也不一样，一般沿 TBM 纵向可分为 TBM 掌子面岩爆、刀盘及护盾部位岩爆、护盾后岩爆；按照岩爆相对 TBM 横截面的位置分为顶拱岩爆、侧墙岩爆和底拱岩爆。

在高山峡谷地区，地应力的分布状态受地形影响较大，通常存在应力松弛区（应力降低区）、应力集中区（应力高度异向区）和初始应力区（正常应力区），所以在构造活动强烈、地形高差悬殊的峡谷地区，当地下洞室位于应力集中区时，产生岩爆的几率较高，如岷江太平驿隧洞、雅砻江二滩隧洞工程等。

5. 溶洞

TBM 采用全断面掘进，机身将开挖断面完全封堵，一般情况只能进不能退，在岩溶发育地区施工时对溶洞预测和处理就成为一个难题。岩溶型式复杂多样，有的溶洞深浚或基底被松软堆积物充填，基础处理困难；有的溶洞顶板高悬不稳，有严重崩塌危险；有的溶洞发育情况十分复杂，溶洞、暗河上下迂回交错，通道重叠，处理非常困难，尤其是岩溶水的袭击，给施工带来极大困难。如果处理不当，会出现管片整体下沉、接缝张开、错台严重等工程问题，甚至导致机头下沉、陷落，大规模溶洞突水淹没隧洞等恶性事故的发生。例如：在危地马拉 RioChixoy 水电站长 27km 的供水隧洞开挖过程中，一台 TBM 被埋在一个溶蚀洞穴里；越南中部的海文隧道，由于洞内施工过程中溶洞突水（涌水量达 90L/s），被迫停机近两个星期；在天生桥二级电站引水隧洞施工过程中，遇到了大量的喀斯特溶洞，给隧洞掘进机施工造成了极大的困难。

6. 膨胀岩

含有蒙脱石、伊利石和高岭石等黏土矿物的岩类在含水率发生变化时，由于结合水量（尤其是弱结合水量）的增加，会削弱颗粒间的联结并增大颗粒间的距离，从而使岩土的体积增大。这种由于湿度变化致使其体积增大的性能，称为岩土的膨胀性。产生膨胀性大变形必须具备两个必要条件，一是要含有黏土矿物，二是地下水。软岩的膨胀变形是导致卡机的主要原因。例如引大济湟调水总干渠引水隧洞工程在 TBM 通过 CH16＋775 桩号附近的岩体膨胀性矿物含量为 43％～56％，断层泥的自由膨胀率更是高达 200％，TBM 掘进至此洞段时，因软岩的膨胀产生大变形，围岩收敛压坏护盾，导致隧洞的支护结构发生弯曲等变形，造成 TBM 被卡。

7. *超硬岩*

在高硬度、完整性好的混合片麻岩地段岩体掘进时，存在的主要难点是：掘进推力大，贯入度小，刀具磨损及异常损坏严重，掘进效率低下。若刀盘整体强度和刚度不能满足要求，则容易出现刀盘面板开裂，一旦刀盘开裂，需在洞内进行焊接修复，但受条件和环境等限制，修复质量将难以保证，势必造成推力无法充分发挥，从而使掘进效率大幅降低。同时高石英含量加剧了刀盘的磨损，使得刀盘使用寿命大大降低，增加了换刀频率，严重影响 TBM 的正常掘进。例如：

引大济湟工程中，遇到了累计 2km 左右的极硬岩 TBM 掘进。围岩主要为片麻岩、花岗岩、石英岩、花岗片麻岩，岩石坚硬，掌子面裂隙不发育，完整性非常好，石英含量极高，导致掘进速度非常慢，且刀具磨耗严重，换刀数量大、频繁，对工期及整体进度影响很大。根据掘进参数统计，以上部位单环掘进最长用时 336min，平均每环用时 110min，刀盘转速 6.2～6.5r/min，总推力 9000～11000kN，贯入度 0.9～3.1mm/(r/min)，扭矩 200～1200kN·m。

引汉济渭工程穿秦岭隧洞位于秦岭岭脊高中山区及岭南中低山区，高程范围 1050.00～2420.00m，最大埋深约 2000m。工程范围内主要涉及地层为下元古界长角坝岩群黑龙潭岩组石英岩、印支期花岗岩、华力西期闪长岩以及断层碎裂岩、糜棱岩。TBM 掘进穿越岩石以石英岩（4%）、花岗岩（约占 75%）和闪长岩（20%）为主，石英含量高（石英岩最高达 97%、花岗岩最高达 30%、闪长岩最高达 18%），岩石强度高（花岗岩最高达 242MPa），完整性好，对刀盘刀具设计参数以及系统推力提出了更高要求，设备参数难以满足快速破岩的要求，大大影响了掘进效率。TBM 掘进以来，花岗岩洞段掘进速度仅 3m/d，刀具消耗为 0.75 把/m，远低于 TBM 正常掘进速度，破岩效率低下。

5.1.2 卡机防控基本思路

TBM 卡机防控是一个全过程、多要素控制的系统工作，可分为三个阶段，即 TBM 隧洞前期勘察设计阶段、施工超前地质预报阶段和 TBM 隧洞开挖掘进阶段。

一般遵循以下基本思路：前期勘察设计阶段，进行地质风险预测和 TBM 适应性评价，开展设备针对性设计，并对风险提出处理预案；施工超前地质预报阶段，进行卡机地质风险详查及预案匹配；掘进阶段预案实施及动态调整。各阶段以防控主要影响因素环、机、法的分析为重点，并兼顾人和料的影响，对不同阶段各个可能造成卡机的要素特征进行识别，并提出针对性防控措施。

前期勘察设计阶段的重点为 TBM 对地质条件适应性评价及设备针对性设计和处理预案的制定。可采取的措施主要包括断层破碎带、软岩大变形等主要不良地质条件及分布范围的识别、TBM 设备选型、各不良地质条件的针对性处置预案的制定以及 TBM 设备扩挖能力设计、预留变形量分析、TBM 封闭支护技术、超前预处理设计等。

在施工超前地质预报阶段，通过施工超前地质预报确定前方围岩地质特性，并与前期勘察设计预测中的地质条件进行对比分析，从而确定拟实施的处理预案。该过程环节为卡机防控的关键环节，其缺失可能导致 TBM 盲目掘进带来的系列卡机问题和长时间的脱困处理。常用措施包括多种预报手段的综合实施以及预报结果的精确解译等；在此基础上进行不良地质条件的进一步识别，并对预案进行修正。

在掘进阶段，应注重将实际揭露地质条件与地质预报成果对比，适时动态调整相关掘进参数和支护措施。这个阶段要充分发挥人的主观能动性，加强正确判断和分析，实施合适的操控方式。

隧洞 TBM 卡机是在多个不利要素共同作用下发生的，要做到 TBM 卡机的有效防控，需统筹考虑设计和施工全过程中的全要素，即做好勘察设计期、超前地质预报期以及掘进期全过程 4M1E 五大要素的综合分析。

大量的 TBM 卡机实例表明，TBM 卡机大多由不良地质条件引起，包括：断层破碎带、不整合接触带、蚀变带、类泥石流洞段、突涌水、涌泥、涌沙以及高地应力下软弱围岩大变形等。充分认识 TBM 施工隧洞地质条件和面临的主要地质问题是防控 TBM 卡机的关键。

卡机防控应紧紧围绕隧洞环境及其变化以及改善设备对环境适应性方面展开；其本质是通过相关处理预案和施工工法等方法的介入，从提升外部环境条件和提升设备应对不良环境能力两个方面采取针对性的措施，从而达到隧洞环境与 TBM 设备之间的平衡，保证 TBM 的高效安全掘进。

提升外部环境条件方面主要指对不良地质洞段进行预处理，隧洞开挖过程中遇到不良的地质条件时，在保证人员素质能力达到要求、TBM 设备完整、材料供应充足，设计方案和施工工法合理的前提下，对可能造成卡机的不良地质洞段进行预处理，改善或加固围岩，使 TBM 能够顺利通过不良地质洞段。

提升设备能力方面主要指改进设备相关参数来提升设备改造外部环境或是应对外部环境的能力，比如设计刀盘扩挖能力、护盾可收缩、缩短护盾、加大扭矩、推力等。

方法因素是预防卡机的重要驱动要素，好的卡机防控预案和施工工法可使环境和设备能力的提升更有针对性，从而有效避免 TBM 卡机。例如针对围岩破碎洞段围岩松散的特点，通过超前预注浆、超前管棚法等加固方法提升外部围岩环境条件以达到卡机防控目的；针对软岩大变形洞段围岩挤压的特点，采用浮动式刀盘、垫边刀、人工扩挖等方法加大预留变形量，使围岩变形释放部分地应力，从而降低作用于护盾上的剩余变形应力，以避免 TBM 卡机。另外，在遇到深大断裂等极其复杂的不良地质条件时，TBM 掘进困难，卡机风险极大，此时应考虑调整施工方法，利用钻爆法施工，TBM 滑行通过。

卡机绝大多数是由于恶劣地质环境条件对机器设备的不良作用所导致的，也存在由于其他因素造成人为卡机的现象，如灌浆时未采取保护刀盘、护盾的措施，浆液外溢包裹刀盘和护盾等。因此，除了对不良地质条件进行超前预处理外，提高人员的管理、操作水平，保证设备的完整性外，积极采用新材料，保障材料的供应及质量等也是防控卡机的有效手段。

5.1.3 卡机防控措施

通过上述分析，造成卡机的主要原因是不良地质条件，另外还包括 TBM 操控不当以及不可规避的如地震、洪水等情况。卡机防控措施的制定应结合卡机基本防控思路，根据各个阶段涉及的相关要素的共性特征和个性特征分别进行总结，本书将其分为通用性防控措施和针对性防控措施两个方面。

通用性防控措施主要是提炼不同阶段、不同工况下，针对各相关要素防控卡机可采取的通用措施；针对性防控措施则主要针对上述不同地质条件造成的卡机的特点进行区分，从而梳理归纳出围岩松散塌压、围岩变形挤压、岩爆、溶洞四种情况下的针对性卡机防控措施。

5.1.3.1 通用性防控措施

1. 人员、材料方面

选拔专业技术能力强的人员参与工程前期勘察设计，广泛调研，专题研究，并积极发挥内外部专家技术团队的技术支持作用；建立完善的管理制度和应急处理制度，加强培训学习，强化人员风险意识和责任意识；尽可能选派有经验的TBM操作手、地质工程师、咨询工程师等驻现场施工，并建立有效的协商决策机制；采取严格的奖惩制度激励生产人员工作态度和树立规则意识，严格遵循设计等各方要求，发现异常及时处理并按程序上报。

建立维护良好的物料供应链，确保TBM施工过程中常用的材料（混凝土、钢管片、钢筋、钢材、锚杆、管片、注浆材料等）的及时保质保量供应。前期勘察设计阶段开展新材料应用调研，在施工期充分论证及现场试验的情况下，积极采用新材料应对卡机风险。

TBM在掘进过程中要保证设备的性能完好，并记录TBM在正常地质条件掘进时的掘进参数、掌子面状态、渣料情况等，关注相关参数的变化，分析产生变化的原因，并判断卡机的概率。针对异常情况快速决策应对，及时动态调整掘进和支护参数。

构建卡机防控联动机制，制定相应的卡机防控处置程序，明确建设单位、勘察设计单位、施工单位、监理单位、监测单位等各方人员责任。施工单位作为现场实际操作者，发现异常情况应该及时上报监理，监理单位接到施工单位上报的信息后应及时通知设计、建设等单位并组织各方召开会议，根据现场情况按照已定预案立即执行并持续跟进现场情况，各方及时调整实施方案。

地质条件发生重大变化时，及时组织技术人员和相关专家迅速查明现场的实际情况（如掌子面及洞壁漏水，发生的时间、地点、部位、原因、过程、已采取的措施及可能发展趋势导致的后果等），在确保安全的前提下运用拍照、录像等手段取得资料、为现场事故分析提供相关资料；根据现场事故情况，结合分析工程地质资料、水文地质资料和相关设计、施工和地面环境资料，召开会议确定采取的应急措施（如临时排水、注水、封堵、注浆等）；项目管理人员、技术人员和施工人员根据现场情况采取应急措施，并在施工过程中密切关注事故的发展趋势和出现的新情况，防止事态进一步发展，及时沟通并根据现场情况对应急措施进行优化和调整；保证材料供应，确保材料质量符合生产要求。

2. 设备方面

（1）重视设备选型。对于采用TBM施工的隧洞，首先应根据前期地质勘察资料开展TBM对围岩适应性评价，重视对设备选型的研究。目前常见的TBM设备类型主要有敞开式、单护盾、双护盾等机型。

敞开式TBM一般盾体较短，且可在一定范围内沿径向收缩，护盾卡机概率相对较小且较易处理，支护手段较为灵活，基本具备钻爆法施工的全部支护手段。但在通过断层及断层破碎带、涌水涌泥涌沙、蚀变岩等不良地质洞段时，容易发生支护不及时引起塌方、掉块，影响正常掘进，且支护往往耗费大量的时间，在此过程中可能出现 TBM 停机时间过长导致的卡机。

护盾式 TBM 盾体相比敞开式要长，卡机概率相对要高一些，但由于无需进行喷混、钢拱架等一次支护，直接安装管片进行支撑，在通过断层及断层破碎带、涌水涌泥涌沙、蚀变岩等不良地质洞段时相对敞开式 TBM 具备快速通过的优势。

山西引黄工程施工经验表明，对于常规的小型断层，采用护盾式 TBM 施工，断层几乎不对 TBM 正常掘进造成影响，断层带还未完全松动塌压下来 TBM 便已快速掘进通过，而后管片发挥对断层带的支撑作用，洞室维持稳定。而对于敞开式 TBM，通过断层带、蚀变岩洞段时，围岩一出护盾便开始塌落，有时塌落方量较大需要停机花费大量时间进行处理，处理过程中围岩不断压向护盾导致 TBM 无法正常掘进。所以对于局部小型断层带、蚀变岩及涌水涌泥涌沙洞段而言，护盾式 TBM 相比敞开式 TBM 更具优势，对于此类隧洞宜选用护盾式 TBM 施工。而对于上述不良洞段单段较长的情况，需要辅以超前加固等措施防止 TBM 掘进过程中的卡机，敞开式 TBM 机型由于无须拆除管片，支护手段灵活，往往比护盾式 TBM 更具优势。故根据不同的地质情况选择适合的 TBM 机型可有效降低 TBM 卡机的风险。

（2）重视设备设计。在对隧洞地质条件初步判断和分析情况下，设计 TBM 驱动系统时，宜考虑一定的余量设计 TBM 的驱动力以及脱困扭矩、推力等参数；结合可能遇到的地质条件有针对性设计边刀、盾体等。

超前预报和超前处理是卡机预防的有效措施，TBM 设计时应综合考虑防控方案实现的需要，配置相应的超前预报及地质钻机等相关设备。

（3）重视设备日常监控、维护保养等工作，设备异常时及时检修，并注重设备生命周期内的中期大修工作。

3. *施工预案和施工工法*

前期勘察设计应注重加强地质勘察，并在此基础上专题研究 TBM 应对各种不良地质情况下的处理预案，为现场 TBM 施工快速应对提供技术支撑。施工期加强超前地质预报、钻孔验证，综合分析水文与工程地质条件，选择与之匹配的处理预案。方案实施过程中注重关注围岩变化情况，将实际揭露地质条件与地质预报成果对比，适时动态调整相关掘进参数和支护措施。例如掘进过程中发现围岩条件优于预测，围岩变形量较小，围岩强度适中，此时便可动态调整掘进和支护参数，快速通过该洞段。

4. *环境方面*

在隧洞工程前期勘察设计阶段，针对性地开展物探、钻探、水文地质调查等工作可辅助加深对隧洞整体外部环境的认识，推测提出可能遇到的主要工程地质问题以及卡机风险洞段，是处理预案制定的基础。

在隧洞施工过程中，结合前期地质勘察相关成果，针对性开展超前地质预报工作，是对现有地质资料的补充，进一步准确预报 TBM 掘进前方的地质条件，特别是对前方可能出现的不良地质、围岩的自稳能力、掘进机设备的适应性等方面有一个较为准确的评估，确定存在何种类型的卡机风险，才能够根据实际地质情况在 TBM 进入不良地质洞段之前制定相应防控措施对不良地质条件进行处理，降低卡机发生的概率，保障 TBM 顺利掘进。

在TBM掘进过程中，加强围岩支护以及应力、变形等的监测和分析工作，是避免TBM掘进后被抄后路和支护能力不足情况下盲目掘进的有效预防手段。

5.1.3.2 针对性卡机防控措施

针对性卡机防控措施是通用性防控措施的补充和细化，主要针对不同地质卡机类型提出具体的应对措施，根据不同地质条件造成的卡机，分为围岩松散塌压、围岩变形挤压、脆性围岩产生的岩爆、溶洞等四种情况。

1. 围岩松散塌压情况下的卡机防控针对性措施

断层带及断层破碎带洞段的首要问题是：施工期由于岩体破碎，围岩稳定性较差，极易发生掉块、造成较大岩块堵塞出料孔并卡机，若断层带地下水活跃则还可能发生塌方。

断层洞段的处理对策与断层性质、规模、组成、含水性、活动性及断层与洞轴线的夹角等有关。

处理措施：①对于延伸范围有限且与隧洞正交或斜交的小断层，除非在涌水洞段需进行排水外，不需采用特殊的处理措施。对于宽度较窄的断层或走向与洞线近于平行的断层，可采取超前灌浆对掌子面前方10～30m进行加固或采用中空锚杆，化灌超前加固；②对于较宽断层，以及超前地质预报探明的不适宜TBM开挖的不良地质洞段，采用钻爆法开挖，利用上导洞或绕洞开挖，超前钢花管注浆加固或全断面注浆加固；对于大变形段洞段也可以采用超前大管棚支护，然后进行TBM开挖。

超前灌浆主要目的是使TBM顺利通过，但灌浆后围岩仍有较大山岩压力，同时若有外水作用，围岩的稳定性仍较差，为运行期安全起见，护盾式TBM需采用重型管片进行衬砌，敞开式TBM需加强支护措施，同时对断层破碎带进行固结灌浆处理。

2. 围岩变形挤压情况下的卡机防控针对性措施

防控原则：以掘进机快速通过为前提，掘进机通过后，如该洞段出现质量问题，采取先加固后处理的方式进行处治。

防控措施：①掘进机在施工该洞段前，首先对掘进机进行全方位的检查，做好各方面准备工作，确保掘进机在塑性变形段无人为停机，取消掘进机检修班时间，采取不间断连续掘进方式快速通过该洞段；②利用掘进机的扩挖边刀进行扩挖（见图5.1），根据变形量的预测，预留足量的变形量，掘进机扩挖量根据需要可做到15～20cm；③塑性变形段，可采用超前大管棚支护，然后TBM开挖；敞开式TBM要加强一次支护，护盾式TBM要采用重型管片加强支护，同时要求管片安装、豆砾石回填灌浆尽快完成；④加强该洞段的变形观测，及时消除各种不安全因素。

3. 脆性围岩产生的岩爆情况下卡机防控针对性措施

对于高地应力岩爆洞段，TBM的卡机防控应结合超前地质预报、微震监测、在线监测等建立预测预警系统，同时针对不同的施工工法，采取相应的开挖控制和支护系统，确保人员和设备安全，避免卡机事故。具体措施包括：

（1）轻微岩爆。敞开式TBM法施工按正常掘进速率掘进；掘进以后尽快对新开挖面进行纳米粗纤维等高质量喷射混凝土喷护处理，确保TBM掘进掌子面后未支护长度原则上不超过3m。

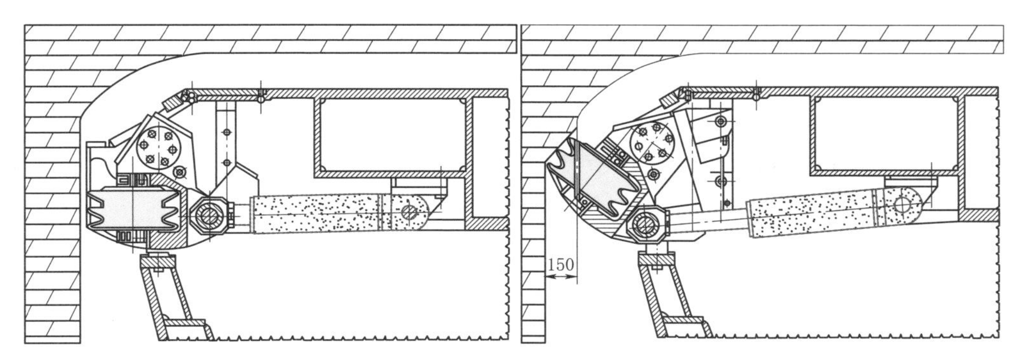

图 5.1　TBM 扩挖边刀工作原理图（单位：mm）

对喷护段围岩立即实施系统锚杆处理，如果现场局部区域情况较严重，可以在局部采用机械式胀壳预应力锚杆或水胀式锚杆进行快速加固处理，随机配合钢拱架或钢筋拱肋加固。

双护盾 TBM 设备和人员在盾体和已衬砌管片的保护下，在轻微岩爆洞段可正常掘进，无需进行采取特别措施。

(2) 中等岩爆。由于 TBM 法施工控制岩爆的主动手段及其作用有限，在未采取措施进行掌子面前方的应力解除爆破条件下，应及时调整掘进参数（降低掘进速度和调整刀盘压力），同时，在实际施工过程中需要有意识地加强掘进速度减缓对岩爆控制效果的总结和观察。

敞开式 TBM 岩爆段施工时采取以下措施：

调整并降低 TBM 法施工掘进速度，具体参数需根据现场施工实践确定；掘进以后立即对新开挖面进行纳米粗纤维等高质量喷射混凝土喷护处理，确保 TBM 法施工掘进掌子面后未支护长度原则上不应超过护盾长度。

对喷护段围岩立即实施挂网处理，重点是顶拱一带，同时使用预制钢筋网，采用通过垫板与锚杆连接的方式固定，使其与锚杆系统形成完整的支护系统。

在挂网施工的同时进行防岩爆快速锚固处理，视施工现场潜在岩爆程度采用机械式涨壳式预应力锚杆（见图 5.2）、涨壳式中空预应力锚杆（见图 5.3）、水胀式锚杆（见图 5.4）或管缝式锚杆（见图 5.5），配合钢拱架进行系统初期支护，主要目的是快速加固围岩，使其与表面支护措施（网、喷层和钢拱架）快速地构成完整的支护系统。

护盾式 TBM 岩爆段施工主要采用调整掘进参数和支护时机来控制岩爆的发生：

岩爆段采用重型管片，管片间采用螺栓连接；

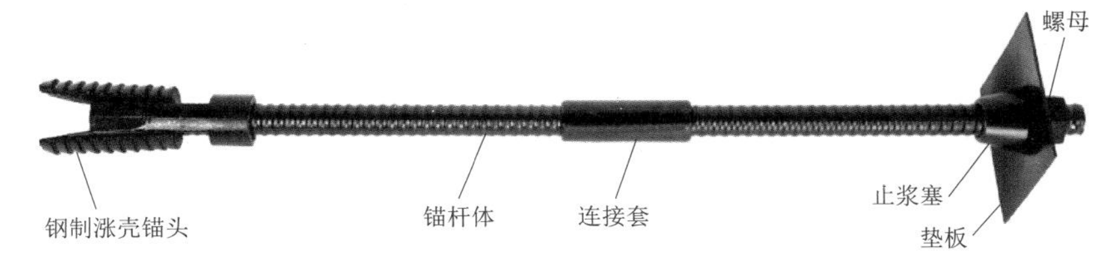

图 5.2　涨壳式预应力锚杆

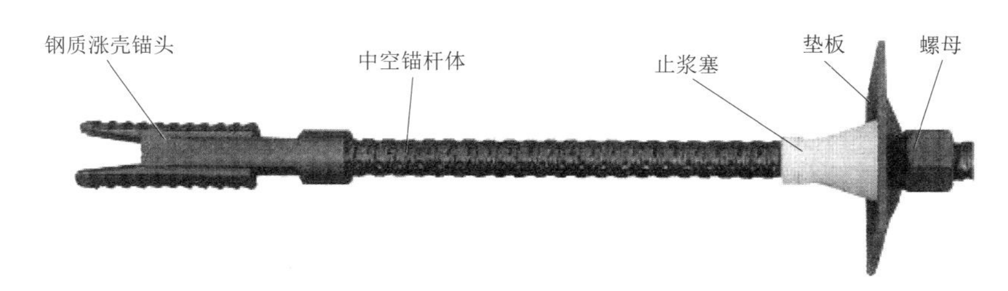

图 5.3 涨壳式中空预应力锚杆

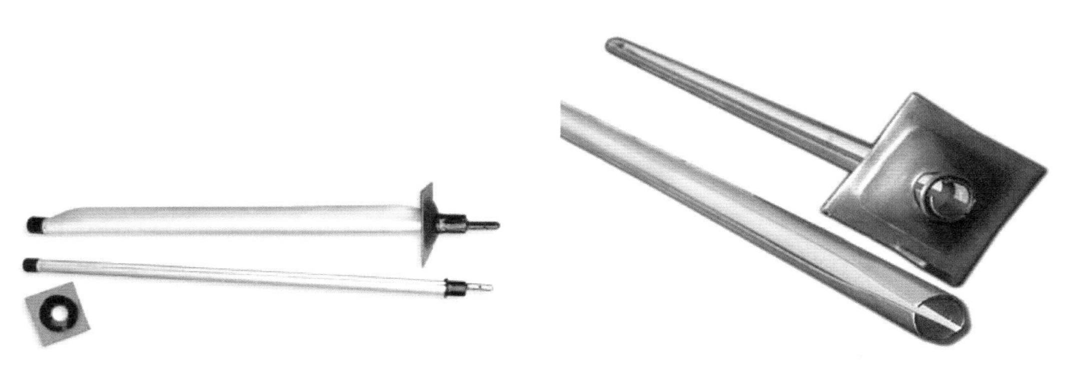

图 5.4 水胀式锚杆

图 5.5 管缝式锚杆

调整并降低 TBM 法施工掘进速度，延缓岩爆发生时间，使其尽可能发生在已衬砌管片段。具体参数需根据现场施工实践确定；

及时对已衬砌管片实施豆砾石回填，缓冲可能发生的岩爆的冲击；

在围岩应力得到充分释放后，适时进行豆砾石灌浆。

(3) 强岩爆。打设应力释放孔。在可能发生岩爆的掌子面上方，钻数个孔径 60～80mm、孔深 10m 的钻孔，释放岩体中的高构造应力，同时向岩体高压均匀注水。其目的有三：一是可以释放应变能，并将最大切向应力向围岩深部转移；二是高压注水的楔劈作用可以软化、降低岩体的强度；三是高压注水产生了新的张裂隙，并使原有裂隙继续扩展，从而降低岩体储存应变能的能力。必要时也可以打设部分径向应力释放孔。

预裂爆破释放应力。当采用应力释放孔仍无法阻止或减弱岩爆的发生时，采用预裂爆破使两孔之间形成贯穿的裂缝，对解除围岩原始应力有非常大的作用。

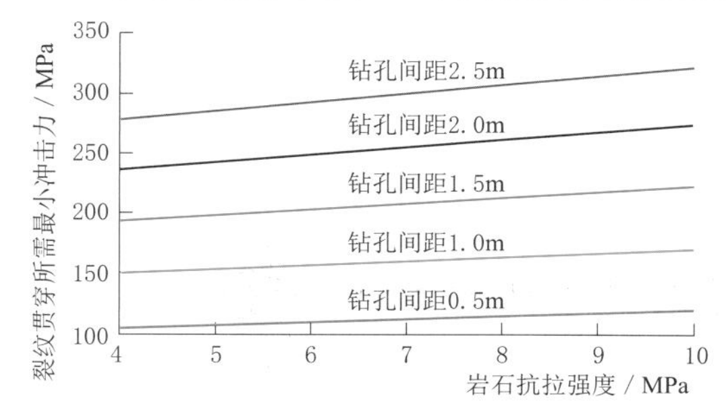

图 5.6 预裂爆破裂缝贯穿所需的作用于钻孔壁的最小冲击力

计算不同抗拉强度情况下，相邻钻孔预裂爆破裂缝相互贯穿所需的作用于钻孔壁的最小冲击应力如图 5.6 所示。计算结果表明，冲击应力小于岩石极限动态抗拉强度时，爆破不会使炮眼壁产生压碎破坏。

预裂爆破钻孔孔径为 90mm。孔距 1.0m，岩石抗拉强度 4.0MPa 时计算裂缝开展情况如

图 5.7 所示；孔距 1.5m，岩石抗拉强度 4.0MPa 时计算裂缝开展情况如图 5.8 所示。

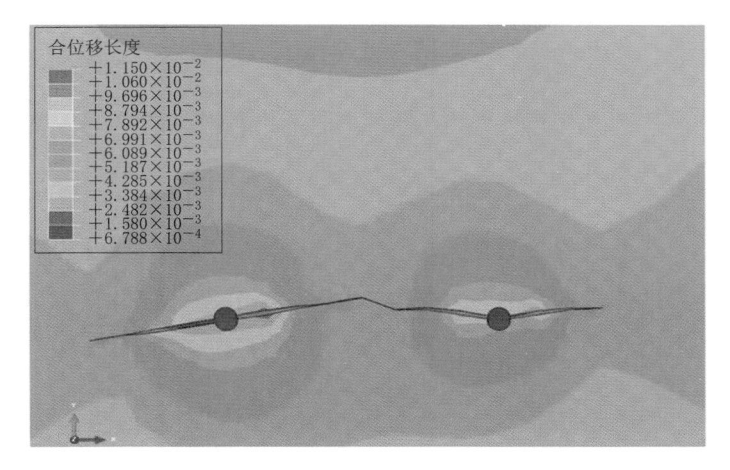

图 5.7　孔距 1.0m，岩石抗拉强度 4.0MPa 时计算裂缝开展情况

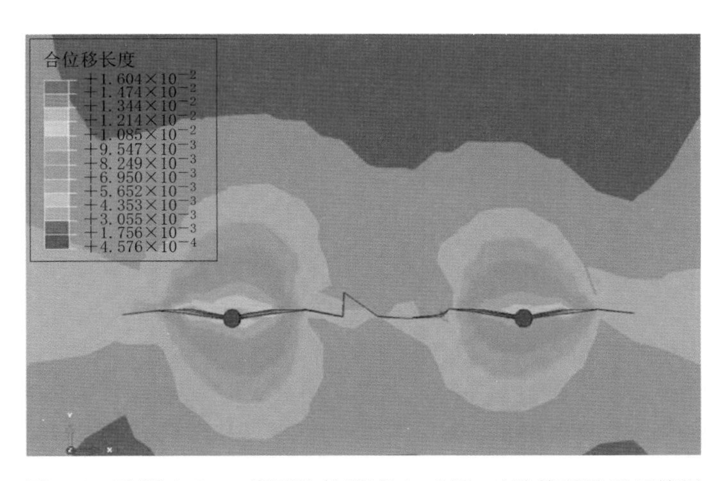

图 5.8　孔距 1.5m，岩石抗拉强度 4.0MPa 时计算裂缝开展情况

岩石的损伤演化本质上是能量耗散和释放的过程。预裂爆破裂纹的萌生扩展会伴随能量的释放，使得钻孔及爆破裂缝附近的能量降低。其释放程度的大小采用能量释放率来表示。

预裂爆破能量耗散率随卸压孔间距的增加而增大，基本呈指数型增长趋势。巴基斯坦 N－J 水电站项目 SS－I 砂岩不同卸压孔间距的能量释放率为 0.154～0.270（见图 5.9），使钻孔附近围压的能量大幅降低，从而达到大幅卸压的目的。

采取应力释放孔或应力解除爆破后，再按中等岩爆相同方式进行加固支护，其锚杆长度可适当加长，钢拱架尺寸适当加大。

（4）极强岩爆。无论是敞开式 TBM 还是护盾式 TBM，通过极强岩爆段都将面临着毁机的风险，因此需要采取在 TBM 前方预先钻爆开挖导洞以解除围岩应力，甚至采取全断面钻爆开挖后 TBM 步进通过的方式为 TBM 法施工掘进安全创造条件。

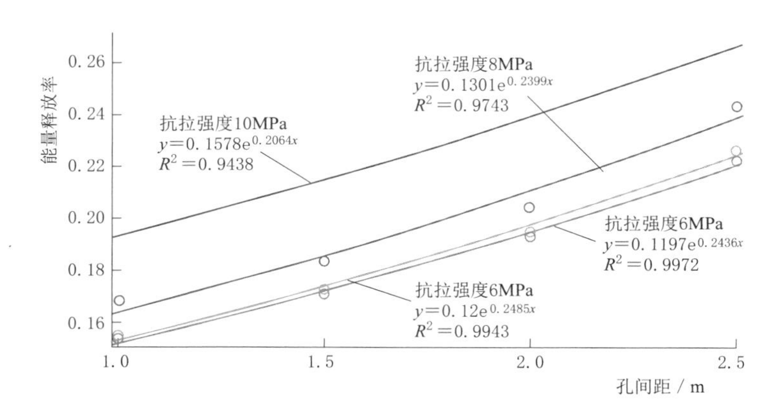

图 5.9 不同卸压孔间距预裂爆破的能量释放率

先导洞布置形式。可分成中导洞、上导洞和上半断面开挖 3 种，导洞方案对应力释放有明显作用。如锦屏二级水电站在 2500m 埋深情况下，采取上半断面开挖，能量释放率为：上半断面 0.099MJ/m^3，扩挖洞 0.029MJ/m^3。而不采用导洞方案，TBM 直接开挖隧洞时的能量释放率为 0.096MJ/m^3。实施上半断面方案后，二次扩挖则降低为直接开挖的 30%。显然，上半断面开挖可以显著地降低 TBM 扩挖过程中的应变型岩爆风险。

下半断面开挖。下半断面开挖采用相对较小刀盘转速和推力，并在开挖过程中进行必要的监测，TBM 在部分断面洞段的开挖是安全的，其刀具、刀盘和主驱动等均是安全的、可靠的。

4. 溶洞情况下的卡机防控针对性措施

TBM 施工通过溶洞时主要工程问题有：施工期掘进过程因机头重量过于集中易发生机头下沉，引起管片衬砌不均匀沉陷，造成接缝超宽、错台、洞底高程变化、糙率加大等；较大的溶洞使掘进机无法正常通过，需要预处理（如回填、打支洞架设桥梁或绕避）。运行期由于长期渗水可能导致溶洞充填物物理力学性质指标降低，甚至将颗粒带走淘空洞周土体。

TBM 通过溶洞前，应进行超前地质预报，根据了解的地质情况采取相应的措施。对较大的溶洞或充填物含水量高、物理力学指标很差的溶洞应采取掘进机上的超前钻探设备进行全洞周超前注浆，以便 TBM 通过时不下沉，同时豆砾石回填和灌浆紧跟管片安装，为避免发生沉陷，亦可采用纵向槽钢在管片纵缝处联结若干环管片；对空的或少量充填的溶洞可进行基础回填和支顶处理；若溶洞过大难以充填，只有在后盾后面隧洞施打通向前方溶洞的旁洞，采用现浇桥、拱或桩基渡槽、箱涵结构进行跨越处理；只有在地质情况极端复杂难以施工的情况下，方作局部改线。

TBM 通过溶洞后，根据溶洞的规模、大小、充填物性质以及与周围岩洞的相对关系，采取“对症下药”的工程处理措施：①对于长度、宽度较小的溶洞，可考虑管片结构的空间整体作用，采用固结灌浆加固溶洞充填物，设置锚杆和纵向槽钢加强该段管片的纵横整体性。②对于深度较小的溶洞，其沉陷值小，可采用固结灌浆加固溶洞充填物，设置长锚杆深入基岩并设纵向槽钢加强该段管片的纵横整体性。③对于大溶洞，其长、宽均覆盖了几环相邻管片，同时深度也较大。首先应加大固结灌浆加固范围，对于管片基础采用锚固桩、旋喷桩、钢筋混凝土桩等加强，桩基承载按端承桩或摩擦桩考虑。同时，为避免局部沉陷和不均匀受力，仍采用锚杆和纵向槽钢加强该段管片的纵横整体性。④可采用柔性防渗涂料等措施加强管片防渗处理。

万家寨引黄工程南干5号隧洞南段施工的TBM掘进中遇到天然大溶洞而被迫停机。溶洞下宽上窄，与隧洞轴线交角约15°，横向宽5～7m，纵向宽13～15m，顶部比TBM机头高约30m，溶洞底部为松散大块石，可见部分比洞底低5～8m。

施工时采取如下处理方法：先对溶洞底部松散岩体进行回填封堵和灌浆，再用素混凝土回填至隧洞底板以下0.5m，用钢筋混凝土做TBM通过的基础，同时考虑到溶洞与隧洞轴线的交叉，TBM在一边无支撑的情况下无法掘进，用素混凝土回填至TBM以上5m，再用TBM掘进通过，如图5.10所示。

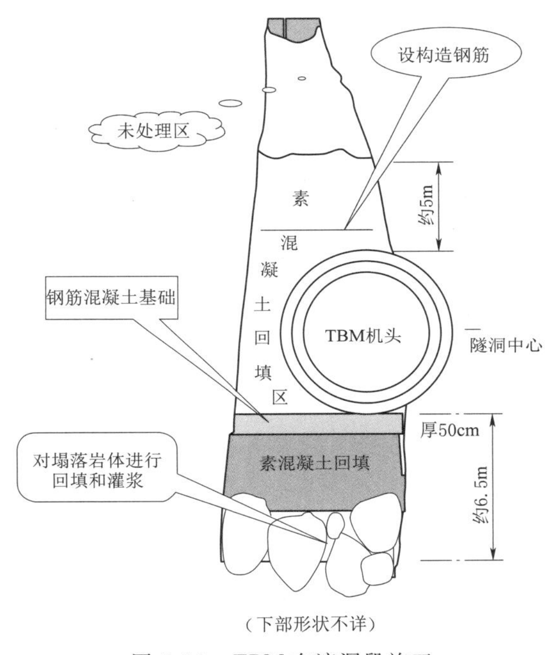

图5.10 TBM在溶洞段施工

5.1.4 卡机防控的成套技术

TBM卡机预防控制主要分为三个阶段：勘察设计阶段根据前期地质勘察情况选择适宜的TBM类型，进行卡机地质风险预测并依据地质情况对TBM设备进行针对性设计，同时做好不良地质洞段处理预案；超前地质预报阶段，采取综合预报手段对卡机风险进一步识别并针对性完善防控预案；TBM掘进过程中，根据针对性防控预案对不良地质围岩等卡机风险进行处理，规避卡机风险。

防控TBM卡机采用的措施主要包括超前地质预报、变形量（间隙）预留、TBM通过洞段支护及时加强、实时监测动态调整、超前围岩加固、超前排水、TBM扩挖、导洞导坑、分部开挖、旁洞绕行等，其中超前围岩加固、TBM扩挖、导洞导坑、分部开挖、旁洞绕行等措施同样可用于TBM卡机脱困中。

超前地质预报期的地质风险识别是TBM精准实施针对性预案并实现高效掘进的基础，是整个防控系统的关键环节。

5.1.4.1 勘察设计阶段

1. TBM的合理选型

在隧洞设计阶段，开展TBM对地质条件与岩土工程条件适应性评价，选取正确的TBM类型是防止卡机的前提。在进行TBM选型时，不仅要聚焦于岩体的行为，也要考虑围岩渗透性与水头。当遭遇地质条件十分不利的致灾构造时，如富水且围岩渗透性较强的沟谷施工区间，可以考虑采用钻爆法进行开挖，然后再让TBM步进通过，以避免

TBM 产生卡机。

TBM 的合理选型是影响 TBM 工程成败的关键，合适的 TBM 设备将有效地提高 TBM 的地质适应能力，降低设备故障率，提高掘进效率。

2. TBM 针对性设计

TBM 可以根据获取的宏观地质信息进行针对性的优化设计或者改造。针对于 TBM 卡机的改造措施可分为刀盘部位与护盾部位。

(1) 具备扩挖能力的刀盘。在刀盘上布置带有液压缸的伸缩刀具，可以实现扩挖来规避挤压地层中的卡机风险。通过换对应边刀的卡块，不同刀号的边滚刀更换不同厚度的卡块；在预留的扩挖刀箱中安装 20in 的滚刀等措施，实现刀盘的扩挖。盾体与刀盘的关系见图 5.11。

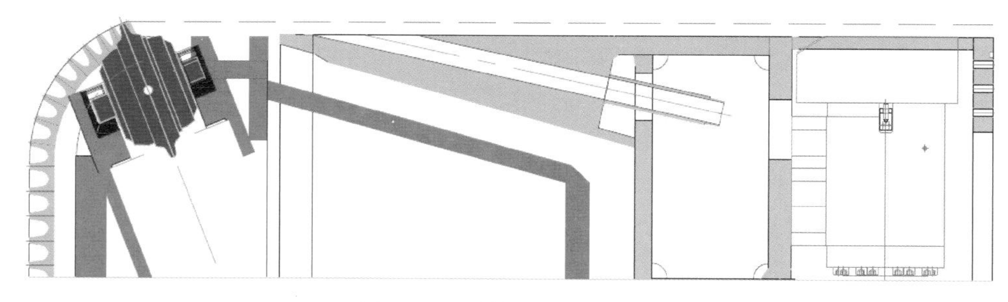

图 5.11 盾体与刀盘的关系

(2) 减小刀盘暴露长度。刀盘露出护盾的长度尽量小，减小对岩层的扰动及摩擦阻力。

(3) 盾体直径前大后小设计。双护盾 TBM 盾体设计为锥形，盾体直径从前到后逐渐变小，且刀盘与盾体采用偏心设计，增加盾体与围岩间隙，防止因围岩收敛造成卡机。盾体直径变化见图 5.12。

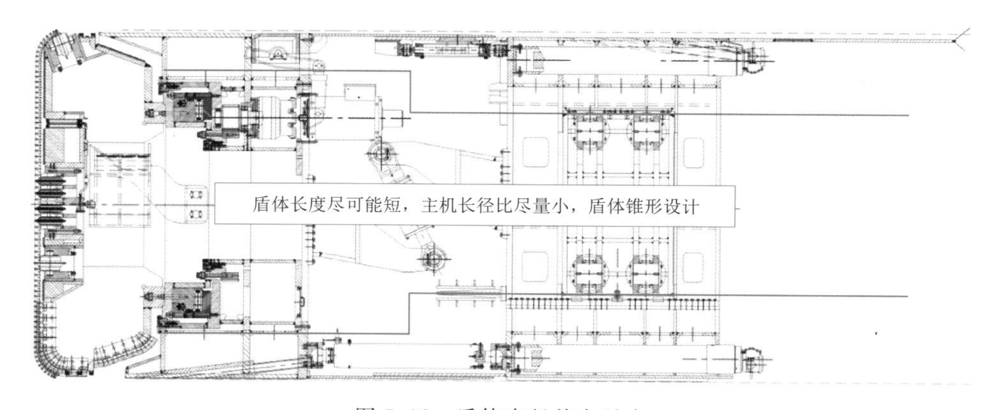

图 5.12 盾体直径前大后小

(4) TBM 搭载地震勘探系统与电阻率等超前勘探系统。借助超前地质预报手段可以了解掌子面前方未开挖地层的地质结构和含水构造等地质信息，提前采取防护措施，从而保证掘进安全和提高掘进效率。超前探测系统搭载见图 5.13 和图 5.14。

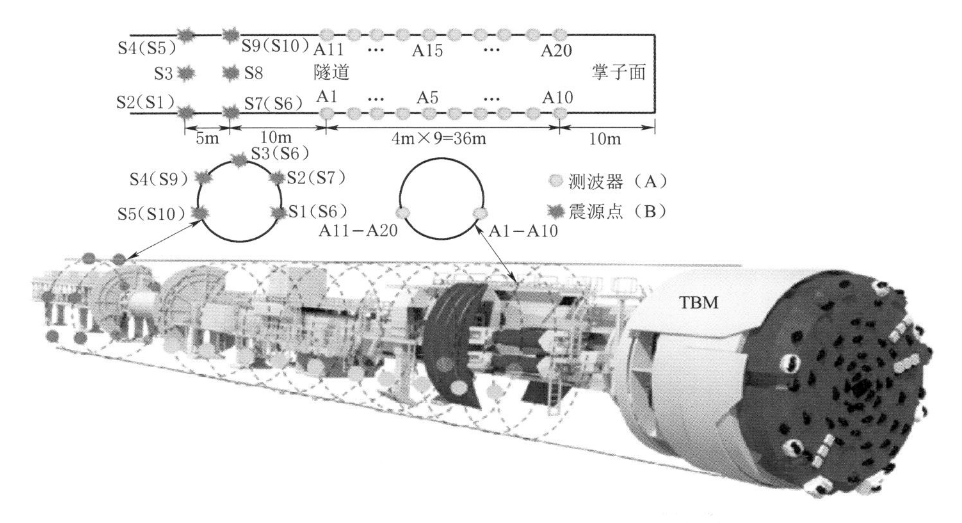

图 5.13　三维地震法超前探测系统搭载方案

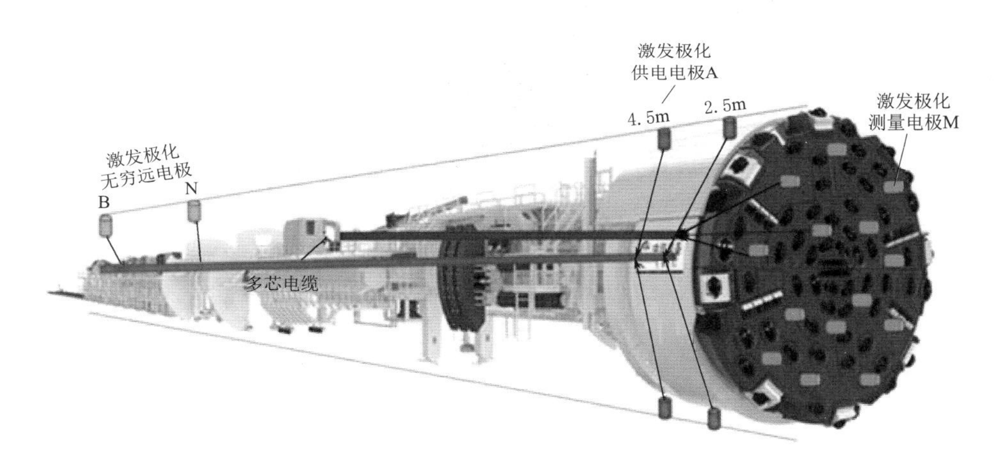

图 5.14　激发极化法探测及搭载方案示意

(5) 配置超前钻机。盾体周边设计合适的超前处理孔位，超前孔以一定外插角穿过盾体，同时预留超前钻机安装接口，必要时可安装超前钻机进行超前地质探测与围岩加固。配备的超前钻机可实现360°范围内的超前钻探，并通过注浆泵完成超前注浆加固。机体超前钻孔布置见图5.15和图5.16。

3. 做好预留变形量及预处理设计

(1) 考虑时间空间效应的预留变形量分析技术。软岩大变形的卡机机理主要是：围岩损伤扩容→破裂碎胀，护盾区围岩变形量超过预留变形间隙→接触护盾，剪胀力和碎胀力作用，挤压护盾→对护盾产生摩阻力→当TBM推力不足以克服护盾摩阻力→护盾被卡甚至损毁。

对于软岩大变形隧洞，围岩变形量较大，若围岩预留变形量不足以充分释放围岩变

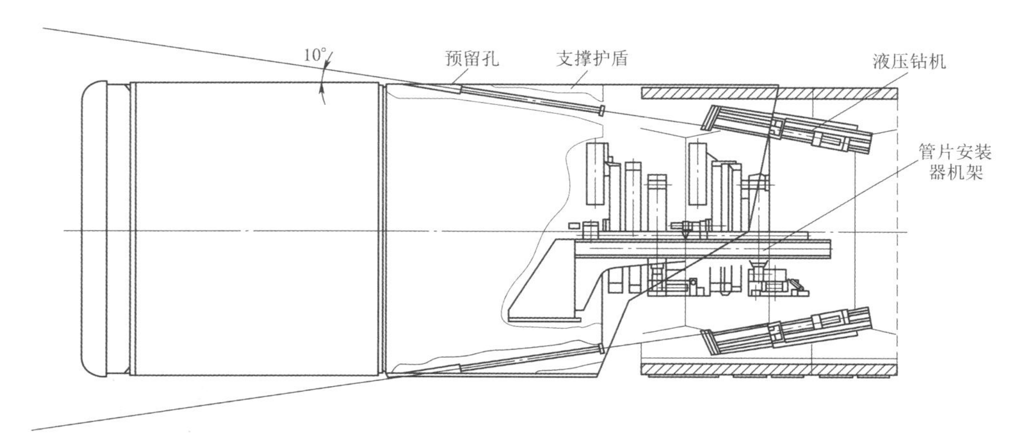

图 5.15 双护盾 TBM 超前钻孔示意

图 5.16 超前孔位

形，则剩余围岩变形将会作用在 TBM 护盾之上，从而增大盾体的前进阻力，TBM 需通过加大脱困推力和增大开挖轮廓与护盾间的间隙（预留变形量）来避免卡机。由于围岩变形与围岩作用于护盾上的残余应力成反比关系，脱困推力设计越大时预留变形量可相对小一些，反之需大一些。预留变形量加大意味着刀盘伸出护盾的距离将要加大，在通过断层破碎带、不整合接触带等洞段时将会增加卡刀盘风险，而且要实现较大预留变形量，将对设备制造提出更高要求的同时增加时间和投资；而预留变形量过小，则 TBM 卡盾风险将会提高。从设备制造方面来说，原则上设备制造时尽可能设计较大的脱困推力和较小的预留变形量，这就需要对隧洞围岩变形特性有较为清晰的认识，以确保 TBM 不卡机的前提下确定相对合理的预留变形量，可采用考虑时间空间效应的 TBM 预留变形量分析技术进行分析。

温森等分析了 TBM 隧洞不同断面位置围岩变形与围岩应力（围岩对护盾压力以及护盾上的摩擦力）、围岩变形与时间的关系，将 TBM 推力与护盾上的摩擦力进行对比，获取相应的围岩变形量。提出将 TBM 掘进过程中单次循环间隔的最长时间所对应的围岩变形量与上述获取的围岩变形量进行对比，取其中大值作为最终的设备预留变形量。

（2）敞开式 TBM 出护盾封闭支护技术。考虑变形和支护的空间效应，对于敞开式

TBM，围岩出护盾后暴露，需要采取相应的出护盾后的封闭支护技术，对限制掌子面和护盾上方围岩变形有积极作用。

1）钢筋排支护技术。钢筋排支护技术是将不同型号的钢筋制作成排架即钢筋排，放置在顶拱120°～140°范围顶护盾、侧护盾内的钢筋网槽内，使用时将钢筋排拉出，使用钢拱架安装器配合作业，一端焊接在钢支撑上固定于岩壁，随TBM掘进一段距离后，再次利用钢拱架安装器支立下一榀钢支撑，将钢筋排再次通过焊接在钢支撑上固定于岩壁，如此循环。钢筋排支护设计示意图见图5.17。

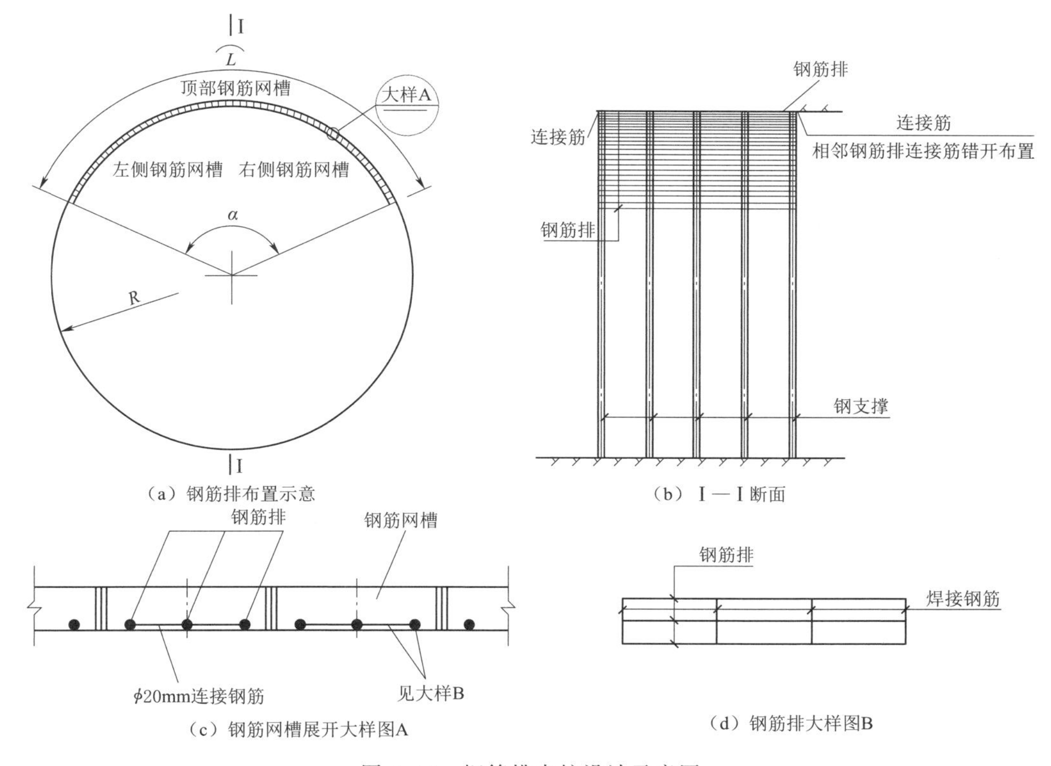

图5.17 钢筋排支护设计示意图

2）辅以肋板的改进钢筋排支护技术。考虑钢筋排刚度较小，如遇到大变形或塌落物较多时，筋排难以承担洞顶较大范围的荷载，易造成盾尾拱架大变形，因拱架处理花费大量时间精力，明显降低了敞开式TBM工效；另外，钢筋排环向间距较大，不能完全封闭岩面，环向钢筋间隙通常是破碎岩体集中掉落区域，若不能及时处理，极易引发大范围塌方。

辅以肋板的改进钢筋排支护技术是在钢筋排的基础上，在每个单元的钢筋排的顶部沿着钢筋排的长度方向设置钢板，钢板与钢筋排相互焊接形成肋板，钢筋排系统的孔口为沿着周向依次排列的多个宽缝孔口，每个肋板从钢筋排系统的一个宽缝孔口中送出，使肋板置于钢拱架外侧，与岩壁紧贴，肋板与钢拱架组成环向分布的肋板棚护联合的盾尾支护结构。由钢板和钢筋排组成的环向分布的棚护肋板在环向密排分布，以减小相邻两块钢板之间的间隙，减少缝间溜渣量。每块肋板端部与钢拱架焊接，如图5.18所示。

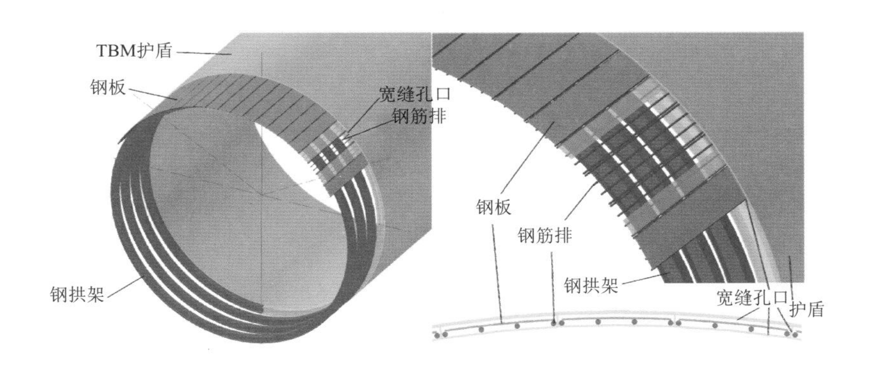

图5.18 改进的钢筋排支护设计图

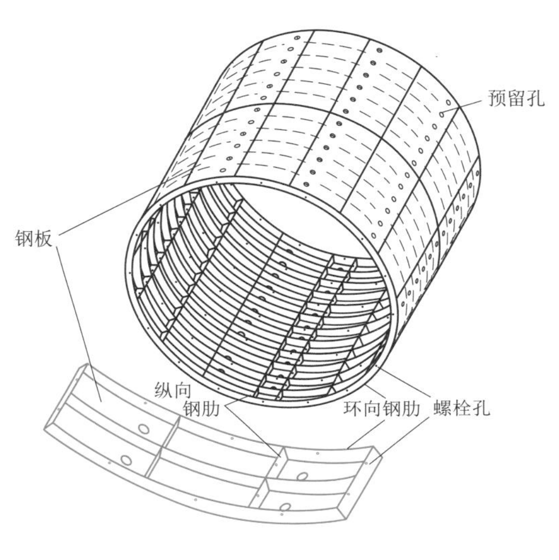

图5.19 钢管片结构图

3）背覆钢管片支护技术。该技术借鉴了护盾式TBM管片的支护技术，采用装配式钢管片结构结合喷锚进行联合支护。装配式环形钢管片分为多环，每环钢管片由带肋钢壳结构组成，环形钢管片之间采用螺栓连接。钢管片面板及肋板上设置预留孔，可布设灌浆孔、螺栓孔、锚杆孔、排水孔等，通过预留孔进行锚杆或预应力锚杆支护及灌浆，必要时进行超前钢花管注浆，从而形成敞开式TBM隧洞用的装配式封闭支护。该结构可解决敞开式TBM施工时无法及时封闭盾尾出露围岩的难题，为盾尾出露的破碎围岩快速提供大刚度、全封闭支撑条件，增加撑靴处承载能力，提高TBM掘进效率，支护结构安全性高，与锚喷支护结合后处理措施多样，可靠性高，如图5.19所示。

5.1.4.2 超前地质预报阶段

超前地质预报是TBM卡机防控的关键环节。在第4章详细介绍了超前地质预报的基本方法，其基本做法是，结合地表地质调查、洞内地质分析、超前钻探、TBM施工过程地震波类和电磁类超前探测、钻孔地质雷达法、微震监测等手段，以及基于TBM掘进参数和渣土性态的预测法来综合判断近前方待掘岩体状况和地质环境。

与传统的钻爆法隧洞施工不同，TBM隧洞施工条件下，超前地质预报探测要求更高，TBM隧洞施工中采用有效的超前探测理论与方法是国内外长期关注却未能解决的难题，其根本原因在于TBM施工隧洞具有其特殊性和复杂性：①TBM具有复杂的金属结构和电工系统，电磁干扰十分严重；②TBM体积庞大，占据了工作面后方大部分隧洞空间，导致可用于超前地质探测的观测空间十分狭小；③TBM机开挖速度快，工序衔接紧密，留给超前地质探测的时间较短。

因此，为解决地质预报在 TBM 施工中的适应性问题，地质预报与 TBM 设备的一体化是近年来 TBM 施工的发展趋势。另外，TBM 施工中由于电磁干扰较大，电磁法开展较困难；故常用的地质预报方案主要是基于物探技术的弹性波法和激发极化法，然后配合地质分析方法中的超前钻孔法。其中，弹性波法主要适用于探距为 100m 左右长距离超前预报以及 50m 左右的中距离超前预报，而激发极化法和钻孔法多用于 30m 左右的短距离超前预报。对于适宜探测的地质风险类别也各不相同，弹性波法对于探测断层破碎带、不整合接触带、软岩大变形、岩溶、涌水等不良地质条件具有一定的优势；激发极化法和超前钻孔法对含水体尤为敏感，超前钻孔法探水更为直观，激发极化法可一定程度探测含水体大小以及水量级别。

适宜 TBM 的超前预报技术方案为：以与 TBM 设备一体化为前提，综合集成多种预报方法，并发挥其各自的优势，实现长短预报相结合的目的。具体而言为长距离物探先行，初判地质风险位置；邻近风险点时辅以激发极化法等加强判断，必要时超前钻探复判，以达到尽可能精确判断地质风险类别及分布范围的目的。下面介绍几个工程案例加以说明其应用。

1. 兰州水源地 TBM 施工隧洞案例

兰州水源地工程里程桩号 T9+199～T9+289 段落处于节理强发育地区。为了探明掌子面前方地质情况，进行了地质分析、激发极化法和地震波法超前探测。

地质分析法。该段洞线长 90m，根据开挖揭露的地质情况，出露地层为浅灰色-肉红色加里东中期花岗岩（γ23），岩体受构造影响，节理面蚀变严重，多泥质充填，节理发育，风化较强，手掰易碎，局部呈砂状，围岩不稳定，局部坍塌。

激发极化法。掌子面桩号 T9+199 激发极化探测结果如图 5.20 所示，预报结果如下：

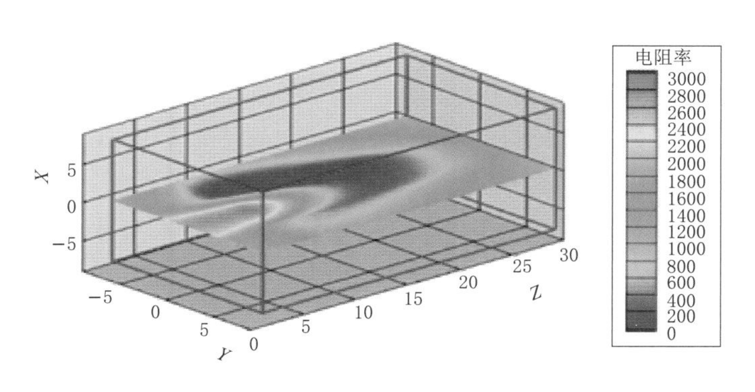

图 5.20 激发极化探测结果图

图 5.20 中 10～15m 处，开挖面两边有低阻异常，开挖过程中可能会出现滴水或渗水。15～20m 处开挖面中间出现低阻异常，裂隙发育，开挖过程中可能出现大面积渗水或线状流水。

地震波法。采集的数据经过滤波、波场分离、速度分析、旅行时偏移成像等步骤得到偏移成像结果。探测结果如图 5.21 所示。

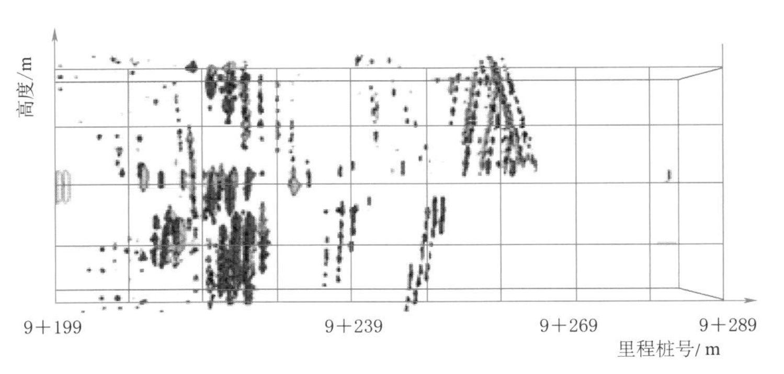

图 5.21 地震波法探测结果

（1）在掌子面前方 0～40m（里程 T9＋199～T9＋239），该段围岩出现明显的正负反射，推断围岩较破碎，裂隙发育，易发生掉块或塌腔，TBM 卡机风险较高。

（2）在掌子面前方 40～70m（里程 T9＋239～T9＋269），该范围内未出现零星的正负反射，推断该段落围岩完整性差，可能发生掉块或塌腔。

（3）在掌子面前方 70～90m（里程 T9＋269～T9＋289），该范围内未出现正负反射，推断围岩完整性较差。

在实际的工程开挖中，在里程桩号 T9＋202.4～T9＋206.1 段由于围岩塌落发生卡机。TBM 脱困后，为使管片具有较强的承载力应对围岩塌落，保证隧洞稳定，选用 D 型管片进行拼装，安全通过该段落。

2. 新疆引水隧洞工程

新疆引水隧洞工程里程 63＋785～63＋885 段位于剥蚀丘陵地区，为了探明掌子面前方地质情况，进行了地质分析、激发极化法和地震波法超前探测。

地质分析法。此段地形为剥蚀丘陵地貌，地形略起伏，多发育丘陵、小冲沟。岩性为泥盆系凝灰质砂岩局部见炭质页岩夹层。岩层产状 315°NE∠45°，与洞线夹角 22°，该段隧洞埋深在 218～264m，岩体裂隙发育，较破碎，围岩稳定条件较差。该区域共发育 3 条较大的断裂（f/25～f/27），破碎带宽度一般 11～16m，最大 37m；为碎裂岩、糜棱岩，岩体稳定性差，需要进一步采用激发极化法和地震法进行超前预报。

激发极化法。掌子面桩号 63＋785 激发极化探测结果如图 5.22 所示，激发极化法预报结果如下：

（1）KS63＋785～KS63＋790 段落：电阻率图像中电阻率值整体较高，推断该区域围岩地下水不发育；

（2）KS63＋790～KS63＋815 段落：电阻率图像中电阻率值较上一段有所降低，推断该区域围岩可能出现滴水或渗水。

地震波法采集的数据经过滤波、波场分离、速度分析、偏移成像等步骤得到偏移成像结果。探测结果如图 5.23 所示。

（1）63＋785～63＋805 段落：在反射图像上，未出现明显的正负反射，推断该段落围岩情况与掌子面基本一致，局部可能发生掉块。

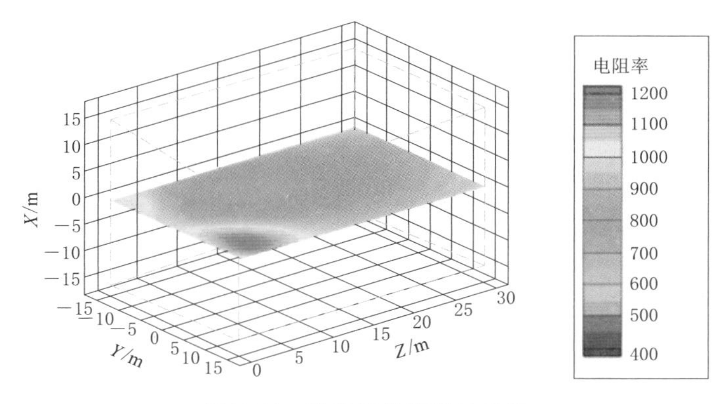

图 5.22 激发极化探测结果图

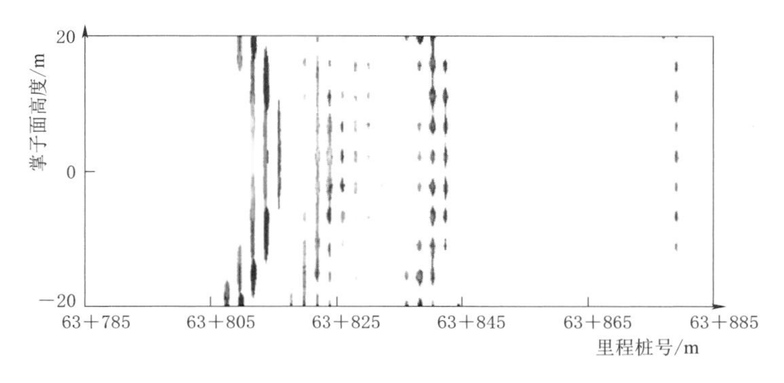

图 5.23 地震法探测结果

（2）63＋805～63＋845 段落：在反射图像上整体存在明显的正负反射，推断该段落围岩较破碎，节理裂隙发育，易发生掉块或塌腔，卡机风险较高。

（3）63＋845～63＋885 段落：在反射图像上局部存在明显的正负反射，推断该段落围岩完整性较差，局部节理裂隙较发育，易发生掉块。

在实际的隧洞开挖过程中，在里程桩号 KS63＋814 处发生 TBM 卡机，施工单位通过施工超前注浆，开挖侧导洞对刀盘前方碎石及大块岩石清除等工作，使 TBM 恢复正常掘进。

3. 高黎贡山隧洞工程

不良地质构造与卡机灾害的发生具有较大的关联性，尤其是破碎与含水地质构造。针对破碎与含水构造，在高黎贡山隧洞的敞开式 TBM 上搭载了地震勘探系统与电阻率超前勘探系统，分别被用于对破碎区与含水构造的勘探，如图 4.14 所示。

物理探测可以为超前钻探与原位的地表地质调查缩小范围，但容易受到 TBM 的施工影响，如数据采集作业区存在锚杆、网片等金属物体对电信号的干扰，因此，伴随 TBM 掘进的现场地质调查是必须要开展的，可用以对地质信息进一步解释，并与超前地质预报联合验证掌子面前方的地质信息。实践证明，在 TBM 上搭载超前勘探系统是一种可行且有效的不良地质识别措施。

4. 锦屏二级水电站工程的微震监测案例

传感器安装回收流程如下：首先在 L2 区平台距离掌子面约 70m 处布置监测断面Ⅰ，布置断面如图 5.24（b）所示，钻孔深度 2m，钻孔直径不小于 51mm；当 TBM 向前掘进约 40m 时，在 L2 区平台布置监测断面Ⅱ，布置方式同监测断面Ⅰ；当 TBM 再向前掘进约 40m 时，监测断面Ⅰ到达 L3 区平台与 L 区平台之间，该区 TBM 具有传感器回收空间，进行传感器回收，同时将回收的传感器按照如图 5.24（a）所示的方式在 L2 区平台安装，依此循环，紧跟 TBM 前进，实现微震实时监测。

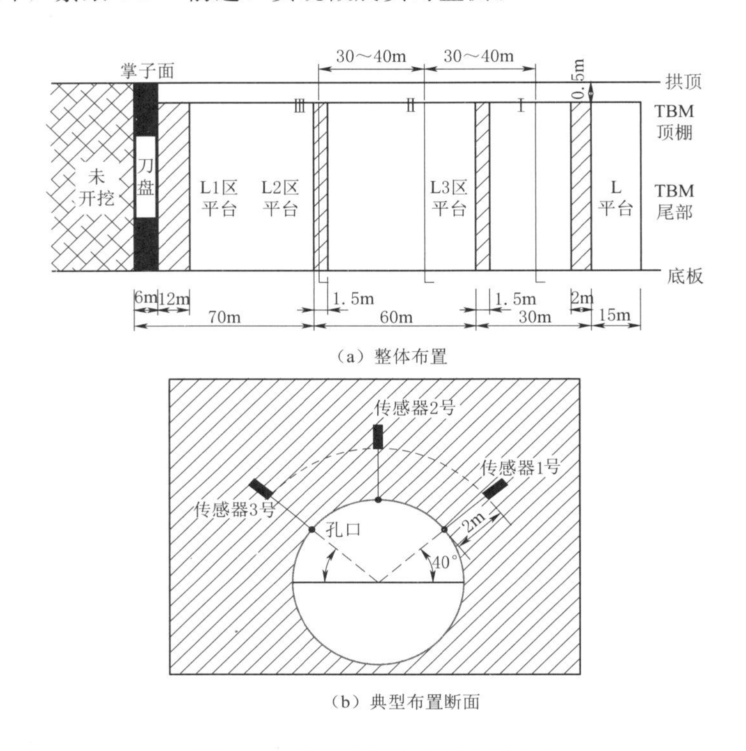

（a）整体布置

（b）典型布置断面

图 5.24 微震监测传感器布置方案

TBM 工作环境复杂，噪声源也较为复杂，主要噪声如下：

（1）TBM 掘进时的振动信号，该信号持续时间长，波形无明显衰减，振动频率相对较高，且波在传播过程中有明显叠加现象。

（2）锚杆钻机凿岩信号为断续型信号，整体持续时间较长，但单个信号持续时间较短，主要为锚杆钻机冲击凿岩产生。

（3）附近隧洞的爆破信号，由于爆破多为微差爆破，信号明显特征为多峰值叠加。这些噪音信号与围岩破裂产生的微震信号相比具有较为明显的特征，如图 5.25 所示。另外，TBM 工作运行的电器噪音也是影响信号分析的重要因素。

为此，综合滤波方法主要步骤如下：

（1）根据前期试验测试结果，设置采集仪滤波参数，进行硬件滤波。

（2）利用传感器对噪音信号的差异反映和敏感性进行协同滤波。

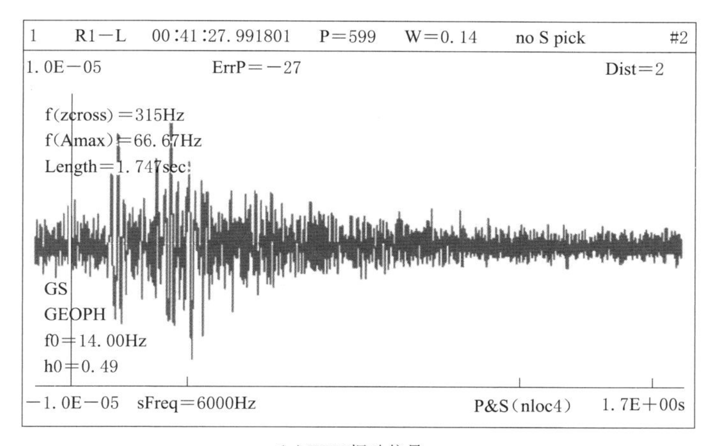

(a) TBM振动信号

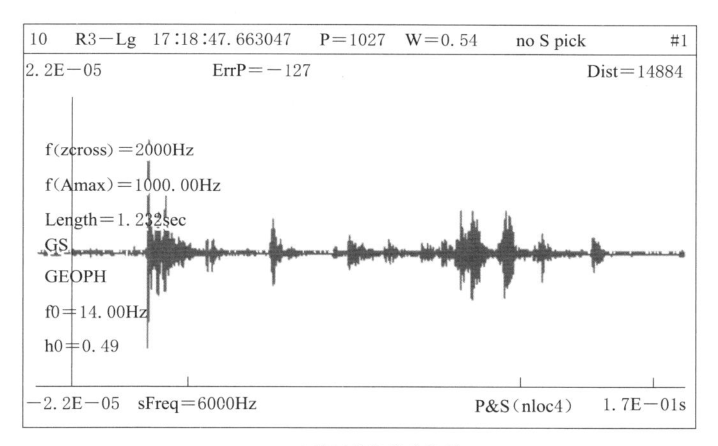

(b) 锚杆钻机凿岩信号

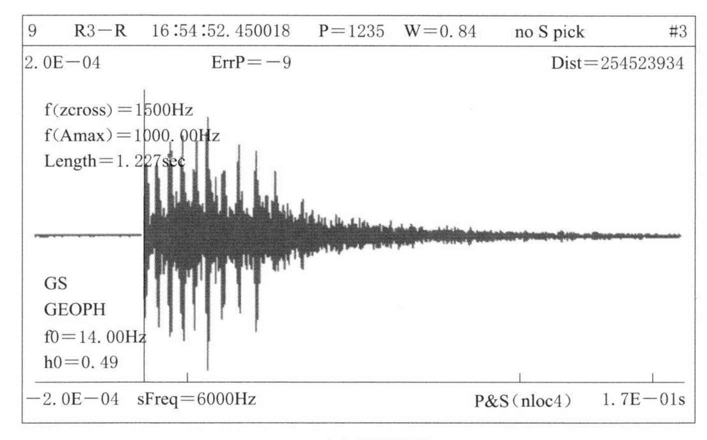

(c) 爆破信号

图 5.25（一） 典型微震源波形形态特征图

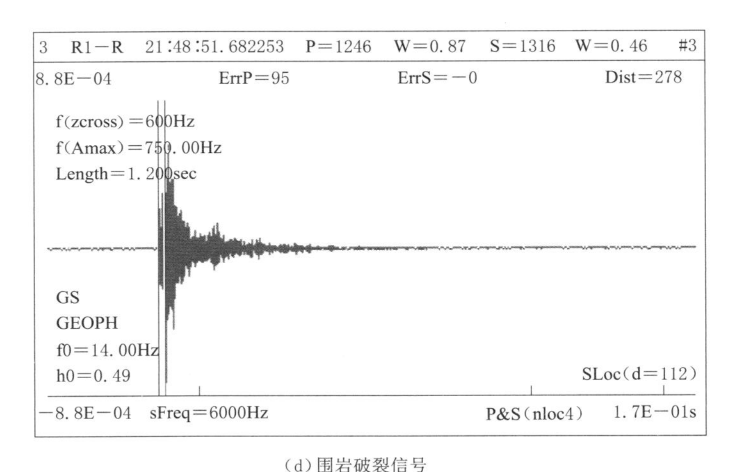

(d)围岩破裂信号

图5.25（二） 典型微震源波形形态特征图

(3) 考虑到主要有效信号位于掌子面附近，而传感器在掌子面后方的实际情况，根据信号到时与传感器位置进行滤波。

(4) 根据试验阶段建立的噪音数据库，利用人工神经网络方法进行滤波。

(5) 通过监测系统示波窗进行噪声滤除。该方法较好地滤除了锚杆钻机、TBM碎岩、TBM自身震动等环境噪音，大大提高了数据分析的效率与预测预报的准确性，滤波前后的结果如图5.26所示，图中引1～4号为引水隧洞编号，lg$E$为能量的对数，球体越大则能量越大。

2009年4月启动排水洞微震监测研究项目，2009年6月组网结束并完成现场调试，2009年8月开始传感器安装打孔作业、安装、调试等，2009年9月开始采集数据，2009年10月第一次发出预报，并逐渐进入正常监测期。2010年2月启动2号引水洞微震监测项目，2010年5月份起逐步推广应用到锦屏二级水电站辅引支洞和引水洞中段。

微震监测系统在TBM后配套区附近埋设仪器和设置数据采集系统，经光纤通信将数据传送到接收器，再由转换器传送到数据处理系统，由人工复制或无线通信将数据传输到锦屏二级水电站研究中心，再通过网络传输到远程服务器进行计算与分析，最后反馈到指挥系统。

微震监测中岩爆识别标准主要依据波形、振幅和声音（见图5.27），并对不予定位的采取剔除方法。同时，对一定时段内的微震事件进行汇总，形成微震事件密度等值云图，等值云图密度越大则出现岩爆的概率和烈度越大（见图5.28）。

锦屏二级水电站隧洞施工过程中的微震监测结果表明，岩爆存在有可能被微震监测系统监测到的微破裂前兆。

从距离上看，几十米到上百米外的岩爆，微震仪都可能监测到前兆，而且部分强岩爆危险区域的位置有可能被微震监测系统定位。

从时间上看，前兆往往出现在数天以前。由于岩爆的发生与掘进进度有关，因此，尽管岩爆发生的位置有可能被提前确定，但准确时间目前仍难以预报。

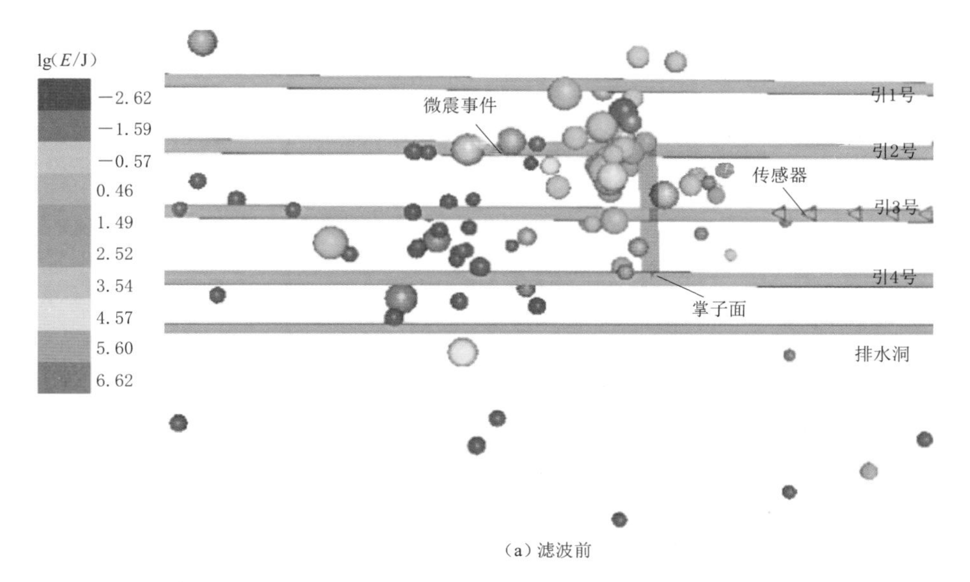

(a) 滤波前

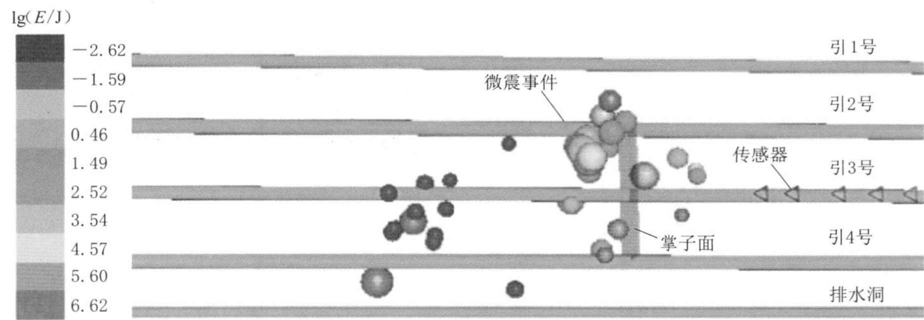

(b) 滤波后

图 5.26 滤波前后微震事件对比

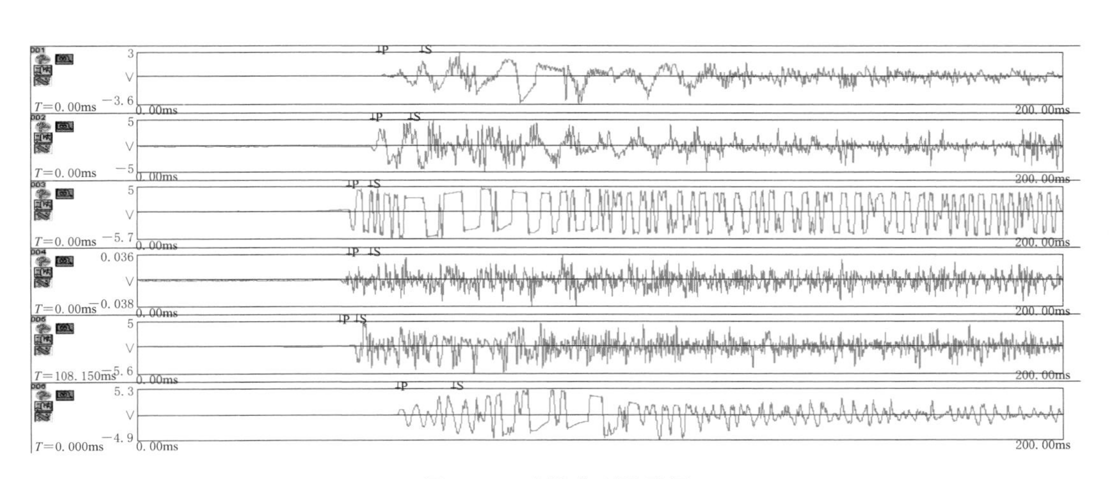

图 5.27 岩爆典型波形图

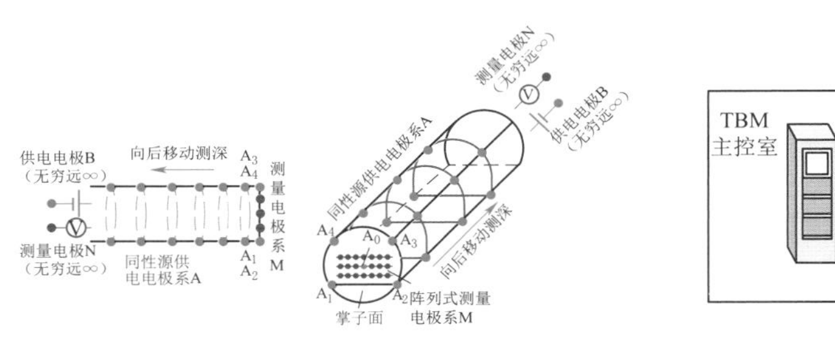

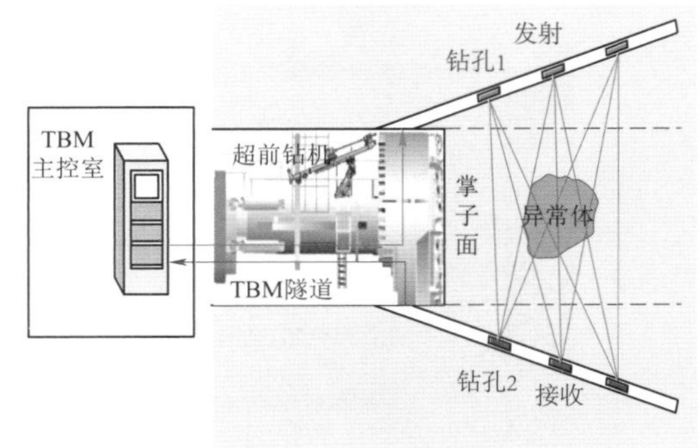

（a）9月微震事件汇总

（b）9月微震事件等值云

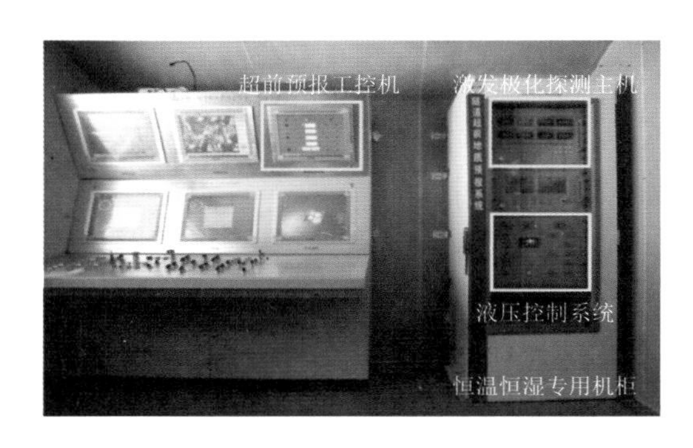

（c）10月微震事件汇总

（d）10月微震事件等值云

图5.28　微震事件汇总与等值云图对比

从震级上看，目前只能根据现场积累的经验，采取类比法，获得对岩爆相对震级的预报。

RFPA精细模拟表明，结构面（如断层、节理等）位置的应力集中十分显著，是岩爆监测的重点。通过微震监测与地应力场精细模拟的结合，岩爆预报的可能性有望提高。

微震监测数据显示，某些岩爆的爆坑形成过程长达2min之久，说明岩爆的破坏区域（爆坑）并不是在瞬间形成的，而是一个发展过程。有一定柔性的支护系统能够吸收部分冲击破坏释放的能量，就有可能延缓或阻碍进一步的围岩破坏，从而达到减轻岩爆灾害的目的。

5.1.4.3　TBM隧洞开挖掘进阶段

在TBM开挖掘进阶段，应对卡机的关键是对不利地质条件的改良，尤其是对断层破碎带与地下水的处理。对不良地质条件进行识别是进行围岩条件改造的基础。

在地层的改良措施方面，注浆加固是一个有效的地层改良措施，选取合适的注浆参数能够提高岩体强度，并降低岩体的渗透性与变形能力。对掌子面前方进行超前化学固结灌浆，使得大变形、塌方与突水突泥得到有效控制后，TBM被卡的可能性将大大降低。

5.1.4.4　不同地质条件卡机防控成套技术方案

隧洞开挖前，岩体的初始应力是平衡的，开挖后形成了新的岩面，岩体的应力将重新分布，在应力重新分布过程中隧洞围岩受到不平衡力的作用而产生变形。超前支护就是为适应围岩不稳定的现象进行先支护后开挖的施工，它不同于通常先开挖后支护的支护工艺。

一般较小的断层带、涌水段、小溶洞通常不会对掘进机构成威胁，可不采用超前支护措施进行处理。但对于较大的断层破碎带或涌水洞段，由于危害大，则需在掘进施工前采用超前支护和预加固处理。虽然耗费一定的时间，但由于掘进机设备的原因，不良地质揭露后再处理比预加固和预支护更为困难，因此还是非常必要的。

1. 断层破碎带卡机防控技术方案

围岩松散塌压大多发生在断层及断层破碎带、不整合接触带、蚀变带等洞段，自稳能力差，易发生坍塌、较大岩块堵塞出渣孔，若该洞段地下水活跃则可能发生塌方、涌泥、涌水、涌沙等，破碎围岩挤压刀盘，使刀盘压力过大或泥沙进入刀盘，出现“泥裹刀”现象，使刀盘不能正常运转，造成卡机。其造成卡机的原因为 TBM 开挖对不能自稳的围岩产生了扰动，导致大量围岩松散体坍塌，压至刀盘和护盾上，导致围岩与刀盘或护盾间的摩擦力过大超过 TBM 脱困扭矩（推力）从而造成卡机。

针对断层及断层破碎带等带来的围岩松散塌压可能导致的卡刀盘情况，TBM 设计时应注重对刀盘的保护，刀盘露出护盾的长度尽量小，以降低对岩层的扰动同时减少刀盘与松散体的接触面积，以降低其与岩层间的摩擦阻力。

对于可能造成的卡盾情况，从减少护盾与松散塌落体的接触面积方面出发，可采用盾体倒锥形设计形式。从减少松散塌落体体积和压力方面考虑，设备设计时应具备超前加固围岩的能力，此时可采用盾体预留超前处理孔位的设计，预留超前钻机安装接口，必要时可安装超前钻机进行超前地质探测与围岩加固。配备的超前钻机可实现 360°范围内的超前钻探，并通过注浆泵完成超前注浆加固。

TBM 通过断层破碎带、蚀变带、类泥石流等洞段时由于围岩不稳定，针对这些洞段，基本原则是超前处理加固围岩，对于有地下水丰富的洞段还要进行堵水。对于可灌性较好的洞段可以采用超前预注浆加固围岩，对于可灌性差的洞段由于一般的灌浆方法对于前方围岩的加固效果有限，此时可以采用管棚法施工。对于类似疏松沙涌出洞段，在超前管棚和注浆难以有效加固地层时，可采用冷冻加固地层的措施。对于深大断层及断层带，必要时可采取旁洞法绕前处理不良地质洞段，TBM 滑行通过的措施。

2. 大变形卡机防控技术方案

围岩变形挤压大多发生在高地应力下软岩大变形以及围岩膨胀洞段。该类洞段大变形常呈现围岩变形量大、来压快、初期变形速率大、围岩掌子面及四周来压以及常变而不塌、没有突变的特征，TBM 掘进后伴随着开挖后的应力快速释放，围岩快速向临空面变形，挤压刀盘和护盾，从而造成卡机。该类围岩变形具有明显的时间和空间效应，足够的变形时间和空间可释放围岩大部分地应力。基于此特征，应对围岩变形挤压可能带来的卡机风险主要措施为增加围岩与护盾间的变形空间，为 TBM 连续通过争取较多的时间。

针对 TBM 开挖后围岩变形挤压可能导致的卡护盾情况，设备研发时尽可能减少护盾长度以降低护盾与围岩间摩擦阻力是非常有效的手段。另外在护盾长度难以减少的情况下，增加护盾与开挖轮廓之间的间隙为 TBM 正常掘进争取时间是关键；此时主要解决措施有两种：第一是通过增大刀盘开挖半径来加大 TBM 开挖轮廓；第二是通过护盾沿径向收缩来减少护盾外轮廓。第一种措施可通过加大 TBM 设备刀盘开挖直径以及边刀垫块两种方法实现；第二种措施可通过设计径向可伸缩护盾盾体以及盾体倒锥形设计两种方法来实现。

另外也可从加固围岩自身性能，降低其变形能力方面出发，设备设计时预留超前处理孔位以及预留超前钻机安装接口，以使其具备超前加固围岩的能力。

TBM 通过挤压变形洞段，基本原则是加大预留变形量以及 TBM 快速通过，这两者是相辅相成的。一般而言，变形量越大所需的变形时间也就越大，加大预留变形量可为 TBM 掘进争取更长的停机时间，而 TBM 快速通过可通过节约变形时间从而达到减少围岩变形量的目的。由于预留变形量越大，超挖量越大，对于护盾式 TBM，管片安装后填充的豆砾石和灌浆回填量越大，成本越高。因此，最合理的选择是在实际施工中，根据检修、检测、换班等工程处理问题综合确定最佳停机时间，从而选择合理的超挖量。故在 TBM 设备选型和设计时，对于预留变形量的分析尤为重要，专题研究隧洞软岩的特性以及挤压变形量是保证 TBM 设备能力、预防 TBM 卡机的有效措施。另外，为应对软岩挤压变形带来的卡机风险，常采用常规预留变形量＋适时扩挖增加变形量的处置方案。

从空间效应上来看，TBM 通过洞段的支护强度和发挥作用的时间影响着掌子面和护盾洞段的变形量和变形速率，保证 TBM 通过洞段的支护措施强度以及作用的及时发挥对防控 TBM 卡机也有着重要的作用。对于护盾式 TBM 施工洞段可采用高标号预制混凝土管片、加大管片厚度以及管片安装后其背部空隙宜采用弹性模量较大的回填材料并及时灌浆固结等措施；对于敞开式 TBM，通过后可采用长锚杆、自进式中空锚杆、大直径锚杆、高规格钢拱架、可缩式 U 形钢架，同时采取减小支护间距、快速封闭支护、必要时同步二衬等措施。

采用超前加固措施提高围岩自身特性也是减少围岩变形挤压、防控 TBM 卡机的有效措施，具体而言为可灌性较好的洞段采用超前裸孔预注浆加固围岩，对于可灌性差的洞段采用管棚法施工。

对于含黏土矿物的泥质岩等具备膨胀性的软弱岩体，采取超前导排水措施可有效避免地下水渗入岩体造成岩体的膨胀和软化，从而达到降低卡机的风险。

对于软弱易泥化岩层，炭质泥岩在天然含水状况，抗压强度可在 0～5MPa，而在暴露以后，强度会迅速降低，受掘进机等施工扰动，强度降低更快。掘进机在该类软弱岩层中掘进时应按“三低”“一连续”“宁慢勿停”“宁高勿低”等原则操作。

三低：低推力、低转速、低贯入度。尽量减少对围岩的扰动，防止机头下沉发生塌方、卡机、泥裹刀等现象。在掘进过程中尽可能采用“小行程换步”“先稍退再纠偏”等方法，逐步通过。

一连续：尽可能坚持连续掘进，不轻易停机，随着岩层风化，避免二次扰动，灌堵地下水减少施工用水，避免施工用水加剧岩层的软化，且时间越长，软化程度越强烈，导致无法继续掘进，因此，尽可能减少停机，“宁慢勿停”。

宁高勿低：该类围岩中施工最容易产生机头下沉，纠偏困难，要注意调整机头始终保持一定的向上趋势。

另外掘进机遇到不良地质条件，要快速决策，避免议而不决，拖延工期；同时要避免操作失误，预先制定施工预案。提高操作技术水平，在掘进过程中密切观察机头垂直与水平偏移趋势，及时调整机头方向，一旦操作失误，错过时机，机头下沉趋势过陡，纠偏就会十分困难。

3. 岩爆卡机防控技术方案

与普通钻爆法隧洞不同，在同一地质环境中，采用 TBM 施工发生的岩爆可能性比钻爆法隧洞可能性小。这是因为 TBM 隧洞开挖断面为圆形、洞壁表面基本平整、刀盘切削岩石震动强度没有钻爆法大等，这些因素降低了岩体发生脆性破坏的可能性。但 TBM 全断面掘进时潜在风险程度、风险不可控性和具体掘进段风险的不可预见性仍然很高。因此，工程中需要根据实际风险承担能力进行掘进，并在管理和施工安排等环节做好处理突发事件的预案。

(1) 设备方面。对于超硬、脆性围岩洞段，则应结合超前物探、钻探等技术，并采用特殊刀头设计等措施保证 TBM 开挖效率、减少设备磨损等。

对于高地应力岩爆洞段，TBM 的卡机防控应结合超前地质预报、微震监测等建立预测预警系统，实现动态监测隧洞围岩及掌子面前方的岩爆孕育过程及发生的作用机制，找出能量释放的主控结构面，并针对性提出岩爆处理措施，避免强岩爆、极强岩爆出现损坏设备甚至卡机。

(2) 方案制定方面。

1) 超前应力释放：利用超前钻孔或预裂爆破进行卸压，岩体内部高地应力能够提前释放，达到预防岩爆的目的。

2) 改善岩体物理力学性能：在 TBM 掘进过程中，持续向掌子面或洞壁围岩注水，使表层岩体湿润，达到减弱围岩脆性，降低围岩强度的目的。

3) 开挖后及时支护，并采用合适支护手段，减少围岩暴露时间。轻微岩爆段，可采用喷合成粗纤维混凝土，使用锚杆、钢筋网和轻性拱架支护，钢筋网防治岩石弹射、掉落，损坏设备，威胁工人安全；中等岩爆段，除了采用以上支护措施外，全断面设中型拱架＋钢筋排支护，及时对出露围岩体进行全断面喷纳米粗纤维混凝土覆盖；强烈岩爆全断面喷纳米粗纤维混凝土，侧顶拱布设涨壳式预应力中空注浆锚杆，全断面加密设重型拱架或采用钻爆法开挖导洞进行应力释放。

4) 加强监测工作。TBM 有一套完整的监测系统，如有监测数据的不合理性和不确定性，应及时采取紧急措施，避免施工事故。

4. 溶洞卡机防控技术方案

岩溶型式复杂多样，有的溶洞深浚或基底被松软堆积物充填，基础处理困难；有的溶洞顶板高悬不稳，有严重崩塌危险；有的溶洞发育情况十分复杂，溶洞、暗河上下迂回交错，通道重叠，尤其是岩溶水的袭击，给施工带来极大困难。如果处理不当，护盾式 TBM 将出现管片整体下沉、接缝张开、错台严重等问题，甚至导致机头下沉、陷落、大规模溶洞突水淹没隧洞等恶性事故的发生。TBM 在溶洞段的卡机防控关键在对溶洞的超前预报及超前处理上。

(1) 设备方面。盾体预留超前处理孔位的设计，预留超前钻机安装接口，必要时可安装超前钻机进行超前地质探测与围岩加固。配备的超前钻机可实现360°范围内的超前钻探，并通过注浆泵完成超前注浆加固。

（2）方案制定方面。掘进过程中遇到溶洞时TBM操作系统有关参数会显示出不正常，因此要时刻注意各参数的变化。当掘进至溶洞边缘时，技术人员可通过超前钻孔查明溶洞的具体发育情况，并采取相应的处理措施。

对于区域地下水位线以上规模较小的溶洞，如果对TBM掘进影响不大，则可不予处理继续掘进；待TBM通过后，利用管片回填孔对溶洞回填豆砾石，并进行固结灌浆加固。

对于隧洞下方规模较大的溶洞，如果溶洞被充填，可以先对溶洞进行超前注浆加固，待TBM通过后，通过管片回填孔对溶洞段进行后期高压固结灌浆。如果溶洞无充填或仅部分充填，则可以用豆砾石、砌石、混凝土等材料进行回填并压浆加固，待TBM通过后，通过管片回填孔对溶洞段进行后期高压固结灌浆。

对于隧洞上方规模较大的溶洞，如果溶洞被充填，可利用TBM自身携带的超前钻探设备和灌浆设备对溶洞进行全洞周超前注浆处理，以防止TBM经过时溶洞充填物塌落；待TBM通过后，通过管片回填孔对溶洞段进行高压固结灌浆并施设锚杆。如果溶洞无充填或仅部分充填，则可以采用锚杆加槽钢的半环形钢支撑，用豆砾石、砌石、混凝土等材料进行封堵、回填并压浆加固。

对于含水量较大的溶洞，在掘进前要利用超前钻打排水孔进行排水，并做好排水系统，保证排水畅通；掘进过程中要加强对涌水量的监测，避免灾难性突水将隧洞淹没。

5. 高外水卡机防控技术方案

富水洞段涌水量大，同时会夹带泥沙涌出，严重时会引起卡机，对于护盾式TBM，还会导致豆砾石回填灌浆质量难以保证，同时TBM顺坡掘进时尚需注意淹机的风险。

高外水洞段运行期将有以下问题：隧洞开挖后改变了原始渗流场状态，降低区域地下水位，影响当地水文生态环境；若工程措施采取不当，可能形成较高外水头作用于管片衬砌，造成安全隐患。

处理对策：①施工期做好超前地质预报，探明地下水水头、涌水量、水质等，必要时进行超前预注浆堵水；②做好施工期排水；③控制好回填灌浆水灰比；④以堵为主，兼顾排水，排水可设于固结灌浆圈内，避免恶化区域水文环境；⑤管片衬砌结构计算中充分考虑外水作用；⑥做好运行期安全监测，动态监测洞周孔隙水压力。

6. 有害气体卡机防控技术方案

对于含磷的磷块岩、白云质磷块岩，可能形成含磷的易燃、易爆气体，当气体浓度到一定程度时具有爆炸性。

有害气体监测是保证安全施工的必要手段，必须全方位、全过程的进行监测，以掌握全隧洞的有害气体浓度分布状况，特别是顶部聚积处更应严密监测。

有害气体监测措施主要包括以下内容：确定有害气体容许浓度、设置监测系统及设备、建立有害气体监测制度。

目前通常采用的有害气体监测系统有：有害气体遥测自动断电装置；报警仪定点悬挂装置；手持仪表洞内巡回检测设备；风量、Q2和有害气体检测设备。

国内外有害气体隧洞工程中采用的监测仪器有：独立式有害气体报警装置，固定式有害气体报警装置，光干涉有害气体测定器，数字式袖珍有害气体警报器，智能型沼气氧气浓度检测仪，便携式有害气体检测仪，ATY突出预测仪等。

7. 高地温问题卡机防控技术方案

高地温问题是隧洞工程、采矿工程及其他地下工程中常遇到的地质灾害问题之一，特别是深埋长大隧洞的高地温问题，给隧洞的施工带来极为不利的影响。

国外的一些工程实际和研究表明，在“恒温层”以下，一般随埋深的增加，其温度也相应升高。各国在修建深埋的长大隧洞时，有不少工程出现了程度不同的热害，如瑞士的圣哥达隧洞（长14968m，最大埋深1706m）施工时洞内气温最高达30.7℃；瑞士至意大利的辛普伦隧洞（长19780m，最大埋深1648m）地下热水温度达32℃，最高气温达55.4℃；瑞士列奇堡隧洞（长14605m，最大埋深1560m）洞内最高气温34.3℃；意、法边境的仙尼斯隧洞（长12849m，最大埋深1654m）洞内最高气温29.5℃。

据国外几座不同埋深的著名隧洞的地温统计分析：当埋深小于1000m时地温起伏变化相差不大，当埋深超过1500m时，随着埋深的增加，地温则急剧升高，埋深与地温呈较好的线性关系。

在实际工程中应在施工前通过钻孔等措施预探地下温度、温度梯度等，在施工中做好工作面前方地温的预报工作。

高地温处理主要采取以下措施：①做好施工地质超前预报工作，采用超前水平钻孔等措施预测掌子面前方温度情况；②采取有效的通风方式降温，必要时尽量采取简易有效的降温手段，如要求TBM配置强制冷设备，通冷风，洒低温水，放置冰块等；③在进行施工计划安排时，考虑在冬季进行高温地段开挖施工；④做好洞内温度监测工作，以便及时调整降温措施。

5.2 卡机脱困方法和技术

TBM卡机脱困是一项系统工作，卡机的处理应根据具体的水文与工程地质情况及卡机类型，有针对性地开展脱困处理工作。

5.2.1 卡机类型

TBM卡机主要包括刀盘被卡和护盾被卡及姿态偏差造成卡机。TBM在隧洞中施工，遭遇围岩坍塌或软岩产生大变形，TBM就有可能产生卡机风险事故。TBM施工时停机和连续掘进两种工况均可能发生TBM卡机。

5.2.1.1 刀盘卡机

刀盘被卡主要发生在围岩破碎带、蚀变带等围岩胶结弱洞段，围岩松散塌压对刀盘的压力超过刀盘扭矩是造成卡刀盘的主要原因。根据已建工程的统计分析，刀盘卡机主要有如下情况：

（1）掌子面围岩破碎，大块岩体坍塌将刀盘卡死。

（2）掌子面突泥涌沙将TBM刀盘淹没，致使刀盘无法转动。

（3）泥岩遇水软化、泥化，粘堵刀盘，出现泥裹刀现象，严重时TBM无法向前掘进。

（4）隐蔽裂隙和劈理裂隙发育的泥质岩或蚀变岩沙化洞段，刀盘前面形成一定的空腔，岩石块大量掉落，将TBM机头压死，无法掘进。

5.2.1.2 护盾卡机

护盾被卡主要发生在围岩大变形洞段，围岩大变形导致作用在护盾上的围岩应力引起的阻力超过了TBM脱困推力是造成护盾被卡的主要原因。根据已建工程的统计分析，护盾卡机主要有如下情况：

（1）围岩坍塌将盾壳卡死。

（2）围岩收敛将盾壳抱死。

（3）软弱膨胀泥岩的掘进过程中，由于缩径变形比较大，变形应力也比较大，将TBM抱死，被迫停机。

（4）高地应力造成的缩径，将TBM抱死。

5.2.1.3 姿态偏差造成卡机

姿态偏差造成卡机主要有如下情况：一是刀盘前方开挖空间底部仰拱经水浸泡后丧失承载力，导致TBM无法进行有效调向，无法将刀盘抬起，TBM卡机；二是由于TBM偏向趋势过大，无法有效将刀盘抬起，其姿态偏离设计位置过大（引大济湟刀盘面水平方向偏右600mm，竖直方向偏下770mm），致使TBM无法继续掘进，造成TBM被困。

5.2.1.4 其他情况

流沙、突泥、突涌水等增加清渣难度、增大后配套行进阻力、影响运输速度、运输皮带被压死。

5.2.2 卡机处理程序

（1）卡机类别判断。提取卡机前TBM运行记录的各种参数，如推力、扭矩、转速、贯入度等，判断TBM卡机的类别。

（2）TBM通过方式判断。根据卡机前TBM运行参数、物探、钻探资料、TBM机型及技术参数，判断是否有快速通过的可能，如有快速通过可能应优先选用快速通过，再进行后续处理的方式。例如，针对双护盾TBM而言，其辅助推进油缸总推力大于其主推进油缸总推力，因此，当其仅发生前盾和伸缩护盾卡机时，如果根据前方物探、钻探资料判断，掌子面已经或即将进入较好围岩内，则可改双护盾工作模式为单护盾工作模式，利用辅助推进油缸的强大推力快速通过卡机段；如果判断已无快速通过可能，则通过钻探对掌子面前方地质条件进一步确认或确定。

（3）处理方法选择。根据进一步确认的掌子面前方地质资料，以及前述卡机的机理分析，有针对性地选择处理方法。

（4）实施处理方案。按选择的卡机处理方法进行处理。

（5）脱困后试掘进。开始脱困后试掘进。

（6）调整处理参数。当不良地质洞段较长时，则应逐段进行超前预处理，并根据脱困后试掘进运行参数，调整下一段超前预处理参数。

（7）恢复正常掘进。通过不良地质洞段后恢复正常掘进。

5.2.3 卡机脱困处理措施

5.2.3.1 导洞（坑）卸压法

导洞卸压法是指在TBM机上方、两侧采用人工方法清除部分挤压刀盘、护盾的松散材料或原岩，使刀盘、护盾部分临空，以减小TBM旋转、推进阻力，使其降至TBM设计最大脱困扭矩、最大推力以下，从而实现脱困。导洞卸压法主要用于围岩坍塌、收敛导致的卡机脱困。

根据围岩塌方及变形情况确定TBM脱困导洞的布置，导洞布置一般包括以下几种情况：

（1）从刀盘人孔进入，自刀盘正面顶部向后开挖。

（2）在护盾顶部，从伸缩护盾处进入向前护盾或尾盾方向开挖。

（3）从伸缩护盾处进入，在护盾两腰线部位向前护盾或尾盾方向开挖。

（4）从伸缩护盾处进入，在护盾两侧靠近底部或上部向前护盾方向开挖。根据现场具体情况决定采用不同的导洞布置方式，导洞一般沿洞轴线水平开挖。

导洞法位置见图5.29。

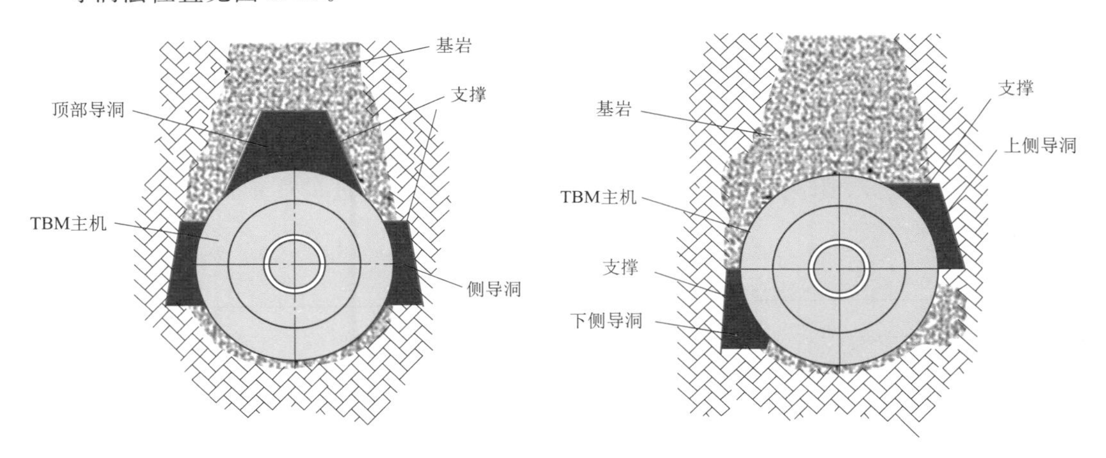

图5.29 导洞法位置示意图

导洞开挖从刀盘、伸缩护盾等部位开始，人工凿除TBM周边的围岩，以减小围岩变形对护盾的挤压，从而减少护盾与围岩间的摩阻力，使TBM脱困。

导洞开挖采用风镐人工开挖，皮带机出渣，转至渣车后运输出洞。开挖过程中，根据导洞围岩稳定的实际情况，采用相应支护措施，若TBM机头处围岩过于破碎可进行灌浆预加固。导洞开挖向前伸展时每隔一定时间试拉刀盘，可以移动则停止开挖。

顶、侧导洞法一般适用于无外水软岩大变形等不良地质条件造成的卡刀盘、卡护盾情况，采用开挖纵、环向导洞卸荷的方法进行脱困，费用较省，所需时间一个月左右，但开挖导洞存在一定风险，必须确保洞室稳定及人员安全。

新疆DB输水隧洞工程TBM掘进通过膨胀泥质岩，缩径变形严重的地段被困，约20段总计850m的软弱围岩大变形洞段，多次采用人工开挖导洞措施进行处理；引黄入晋工程大变形等洞段，也采用此方法成功通过。

5.2.3.2 旁洞法

旁洞法是指在TBM一侧采用常规施工方法开挖旁洞，经旁洞绕至TBM刀盘前方，对不良地质洞段进行处理的TBM脱困的方法。旁洞法适用于极为复杂的地质条件，TBM掘进前方不良地质洞段不便进行超前处理的情况，此方法脱困工期至少6个月或1年以上，费用高，万家寨引黄工程北干线1号隧洞、引黄南干线7号隧洞TBM通过F65摩天岭大断层采用旁绕洞法；引大济湟F4、F5等断层，采用绕洞或导洞钻爆开挖上半断面，TBM开挖下半断面方案，TBM成功通过。

万家寨引黄工程北干线1号隧洞TBM采用1台双护盾TBM施工，当掘进至桩号K39+439处掘进机卡机。该处为二叠系地层与石炭系地层的过渡带。岩性以砂质泥岩、炭质泥岩和砂岩为主，夹薄层煤层。2007年5月8日，掘进机至桩号39+560附近，隧洞出现了泥岩、砂质泥岩、泥质砂岩等软弱岩层，开始出现纵坡超差，最大达－10mm，经调整，继续掘进5～6m，至5月15日夜掘进机至桩号39+439处，下沉加速，至5月16日凌晨，机头在垂直方向下沉339mm。水平方向右偏223mm。因担心继续下沉而停机。

停机后，经过多次处理措施讨论，确定采用人工开挖旁洞至机头前方，再由人工开挖支护，形成一长10m的过渡洞室的方案，见图5.30。旁洞位于隧洞左侧，长40m，洞径3m，从机头左侧绕至机头前方。旁洞采用格栅拱架支护，挂网喷混凝土。过渡洞室采用钢拱架，喷锚及二次混凝土支护，加固底板。在过渡洞段施工的同时，对护盾上方坍塌的围岩进行清理扩挖，便于掘进机上抬纠偏。至9月28日，掘进机重新启动，10月3日恢复掘进。

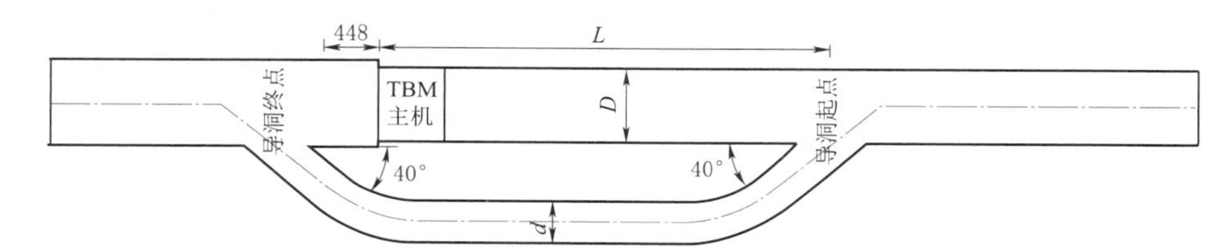

图5.30 引黄工程北干线1号隧洞TBM旁洞法脱困示意图

2008年4月，引大济湟工程从桩号7+158进入DB山南缘断裂后，有F4、F5断层通过，断层岩性为紫红色碎裂岩和灰绿色断层泥，岩体强度较低，小于5MPa，属于极软岩，加上高地应力和地下水作用，岩石泥化，出现塌方和泥石流状泥水混合物，塑性变形严重，最大变形量达1.5m。先后遭遇10余次较大的围岩变形和塌方、卡机。最终被卡于CH16+775，卡机时间长达两年。后采用旁导洞分三段开挖至掌子面前方，并采用主洞钻爆开挖上半断面，TBM开挖下半断面方案，TBM成功通过。最终成功脱困。

5.2.3.3 超前加固法

1. 超前化学灌浆法

超前化学灌浆法适用涌水、涌沙、类泥石流、中等蚀变有水洞段和强蚀变洞段等不良地质洞段，由于掌子面和刀盘上方岩体极不稳定，涌出物可灌性差，要达到超前堵水和加固围岩并保护TBM设备不被灌住的效果，需采用化灌方法，但要注意选择合理的发泡倍数，以达到加固围岩的目的。

超前化学灌浆法也适用洞内应急堵水。化学灌浆的特点是发泡极快，扩散很小，自填充。适用于有水情况和需要快速凝固的场合，其他方法难以代替。化学灌浆堵水还可为后期施工作业提供良好的作业环境，并减小出水量，减轻洞内的排水压力和保障机车的正常运行，确保富水洞段正常掘进。

此方法脱困时间短，可避免水泥浆可灌性差、凝固时间长等缺陷，虽不经济，但既能保护 TBM 主机，又能兼顾堵水、加固围岩；DB（约 1km）、引红济石（约 200m）、引大济湟 F4、F5 大断层约 1.1km 等多条隧洞的不良地质洞段都采用此方法通过。

常用化学灌浆材料有罗克休、瑞米、泡沫、马丽散 N。一般顶部塌方体采用发泡倍数较大材料，原状围岩宜采用发泡倍数较小的材料。

新疆某工程输水隧洞采用敞开式 TBM 掘进，开挖直径 6.5m，当 TBM 穿越泥岩洞段时，掌子面和刀盘上方为松散体，岩体极不稳定，造成刀盘被卡。采用对掌子面及刀盘顶部松散体进行化学灌浆固结的方法进行处理，超前钻孔采用 YT－28 型风钻造孔，钻头选用直径为 50mm 硬质合金钻头，钻杆选用直径为 32mm 的中空钻杆。每个钻孔方向适时确定，孔深为 2.5～3.5m，灌浆花管长度为 1.0m。根据 TBM 机头处地质及造孔情况，结合刀盘正面和上部区域的实际塌方情况，计算松散区的方量，按 30%～50%空隙率计算需要填充的量。使用发泡倍数为 20 倍的马丽散，A 料加水 4.5%，发泡开始时间 71s，终止发泡时间 165s。灌注时先灌上排孔，后灌下排孔。为了防止漏浆，先进行短管灌浆封堵，再进行长管固结灌浆，根据现场的实际情况决定化灌的最终用量。最终实现了 TBM 的正常掘进。

2. *超前支护法*

超前支护法是指利用 TBM 超前钻机或临时安装的超前管棚钻机对护盾上方及掌子面前方岩体进行加固，使其具备自稳能力，从而实现 TBM 脱困的方法。超前支护措施分为两种，一种是超前微型钢管桩，一种是超前管棚。超前微型钢管桩利用松渣体固结灌浆钻孔下入钢管及钢筋，再注浆封孔；管棚按照“管棚孔造孔（跟管）→下入钢筋束→管棚注浆”的顺序进行。吉林引松供水总干线Ⅲ标 TBM 通过类泥石流等不良地质洞段采用了超前管棚法。

引松供水工程总干线三标段位于吉林省吉林市岔路河至温德河之间，线路桩号 K24＋600～K48＋900，总长度 24.30km。TBM 掘进至桩号 47＋373（护盾揭露 47＋378）时发生大规模断层破碎带塌方，该洞段埋深 110m，地表为山梁、沟谷交错，沟谷宽 10～30m，山势较陡，植被发育。岩性为燕山早期石英闪长岩，半自形粒状结构，块状构造。岩石普遍遭受蚀变，主要矿物成分为斜长石、角闪石、黑云母和少量石英（石英占 10%～22%）。受构造影响，岩体破碎，渗透性弱～中等。TBM 施工中，已掘进通过 80m 均为完整的石英闪长岩，围岩类别为Ⅱ类，在掘进至桩号 47＋380（护盾揭露 47＋385）时，围岩发生突变，揭露为断层破碎带，围岩极其破碎，并伴随有少量的渗水，如图 5.31 所示。并且持续塌落，经后期处理过程发现桩号 47＋378～47＋372 段为碎块石夹杂断层泥；桩号 47＋372～47＋364 段为类泥石流不良地质洞段，刀盘前方及顶部均为级配较好的类泥石流状流态土、砂及水的结合体。

图 5.31 隧洞坍塌、突水、突泥地质条件示意图

TBM 困住后，前方隧洞出现大塌方、大空腔。处理措施：首先对空腔进行回填，回填后，在隧洞开挖线上方进行松渣体固结灌浆，以便增加松渣体自稳能力和形成传力的拱形结构，减小超前支护措施承受压力。超前支护必须在松渣体固结灌浆完成之后进行。采用 ϕ127mm 跟管钻进管棚预注浆，环向间距为 40～50cm，外插角为 10°，长 25～30m，成功通过约 30m 断层带类泥石流和约 70m 破碎带等不良地质洞段。布孔见图 5.32～图 5.34。

3. 超前预注浆法

超前灌浆法是指对护盾周边和掌子面前岩体进行灌浆阻水、加固的脱困方法。可用于富水断层带、高外水洞段的脱困处理。

预注浆实施前，先在掌子面采用风钻钻灌浆孔，实施化学灌浆形成止浆墙，再进行超前预注浆。

TBM 超前钻机钻孔范围为 360°，钻孔角度为外倾 7°～11°，当帷幕厚度达到 8.5m 时，TBM 无法实施最外一排钻孔，需在隧洞两侧布置耳洞采用常规方法施工。左右耳洞前后错开布置，长 6m，宽 1.8m，高 2.0m。图 5.35 和图 5.36 中部孔利用 TBM 超前钻机钻孔，其他各孔采用左、右耳洞钻机钻孔。耳洞采用液压劈裂器开挖。

（1）超高压灌浆堵水起灌桩号确定。

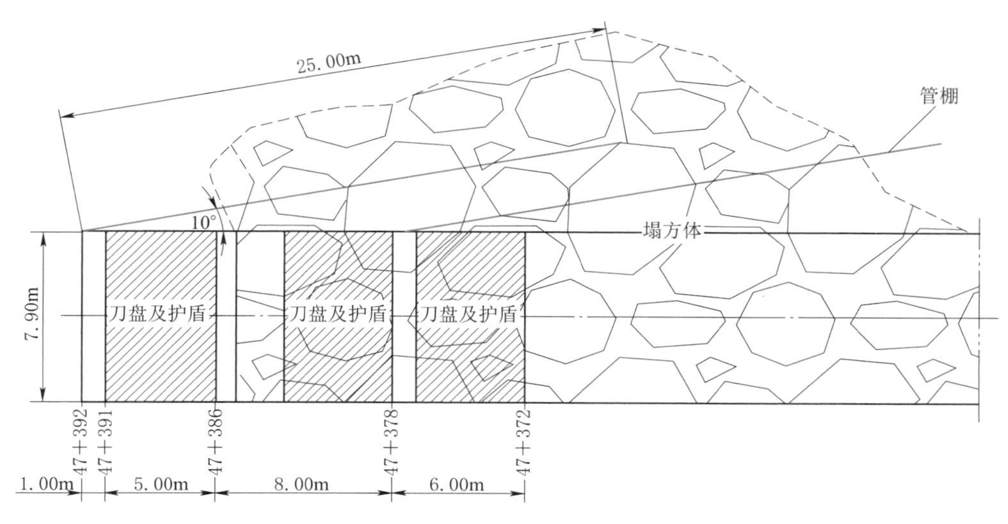

图 5.32 管棚布置及塌方洞段示意图

1）原岩允许水力梯度。超高压灌浆堵水中，原岩允许水力梯度对确定起灌桩号非常重要，尤其在存在缓倾角结构面的情况下，过早起灌将造成人力、物力和工期的大量浪费，起灌太晚则原岩可能被超高压水击穿，对施工人员生命和工程安全造成重大危害。因此，在开始超高压灌浆堵水前，应先掌握原岩的允许水力梯度。

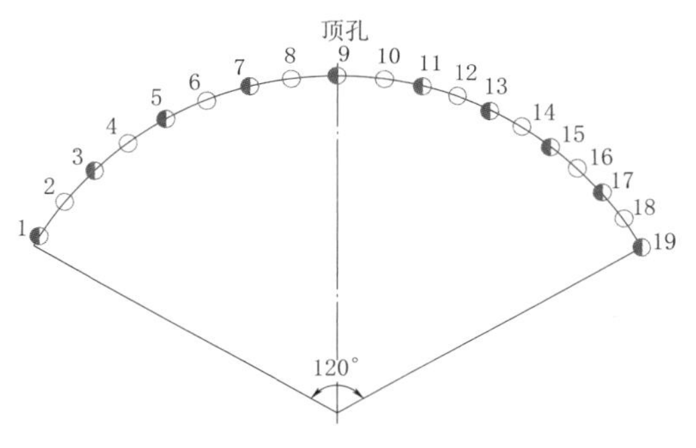

图 5.33 管棚布置断面图

该指标可在前期阶段通过地质实验获得，如在初步设计阶段未进行该指标的试验，则在生产性试验前可利用现场实验室混凝土抗渗性试验相关设备进行破坏性试验获得。

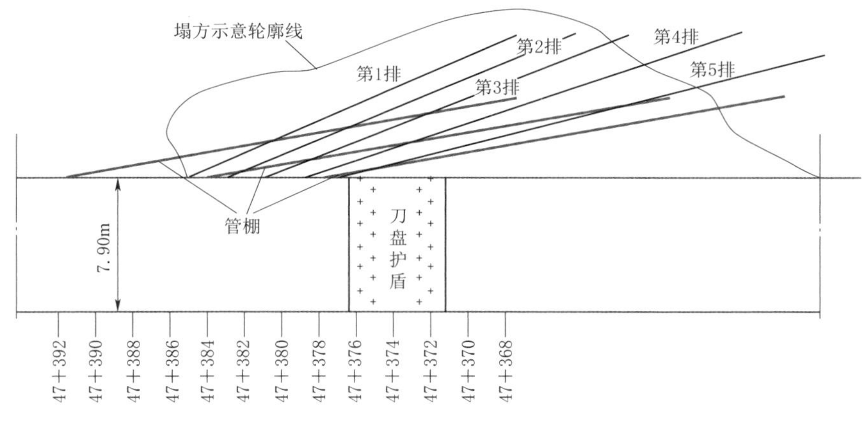

图 5.34 管棚及灌浆孔布置示意图

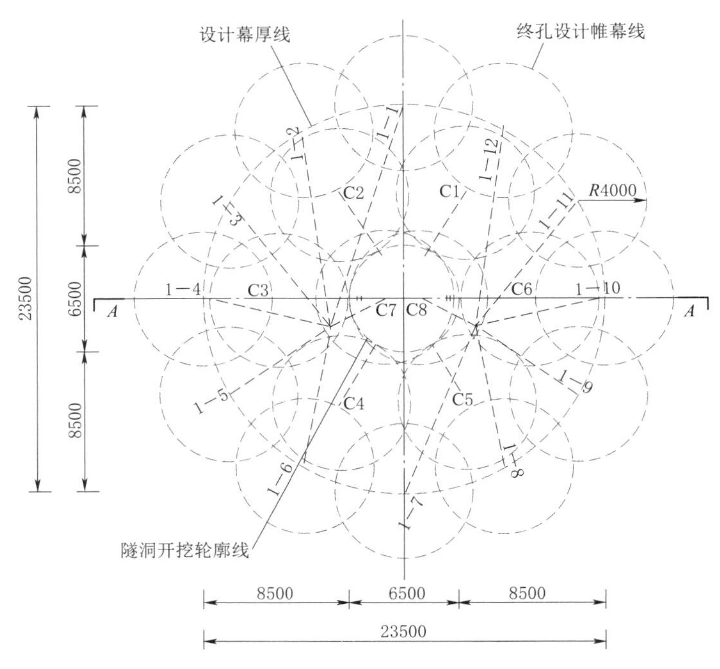

图 5.35 超前预注浆钻孔布置图（单位：mm）

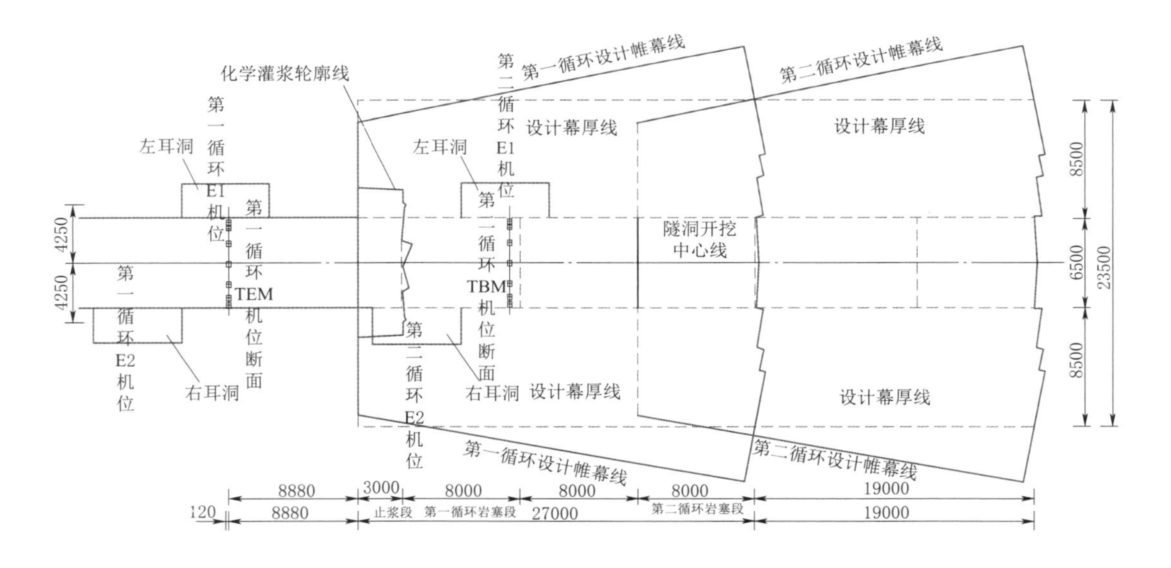

图 5.36 超前预注浆布置图（单位：mm）

2）预留岩体厚度。在实施超高压阻水灌浆前，任何一个临空面的原岩厚度都必须大于该处高压水所能击穿的岩体厚度，并留有充足的余地。其厚度根据静水压力与原岩允许水力梯度计算，并考虑足够安全系数。

3）帷幕厚度和岩塞长度。帷幕厚度和岩塞长度利用生产性灌浆试验获得的灌浆结石的允许水力梯度，以及实施灌浆处的外水压力计算，并考虑足够安全系数。

4）起灌桩号。基于上述参数确定的预留岩体厚度和岩塞长度，以及断层结构面或不整合接触面倾角，确定超前预注浆起灌桩号。在缓倾角断层面或不整合接触带处，准确确定起灌桩号对确保施工安全尤为重要。

（2）超高压灌浆参数。

1）设计灌浆压力。设计灌浆压力按式（5.1）确定：

$$P=P_0+(1.5\sim2)\text{MPa} \tag{5.1}$$

式中：P 为灌浆压力，MPa；P_0 为静水压力，MPa。

2）设计浆液扩散半径

设计浆液扩散半径按式（5.2）计算确定：

$$R=R_{ck}+\frac{K\Delta P\gamma_B}{b\gamma_n\mu_B\sqrt{b_0}\,m_T} \tag{5.2}$$

式中：R 为浆液扩散孔半径，m；R_{ck} 为注浆孔半径，m；K 为裂隙渗透率，10^{-12}m^2；b 为试验系数，水灰比为 1∶1 时取 8.5，水灰比为 3∶1 时取 5.1；ΔP 为灌浆压力与岩层中静水压力的差值，MPa；γ_B 为水的容重，kg/m^3；γ_n 为浆液容重，kg/m^3；μ_B 为水的动力黏度系数，11.7MPa；b_0 为裂隙平均开裂度，m；m_T 为裂隙率。

由上式可见，在忽略钻孔孔径前提下，浆液扩散半径与灌浆压力和岩层中静水压力的差值（ΔP）成正比，在压力允许范围内，可采取提高灌浆压力以增大浆液扩散半径，达到减少灌浆孔数，加快施工进度的目的。

（3）超高压阻水灌浆设计。

1）设计方法。采用 GC 参数化建模软件设计，形成三维图后剖切横断面，当断面处帷幕轮廓线从外侧趋近设计帷幕线时增设下一排灌浆孔，直至完成整个灌浆循环的布孔（见图 5.37）。

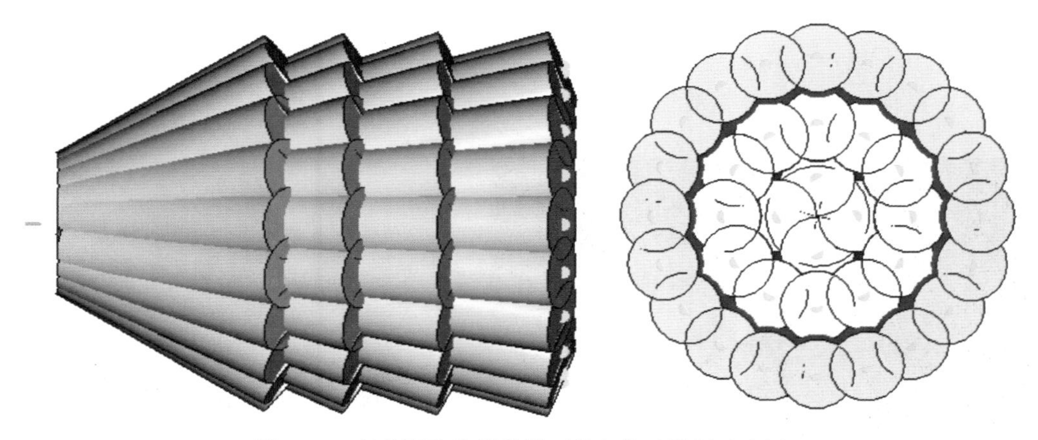

图 5.37　超前预注浆灌浆结石体立体及横剖示意图

2）敞开式 TBM 超高压阻水灌浆设计。根据前述设计参数，敞开式 TBM 按下列步骤进行钻孔布置设计：

(a) 先布置最外一排孔，在可采用 TBM 超前钻机的部位尽量采用 TBM 超前钻机施工，如不能采用 TBM 超前钻机，则采用布置于 TBM 主机后方的左右耳洞施工，使灌浆孔终孔圆心落于帷幕线上，孔间距约为1.7R（R为浆液扩散半径）。

(b) 调整第一排孔孔数和孔距，使岩塞末端（掘进方向端）最小帷幕厚度等于设计帷幕厚度。

(c) 布置第二排孔，在可采用TBM超前钻机的部位时尽量采用TBM超前钻机施工，如不能采用TBM超前钻机，则采用布置于TBM主机后方的左右耳洞施工，使灌浆孔终孔圆心落于帷幕线上，孔间距约为1.7R（R为浆液扩散半径）。

(d) 调整第二排孔孔数和孔距，第一排终孔处最小帷幕厚度等于设计帷幕厚度；

(e) 各排孔设计方法以此类推；中心孔只能从耳洞施钻，中心孔孔身不宜进入隧洞开挖轮廓线以内，以防钻孔断杆对后续的TBM掘进造成不利影响；中心孔的数应能满足在下一循环岩塞长度范围内形成灌浆实体。

3) 双护盾TBM按下列步骤进行钻孔布置设计：

(a) 双护盾TBM一般在支撑护盾360°范围布有一圈外倾角8°左右的超前钻探孔预留孔，在尾盾360°范围布有一圈倾角15°（视隧洞开挖直径大小而定）左右的超前钻探孔预留孔。

(b) 因为TBM护盾上预留孔一旦预留，不可更改，因此在TBM设计阶段即应结合超前预注浆设计进行预留孔的设计。预留孔的设计以TBM超前钻机能自主实施中等帷幕厚度超前预注浆钻孔为依据。

(c) 第一排钻孔按尾盾预留孔孔位布置，终孔落于设计帷幕线上。

(d) 第二排钻孔按支撑护盾预留孔孔位布置，终孔落于设计帷幕线上。

(e) 第一、第二排孔组成一个循环，逐渐向前延伸。

(f) 在进行最大设计幕厚的超前预注浆，自上述预留孔按同样灌浆压力灌注，可增大灌浆压力，从而增大浆液扩散并达到设计幕厚。

4) 超高压阻水灌浆。

(a) 钻孔。第一序孔必须加装孔口管并安装孔口止水阀门后方可开钻（见图5.38～图5.40)，根据第一序孔的钻灌情况，确定第二序孔是否加装孔口管和孔口止水阀门。

图5.38 机械式孔口封闭装置

超前预注浆钻孔分段一般为5～6m，视情况及时调整：遇断层破碎带时，应继续钻

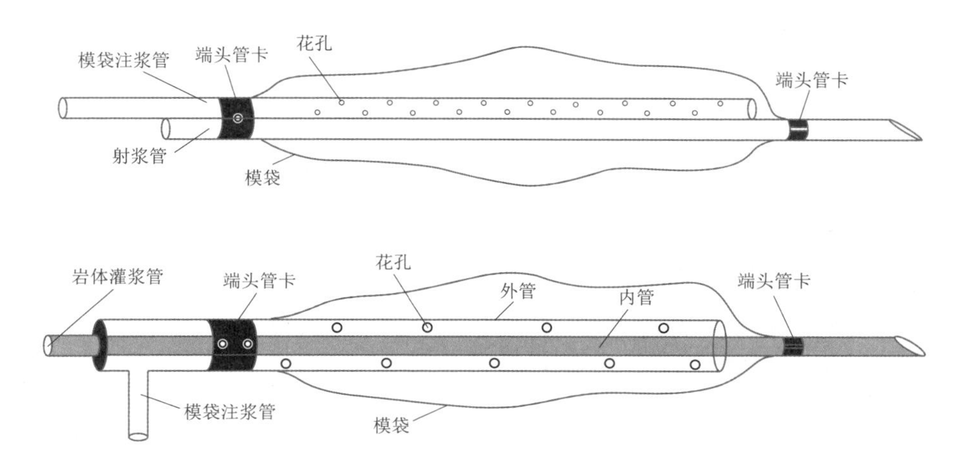

图 5.39　模袋止浆装置

进并深入破碎带 1m 后停钻即为分段长度，钻孔遇突然涌水时，应停止钻进，此处即为一个分段长度。

(b) 岩塞化学灌浆。每个灌区第一循环先对超前预注浆辅助孔进行化学灌浆，形成止浆墙，以防止实施超前预注浆时浆液倒流进入 TBM 主机，造成人为刀盘卡机。化学灌浆材料采用 HK－9101 油溶性聚氨酯。该产品为油溶性聚氨酯的改良产品，具有更好的可控性，更适宜于 TBM 掌子面的化学灌浆，其性能指标见表 5.1。

图 5.40　封孔器

表 5.1　　HK－9101 油溶性聚氨酯性能指标

产品特性	A 组分	B 组分
外观	无色透明液体	深褐色液体
黏度［(23±2)℃］/(mPa·s)	150～300	150～300
比重［(23±2)℃］/(kg/m^3)	1040±50	1230±50
使用配比（体积比）	1∶1	
开始反应时间［(23±2)℃］	40～60s，可根据需要调整到十几秒到十几分钟	
终止反应时间［(23±2)℃］	1～2min，可根据需要调整到十几秒到 30min	
发泡特性	可根据工作特性调整为发泡 2～3 倍至 20 倍以上	
单轴抗压强度/MPa	＞50	
黏结强度/MPa	＞5	

HK－9101 油溶性聚氨酯的 A、B 两个组分采用孔口混合。

(c) 超前预注浆。待化学灌浆在掌子面形成止浆墙后，便可实施超前预注浆，浆液以水泥浆、水泥-水玻璃双液浆为主。灌浆方法一般采用自上而下分段灌浆法。灌浆分段长度与钻孔分段相同（见图5.41），卡塞位置应在该灌浆段上端0.5～1m处。水泥与水玻璃采用孔口混合。

图5.41　超前注浆加固

为实施超高压超前预注灌浆，所有管路、灌浆泵、混合器、止浆塞耐压值均不小于15MPa。

5.2.3.4　TBM机扩挖法

1. 浮动刀盘扩挖

浮动刀盘扩挖指利用刀盘下方的举升油缸将刀盘和主轴承抬升实施上部扩挖的扩挖方法，可用于围岩大变形洞段围岩扩挖。

浮动刀盘即在刀盘支撑与主轴承之间设置2对液压油缸，液压油缸行程100mm。油缸顶升时，可在隧洞顶部实施100mm的扩挖。

当举升油缸（Lifting Cylinder）伸长时，刀盘将轴线抬升而护盾轴线不变，从而在护盾上升开挖出预留变形空间。油缸行程为100m，分两次可在护盾上方扩挖出100mm的空间，大大提升了双护盾防卡机能力。

2. 液压边刀扩挖

液压边刀扩挖是指采用TBM刀盘配备的扩挖边刀实施扩挖，该边刀采用液压装置伸缩，采用机械方法锁定进行外伸开挖作业，最大可扩挖255mm，其扩挖程序见图5.42。

3. 垫刀扩挖

垫刀扩挖是指在TBM边刀刀座和滚刀之间加装垫片，扩大开挖直径的方法。此法可将TBM开挖直径扩大100mm。可用于软弱地层收敛变形较大时，为护盾预留更大变形空间。在岩石抗压强度小于30MPa隧洞围岩中可实现长距离扩挖。新疆DB隧洞工程采用此法实现了长距离的扩挖。

5.2.3.5　TBM设备改造法

由于深埋长隧洞地质条件复杂多变，另外部分项目前期地质工作不足，或者TBM选型的原因，造成实际施工过程中TBM适应性差，无法完成特定工程需求，TBM设备改造成为可选方案。通过改造现有TBM设备，有针对性地改善提高设备性能，可快速、安全、顺利地完成TBM掘进。

TBM设备改造是指对TBM主机某部分进行改造，以适应其所面对的实际地质条件。

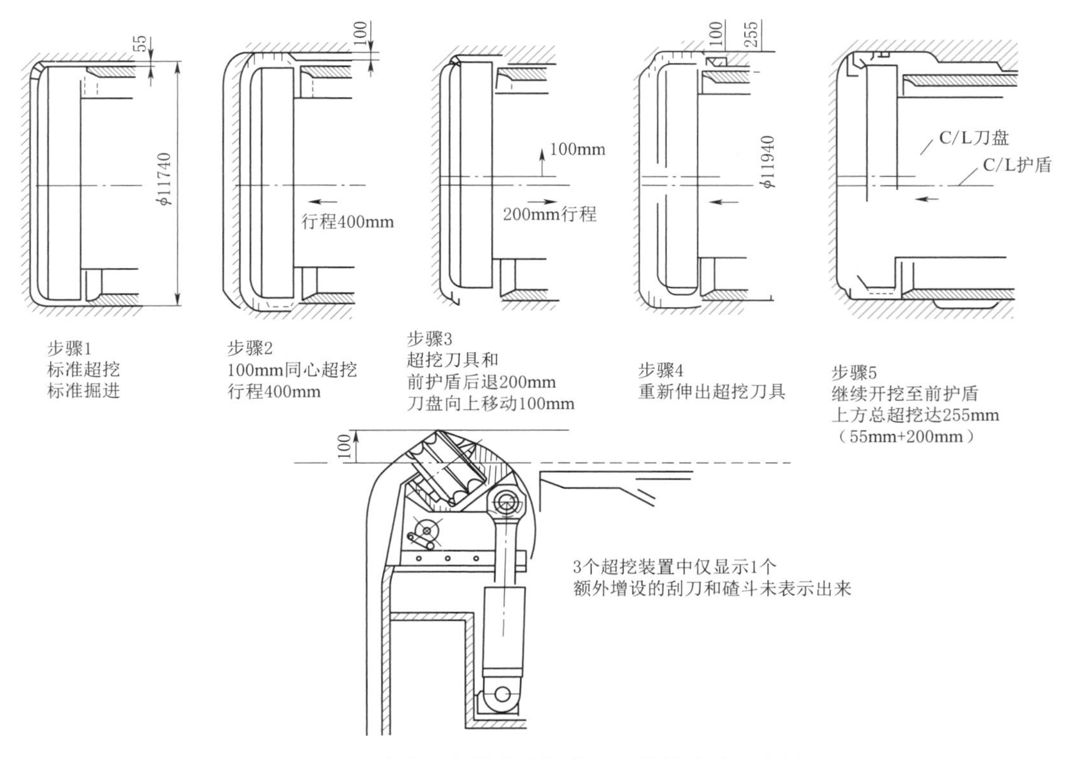

图 5.42　浮动刀盘举升油缸布置及扩挖方法示意图

当 TBM 卡机通过工程措施无法克服时，则需对 TBM 设备进行改造。瑞士 Gotthard 铁路隧道在遭遇大变形卡机后将刀盘直径扩大 0.6m 后继续掘进，取得成功。

Gotthard 铁路隧道长 57km，是世界上最长的铁路隧道，隧道平均埋深 2000m，最大埋深 2300m，地温 35～45℃。隧道穿越的岩层 90%是高强度的火成岩和变质岩，并穿越多条断裂破碎带，施工遇到的主要地质问题是岩爆、破碎岩体失稳和涌水（见图 5.43）。Gotthard 铁路隧道分为 5 个标段。其中 Bodio 标段 16.6km，采用两台海瑞克生产的 ϕ8.8m 敞开式硬岩掘进机进行施工；Bodio 标段使用的两台敞开式硬岩掘进机在掘进过程中遭遇 700mm 的径向变形导致卡机。为了确保隧洞净断面和衬砌厚度，给围岩提供更大的变形空间以及支护空间，停机处理后对两台 TBM 实施了改造，将其开挖直径由 8.8m 扩大为 9.4m，而后配套未做改变。

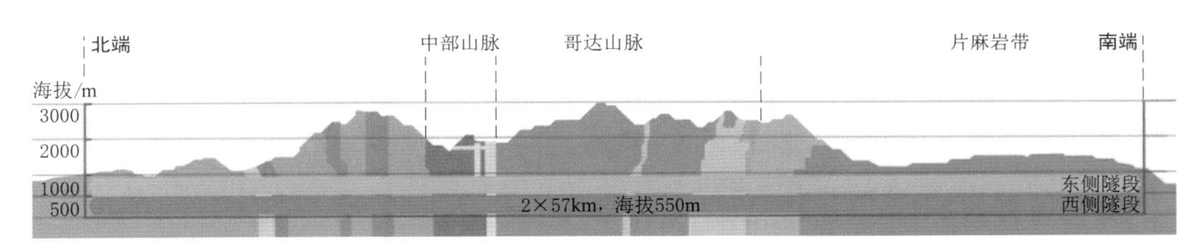

图 5.43　Gotthard 铁路隧道纵道示意图

引红济石引水隧洞Ⅳ标双护盾 TBM 独头掘进，隧洞开挖直径 3.655m，成洞直径 3.0m，预制 C40 钢筋混凝土管片一次衬砌。TBM 掘进过程中，因掌子面围岩破碎，在地下水的作用下，掌子面围岩自稳时间非常短，掌子面发生坍塌后，大量破碎的石块、石渣夹泥水涌入刀盘，皮带机出碴量剧增，刀盘扭矩和电机电流急剧上升，超过原设备最大脱困扭矩，最终导致刀盘无法转动及皮带机无法运转，造成卡机。局部地段因受地应力影响，围岩收敛变形速率较大，现有 TBM 盾体较长，在通过过程中受围岩收敛变形影响，盾体被收敛后的围岩紧紧抱死，也导致卡机。

为完成剩余洞段工程，决定对设备进行洞内改造，主要包括以下几方面：超前钻设备改造；内伸缩盾改造；前盾、外伸缩盾改造；盾尾改造；刀盘的改造；支撑盾改造；完善单护盾掘进模式；1 号皮带机驱动方式改造；液压系统改造；润滑系统改造。通过改造，最终完成了掘进。

5.2.3.6 其他方法

1. *冷冻法*

冷冻法是指利用物理、化学方法产生的冷源通过致冷管送至需冻结部位，使其逐渐冻结并具备承载能力的脱困方法，用于极度松散并富水条件下 TBM 的脱困（见图 5.44）。

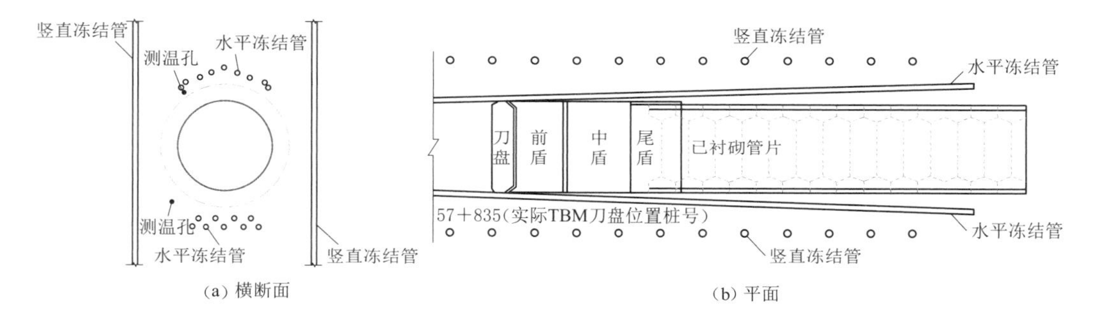

图 5.44 冷冻管布置图

甘肃省引洮供水一期工程总干渠 7 号隧洞设计全长 17286m（46+715.00～64+001），隧洞纵坡 $i=1/1650$。TBM 掘进机在掘进至 57+835 处时，遇到疏松砂岩地层，导致 TBM 被困，采用垂直冻结+水平冻结法使 TBM 成功脱困。

2. *后退法*

后退法是指将 TBM 后退，为掌子面处理腾出空间，并对其进行处理的方法。适用于无突涌水、涌沙、涌泥，并且掌子面已经自稳的情况。因本方法存在一定风险，建议一般情况下不考虑采用。

例如吉林中部供水工程在桩号 47+378～47+372 过类泥石流不良地质洞段卡机脱困处理。TBM 后退过程中，掌子面前方渣体一直跟随 TBM 向刀盘前方延伸，直至累计 TBM 后退 13m 处才稳定。后退后，多次尝试向前掘进，均因刀盘压力过大，未能成功。

再如山西省万家寨引黄工程南干线 7 号隧洞在 F66 大断层时采取后退法则导致了更大的塌方。1999 年 5 月 28 日，山西省万家寨引黄工程南干线 7 号隧洞 TBM 掘进到

61＋917.17 桩号处时，遇到了 F66 大断层。此处隧洞埋深 290m，断层破碎带充填物为糜棱岩、构造角砾岩，并充填有少量泥岩。由于断层物质结构较松散，在 TBM 刀盘带动下翻滚，掌子面形不成切削岩床，高低转速下均不能有效前进，因此于当天 17：30 停机。5 月 29 日，承包商作出了一个错误的决定，将 TBM 后退至 61＋914.60 桩号处（后退了 2.57m），结果导致断层破碎带全面垮塌，塌方量达 200 余 m^3，后退之后机器已经无法再启动，使情况更为严峻。

但也有成功案例，2017 年 2 月 5 日，KS 项目 TBM1 段掌子面上方围岩失稳塌方造成 TBM 刀盘被卡，脱困模式仍无法转动刀盘。经业主、设计、监理、地质各方共同研究，决定采取 TBM 整机后退至安全区，在刀盘前方人工浇筑混凝土止浆墙、回填塌腔混凝土、系统固结灌浆、管棚支护的方案处理塌腔段的处理方法，并于同年 5 月成功脱困。

5.2.4 卡机脱困成套处理技术

TBM 因卡而停机后，应采取快速的脱困措施，由于岩石变形具有时间效应，长时间的停机可能造成 TBM 受到进一步挤压而导致机械损坏。

在 TBM 停机阶段进行处治首先应采取加强支护以保障处治作业的施工安全，尤其在塌方导致的卡机的施工区间，需采取钢拱架、挂钢筋网等措施防止掉块对 TBM 进行进一步损坏，如图 5.45（a)所示。

常用的脱困手段是掏挖小导洞剥离压死护盾、刀盘的岩石，同时进行化学灌浆，固结破碎的围岩，如图 5.45（b)所示。如果掌子面难以自稳，还应对掌子面进行超前化学固结灌浆。

（a）停机处治阶段立钢拱架挂钢网防止掉块砸机

（b）顶部灌浆改良围岩质量

图 5.45 TBM 卡机脱困过程中的常用应对措施

5.2.4.1 软岩和破碎带脱困技术

软岩是软弱围岩的简称，其大变形引发隧洞的快速收敛经常会导致卡机等事故的发生，是导致 TBM 卡机的主要原因。近年来有关隧洞围岩快速收敛变形导致卡机事故的报道很多。例如委内瑞拉长 27km 的 Yacambu 隧洞，在泥灰岩段其围岩收敛变形每分钟达到 20cm，致使 TBM 无法正常掘进而被迫停机长达数月；荷兰南部西斯凯尔特河隧洞施工过程中，两台德国海瑞克 TBM 在含海绿石的粉砂质砂岩地层中掘进时，由于受到围岩的强烈挤压，被困两周；此外，在我国山西万家寨引黄工程和新疆DB隧洞工程的软岩掘进过程中，也发生了由于洞周围岩快速收敛变形而导致TBM被困等卡机现象。

一般是先卡刀盘，其次是前盾、伸缩盾、尾盾被困。

1. 超前地质预报

超前地质预报是超前加固及卡机脱困的基础，没有准确的地质预报资料，就难以拟定科学合理的超前处理方案。

按预报过程的不同，超前地质预报可分为直接预报法、间接预报法和综合地质分析法。其中直接预报法主要包括超前水平钻探法和超前导洞法两种；间接预报主要有物探探测，通过对物探成果分析后做出超前的判断和预报；综合地质分析法是综合各种探测手段的资料，对隧洞前方地质情况做出判断与预测（见表5.2）。

表5.2　　超前预报主要方法

序号	地质预报方法		方法简介
1	直接预报法	超前水平钻探	根据设计要求确定预测距离
		超前导洞法	
2	间接预报方法	TSP203探测	长距离预报方法，其有效距离100～200m
		地震负视速度法	
		水平声波剖面法	短距离预报方法，其有效预报距离为20～50m
		探地雷达技术	
		红外探水法	
		BEAM探测法（电法）	
3	综合地质分析法		综合地质测绘、施工开挖、物探成果等，推测前方不良地质现象

2. 导洞（坑）布置

TBM在软岩和破碎带中脱困的关键是解除围岩作用于刀盘上的压力，使脱困所需扭矩和推力降至设计脱困和最大推力以下，从而实现脱困。

脱困处理分自后往前或自前往后法，自后往前一般采用导洞法，其位置视刀盘和护盾受挤压情况确定，可以是上、下、左、右任何一个部位或其他组合。自前往后处理采用旁洞法，绕行至掌子面前方全断面或部分断面处理。

根据探明的地质情况选择不同的导洞（坑）布置形式，导洞或旁洞采用常规方法施工。

3. 掌子面处理技术

（1）玻璃纤维中空锚杆。玻璃纤维锚杆具有抗腐蚀、高强度、耐久性好的特点；重量轻，仅为同样长度钢锚杆的1/4，便于运输、操作，易于切割。采用玻璃纤维锚杆对掌子面岩体进行加固处理，不会对后续的TBM掘进造成不利影响，如图5.46所示。

玻璃纤维中空锚杆采用中空设计，也可保证杆体与孔壁间的空隙内注浆饱满。

（2）化学灌浆。对掌子面化学灌浆是利用化学浆液的发泡性能，使其充填破碎岩石间隙，在起到加固作用的同时，不至于浆液倒流进TBM主机，造成人为卡机。

刀盘前方化学灌浆钻孔利用滚刀孔、铲刀孔、人孔等钻设。

4. 超前管棚及超前预注浆

软岩和破碎带因围岩较软或较松散，难以成孔，因此需采用自进式管棚钻机施作超前管棚。

图 5.46 玻璃纤维中空锚杆

敞开式 TBM 利用安装在主机上的超前钻机，与专用钻头连接的管棚作为钻杆，管棚每 3m 或 6m 一节，管节间采用丝扣钢管连接，在管棚尾部安装上注浆接头，连接注浆管路及注浆泵开始注浆（见图 5.47）。

双护盾 TBM 超前管棚通过支撑护盾和尾盾上的预留孔实施。

如刀盘前方静水压力较大或过于破坏时，采用超前预注浆加固围岩。

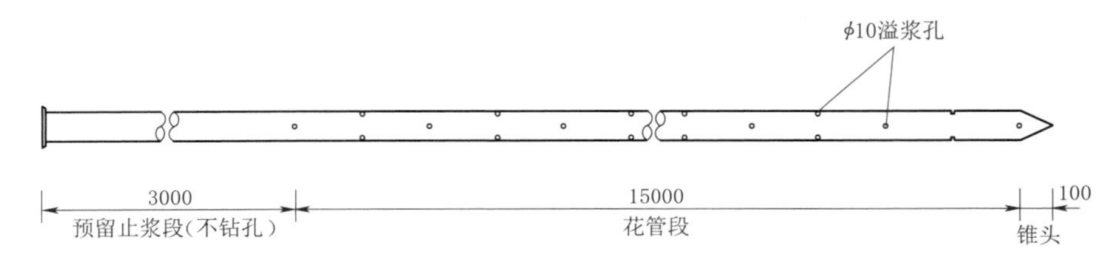

图 5.47 超前管棚示意图（单位：mm）

5. 刀盘后方处理技术

（1）中空注浆锚杆。中空注浆锚杆采用先插入中空杆体，后在中空杆体的孔腔中由内向外灌注水泥浆，且锚孔外端口有止浆塞和托板，能有效地防止浆液的外溢，保证杆体与孔壁间的注浆饱满，这样就能沿锚杆全长传递剪应力和拉应力，确保锚固范围内的岩体得到加固。必要时，还可以实施压力注浆，使浆液向杆体周边岩体的裂隙内渗透扩散，使锚固范围内的岩体得到进一步加固。

浆液凝固后，可用扭力扳手拧紧螺母，提供 10kN 左右的托板抗力在锚杆端头形成具有与机械式锚杆相似的球形压力区，从而可控制岩体开挖后的初期变形，阻止破碎岩块掉落。

中空锚杆不仅可保证杆体与孔壁间的空隙内注浆饱满，而且由于配置了锚头、止浆塞及连接套，可使杆体在锚孔内居中，从而锚杆能获得要求均匀的保护层厚度，大大提高了锚杆的耐久性，如图 5.48 所示。

图 5.48 中空注浆锚杆

在岩体较破碎难以成孔时，可采用自进式中空注浆锚杆，其构造见图5.49。

(2) 预应力让压锚杆。预应力让压锚杆通过适度安装应力（预应力）有效控制围岩的早期变形，通过有控制地让压可实现每根锚杆均匀受力，并防止锚杆承受过度荷载而被破坏。预应力让压锚杆示意图见图5.50。

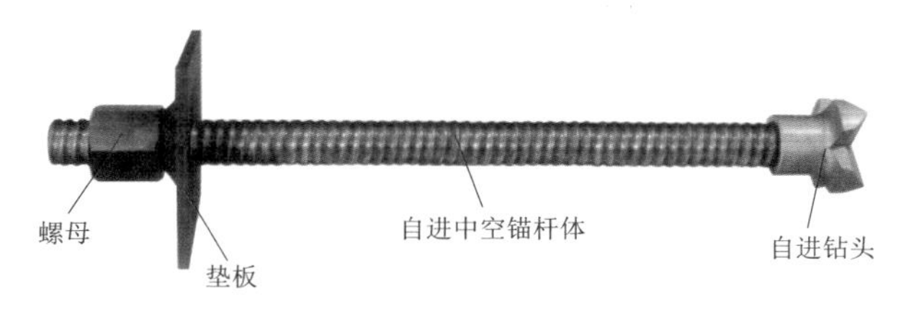

图5.49 自进式中空注浆锚杆

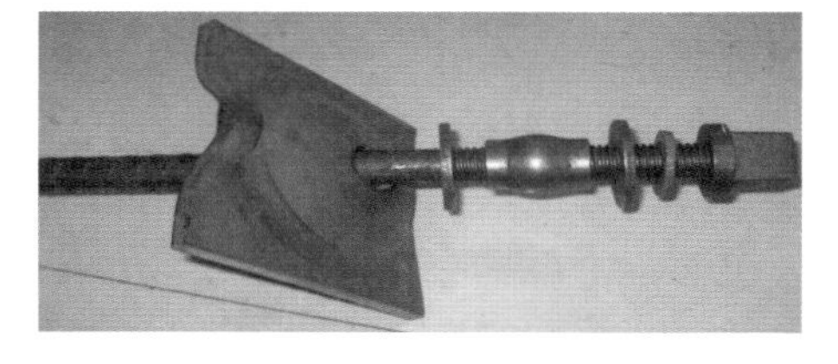

图5.50 预应力让压锚杆

(3) 可伸缩U形钢支撑。软弱破碎带往往伴随着较大的围岩变形，如果采用刚性钢拱架抵抗产生的变形，将产生较大的变形压力，使钢拱架达到其变屈服极限而破坏。在敞开式TBM或混合式TBM中，采用可伸缩U形钢拱架，使其一定程度上适应围岩变形，减小变形压力。U形钢拱架梁段间通过卡缆连接，在扭紧卡缆螺栓时，使用不同的扭矩可使钢拱加抵抗不同的压力；也在U钢梁上设置限位块，限制U形钢拱架最大收缩量。

U形钢拱架及卡缆示意图见图5.51。

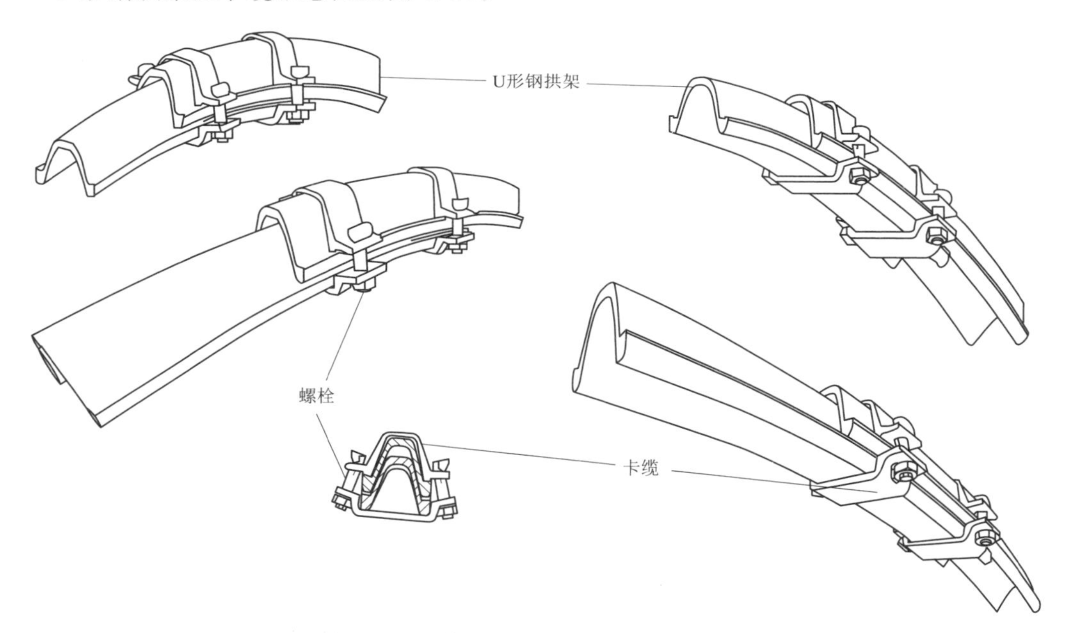

图5.51 可伸缩U形钢拱架及卡缆示意图

5.2.4.2 涌水、涌泥、涌沙脱困技术

TBM在无自稳能力洞段（如引洮7号隧洞疏松砂层）发生涌水、涌泥及涌沙时，常规支护手段失效，可采用人工冻结法对围岩进行加固处理后进行脱困。人工冻结法是利用人工制冷技术，将低温冷媒注入冻结管形成循环，与地层产生热交换，使地层中的水凝固

成冰，从而使天然岩土变为人工冻土，在被开挖土体周围形成封闭、稳定、连续的冻土帷幕的施工技术。其原理是在隧洞内利用水平冻结孔冷冻加固地层，使隧洞周边土体冻结形成一定厚度的冻土帷幕，提高土体强度和稳定性，从而可以进行脱困施工。冷冻法脱困施工的程序为：前期准备→冻结孔施工→积极冻结→维持冻结→TBM 解困（冻结围岩开挖）→一次支护→二次支护→回填灌浆→融沉注浆→固结灌浆→TBM 滑行→始发洞或起始环施工→施工→掘进。

1. 前期准备

前期准备期内容包括：完成制冷设计，选择制冷媒介、盐水泵、冷却水循环泵、冷却塔、冻结管、测温孔管、卸压管、盐水回路干管和集配液管，进行冷却站安装及管路安装等。

2. 冻结孔施工

钻孔施工工序为：测量放线→一次开孔→孔口管安装→孔口密封装置安装→二次开孔→钻孔→测深测斜→注浆→封闭孔底部→打压试漏。

（1）冻结孔的位置确定。施工现场具备开孔条件后，依据控制点坐标，按照冻结孔施工图放出冻结孔位置并统一编号。冻结孔开孔偏差应控制在 100mm 之内。

（2）一次开孔及安装孔口密封装置。用取芯钻机按照设计角度开孔，开孔直径 130mm，当钻至 500mm 深度时停止取芯钻进，进行孔口管安装。

（3）二次开孔、冻结孔钻进与冻结管安装。二次开孔使用开孔钻机，封堵墙钻透后，停止取芯，用冻结管作为钻杆开始钻孔。钻进过程中应校核钻机和冻结孔偏斜情况，偏斜较大时要及时进行纠偏处理。冻结管安装完成后，对冻结管长度和偏斜进行复测。

（4）钻孔完成后及时进行注浆施工。地层由于受到扰动，存在一定空洞，为保证钻孔施工和后期冻结帷幕效果，钻孔完成后应立即利用孔口管旁通阀装置对地层进行注浆。考虑到水泥浆强度高不利于后期开挖，浆液选用水泥-水玻璃双液浆。水泥浆水灰比为 0.8：1，水泥浆和水玻璃体积比选为 1：1，注浆压力不大于 1.5MPa。

3. 积极冻结

冷却站安装完后，对设备进行调试并开机试运行。设计积极冻结天数预设为 50 天（积极冻结天数可根据实际冻结效果进行调整）。要求冻结孔单孔盐水流量大于 $5m^3/h$；盐水温度应在积极冻结 7 天后降到－18℃以下；15 天后降至－24℃以下，开挖期间降至－28℃，去、回路盐水温差不大于 2℃。如盐水流量和盐水温度达不到设计要求，应适当延长积极冻结时间。

4. 维持冻结

通过调整冻结系统运行参数，提高或保持盐水温度，降低或停止冻土的继续发展，保证开挖、构筑施工的安全。维持冻结阶段一般将盐水温度控制在－25～－28℃，开挖、初期支护和二次衬砌施工期间维持冻结继续进行。

5. TBM 解困（冻结围岩开挖）

在施工准备充分、已钻设探孔验证冻结效果符合设计要求后可以正式进行冻结围岩的开挖，开挖采用小型机械与风镐及铲相结合的方式。在开挖过程中，对影响施工的冻结管进行割除，然后用高压软管恢复冻结；对不影响施工的冻结管全部保留，继续维护冻结，待全部完成开挖、支护施工后，再进行割除，以确保开挖过程中冻结壁的厚度和强度。

6. 支护

一次支护采用封闭式钢拱架，利用Ⅰ20mm（开挖直径6.0m时）工字钢拉弯加工而成。拱架间距0.60m（开挖直径6.0m时），最大不超过0.8m（开挖直径6.0m时），相邻拱架间用ϕ22mm（钢拱架排距0.8m时）螺纹钢或脚手架管焊接，作为纵向拉杆，以增加整个支护体系的整体性和稳定性。为了控制冻结帷幕的变形，最大程度降低冻结帷幕冷量损失，在钢拱架与冻土的间隙之间架设木背板。二次支护采用现浇模筑钢筋混凝土。

7. 回填灌浆

采用常规方法进行回填灌浆施工。

8. 融沉注浆

施工时沿洞顶、侧墙和底部全断面预留注浆管。注浆管规格为2寸焊接钢管，注浆管深入一次支护体与冻土帷幕之间。

注浆材料根据灌浆试验确定，按照底板→侧墙→拱顶的顺序进行注浆，底板注浆时，从中部向两侧的注浆孔依次进行注浆。注浆原则为少量均匀多次。注浆前，将准备注浆的注浆孔和与其相邻的注浆孔上的阀门全部打开；注浆过程中，当相邻孔连续出浆时关闭相邻孔阀门，压入定量浆液后可停止注浆孔注浆，关闭阀门；接着对相邻孔注浆。注浆孔堵住时，则用加长冲击钻头通孔。

解冻过程中，需加强沉降的监测、冻土温度的监测、冻土帷幕外水土压力的监测。注浆过程中，可通过在相邻注浆孔安装压力表，监测注浆压力的变形情况。通过综合监测数据进行分析，以调整注浆参数。

结束融沉注浆的条件根据地表沉降和隧洞的稳定性来判定。在冻土帷幕全部融化且不注浆的情况下，地层沉降不大于1mm/月，可停止融沉注浆。

9. 固结灌浆

采用常规方法进行固结灌浆。

10. TBM滑行

TBM滑行通过冻结处理段。

11. 始发洞或起始环施工

采用常规方法进行施工。

12. TBM继续掘进

TBM滑行至始发洞或起始环，具备自掘进条件后开始掘进。

5.2.4.3 高地应力及岩爆脱困技术

无论是敞开式TBM还是护盾式TBM，通过强岩爆、极强岩爆段都将可能面临着卡机、毁机的风险，一般在深埋高应力强岩爆条件下采用机械化作业以及微震监测＋地质超前预报＋应力解除爆破＋系统支护紧跟作业面的综合施工方法，能有效降低安全风险和抵御岩爆的危害，保障施工进度。采用上述措施可以降低TBM遭受灾难性破坏的风险，且尽管这种风险可能相对较低，但并不能完全排除。

因此需要采取在TBM前方预先钻爆开挖导洞以解除围岩应力，甚至采取全断面钻爆开挖后TBM步进通过的方式为TBM法施工掘进安全创造条件。

锦屏排水洞 TBM 遭遇极强岩爆，引起卡机和设备的损坏，通过多方面论证和现场试验，确定 TBM 在潜在极强岩爆段采取以钻爆先开挖导洞，然后由 TBM 进行剩余断面掘进的开挖方案。通过钻爆开挖导洞预处理释放应力，完成隧洞顶拱系统支护，然后在顶拱相对安全的条件下，TBM 完成下部围岩的开挖，以规避 TBM 在极强岩爆段的施工风险。

5.2.5 卡机脱困综合案例评价

5.2.5.1 DB 输水隧洞工程垫边刀扩挖

垫边刀扩挖仅适用于围岩径向变形为 10～15cm 的较软岩洞段，一般要求 TBM 主机从刀盘到盾体呈台阶形（倒椎体）布置，垫边刀扩挖有 2 种型式：①边刀加垫片，边刀垫片最大 35mm，一般采用 25mm，扩挖直径可达到 50～70mm；②专用扩挖楔块垫边刀扩挖，扩挖半径最大可达 75mm，扩挖直径可达 100～150mm。

扩挖工作需要底护盾具备升降或加垫板功能，否则易造成掘进过程 TBM 连续栽头。

垫边刀扩挖的优点是扩挖垫块的安装和拆除较为方便，投资小，见效快，对克服埋深 100～600m 软岩变形段具有良好效果，围岩变硬后，可拆除恢复硬岩掘进；可实现软岩变形段连续快速掘进，不会造成 TBM 长时间窝工，经济效益非常显著；作业人员不需要到刀盘或盾体外作业，施工作业安全，而且不会造成 TBM 设备的损坏；扩挖段不需要进行特别处理，进度快、质量可控。

5.2.5.2 DB 输水隧洞侧、顶导坑法

侧、顶导坑法适用于无外水条件下具有中强膨胀性的炭质泥岩、泥岩等软岩产生大变形后造成的卡刀盘、卡护盾情况。

主要施工目标为通过施工侧、顶小导洞，减小护盾与围岩的摩擦力和山岩形变压力（局部卸压），随后利用 TBM 自身能力进行脱困施工。

侧、顶导坑法具有一定的安全风险，要求施工人员有丰富的施工经验，施工过程严禁疲劳作业，需在班组长的监护和指导下进行作业，一旦有险情必须立即撤退，险情排除后才能继续施工。

DB 隧洞在桩号 78＋470.00～79＋001.00 遇到中厚层泥岩、炭质泥岩大变形洞段侧、顶导坑法每作业循环需要 7～15 天，有矿井采掘丰富施工经验的作业人员可实现每作业循环 5～7 天，卡机脱困时间 60 天，护盾左右侧及刀盘顶部共挖小导洞约 98m^3；TBM 安全脱困。

侧、顶导坑法施工作业成本较低，但每窝工 1 天会造成 12 万～15 万元的窝工损失，共计 720 万元。施工段隧洞贯通后需要实施灌浆加固处理，质量可控，但是高外水洞段不宜采用。

5.2.5.3 新疆天山隧洞工程超前化灌和管棚预注稳定浆液方案

超前化学灌浆一般用于涌水、涌泥沙、泥石流等不良地质洞段，由于掌子面和刀盘上方岩体极不稳定，涌出物可灌性差，需要进行超前化灌堵水和加固围岩，超前化灌的目的是保护 TBM 主机设备不被灌注损坏；掌子面不稳定时，采用 ϕ32mm 玻璃纤维中空锚杆加固，随后进行化学灌浆作业，以起到加固掌子面和保护刀盘的作用。

化学灌浆作业每循环需要 24～48h，需注意发泡倍数的选择标准，既要达到一定强度，又要实现经济性。化学灌浆在固化前，还具有一定的毒性，要注意对作业人员眼睛、

呼吸道和皮肤的保护。

第二层钻设超前孔，安装管棚预注稳定浆液；超前灌浆堵水和加固围岩方法综合成本适中，但进度、质量可控。

5.2.5.4 引黄工程北干1号隧洞旁洞法施工

旁洞法施工适用于煤系、石炭系、泥岩无外水极软岩（R 为 0.2MPa）等不良地质造成卡刀盘、卡护盾情况。

采用钻爆法绕洞方案扩挖护盾上方及刀盘前方全断面开挖支护，TBM 滑行或步进通过。

旁洞法工期需要约5个月的施工工期，施工费用较高，施工需要考虑绕行作业过程对TBM后配套设备的防护，作业过程与普通钻爆法施工类似，作业安全基本有保障，施工当隧洞贯通后，绕洞需要回填或封堵，工期时间较长。

5.2.5.5 引红济石Ⅳ标软岩大变形多次扩挖法

一般适用于无外水且围岩大变形洞段（径向大变形达到1～1.5m）采用风镐3次扩挖大变形洞段，加强一次支护和二次钢筋混凝土衬砌；此方法工期长，费用较高。

5.2.5.6 引大济湟隧洞侧、顶180°先行导洞施工

侧、顶180°先行导洞施工适用于极为复杂的地质条件，侧导或顶拱180°采用钻爆法开挖导洞，TBM 开挖下半断面；侧、顶180°先行导洞日进尺约0.5m，作业效率非常低；TBM 开挖下半断面需要考虑轴承偏载问题，作业效率也不高；会造成长期窝工，窝工成本很高。

侧、先行导洞在隧洞贯通后需要采用混凝土回填，施工成本较高；安全、进度、质量难以控制。

5.2.5.7 引洮7号隧洞冻结法施工

冻结法施工适用于洞内涌出物为粉细砂、疏松砂层、流沙等极为复杂的不良地质洞段，一时而采用的施工方案。

冻结法施工周期较长，掌子面水平冷冻的冻结周期约30天；每延米冻结成本20万～30万元；复杂地质条件，应先垂直竖井冷冻后再水平冷冻；冻结周期180～360天，每延米成本80万～100万元；需要在冻结完成后实现开挖与一次支护同步进行，要防止支护混凝土的冻融破坏。埋深大于300m时采用垂直竖井后掌子面水平冷冻；高埋深洞段宜采用掌子面水平冷冻；冻结法 TBM 窝工成本特别高，一般情况下，在采用其他多种方法无效时，才采用的施工方案。不良地质洞段 TBM 脱困施工处理方案经济要素评价见表5.3。

表 5.3 不良地质洞段 TBM 脱困施工处理经济技术要素评价表

序号	施工方案名称	适用范围	目的	经济性			安全情况及风险	质量	工期	综合评价
				直接成本	间接成本	每延米造价				
1	DB 垫边刀扩挖	围岩径向变形为 10～15cm 的较软岩洞段	预防卡刀盘、卡护盾	仅增加扩挖垫片	垫井的拆装造成工期窝工，时间约 12h，掘进速度影响小	费用非常少	在到盘内部增加边刀扩挖垫片，无安全风险	可控	工期可控、窝工时间少	适用变形范围小，但效果显著
2	DB 侧、顶导坑法	无外水软岩大变形等不良地质条件造成的卡刀盘、卡护盾情况	释放围岩应力，减小围岩与盾体的摩擦力	人工＋材料费 30 万～50 万元	TBM 的窝工损失约 750 万元	增加约 1.5 万元	安全风险较高	可控	存在 TBM 窝工现象	较经济、工期、质量可控
3	引黄工程北干 1 号隧洞旁洞法施工	适用于煤系、石炭系、泥岩无外水极软岩（R 为 0.2MPa）等不良地质造成卡刀盘，卡护盾情况	加固围岩，护盾上方扩挖，刀盘前方全断面开挖 TBM 滑行通过	人工＋材料＋台班费	TBM 机头下沉，从 2007 年 5 月 8 日至 10 月 8 日实际影响时间 154 天，窝工费约 2 千万元	主体工程直接成本 16 万元	人员直接面对掌子面，且密度较高；火工品使用量较大；爆破振动，对围岩扰动大；挑顶阶段安全风险较高	可控	存在 TBM 窝工现象	综合成本高、安全、质量、工期基本可控
4	新疆天山隧洞工程超前化灌和管棚预注稳定浆液方案	一般用于涌水、涌泥沙、泥石流等不良地质洞段，由于掌子面和刀盘上方岩体极不稳定，涌出物可灌性差，超前化灌保护 TBM 设备不被灌注，同时需要达到超前堵水和加固围岩效果	化灌要注意发泡倍数的选择，标准是要达到保护主机目的；管棚方案是超前堵水和加固围岩	人工＋台班费	TBM 的窝工损失	14.8 万元	管棚法不直接面对掌子面，大大降低突发安全风险；机械化程度高，劳动强度低；工作面人员密集度小；施工技术、工艺成熟；扩挖施工存在围岩失稳和交叉作业安全风险；高压注浆施工存在一定安全风险；综合评价：安全风险低	可控	存在 TBM 窝工现象	综合成本适中，安全、工期、质量可控

续表

序号	施工方案名称	适用范围	目的	经济性			安全情况及风险	质量	工期	综合评价
				直接成本	间接成本	每延米造价				
5	引红济石Ⅳ标软岩大变形多次扩挖法	适用于无外水且围岩大变形洞段（径向大变形达到1～1.5m以上、三次扩挖）	一般用于TBM脱困处理及掘进通过后围岩流变的大变形破坏	每延米洞段约6万元	TBM窝工费约1000万元	15万元	风险较高	基本可控	TBM窝工长达5个月	安全、质量、工期、投资基本可控
6	引大济湟隧洞侧、顶180°导洞法TBM开挖下半断面	适用于极为复杂的地质条件，侧导或顶拱180°采用钻爆法开挖导洞，TBM开挖下半断面；一般用于长距离不良地质	用钻爆法与TBM相结合的施工理念施工复杂地质条件	每延米造价月10万元	缩短TBM窝工时间	10万～14万元	人员面对掌子面，需要火工品；围岩扰动较大；人员和物资交通、运输通道小；导洞施工和体系转换阶段安全风险高；TBM掘进姿态控制要求高；安全风险较高	可控	脱困时间较长	安全、进度、质量难以控制
7	引洮7号隧洞冻结法	适用于洞内涌出物为粉细沙、疏松沙层、流沙等极为复杂的不良地质洞段，采用多种方法无效的情况	其他多种方法无效时，而采用的施工方案	人工+台班费	TBM窝工	30万～100万元	安全风险低	可控	工期可控	安全、进度、质量可控

第6章 TBM 高效掘进

TBM集机械、电气、液压、激光、气压等于一体，是一个复杂的系统工程，受众多不确定因素影响和制约，如何从设备选型设计、操作、维保以及不良地质洞段针对性措施、配套设施和施工组织等方面充分发挥TBM自身优势，是实现TBM工法快速高效的关键。

6.1 TBM 设备选型设计

TBM作为专用设备，必须进行针对性设计和配置，只有保证对地质条件具备良好的适应性，才能充分发挥掘进效率。

6.1.1 配置超前钻机

预留超前钻机安装接口，必要时可安装超前钻机进行超前地质探测与围岩加固。配备的超前钻机可实现360°范围内的超前钻探，并通过注浆泵完成超前注浆加固。

6.1.2 搭载超前预报系统

TBM施工过程中常见的地质灾害主要有断层破碎带塌方、软弱围岩变形、岩爆、突泥涌水、岩溶溶洞、高地热等，这些地质灾害严重威胁TBM施工安全。借助超前地质预报手段可以了解掌子面前方未开挖地层的地质结构和含水构造等地质信息，提前采取防护措施，从而及时采取掘进安全预防和提高掘进效率。

TBM超前地质预报有地质法与物探法两大类，包括三维地震法、ISP、HSP、激发极化超前探测法等方法。

搭载微震监测地质预报系统，通过对围岩进行24h不间断监测，通过微震事件数量和能量大小，预测岩爆发生位置、岩爆等级、烈度及概率，提前采取针对性防控措施，降低岩爆洞段施工风险，见图6.1。

其他搭载式超前探测方法参见第4章。

6.1.3 硬岩刀盘刀具选型

根据国内特长隧洞TBM掘进情况，在高硬度、完整性好的岩体中掘进时，存在掘进推力大、贯入度小、刀具磨损及异常损坏严重、掘进效率低下等主要问题，见图6.2和图6.3。若刀盘整体强度和刚度不能满足掘进要求，则容易出现刀盘面板开裂。一旦刀盘开裂，由于受隧洞内工作条件和环境等限制，隧洞内进行焊接修复难度大且修复质量将难以保证，势必造成推力无法充分发挥，从而大幅度降低掘进效率。因此，应尽可能减少刀盘保养时间，降低换刀频率，从而实现在高抗压强度、高石英含量硬岩中TBM的高效掘进。

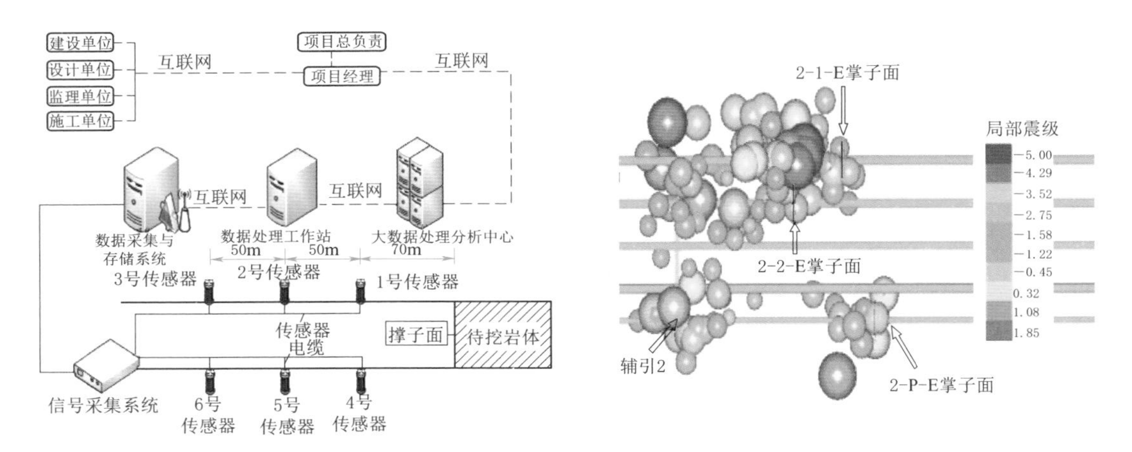

图 6.1 微震监测系统搭载及采集

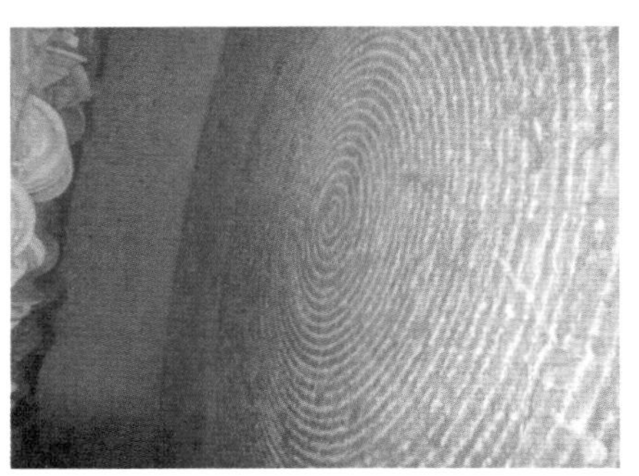

图 6.2 硬岩掘进掌子面、隧洞成型

图 6.3 硬岩掘进导致刀具磨损较大

针对高磨蚀性硬岩 TBM 掘进，在设计加工制造阶段，对刀盘结构整体强度和刚度做好质量控制。合理选择刀具，降低刀具损耗。

（1）刀具易损耗原因分析。

1）岩石中的石英含量对刀具磨损极大。

2）在岩体较为完整的掘进中，刀盘推力一般达到最高值（额定推力），此时盘型滚刀轴承受到大推力及变载荷的冲击，再加上螺栓松动等因素，常常是造成刀具损坏的重要原因。

3）掘进中切削下来的岩屑成为研磨刀具的磨料，从而加剧了刀圈的磨耗。

4）由于岩石抗压强度高，石英含量高，节理不发育、大刀盘推力大等多种原因，致使刀具磨耗大，而刀刃变宽、变钝又减小了刀圈切入岩石的深度。

（2）刀具消耗定量分析。影响刀具消耗的因素有围岩单轴抗压强度、石英含量、围岩完整性系数，其中，围岩单轴抗压强度与石英含量是影响刀具消耗的主要因素，围岩强度、石英含量越高，刀具消耗量越大。结合国内 TBM 掘进案例分析总结，不同围岩强度、石英含量下刀具消耗统计情况见表 6.1。

表 6.1　不同围岩强度、石英含量下刀具消耗统计　单位：把/m

石英含量/%	围岩强度/MPa					
	75～100	100～125	125～150	150～175	175～200	200～230
45～55	0.34	0.42	0.48	0.54	0.62	0.68
55～65	0.42	0.49	0.55	0.62	0.7	0.75
65～75	0.55	0.59	0.64	0.70	0.77	0.86
75～85	0.67	0.71	0.76	0.80	0.88	1.02
85 以上	0.74	0.84	0.92	1.04	1.08	1.19

（3）刀具选择。借鉴已建工程硬岩掘进施工经验，总结和完善硬岩段 TBM 施工方案和施工工艺，同时加强与 TBM 设备和刀具制造商的技术交流和研发。如引汉济渭岭南 TBM 施工中，在继续使用罗宾斯刀具的基础上，有针对性的先后试验了国内外十一家知名厂家刀具，试验结果显示吉林维尔特、天津立林、罗宾斯 XHD 刀具性能相对较优，就提供的试验刀具及相应刀具配件使用效果而言，能有效减缓刀具更换频次，提升刀具耐磨性。通过试验选择先进、性能优越的硬岩刀具，并加强现场储备，有利于提高 TBM 掘进效率。

6.1.4　软岩刀盘刀具设计

6.1.4.1　TBM 扩挖

为了防止大变形段出现卡盾壳的情况，按隧洞设计要求设备能够提供直径方向一定数值的扩挖功能。通过更换对应边刀的卡块，不同刀号的边滚刀更换不同厚度的卡块；在预留的扩挖刀箱中安装 20 寸的滚刀等措施，实现刀盘的扩挖功能，见图 6.4。

无论是刀盘扩挖多少，主驱动及刀盘要求抬升相同的数值，见图 6.5。目的是保持隧洞地面的一致，同时保护边滚刀，便于姿态控制。TBM 也设计了主驱动抬升系统。

6.1.4.2　减小刀盘暴露长度

刀盘露出护盾的长度尽量小，减小对岩层的扰动及摩擦阻力，见图 6.6。

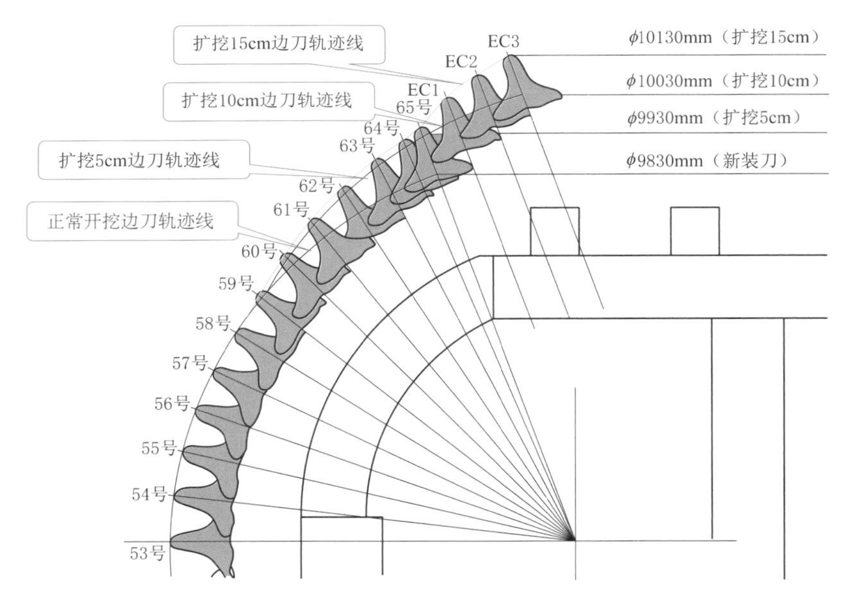

图6.4　扩挖方式示意图

图6.5　抬升油缸示意图

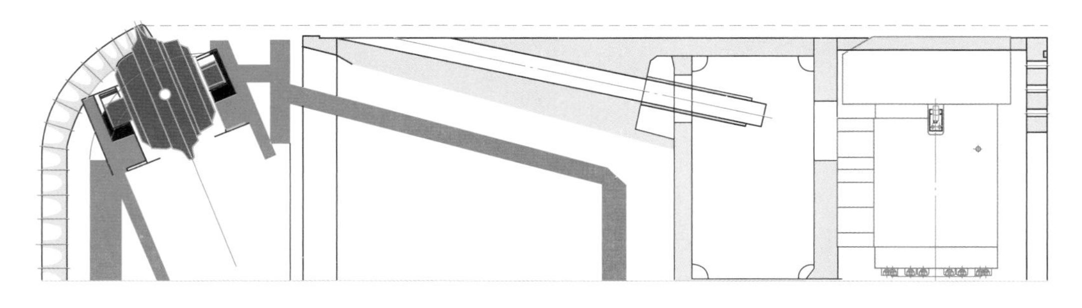

图6.6　盾体与刀盘的关系

6.1.4.3 盾体直径前大后小设计

双护盾 TBM 盾体设计成台阶形式，盾体直径从前到后逐渐变小，且刀盘与盾体采用偏心设计，增加盾体与围岩间隙，防止因围岩收敛造成卡机。

6.1.4.4 预留超前处理孔位

盾体周边设计有合适的超前处理孔位，超前孔以一定外插角穿过盾体，以满足超前地质探测和处理的需要，见图 6.7。

图 6.7 预留超前处理孔位

考虑不良地质条件的特殊情况下，设计 TBM 脱困能力应尽可能有较大的富余，TBM 设备的潜力可能在大部分正常地质洞段都无法发挥作用，但当局部洞段遇到不良地质后，设备的潜力将发挥重要作用，成为 TBM 能否顺利掘进的关键。

6.2 TBM 掘进参数选择

TBM 掘进参数的选择主要取决于围岩条件和 TBM 本身的设计能力。影响 TBM 高效掘进的主要参数见表 6.2。

表 6.2 TBM 掘进主要参数

参数名称	单位	参数说明
掘进速度	mm/min	主推油缸的伸出速度
推力	kN	由推进油缸施加给主机的向前推进力
刀盘转速	r/min	刀盘在掘进状态下的旋转速度
刀盘扭矩	kN·m	刀盘在掘进状态下产生的总扭矩
贯入度	mm/r	刀盘每旋转一圈的掘进进尺

在长距离硬岩掘进中岩质是不断变化的，均质、连续的岩性可能性较少，当通过节理裂隙和混合界面时，岩渣的块度有所变化，多面体岩体出现，块度大小不一；在推力未增加的情况下，贯入度明显增加，扭矩波动幅度增大；大刀盘产生剧烈碰撞，设备产生剧烈震动现象和伴有漏油等现象。因此，在 TBM 掘进中，要不断地观测出渣情况，调整合适的掘进参数（最大掘进速度、贯入度、推力等），才能达到较高的掘进速度、较低的刀具消耗和良好的设备状态。不同围岩条件下掘进参数选择的一般原则见表 6.3。

表 6.3　不同围岩条件下掘进参数选择的一般原则

围岩类别	掘进速度	刀盘转速	贯入度	推力	撑靴压力	刀盘扭矩
Ⅰ类、Ⅱ类，节理裂隙不发育、单轴抗压强度高	较小，一般仅为最大掘进速度的10%～30%	较高，一般为最大转速的70%～75%，破岩效率低	较小，滚刀破岩能力较弱	一般为额定推力的70%～80%，由于掌子面阻力较大，导致推进力增大	一般为液压系统设定最大压力的90%～95%。撑靴需要提供较大的摩擦力以满足大推力的需要，要求撑靴与围岩的压力增大，因此，需要主司机提高撑靴油缸压力	一般为刀盘额定扭矩的10%～15%。围岩强度高且完整，贯入度小，刀盘的转动负载小，所需的驱动扭矩低
Ⅲ类围岩，岩石微风化或弱风化，裂隙发育，强度偏低	较大，根据围岩强度的强弱，掘进速度可达最大推进速度的60%～100%	滚刀破岩效率较高，应根据推进速度、皮带机的承载状态综合调整，一般控制贯入度在15mm/r以内，实现TBM掘进效率的最大化	较大，一般控制在15mm/min以内	较小，需根据刀盘转速、贯入度、出渣情况综合调整至最佳状态	一般为液压系统设定最大压力的80%～85%	一般可达刀盘额定扭矩的35%～40%。由于贯入度大，刀盘的转动负载大，所需的驱动扭矩比Ⅰ类、Ⅱ类围岩条件下偏高
Ⅳ类围岩，断裂及软弱结构面较多，岩体呈碎石状镶嵌结构，局部呈碎石状压碎结构。掘进过程中需使用钢拱架加强支护	由于围岩破碎，在刀盘破岩的扰动下，掌子面可能出现大块岩石塌落，为降低刀具和皮带机损坏风险，根据刀盘的扭矩变化及时调整掘进速度，控制在最大推进速度的60%以内	适当降低刀盘转速，提高刀盘的实时输出最大扭矩，以应对突发破碎情况。一般刀盘转速控制在额定转速的50%～60%	一般控制在10mm/min以内	推力偏小	撑靴压力可根据撑靴所处的围岩面情况适当调整，一般不超过Ⅲ类围岩的压力值	一般可达刀盘额定扭矩的25%～40%。由于围岩破碎，掌子面围岩可能出现随机塌方，导致刀盘的转动负载波动范围较大
Ⅴ类围岩，散体、砂层滑坡堆积及碎、卵、砾质土	适当降低推进速度，配合刀盘转速调节，控制在最大推进速度的40%以内。由于围岩松散、破碎、强度极低，极易发生收敛变形，发生卡机的几率较高，主司机应时刻保持警惕，时刻关注刀盘扭矩及推力的变化	降低刀盘转速至主驱动电机的输出恒扭矩速段（俗称“拐点转速”）以下，即主电机的给定频率不超50Hz	在此类围岩条件下，贯入度一般不作为主要控制参数	推力波动较大	撑靴部位的围岩可能十分软弱，无法承受撑靴的压力，易发生撑靴陷入围岩和打滑现象，须及时采取应急加固措施，使撑靴能满足最低撑紧压力要求	刀盘扭矩波动较大，一般会达到额定扭矩的70%以上。主司机应时刻关注扭矩的实时变化，实时调整刀盘转速和推进速度，做好参数配合。做好应对可能出现的主电机扭矩保护器动作的准备

6.3 TBM 安全操作

TBM 快速高效掘进，需要配置足够的安全系统设施，同时也需要主司机能够熟练安全的对其操作，合理选取掘进参数、控制掘进姿态。

6.3.1 TBM 安全操作

6.3.1.1 主控室操作

TBM 的主控室作为整个 TBM 主要功能的控制中心，是 TBM 的心脏，设备上 90% 的指令在主控室内操作，其内部安装有操作盘，显示仪（包括参数显示、仪表显示、故障显示、状态显示及指示等），PLC 系统、调向显示等。一般情况下，TBM 在正常掘进施工时需配置 TBM 主司机和附属设备操作手。主司机操作 TBM 进行掘进、调向、换步作业以及 TBM 皮带机、连续皮带机出渣系统的运转；负责 TBM 停机维保状态的辅助控制；负责向维保人员确认维保进程及状态。

6.3.1.2 姿态控制

TBM 主司机须根据导向系统的预设隧洞中心线控制 TBM 的掘进路线，不同的隧洞工程有不同的掘进中心线偏差范围要求。

TBM 的姿态包含 TBM 主机在水平方向、垂直方向偏离隧洞中心线的程度以及 TBM 主机环向的旋转角度。

6.3.1.3 姿态监测

TBM 姿态监测是控制 TBM 掘进方向的唯一有效方法和手段。TBM 姿态监测系统包含导向、自动定位、掘进计算程序软件和显示器等，能够全天候地动态显示 TBM 当前位置与隧洞设计轴线的偏差以及预测在当前状态下一定距离的偏差趋势。

6.3.1.4 姿态调整

TBM 进行换步作业时，对主机的倾斜和滚动值进行调整控制，纠正偏差。为确保边刀不受损伤，每次调向的幅度不应太大，在更换完边刀的第一个掘进循环中不宜进行调向作业。当 TBM 出现下俯时，通过调整上下油缸，增大主机的坡度，反之则减小主机坡度；水平方向纠偏主要是在通过调节水平支撑的油缸伸缩量进行调整。

6.3.2 TBM 的安全系统设施

6.3.2.1 刀盘系统的连锁控制系统

为满足刀盘启停的安全控制功能，相应的控制系统包含了刀盘启停的相关安全联锁控制条件。如：刀盘的本地控制与主控室控制的安全联锁、刀盘与急停系统的安全联锁、刀盘与皮带机系统的安全联锁、刀盘与推进系统的安全联锁、刀盘与润滑系统的安全联锁等。

6.3.2.2 皮带机系统的安全联锁

皮带机系统安全联锁条件包含：启停顺序联锁、故障联锁、本地控制与主控室控制联锁、与刀盘启动联锁、急停系统联锁等。

6.3.2.3 推进系统的安全联锁

推进系统安全联锁条件包含：推进系统与刀盘系统的安全联锁、推进系统位移安全联锁、推进系统与后支撑系统安全联锁、推进系统与撑靴压力安全联锁、推进系统与后配套拖拉油缸行程安全联锁、推进与急停系统安全联锁等。

6.3.2.4 其他系统的安全联锁

液压系统、润滑系统、内外循环水系统、高压空气系统、通风除尘系统、高低压电气系统、喷浆系统、锚杆钻机系统、钢拱架安装系统等，均具有相应的系统内部安全联锁控制功能，这里不再一一列举。所有系统的操作、维保人员必须熟悉相应系统的安全联锁控制功能，严格按照操作、维保手册进行相关作业。

6.3.3 紧急停机系统

TBM各控制系统（例如：锚杆钻机系统、钢拱架安装系统、混凝土喷射系统、空压机系统等）中均设计了紧急停机功能，在紧急情况下操作手可及时按下相关系统的紧急停机按钮，确保在第一时间停机。在掘进模式下，刀盘驱动、推进系统、皮带机系统纳入TBM总体急停系统，设置了多个紧急停机按钮，分布在主控室、各电气系统控制柜、后配套拖车立柱等部位。在出现人身安全或重大设备安全的紧急情况下，TBM各区域作业人员均有权及时按下相应部位的急停按钮，以实现TBM紧急停机，降低安全风险。各区域作业人员必须牢记各急停按钮的位置及功能，严禁无故按下急停按钮。

6.3.4 灭火装置

在TBM施工隧洞中，用油、用电设备多，电气焊、气割等作业多，具备发生火灾的可能性。因此，TBM在设计生产时均配置了应急灭火装置。灭火系统一般由三部分组成，即自动泡沫灭火系统、自动CO_2气体灭火系统、手持灭火系统。是否配置自动灭火系统需要根据TBM的采购选型设计进行考虑，手持灭火系统均已配备在TBM各相应部位。

在选择和安装手持式灭火器时，要考虑到不同类型的火灾（电路起火或者液体起火）。手提式灭火器有干粉灭火器和CO_2灭火器两种，在机器后配套的拖车上配备有这两种灭火器。任何物品不得妨碍灭火器取用。

6.3.5 紧急救援仓

一般情况下，在TBM设计之初根据施工单位的要求决定是否配置应急救援仓。应急救援仓一般为独立的集装箱形式，内设应急救援的相关设施设备，主要包括应急医疗供氧装置、应急医疗药品、应急医疗设施、紧急联络设备、躺卧设施、温度控制系统、照明系统等，具有良好的隔音、隔热功能。

6.4 TBM 检查维护

TBM由机械、电器、液压等几大系统构成，任一环节出现问题都可能造成停机，从而制约施工进度。因此TBM需要配置一定数量的检修人员，以便于定期对设备进行检查和维修保养，防患于未然，才能保证设备完好率，进而提高利用率，实现快速掘进。

6.4.1 检修人员

TBM检修人员需要具备专业的职业素养和技术水平，一般要求如下：

（1）检修人员必须经过专业的技能培训与指导，并具备一定的机械、电气、流体及土木专业知识后，方可进行TBM维护工作。

（2）检修人员必须经过专业安全知识培训，熟悉 TBM 及地下工程施工相关安全知识，掌握必备的防护技能。

（3）检修人员必须对 TBM 机械结构、电气、液压的基本工作原理及 TBM 施工有一定的了解。

（4）检修人员必须严格遵守相关安全规则及章程。

（5）必须具有相应资格的电气人员才能进行电气检修工作。

（6）检修人员必须经过专业培训方可进入刀盘内部或掌子面作业。

（7）从事 TBM 检修作业前，必须认真阅读并深刻理解设备元器件说明书、随机图纸、操作手册、安全指南、维护和保养手册等方可进行维护作业。

（8）身体不适、服用药物（含催眠药类）及饮酒后不允许进行检修作业。

（9）检修人员作业时，要佩戴相应的防护器具。

6.4.2 刀具检查维护

TBM 掘进速度的快慢取决于刀具破岩效率的高低，因此始终保持刀具的良好工作状态是 TBM 高效掘进必不可少的一环。

6.4.2.1 刀具检查

TBM 刀具检查分为掘进过程检查和整备维保检查两种；掘进过程检查的重点：刀圈异常磨损、螺栓是否松动、刀具是否漏油等，检查频率视围岩类别现场界定，根据刀具检查情况，简单评判刀具损坏原因，常见的刀具故障判断见表 6.4。

表 6.4 TBM 刀具常见故障判断表

故障类型	故障原因分析
刀圈卷刃	刀圈硬度不足
刀圈剥落/断裂	刀圈硬度过高，韧性不足 刀圈局部过载
刀圈偏磨	位刀高差超过标准值 状况不佳 启动扭矩不合适
刀圈弦磨	轴承失效 密封失效
刀具漏油	轴承失效 密封失效
刀箱刀座与刀具配合面压溃	刀盘推力过大，超过设计要求 刀具拉紧螺栓频繁松动
拉紧螺栓松动	刀座与刀具配合面压溃 螺栓使用次数多，螺纹损伤严重 刀具安装时，没有将配合面清理干净 螺栓紧固扭矩小于设计值
拉紧螺栓断裂	螺栓质量不合格 紧固扭矩大于设计值 螺栓等级偏小，强度不足

整备维保检查一般在阶段性掘进任务完成后进行，主要对刀盘主轴承、耐磨板、面板等核心结构件进行检查，其详细检查内容和标准见表 6.5。

表 6.5 TBM 整备维保检查内容和标准

组件名称	检查工作	执行标准
刀圈	完好性	刀圈无脱离、无破损、无严重变形（卷刃）
	磨损	刀圈外缘磨损均匀，且未达到极限磨损量
轴承	刀圈旋转	刀圈可以旋转，且有阻尼感
浮动密封	密封性	润滑油（脂）无泄露

续表

组件名称	检查工作	执 行 标 准
刀毂	完好性	无变形、磨损无超限
刀轴	完好性	无变形、裂纹、破损
端盖	完好性	无严重磨损、变形
挡圈	完好性	无严重磨损、脱落
拉紧螺栓	紧固性	无松动、滑丝、断裂
拉紧块	完好性	无严重变形、开裂、脱落
楔形块	完好性	无严重磨损、开裂、脱落
刀箱	完好性	焊缝无裂纹，刀座与刀具间的配合面无压溃
刮板	磨损	刮板磨损均匀，未达到极限磨损值
	完好性	刮板与刮板座未脱离，紧固螺栓无松动
喷水嘴	完好性	无脱落、堵塞，喷水有足够的水压、流量
喷水管路	完好性	无破损、堵塞
回转接头	完好性	无脱落，紧固螺栓无松动，回转接头无异响
耐磨板	完好性	无脱落、磨损无超限（磨损量小于1/2板厚）
滚刀保护块	完好性	无脱落、磨损无超限（磨损量小于1/2板厚）
格栅板	完好性	无脱落、磨损无超限（磨损量小于1/2板厚）
刀盘结构件	完好性	所有连接焊缝无裂纹

6.4.2.2 刀具更换

刀盘检查过程中，如果发现刀具挡圈脱离、刀圈弦磨、裂纹或大面积崩刃以及轴承、密封损坏等必须进行更换，如图6.8所示。

1. 正滚刀拆卸

（1）工具准备，包括高压风、高压水、小吊机、套筒扳手、扭矩扳手、大小撬棍、对讲机等。

（2）转动刀盘，使需更换的刀具处于底部位置。

（3）用小吊机拉住由细钢丝绳缠绕的待拆刀具（拉力应适中，以不使刀具螺栓受力为宜）。

（4）用气动套筒扳手拆下刀具的固定螺栓。

（5）利用撬棍使刀具转动90°。

（6）用吊机将刀具从刀座中拉出（根据情况间隔撬动刀具，以免卡住）。

（7）将刀具吊到盘主轴承平台处。

（8）通过内机架孔将刀具放到地面。

（9）清理刀座，并检查螺栓及刀座与托架的接触面。

(a) 滚刀挡圈脱落图

(b) 刀圈开裂图

(c) 刀圈弦磨

(d) 轴承损坏

图 6.8　刀具损坏状态

2. 正滚刀安装

(1) 准备装刀工具，与拆卸所用基本相同。

(2) 将需安装的新刀通过内机架孔用小吊机吊放在刀盘轴承处的工作平台上。

(3) 转动刀盘，使需更换处位于底部位置。

(4) 用高压水冲洗刀座螺栓孔，清理刀座与刀具托架接触面的污物。

(5) 用小吊机和细钢丝绳将刀具缓缓放下，将刀具推进刀孔内。

(6) 刀具到位后，在小吊机的适中拉力和轻微升降配合下，利用撬棍使刀具转动90°。

(7) 对正刀具螺栓孔，将刀具螺栓旋入，用气动套筒扳手拧紧。

(8) 松开小吊机，用液压扭矩扳手校核刀具螺栓的扭矩，使其达到规定的扭矩值。

(9) 完成一个掘进行程后，复紧刀具螺栓。

3. 中心刀的拆卸

(1) 转动刀盘使盘形滚刀的中心线处于水平位置。

(2) 去掉喷水管及油管等，必要时拆下回转接头。安装操作平台及中心刀专用安装装置。

(3) 松开夹紧块，然后拆下。

（4）用套筒扳手从需更换的刀具和喷嘴座块上旋下刀具的底部固定螺栓。

（5）带有加长工具的安装小车推进到喷嘴座块处，用两个螺栓将小车与座块相连。

（6）拧出喷嘴座块的上部固定螺栓，安装小车进一步前移，并带动喷嘴座块转动90°。

（7）拉回安装小车，拆下喷嘴座块，放置在内机架中。

（8）安装小车前移，并用两个螺栓与外侧刀具连接，拆下刀具上部的固定螺栓。安装小车进一步前移并使刀具转动90°。

（9）拉回带刀具的安装小车，用连接爪将其固定到提升装置上，从导轨上抬下，放入内机架中。

（10）从安装小车上卸下刀具。

4. 中心刀的安装

（1）清理刀具与刀座接触面及螺栓孔，检查有无损伤。

（2）将新刀用两个螺栓固定在安装小车上，放入导轨并固定（注意刀具的位置90°转动后，安全锁紧环须指向外侧）。

（3）刀具从中间推入，然后缓慢转过90°。水平移动安装装置，直到新刀接触临近的刀具，然后拉回。拧入上部两个固定螺栓，手动拧紧。

（4）松开安装小车，手动拧入底部固定螺栓，手动拧紧。

（5）将装有加长工具的喷嘴座块用螺栓连接到安装小车上。将喷嘴座块从中间推入，转动90°，然后水平移动直到中心处接触。拉回安装装置，拧入上部固定螺钉，手动拧紧。

（6）旋下加长工具，拉回安装装置。手动拧紧喷嘴座块底部固定螺栓。

（7）安装夹紧块，以便刀具对着喷嘴座块夹紧。

（8）用液压扭矩扳手将刀具、喷嘴座块和夹紧块上所有螺钉按规定的扭矩值拧紧。

（9）拆下安装装置，拧入刀具和喷嘴座块上的所有螺塞。

（10）装上回转接头、软管、喷嘴、喷管等。卸下操作平台。完成一个掘进行程后，检查并复紧刀具螺栓。

6.4.2.3 刀具更换记录

在平时的刀具检查更换作业过程中，应做好详细的更换记录，以便于对刀具损耗类型进行数据分析和总结，以便于选取适宜自身工程地质条件的最优刀具，刀具更换统计样表如图6.9所示。

6.4.3 液压系统检查维护

TBM液压系统检查分为掘进过程检查和整备维保检查两种，工作过程及整备维保检查主要内容见表6.6～表6.8。

表6.6 TBM液压系统掘进过程检查

组件	维护/保养工作	标　准
整机	所有液压管线	软管无磨损、破皮

续表

组件	维护/保养工作	标　　准
液压泵站	液压油位	充足（油箱液位 2/3 处）
	过滤器是否堵塞	指示灯为绿色（正常）
	压力表	指针摆动，压力显示正常
	各液压泵工作状态	无异响、工作平稳
	压力表	指针摆动，压力显示正常
液压油缸	检查活塞杆密封是否渗油	无渗油现象
	润滑球面轴承和球头	上位润滑次数正常

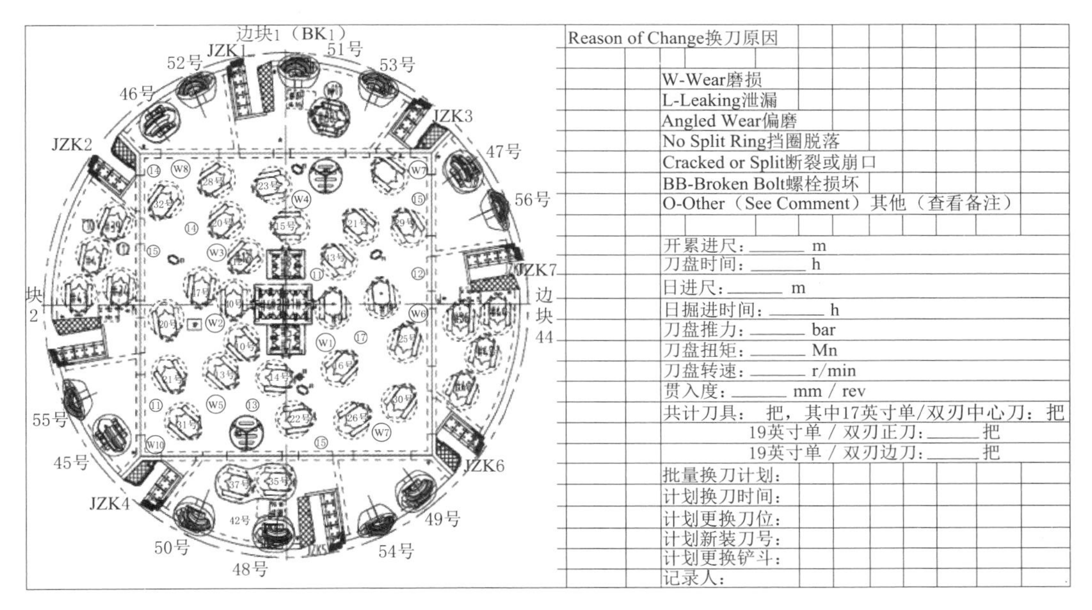

图 6.9　刀具更换记录表

表 6.7　　TBM 液压系统整备维保检查

组件	检查工作	标　　准
整机	所有液压管线	软管无磨损、破皮
液压泵站	液压油位	充足（油箱液位 2/3 处）
	压力表	指针摆动，压力显示正常
散热器	清理表面	无污染，确保充分的冷却效果
阀组	检查电磁阀	电磁阀插头无损坏，正常得电
皮带机张紧装置	检查球阀是否关闭	检查皮带机张紧后，球阀必须完全关闭
液压油缸	检查油缸活塞杆表面是否有拉伤或划痕等不平整	油缸活塞杆表面无拉伤或划痕等不平整
	检查活塞杆密封是否渗油	活塞杆密封完好

表 6.8　　TBM液压系统常见故障判断表

故障类型	故障原因分析
泵不供油	泵吸油口蝶阀未打开
	油箱油量不足，会导致泵吸空并产生噪音
	电机泵联轴器松动或折断
	电机转向不对
	吸油管或滤网堵塞
	变量泵斜盘未动作
	泵内部损坏
液压系统漏油或渗漏	管接头没有安装好
	密封老化，致使密封失效
	油温过高，致使液压油黏度过小，造成漏油
	阀与阀块或各阀块之间的接触面密封损坏或加工密封槽不标准
	系统压力持续增高致使密封圈损坏失效
	系统的回油背压太高使不受压力的回油管产生泄漏
	处于压力油路中的溢流阀、换向阀内泄漏严重
系统无压力	加载阀未启动
	泵压力设置太低
	输出管路未接好或破损
	系统中有一个或多个换向阀接通油箱
	溢流阀压力设置太低或失效
	泵内部损坏
泵运行噪声	油量不够，造成泵吸空
	吸油管渗漏导致泵吸空
	进口堵塞
	呼吸器堵塞
	泵转向不对
	泵内部损坏
执行元件速度太慢	系统有空气
	控制阀阀芯未完全打开使部分旁路油回油箱
	由于控制油路压力过低，先导控制阀没有完全移动到位
	泵没有达到标称流量
	执行元件内部由于磨损、密封损坏或内壁拉毛，造成旁通
油温过高	流经溢流阀的流量过大
	冷却水流量不够或进水温度高
	水冷却器堵塞或结垢
	高压泵额外漏损
	泵出口安全阀压力低于泵设置的恒压值

续表

故障类型	故障原因分析
液压系统压力失常	检查阀芯是否卡死
	泵转向不对
	泵的功率不足或者内泄漏严重
	阀体内泄漏
	密封圈老化造成泄漏
	压力开关失灵或压力传感器损坏

6.4.4 电气系统检查维护

TBM 电气系统的检查工作主要集中在整备维护保养阶段，电气系统常见故障判断见表 6.9，主要检查内容如下：

（1）检查所有电气连接，确保电气连接紧固。热胀冷缩现象的存在会导致电气连接松动，加之设备震动也会导致磨损、连接松动甚至断裂，尤其是 TBM 主机区域，由于震动较大，环境恶劣，应重点检查和定期紧固。

（2）检查柜内温度是否异常，有无异味，有没有温度异常高的区域，对温度异常高的区域做重点检查，并分析原因。

（3）检查空调运行状态，检查空调滤网，如有必要应做清洁和更换。做好空调的维护和保养工作。

（4）检查柜内灰尘情况，如有必要做好清洁工作。

（5）检查配电柜等电气部件的防护情况，如有损坏应尽快修复。

（6）检查保护性接地情况，确保 PE 以及接地导线可靠连接。

（7）检查 SF6 环网柜气体密闭室压力，检查高压接头有无放电现象。

（8）检查漏电保护并至少每月测试一次。

（9）检查和安全相关的所有保护性部件（如急停按钮、声光报警装置、拉绳开关、跑偏开关等），确保工作正常。

（10）检查外部电缆有无破损，重点检查拖车连接处以及电缆与 TBM 结构件接触部分。

表 6.9　　电气系统常见故障判断表

故障类型	故障原因分析
局部温度过高	导线接触松动
开关频繁跳闸	如果一送电就跳闸，开关下部线路故障 如果在运行过程中跳闸，检查电流设置是否合适
接触器不闭合	接触器卡滞
漏电保护开关跳闸	线路漏电故障
电动机启动故障	检查主回路电源 检查主回路断路器、接触器 检查控制输出点 检查电机接线

6.5 不良地质段应对技术

TBM多应用于长大隧洞施工，一般都具有长距离、高埋深等工程特点，地勘难度大，施工中难以避免的会遭遇软岩变形、岩爆、突泥涌水、断层破碎带等不良地质，采取有效的应对措施，是TBM快速通过不良地质洞段的核心。

6.5.1 岩爆段TBM掘进

当工程所在区域地应力较高，在坚硬完整、干燥无水的Ⅰ类、Ⅱ类围岩（如花岗岩、闪长岩）地段中进行掘进时，由于应力释放作用，在掌子面或离掌子面一倍左右洞径的地段便有发生岩爆、甚至发生较强烈岩爆的可能，爆落石块堆积于掌子面或隧洞底部，造成TBM卡机，影响掘进速度。

针对隧洞施工中可能发生的岩爆，应遵循以防为主，防治结合的原则，对掌子面前方的围岩特性及水文地质条件等进行预测、预报，当发现有较强烈岩爆发生的可能性时，应及时研究施工对策措施，做好施工前的必要准备。具体处理措施如下：

（1）岩爆段施工工艺。岩爆段具体施工工艺流程为：预测预报（对结果分析评价，判定岩爆等级）→采取防治措施→TBM掘进→支护及防治措施→监控量测。

（2）加强预测预报。对于埋深超过1000m的TBM施工洞段，潜在的岩爆风险较大，同时面对岩爆灾害，TBM在预防和处理岩爆方面都不具有钻爆法的灵活性，一旦发生岩爆，轻则卡住刀盘影响工期，重则设备受损致使TBM系统瘫痪无法继续施工，因此，TBM施工中需要更加准确直观的岩爆风险预测。常规超前地质预报手段中的TSP203＋、HSP－T、高分辨电法、红外探测、地质雷达、RTP206岩体温度法、超前地质钻孔及工程地质法等，由于受TBM设备的限制，不能很好地反映出掌子面前方围岩情况（特别是围岩应力变化），而微震监测技术是目前最为有效的岩爆监测手段之一。微震监测技术在最大埋深达2525m的锦屏二级水电站深埋隧洞群进行了重要的尝试，取得了一定的成果，打破了岩爆不可预测的传统观点，推动了岩爆防治工作的技术进步。

采用微震监测的超前地质预报方式可以对前方围岩的应力情况进行探测，并通过预报成果分析出掌子面前方发生岩爆的概率、位置及规模，以便提前采取应对措施，确保TBM安全，达到顺利掘进的目的。

微震监测超前地质预报方法通过将微震监测系统传感器布设在距隧洞掌子面一定范围内，可远离岩体易破坏区域，在保证监测系统长期运行而不被破坏的情况下，实现24h连续监测岩体内部微破裂信息，采用地震波信息捕捉岩爆发生前的微震活动异常，主要采集微震事件的密度、震级、频度、能量及集中度等指标，对可能出现的岩爆风险进行预测预报，可以覆盖掌子面附近30m左右的范围。

微震监测设备工作布置方式如下：

1）主机：通常置于洞外，可延长使用寿命、便于数据处理和远程传输，通过光缆与洞内的数据采集仪连接。

2）数据采集仪：通常悬挂于掌子面后200m以上的洞壁，减少爆破震动对设备的损坏，同时需要防尘、防水，通过光缆将采集到的数据传输到洞外主机。

3）传感器：单工作面通常使用6个传感器，在距离掌子面50m以上开始布置，左右侧壁各布置3个，间距50m，孔深一般在3m以上，通过电缆将传感器采集到的微震信号传输给数据采集仪。

（3）岩爆段施工方法。TBM法施工对围岩扰动小且开挖面圆顺，能够显著降低应力集中的程度，减少岩爆发生的几率，开挖过程中通过刀盘喷水系统对掌子面围岩进行喷水，能够及时软化围岩。围岩在拖出护盾前岩爆不会对设备和人员造成影响，且在围岩出露于护盾后，可通过TBM配备的各种支护设备对围岩进行及时支护。

6.5.2 断层破碎带TBM掘进

断层破碎带多由断层泥砾、角砾岩、糜棱岩、碎裂岩等组成，松散、破碎、并含水。断层破碎带围岩自稳能力差，易造成塌方，掘进方向难以控制，TBM撑靴可能遭遇落空无法推进，突发涌水涌泥等问题，导致无法正常施工。同时，TBM工法在这类地层中的处理措施和手段不如钻爆法灵活，无法对掌子面实施有效的封闭，钻爆法施工所采用的很多超前注浆加固措施在TBM工法下效果大打折扣。在断层破碎带采用TBM施工容易出现以下几种情况：因围岩破碎，节理发育，开挖后易发生坍塌，造成底部清渣时间过长；刀盘护盾上方坍空，混凝土回填引起支护作业时间加长；围岩软弱且掘进慢，围岩拱顶下沉、收敛后不能满足二次衬砌的净空。

6.5.2.1 断层破碎带掘进控制技术

1. 施工组织控制

（1）采用TBM施工的隧洞，要强化施工地质勘查和超前地质预报等工作，对于设计文件中明确的断层破碎带，在施工组织筹划中要明确各断层破碎带的施工处理方案，长大段落尽量提前处理。

（2）对于TBM掘进要通过的局部断层破碎带，需在进入之前进行综合超前地质预报，采用物探结合钻探，长短结合、钻探验证等方式方法，以确定断层破碎带的破碎程度、边缘、长度及地下水发育情况等，探明恶劣程度。

（3）对于未提前发现，直接进入的断层破碎带，亦需进行补充和加强地质预报工作，采用综合手段、从多方位探明恶劣程度，如果富水，还需进行超前泄水。

（4）根据断层破碎带恶劣程度不同、现场条件和综合经济风险对比情况，对于短小（或可多循环处理）的断层破碎，则要具体做好以下工作：

首先，根据地质预报结果，断层破碎带施工首先应确定合理的掘进通过方案，由于地质条件的复杂性和不可预知性，施工方案可分阶段制定，并针对过程中出现的问题及时优化调整。

其次，做好通过断层破碎带的物资机具设备储备，例如应急喷射混凝土成套设施、注浆加固成套设施、临时支撑体系、大功率排水设施等。

另外，通过断层破碎带期间，应加强设备维保，做好配件储备，防止因设备故障长时间停机致使地质条件进一步恶化，加大不良地质处治难度。

2. 掘进及施工参数控制

（1）断层破碎带掘进刀盘扭矩、电机电流较稳定时，采用低推力、低转速、低贯入度的方式掘进，这样能有效地减小对围岩的扰动，从而减小或避免发生塌方。

（2）断层破碎段掘进刀盘扭矩、皮带机压力波动大时，即对于刀盘扭矩大、皮带机压力小情况，适当增大刀盘转速；若刀盘扭矩小、皮带机压力大情况，适当减小刀盘转速；若无电机电流超限导致刀盘停止旋转、皮带压死的风险时适当增大推进压力，避免原地空转刀盘出渣导致掌子面垮塌；若刀盘扭矩、速度、皮带机压力均较正常时，适当降低推力减小撑靴压力，避免撑靴压力过大致使周边围岩破碎垮塌。

（3）断层破碎带施工总体组织原则为“宁慢勿停，快速通过”，注重洞壁支护加强和围岩结构快速有效加固（超前加固）。主要为短进尺、强支护、连续均衡的掘进快速通过破碎带，避免长时间停机导致围岩再次恶化。

6.5.2.2 断层破碎带处理措施

利用超前地质预报探明前方断层破碎带属小规模及一般规模时，且 TBM 尚未卡机的情况下，可利用以下措施保证 TBM 顺利通过。对于较大和大规模的破碎带采用 TBM 掘进通过的难度比较大，在施工过程中一般都会产生卡机风险，掘进效率极低。

1. 断层破碎带规模划分

（1）小规模断层破碎带：是指围岩弱～中风化，局部强度低，局部坍塌或小范围剥离整体具有一定自稳能力的坍塌段。

（2）一般规模破碎带：是指围岩强～全风化，局部具有强度，整体自稳能力差，拱顶及洞壁垮塌、剥落严重，破碎带宽度较小，且地下水较发育。

（3）较大规模断层破碎带：是指围岩强～全风化，整体强度低自稳能力差，拱顶及洞壁大面积垮塌，且地下水发育。

（4）大规模破碎带：是指围岩风化程度极高、整体自稳能力极差且易变形、收敛，地下水极发育，其宽度一般大于 30m。

2. 小规模断层破碎段处理

（1）通过护盾尾拱部斜向前方打设注浆管，打设范围为盾尾作业平台对应隧洞拱部区域，注浆管采用小导管。围岩不能成孔时，可利用钻机将前端带有尖锥的小导管顶入，当导管顶入困难时，可采用钻进玻璃纤维锚杆做注浆管使用。从刀盘内钻进玻璃纤维锚杆作为注浆管，进行掌子面前方及拱部化学注浆。

（2）控制掘进参数采用低推力、低转速、低贯入度的方式掘进。

（3）揭露破碎段围岩满铺钢筋排、拱架纵向采用型钢连接并应急喷浆封闭，径向注浆回填密实，空腔处灌喷混凝土回填，富水区域打设泄水孔。

（4）撑靴处围岩破碎层厚度较小时喷浆封闭、较深时采用模筑混凝土。

（5）可采用循环加固掘进方式通过。

3. 一般规模断层破碎带处理

（1）施作超前泄水孔。在盾尾底部施作超前泄水孔（兼探孔），隧洞拱部范围出水时在盾尾施作大角度泄水孔。

（2）通过盾尾施作超前管棚加固，配合盾尾或刀盘内化学灌浆黏结松散体。在盾尾施作超前管棚，管棚长度以进入基岩为准，以钻机可施作最小外插角施钻（管棚按同一角度打设），管棚尾端设置止浆段（以完整围岩长度设置）。围岩较差不能成孔时，采用钻机钻杆代替超前管棚。管棚施作后，TBM 低推力、低转速、低贯入度掘进，掘进过程中如发生坍塌或超量出渣严重时，可通过盾尾或刀盘内部进行化学灌浆黏结坍体、封闭围岩，防止持续坍塌。施作后继续掘进。

（3）揭露破碎围岩满铺钢筋排、拱架纵向型钢连接并应急喷浆封闭，径向注浆回填密实，空腔灌喷混凝土，富水区域打设泄水孔。

（4）撑靴处围岩破碎层厚度较浅时喷浆封闭、较深时以模筑混凝土加强。必要时采用高强喷射砂浆快速封闭围岩。

4. 后续处置

TBM 通过断层破碎带后，需进行必要的初期支护和围岩注浆加固，并加强支护结构稳定性和地下水监测，保证隧洞结构稳定安全。

（1）补充注浆加固。TBM 工作区域受设备影响及空间限制，初期支护背后注浆加固势必存在盲区或不足之处，TBM 通过后，需进行补充注浆加固。补充注浆需结合前期施工记录进行，主要加固方式为径向注浆，加固深度根据破碎松散围岩厚度确定，浆液选择一般为普通水泥浆，地下水发育处可采用水泥-水玻璃双液浆，保证初期支护背后密实。

（2）地下水监测。初期支护加固完成后，应在出水量较大处打设泄水孔保证排水畅通，泄水孔内安装透水盲管，阻止细颗粒渣体随水流失，以避免初期支护背后形成水压造成支护结构破坏，并防止大量细颗粒物质流失形成临空面，发生突涌。施工过程中，应将地下水监测纳入监控量测同时进行，主要观测出水量的大小及变化情况，有无水压，以及是否携带大量泥沙流出。

6.5.3 涌水、突泥段掘进

TBM 施工发生突泥情况时，TBM 可能沉陷、被埋，难以继续掘进前行，有重大风险。发生突涌水情况时，TBM 大面积涌水恶化作业人员环境，导致设备故障率增高，降低作业效率。

6.5.3.1 涌水地段

隧洞突水多发生在断层破碎带及侵入岩接触带，根据设计地勘资料，一般利用物探方法初步判断掌子面前方岩层含水情况，再利用超前地质钻机确定刀盘前方一定范围的断层和含水情况，接近含水体时利用超前钻孔进行水量和水压测试，判断水的方向及突水、涌泥的危险程度，根据涌水量和水压确定治水方案。

1. 技术措施

由于 TBM 施工设备限制，在没有辅助坑道条件时，TBM 刀盘及护盾周边难以采取止浆措施，同时 TBM 设备所预留的空间不足，钻孔设备布置困难，钻孔角度、长度等不能满足注浆堵水要求，注浆效果不能保证；还可能出现漏浆造成刀盘、护盾固结的情况，甚至造成主轴承密封损坏等严重后果。因此，实际施工中不建议采用 TBM 设备的超前注浆堵水，而通过加强抽排水措施，待 TBM 主机部分通过突水段后，结合突水量、水压、突水形态等研究确定堵水方案。极限情况下可采用泄水洞泄水、辅助坑道超前注浆堵水等措施超前处理。

对于规模小的涌水段，可采取以下措施组织掘进：

（1）开挖过程中在围岩稳定、能安全通过时尽量维持涌突水的排水通路，严禁随意封堵，通过后采用封堵和导排措施对集中的涌突水进行治理。

(2) 围岩渗呈滴水和线状渗水，TBM 正常掘进。掘进过程中利用 TBM 自带的锚杆钻机对出水点施工排水孔，埋设导管排水，导水效果不好的设盲沟或截水圈排水。

(3) 根据掌子面集中涌突水情况进行判断，只要隧洞底部水位满足施工条件，仰拱块作业区具备作业能力且围岩稳定性较好时，TBM 正常掘进。待出水点出护盾后，采用锚杆钻机施工排水孔，进行导排，若遇地下水压力较大时，采用钢板将地下水引至隧洞边墙上，待 TBM 通过后进行堵水注浆处理。

对于规模大的涌水段：通过物探、超前钻孔等超前地质预报方法判明前方掌子面涌突水流量，隧洞底部不具备作业条件的情况下必须停止掘进，采取超前小导管、管棚支护、超前注浆封堵处理，其超前注浆和支护采用 TBM 自带的设备进行，必要时增加设备。注浆处理根据实际情况选择以水泥-水玻璃双液浆、HSC 水泥浆、超细水泥-水玻璃浆和聚氨酯类化学灌浆材料，待出水量明显减小并具备掘进条件时再行掘进。与此同时，增加临时大功率潜水泵和管路，将水抽排至后配套外至少 50m 区域。通过 TBM 自带设备进行超前注浆加固后掌子面围岩条件仍无实质性改良的情况下，后退刀盘，从护盾后打绕洞进入掌子面进行超前管棚支护、超前预注浆加固及堵水处理。TBM 掘进通过后采取径向固结灌浆处理。

2. 设备措施

(1) 加强设备尤其是电器设备的防护等级。

(2) 反坡施工段，要充分考虑抽排水系统富余量，一般按照设计涌水量的 3 倍配置，并考虑快速扩容空间及能力。抽排水系统一般采用分级永久泵站＋TBM 随机泵站进行设置，根据 TBM 设备及隧洞抽排水能力合理安排主洞每级泵站的间距。当有多条辅助坑道抽排水条件时，应根据辅助坑道数量和抽排水设施设置难易程度综合判定集中抽排水泵站的数量和位置。

3. 应急措施

建立突涌水的预警报警系统和应急预案，确保人员和设备的安全。常规措施可在隧洞内设置逃生梯，并放置救生圈，以便发生涌水时施工人员能安全逃生；在合理的位置设置避险安全仓，来不及逃出洞外人员可以进入安全仓，以便等待救援。

6.5.3.2 突泥地段

隧洞施工面临的地质条件复杂，国内施工的 TBM 曾多次遭遇特大涌泥地质灾害，造成 TBM 无法正常施工，处理难度大，施工风险高，在不同的工程采用的应对措施及对策有所不同，而即使在同一工程，面对不同规模的突水涌泥采取的应对措施及对策也不尽相同。突泥地段 TBM 掘进施工要坚持“先探后掘”的施工原则，常用的应对涌泥的处理措施及对策有以下两种。

1. 辅助坑道＋帷幕注浆法处理

在发生突泥后，若采用常规的刀盘内或护盾外围小导洞超前注浆加固（面对一般的坍塌、突泥效果较好）等手段施工风险大，加固效果不佳，往往在施工过程中会发生次生灾害等；根据其规模以及所处地层围岩特性、地下水发育等区域地质情况，选择辅助坑道＋反向脱困施工技术，是较为安全稳妥的应对措施及对策：在发生突泥段的后方选择围岩较好的位置作为绕洞开口位置，同时根据突泥的规模和破坏力选择最为合适的线间距（绕洞直线段与正洞的间距），采用矿山法施作辅助坑道，施工至围岩较好位置时迂回至正洞，通过超前大管棚或全断面帷幕灌浆的方式反向施工处理突泥段。这种方式可避开已大面积扰动的破碎体，安全性较高，考虑到造价和工期因素，方案实施前需进行技术经济论证。

2. 冻结法＋矿山法处理

当超前地质预报判断帷幕注浆效果无法满足隧洞施工要求时，可采用冻结法＋矿山法处理，必要时可设置辅助坑道。根据工程地质及隧洞内实际施工条件，按“隧洞内钻凿，布设水平孔、近水平孔冻结临时加固土体，形成矿山法暗挖构筑”的施工顺序；即在隧洞内利用水平孔和部分倾斜孔冻结加固地层，使隧洞周围土体冻结，形成强度高，封闭性好的冻土帷幕，然后根据“新奥法”的基本原理，在冻土中采用矿山法进行隧洞的开挖构筑施工，地层冻结和开挖构筑施工均在区间隧洞内进行，其主要施工顺序为：施工准备→冻结孔施工（同时安装冻结制冷系统，盐水系统和检测系统）→积极冻结→探孔试挖→掘进与临时支护→隧洞永久支护→结构注浆→进行融沉注浆充填。

6.5.4 隧洞岩溶地层掘进

针对岩溶地区 TBM 施工，须遵循“先探后掘”的原则，根据揭示的岩溶发育程度，采取相应的处理措施。

6.5.4.1 TBM 施工技术和风险分析

1. 施工风险分析

岩溶地层 TBM 施工的风险主要取决于岩溶地层的发育程度，区域地质岩溶越发育、溶腔越大、地下水位越高、填充物质越复杂，则 TBM 施工的风险越高。所以，TBM 隧洞要充分做好区域地质调查分析，总体判断岩溶地层的发育程度（大小、水文和填充状况），施工过程加强超前地质预报、探测和分析判断工作，根据揭示情况制定合理的应对措施，控制施工风险。总体来说，只要做好前期的相关工作，制定合理的施工方案，TBM 施工岩溶地层的风险是可控的。

2. TBM 适应性分析

（1）对于岩溶地层的 TBM 选型和适应性来分析，岩溶地层最适宜的是闭胸式盾构，特别是在水位线以下的隧洞，可以实现压力的自然平衡，达到一定“自掘自填”的效果，减少超前预报工作，可通过参数变化判断出溶腔状况，采取相应的回填或注浆措施，降低岩溶地层的施工风险。

（2）敞开式 TBM 在地下水位以上的岩溶地层（无水或流塑状溶泥填充）施工与钻爆法相比，并没有大的风险，在做好超前地质预报和探测情况下，可正常施工和常规处理手段施工。

（3）护盾式 TBM 在岩溶地层施工则会由于应对措施相对受限，可能会出现比较大的风险。一方面护盾式 TBM 由于非闭胸，并不能平衡岩溶地层中溶腔的水土压力，造成喷涌；另一方面管片背后填充不及时，且无压力约束，结构容易产生变形破坏，而且管片阻挡了施工人员的直观判断和回填加固通道。

3. 施工应对分析

针对 TBM 穿越岩溶地层的情况，采取超前地质预判、长短距离物探结合、钻孔验证的形式进行超前地质预报，重点查明溶洞的分布范围、类型、规模、发育程度、填充物及地下水等情况，确定处理措施，应做到超前地质预报岩溶段全长及洞周连续探测，提前做出应对措施及应急物资储备。

6.5.4.2 岩溶地层控制与处理

1. 掘进参数选择与调整

TBM掘进期间，要针对性地选择适宜的掘进参数并根据工况变化及时调整是TBM在岩溶地层顺利掘进的关键因素。即为避免TBM被卡等掘进风险，保障其安全施工，需因地制宜地实时调整掘进参数。

（1）调整掘进速度：出现渣土含水量增大或伴有泥浆出现时应立即停机，判断岩溶揭示情况。

（2）调整刀盘转速：在软弱围岩中，依据上一掘进循环的掘进参数，若刀盘推进力较大且出渣渣块均匀，采用高速掘进。若上一循环的刀盘推力较小，且渣块不均匀，大块较多，采用低速掘进。

（3）调整撑靴压力：撑靴压力的大小取决于洞壁岩石的完整性及饱和抗压强度。掘进过程中若撑靴压力变化，应及时补压。若压力持续减小，则应停机检查处理。

（4）调整支护：当护盾后方发生溶洞充填物坍塌时，如果坍塌不严重，仍继续推进直到立拱，停止掘进，进行支护；如果坍塌严重，应立即停机进行支护，待支护完成后，方可掘进。

2. 溶蚀及小溶洞处理

在掘进过程中，对于存在风险或已经揭露的岩溶需要进行及时的初期支护处理。以2倍洞直径为界限，对于2倍洞径外的溶洞不建议处理，对于TBM掘进过程中揭露出的溶洞和探测出的2倍洞径内未揭露出的溶洞，根据岩溶形态大小、充填特征、充填物性质、岩溶水量及岩溶与隧洞的位置关系等采用不同的处理措施。

（1）溶蚀及溶洞在拱顶位置。当溶洞出现在拱顶位置时，在溶洞出露护盾前先安装不小于Φ12mm钢筋排及钢拱架（间距可选择45cm、90cm、180cm）进行支护。若溶洞内有充填物并伴有掉块时，为防止钢筋排变形和钢拱架收敛，将Φ22mm连接筋改为I16工字钢与钢拱架进行纵向连接，必要时减小钢拱架间距；若溶洞内无充填物，待溶洞出露护盾后，采用I16工字钢支撑一端与钢拱架焊接，一端顶紧岩面，待I16工字钢焊接牢固后将Φ8mm钢筋网片填塞至空腔内，采用铁皮等对溶洞进行封闭，并安装ϕ42mm注浆管与排气管，及时采用C20细石混凝土对溶洞溶腔进行回填，并在后配套进行回填灌浆作业。

（2）溶蚀及溶洞在旁侧围岩。溶洞出现在撑靴位置时，分两种情况进行处理：

若溶洞内含有充填物且较破碎，在TBM撑靴位置安放H150型钢或I16工字钢，为TBM撑靴提供足够支撑力，并提前进行网片挂设或钢筋排安装，采用应急喷射混凝土对溶洞位置进行喷射混凝土处理，喷射混凝土厚度与钢拱架内弧面齐平，待混凝土强度达到要求后TBM慢速掘进通过。

若溶洞内无充填物，在拱架背部安放H150型钢或I16工字钢并焊接，或塞填折叠的Φ8mm钢筋网片和Φ22mm钢筋，并在该处挂网喷射混凝土，喷射混凝土厚度与钢拱架齐平，待混凝土强度达到要求时，TBM慢速掘进通过。

(3) 溶蚀及溶洞在隧洞底部。TBM 掘进过程中加强对掌子面围岩的预判，结合物探地质预报推断隧洞底部溶洞存在的可能性及规模，然后启用应急泵站及管路深入刀盘前方对隧洞底部溶洞进行回填，实现边回填边缓慢推进的技术处理措施。采用钢拱架底部采用I16 工字钢进行纵向连接，防止钢拱架和轨排发生不均匀沉降，确保支护和机车运行安全。

3. 溶洞水处理

以排为主，以堵为辅，排堵结合。排水建筑物可采用排水沟、涵洞或泄水洞等；堵可采用超前预灌浆措施，通过溶洞后，采用固结灌浆堵水。

6.5.5 软岩大变形段掘进

6.5.5.1 TBM 掘进处理技术

对于高地应力软弱围岩而言，TBM 施工的优势有：一是利用刀盘来破碎岩石，相比矿山法而言减少了对围岩的震动和扰动；二是断面开挖成圆形，开挖断面规则，应力分布均匀。但其劣势也比较明显：一是 TBM 对于大变形控制措施的选择性比较少，效果有限；二是高地应力软弱地层属于深埋围岩，一般段落都比较长，TBM 长距离掘进效率严重降低；三是 TBM 掘进情况会形成恶性循环，最终表现为卡机状态。

高地应力软岩变形与破碎地层松弛型变形，在表现形式上比较相似（主要在变形卡盾、卡机），但两者有着本质区别，在处理措施上要区别对待，破碎地层松弛型变形要注重大力推进和超前加固，挤压性变形要更注重连续快速推进和及时支护。软岩大变形地段开挖遵循“管超前、短进尺，勤换步、早封闭、强支护、初期支护务必一次到位”的原则施工，TBM 掘进过程中尽量减少对围岩的扰动，充分发挥围岩的自稳能力，快速形成封闭结构，改善支护结构的受力状态，控制隧洞的收敛及拱顶下沉；同时掘进期间及时矫正姿态，并采取针对性的调向、混凝土换填软弱岩体等措施，避免 TBM 在软弱不均地层中姿态偏离超限；若围岩收敛变形较为严重，首先利用 TBM 的扩挖功能，外垫边刀加大开挖直径增大预留变形量，围岩出护盾后，及时施作初期支护，必要时加密拱架，采取加强配筋将仰拱块减薄（减小钢架槽高度的仰拱块厚度）或现浇仰拱，喷射纤维混凝土、施作锚索等措施加强支护；当隧洞洞壁承载力低，无法提供撑靴反力时，可在撑靴处采用喷锚网＋钢拱＋灌注混凝土的联合支护方式对撑靴部位洞壁处理后再掘进通过；在变形量极大、速度快的极端情况下，TBM 扩挖不足以克服卡盾（卡机）工况下，采取从 TBM 护盾后施作绕洞进入掌子面前方采取人工钻爆法处理，步进通过的施工方法；若软弱围岩收敛变形量大、速度快，TBM 护盾被卡，则采取增大 TBM 掘进推力、护盾外注入废弃黄油等润滑剂减摩，勉强通过后立即施作初期支护系统。过程中加强监控量测，对数据进行分析处理，并反馈指导施工中修改支护参数等施工技术措施。

6.5.5.2 动态监测

1. 监控量测

针对高地应力软岩变形的主要监测内容包括以下部分：

(1) 围岩变形监测：采用全站仪及围岩收敛分析软件，进行施工期全程围岩收敛变形监测；在围岩内钻孔埋设多点变位计，观测围岩松动区，校核围岩灌浆深度。

(2) 围岩应力监测：在围岩内钻孔埋设岩石应力计，观测围岩应力的变化情况。

（3）衬砌及支护结构受力监测：设置观测锚杆应力计，观测锚杆受力并检验锚杆参数；在喷射混凝土段，在第一次喷射混凝土表面设置应变计组，观测喷射混凝土应力情况；在钢筋混凝土衬砌内布置钢筋计、应变计，检验混凝土支护设计参数和施工方法。

（4）外水压力监测：在围岩内钻孔埋设渗压计，钻孔深度深入围岩锚固圈以外。

（5）隧洞缺陷监测：必要时采用分布式光纤裂缝传感器实现结构裂缝、岩体裂缝、围岩区域破坏和大范围连续、定量监测。

（6）围岩松动圈监测：必要时采用单孔声波测试方法，测定围岩声波速度及其变化趋势，判定隧洞围岩松弛厚度。

2. 后续处置

TBM通过后，根据监控量测情况，在确保施工安全的前提下，合理确定二次衬砌施作时间：原则上在围岩稳定后施作二次衬砌；当收敛变形持续发展且无稳定趋势时，应采取加强支护措施，必要时可及时施作二次衬砌。应适当提高二次衬砌强度，并做好结构内应力、裂缝等监测，发现问题及时处置。

6.5.5.3 变形控制与处理

根据不同工程特点和设备配置，主要有以下几种控制技术：

1. TBM设备地质适应性改造

（1）增加刀盘扩挖能力。可通过外移边刀刀座的方法来实现扩大开挖直径的目的。刀盘的铲斗和刮板也要根据边刀相对位置变化而进行调整，使其具有收集碎渣和保护刀盘的作用，也为盾体顶部提供更大的间隙。TBM刀盘扩大情况如图6.10所示。

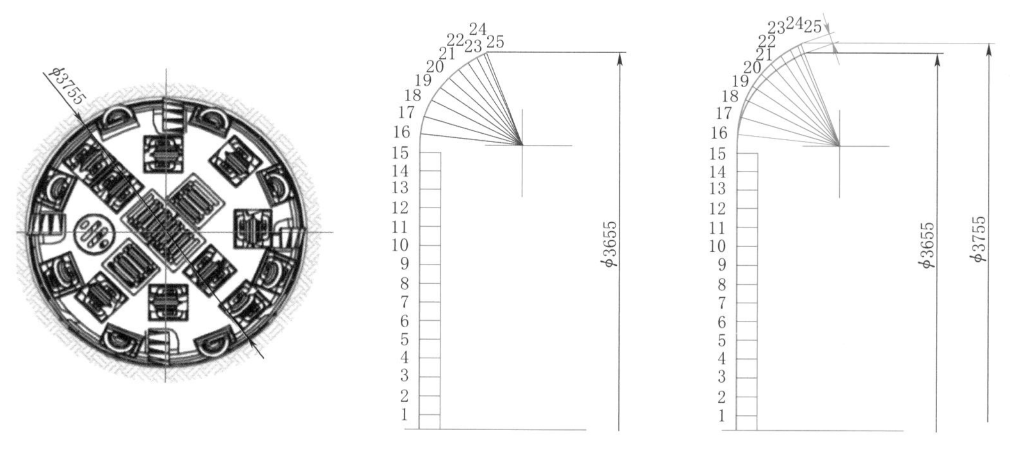

图6.10 TBM刀盘开挖直径扩大示意图（单位：mm）

（2）超前钻探设备。提升超前钻探设备性能，以实现超前钻探和应力释放。钻孔时间、扭矩、推力和贯入度等都将自动记录在数据处理器里，可对钻孔作业进行实时分析。

（3）增加变频驱动，改善刀盘转速控制。为适应各类不同的地质条件，可为主驱动增加变频驱动系统，此系统可以在刀盘转速范围内实现无级变速控制，进而通过降低TBM刀盘的转速来应对较差的地质条件。

（4）增大后配套与岩面间距。软岩变形段易出现初期支护收敛变形，导致后配套难以通过，TBM设计制造过程中，应充分考虑隧洞软岩变形段的规模，适当增大后配套与岩面间距，提高TBM通过能力。

2. *初期支护结构加强*

软岩变形段围岩出露护盾后，一般采用长锚杆/锚索加固围岩、加大支撑刚度、喷射纤维混凝土等初期支护加强措施，以减小变形量。

3. *矿山法提前处理*

软岩变形段较长、有辅助坑道或其他提前处理条件时，宜采用矿山法施工，TBM步进通过。

6.5.6 高地温及热害地段掘进

随着隧洞施工技术的不断进步，隧洞建设逐渐向长大深埋隧洞发展，TBM在隧洞埋深大于1000m地段掘进时，高地温影响也逐渐成为隧洞工程的一大难题。

6.5.6.1 高地温对TBM掘进影响

高地温恶化施工作业环境，降低劳动生产率，严重时会造成无法施工，危害人员健康及设备寿命，甚至造成设备故障。具体表现在以下几个方面：

1. *对人体的危害*

人在湿热环境中较长时间的作业，会发生中暑、热虚脱等疾病，同时还会引起某些机能障碍、体温调节发生障碍，主要表现为体温和皮温升高。

2. *对设备的危害*

在高温高湿的环境下，机电设备的正常运行也受到严重影响，设备施工效率明显降低。调查结果表明：30～37℃作业区较30℃以下设备效率降低40%，50℃以上常规设备无法施工。

3. *对隧洞安全稳定性的影响*

异常的高温还将影响到施工材料的选取和混凝土的耐久性，而且由于产生的附加温度应力还将引起衬砌开裂，严重影响隧洞结构稳定性。

4. *对劳动生产率和安全的影响*

在高温隧洞中，生产率均较低，有的隧洞其相对劳动效率仅为常温条件下的30%。根据国外研究资料：工作面温度超过标准1℃，工人的劳动效率降低7%～10%。在高温环境中，人的中枢神经系统容易失调，从而感到精神恍惚、疲劳、周身无力，这种精神状态容易诱发安全事故。

6.5.6.2 掘进处理措施

高地温及热害地段，主要采取以下应对处理措施：

（1）向工作面增加冷水喷洒量，必要时运输机车驾驶室设置空调设备。

（2）洞内配备茶水，工人发放防暑降温药及轮班作业，缩短单班作业时间等方法。

（3）在隧洞内地温较高、人力和物力集中的地段，加强施工通风，增大供风量。

（4）TBM配备制冷设备，将洞外送进的新鲜空气冷却后向掌子面供风。

（5）必要时改变通风方式，即将风机改移至主洞内或重新布设一路大直径隔热风管直接向工作面供风，加大工作面的风速，保证洞内空气新鲜，达到降低洞内温度之目的，或配置大型制冷设备。

(6) 改变通风方式仍不能解决岩温高的情况下，采用购买大冰块放置在工作面附近的方式进行冷却降温。

6.5.7 有害气体洞段掘进

隧洞中有害气体主要有甲烷、一氧化碳、二氧化碳、硫化氢、氮气和数量不等的重烃以及微量的稀有气体等。这些有害气体不仅对人体的健康有危害，且部分为易燃气体，经常突然喷出，造成灾难性破坏。隧洞中存在的放射性和有毒有害气体一直是施工中的主要危险源，如果施工不当极易发生重大安全事故。因此有害气体洞段掘进，除了在设备上安装必要的监测系统之外，还应做好掘进防护措施。

6.5.7.1 监测预警系统

在TBM施工的长大隧洞中，有害气体及含氧量监测系统是十分重要的安全预警系统。在TBM上布设的气体监测系统一般需要能够探测有害气体在空气中的浓度，在出现有害气体过量或氧气含量过低时，系统会自动发出声光警报，提示作业人员采取安全措施。列入气体监测范围的有甲烷（CH_4）、一氧化碳（CO）、二氧化碳（CO_2）、一氧化氮（NO）、二氧化氮（NO_2）、硫化氢（H_2S）等。作业人员必须熟悉各类监测气体的报警状态。

CH_4 探测传感器布置在主机前护盾下，H_2S 探测传感器可布置在主机皮带机卸渣点处，CO_2 和CO探测传感器一般布置在人员聚集的地方（比如主控室附近）。所有的气体探测传感器集成于PLC控制系统中，一般设置报警和自动停机值，在操作室内可显示相应信息并发出报警。气体探测器本身也具备声光报警功能。

6.5.7.2 掘进防护措施

1. 加强通风

加强洞内通风组织配合专业检测直至确认洞内空气中有毒有害气体符合标准浓度值，方可允许作业人员进入隧洞施工是解决有毒有害气体的必要手段。

2. 人员配置

成立专业检测组，所有检测人员经专业技术培训，24h值班，做到分工明确，责任明确，保证仪器度，一切情况直接向指挥或管理系统人员汇报。所有管理人员进隧洞检查必须携带便携式气体检测仪器。所有施工人员应经常注意隧洞内固定式气体检测仪器的位置、气体浓度情况等，以此形成所有隧洞内施工人员全员监测有害气体。

3. 培训

专职检测员进行专业技术培训，取得资格证后方可上岗，所有进隧洞施工人员要经过有关知识培训，合格后方可进隧洞施工。

4. 监测

按有关规定对有毒有害气体进行监测，并对煤系地层和高含气段地层，实行重点监测，增加监测断面的密度。

5. 监测数据整理分析

在隧洞内监测的同时，做好各种有毒有害气体浓度变化的记录，并及时汇总到组织指挥系统。对有毒有害气体监测数据的整理分析，是指导隧洞施工、协调各工序间关系，确保施工生产在安全的前提下，能有序地进行。

6. 管理措施

检测仪器专人保管、充电。应随时保证测试的准确性，按各种仪器说明书要求，定期送地区级以上检查站鉴定，日常每3天校正一次。

7. 作业人员防护

(1) 身体防护：洞内作业人员穿防静电工作服，禁止穿戴易产生静电的尼龙衣物进洞作业。

(2) 呼吸系统防护：空气中浓度超标时，佩戴自吸过滤式防毒面具（半面罩），紧急事态抢救或撤离时，可佩戴空气呼吸器、一氧化碳过滤式自救器。

8. 气体燃爆防护

(1) 洞内禁止吸烟。

(2) 任何情况下都不允许汽油运到洞内。

(3) 任何汽油动力设备都不允许放在隧洞内或在隧洞内使用。

(4) 对洞内的所有线路及照明设施进行改造，所有电缆采用阻燃、防爆电缆。

6.5.8 放射性地段掘进

自然界的岩石中都含有一定数量的天然放射性元素，因此TBM在岩层中掘进，难以避免的将遇到放射性元素。这些放射性元素不断放出射线，使隧洞周围形成辐射照射区。如果辐射照射剂量超过规定标准，将直接影响到施工安全，影响建设者和管理者的身心健康。此外，含放射性元素的“三废”（废渣、废气、废水）在迁移、运送和外排过程中，也将会污染当地生态环境。因此施工中必须做好相应防护设计。

6.5.8.1 结构防护设计

根据评估可能产生辐射照射强度、能量，结合工程防护等级，合理选择某种吸收物质作为防护材料，并计算出所需厚度，作为隧洞支护和衬砌的设计依据。如为了防氡和屏蔽放射性外照射，采用防渗混凝土为主的综合防护层，并采用铺设无纺布、全封闭断面等措施，使地下水不进入主洞而从支洞排至洞外集中处理，同时要求喷射、模筑混凝土密实度必须达到设计要求。洞内永久排水沟采用密闭盖板式、防止水中的氡气逸出。

6.5.8.2 施工防护设计

根据国标规定，在全年工作状态下，放射性物质有效含量限值为157ppm，超过该值需要进行人员防护。因此施工过程中，按照该限值作为监控控制指标，利用TBM自带的监测系统实行全过程放射性物质含量监测，如果工作面氡浓度超过1.1Bq/L，必须用氡浓度不大于0.11Bq/L的进口风通风15min后，施工人员才能进入工作，且作业期间不得停风。同时，加强施工通风、洒水、防排水以及对“三废”处理和施工监测方面的设计，以降低氡气和含放射性元素的粉尘含量。

6.5.8.3 人员辐射防护

在工程辐射防护设计的基础上，加强做好人员辐射防护。对人员进行辐射安全的防护教育，提高自我防护意识和能力。同时要求人员严格遵守《辐射防护规定》，增强体质，加强营养和充分休息，必要时可短期穿戴密封铅衣施工，并定期对隧洞内施工人员进行健康检查，及时发现生理异常现象，保护人员安全。

6.6 敞开式TBM快速支护

长大深埋隧洞地质条件复杂多变，软岩变形、破碎带等不良地质条件下，稍有不慎就将造成TBM刀盘、护盾等卡死而无法前行，短则几天，多则数月，严重制约掘进速度，而敞开式TBM因其可以灵活的调整支护参数被越来越广泛的应用于长大深埋隧洞施工中。

6.6.1 锚网喷支护

6.6.1.1 中空锚杆支护

中空注浆锚杆主要设在拱部及围岩较差地段的拱墙。首先在开挖面上准确画出需施设的锚杆孔位。利用锚杆钻机施钻，按照设计间排距，尽可能垂直结构面打入，高压水清洗钻孔，检查导管孔达到标准后，安装锚杆并按设计比例配浆，采用电动注浆机注浆，一般按单管达到设计注浆量作为结束标准。当注浆压力达到设计终压不少于20min，进浆量仍达不到注浆终量时，亦可结束注浆，并保证锚杆孔浆液注满。最后再综合检查判定注浆质量合格后，用专用螺帽将锚杆头封堵，以防浆液倒流管外。

6.6.1.2 钢筋网支护

TBM选型设计时搭载钢筋网安装器，钢筋网在洞外分片制作，铺设时紧贴岩面，确保整体结构受力平衡，安装时搭接长度不小于一个网格，与锚杆连接牢固。同时在喷混凝土作业时，尽可能缩小喷头至受喷面距离并控制风压，以减少钢筋网振动，降低回弹。

6.6.1.3 应急喷浆支护

在L1区搭载应急喷浆设备，围岩出露护盾后第一时间进行封闭，实现全机械手对围岩的及时喷护，避免围岩长时间裸露，可以有效抑制岩爆不断扩大和围岩快速收敛问题，较大程度降低人员及设备安全风险。

6.6.2 钢拱架支护

TBM配备的钢拱架安装器具有快速运输、快速安装的功能。

6.6.2.1 拱架施工工艺

敞开式TBM掘进钢拱架施工工艺流程见图6.11。

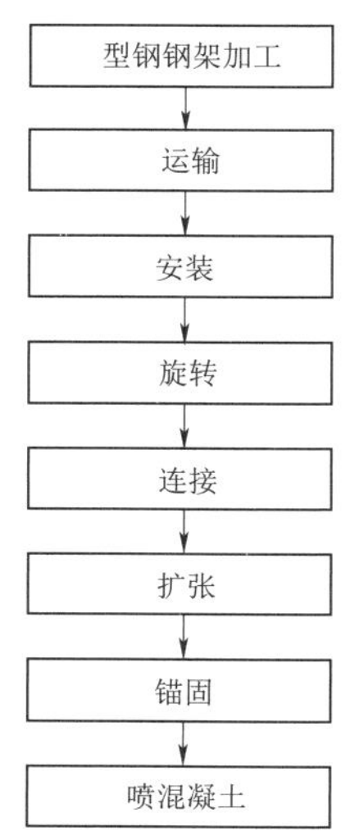

图6.11 敞开式TBM掘进钢拱架施工工艺流程

6.6.2.2 钢拱架安装

钢拱架采用TBM自带的钢拱架安装器进行安装。当一环完成后由拱架安装器上的张紧机构将钢拱架向外扩张，并与岩面楔紧。钢拱架经扩张与岩面楔紧后利用锚杆钻机钻孔施作锁脚锚杆，对其进行锁定。钢拱架间利用螺纹钢筋与上一榀钢拱架纵向焊接相连，环向间距应满足设计要求。钢拱架安装见图6.12。

TBM施工段拱架安装间距视围岩情况进行调整。岩爆段、软弱围岩地段等需要架设钢拱架时，由技术人员推算钢拱架架设的里程、放点和检查钢拱架的垂直度、拱架间距、锚固等质量卡控点，尽量避免因拱架架设而干扰后部仰拱预制块安装作业如跳段、割除等。根据特殊情况下的围岩将适当缩小拱架间距，拱架加密段隧洞底部将不铺设仰拱块，采用在底部现浇混凝土，中心预留水沟。

6.6.2.3 技术措施

钢拱架安装前，先检查钢拱架制作的质量是否满足设计要求。安装过程中钢拱架须与岩面之间楔紧，相邻钢拱架之间的纵向连接筋必须焊接牢靠连接成整体，安装完毕后用喷射混凝土将其覆盖；钢支撑与岩面之间的空隙须用喷混凝土充填密实。

图 6.12 钢拱架安装示意图

6.7 施工组织与管理

引水隧洞 TBM 施工是一个复杂的系统工程，如果想要实现高效快速掘进，精心的施工组织与管理是不可或缺的。

（1）建立完善的项目管理体系，并在施工过程中严格执行，通过项目团队文化的建立与队伍建设，营造良好的工作氛围，建立开放的沟通渠道和协调机制。

（2）通过优化施工组织和有效的奖励机制，规范管理过程，充分调动一线职工的工作积极性。

（3）严格推行 TBM 及常规设备的按时维修保养工作。根据 TBM 设备特性制定详细的维保制度和每日、周、月维保计划，刚性进行设备停机维保，及时研究和预判设备故障，提前处置问题。对于配品配件应建立预警机制，保证配件储备的准确性、适用性和充足性，为 TBM 快速掘进奠定坚实的基础。

（4）高度重视进度与设备、进度与安全、进度与质量关系的协调平衡。

（5）通过技能培训与考核提高施工人员的技术水平。

（6）有效建立 TBM 掘进控制、测量导向、管片安装、工程地质变化、设备故障、安全与质量等内容的信息反馈与处置机制，确保在现场出现问题后能够进行快速处理。

第7章　卡机防控与脱困工程案例

7.1　断层破碎带卡机案例

在导致TBM卡机的主要不利地质因素中，断层及断层破碎带是最常见、也是最多的因素。断层因地壳受力岩体发生断裂，沿破裂面两侧岩层发生显著相对位移造成。断层的存在破坏了岩层的连续性和完整性，并形成断裂带或破碎带。断裂带上往往岩石破碎，易被风化侵蚀。沿断层线常常发育为沟谷，有时出现泉或湖泊，在TBM隧洞穿越断层时，也时常伴随着大量的涌水。断层破碎带含有断层角砾岩、碎裂岩、糜棱岩或断层泥等物质，受构造影响，岩石破碎更为强烈。破碎带的宽度可达数百米甚至上千米，长度可为数十米乃至数十千米。隧洞及地下工程在这种地段通过时，常伴生严重塌方、冒顶、涌水，甚至引起山体滑动，很容易造成TBM卡机。

7.1.1　辽宁省大伙房水库输水工程

7.1.1.1　工程概况

辽宁省大伙房水库输水工程引水流量70m³/s，多年平均年引水量18亿m³。工程输水隧洞全长85.32km，断面为圆形，开挖洞径8m。施工采用以TBM工法为主、钻爆法为辅的联合施工方式。在工程施工过程中，TBM1标段曾产生卡机事件，累计处理时间达7个月，严重影响了工程的施工进度。

7.1.1.2　地质条件

工程TBM1标段所穿越的洞段属中低山地貌，埋深200～500m，洞室穿越地段岩性主要为正长斑岩、混合花岗岩、凝灰质角砾熔岩、安山岩、凝灰岩等，岩性较为复杂，岩石单轴饱和抗压强度除凝灰岩外均在70～114MPa。

MDf11-16断层破碎带及部分影响带为Ⅴ类围岩，洞室围岩主要为断层角砾及碎裂状混合岩，产状为：NE60°SE∠55°～60°，与洞轴线交角较大，为压扭性断层，断层宽20～23m，穿越洞线桩号为38+537.00～38+561.80。断层破碎带由断层角砾、碎裂岩及断层泥三部分构成，断层泥宽0.30m。受北西向牵引构造影响，断层角砾沿断层走向宽度变化较大。洞室左壁洞段碎裂岩分布较宽，断层角砾较少；洞室右壁洞段碎裂岩分布较少，断层角砾较宽。断层角砾间胶结极差，为极软岩，偶见透镜体分布，呈散体结构，为全风化岩，矿物成分大多已变质，岩体强度极低，稳定性极差；碎裂岩为弱风化岩～强风化岩，为较软岩，岩石内部结构已完全破坏。地下水初期为干燥状，后期呈滴水～线流状。围岩基本无自稳能力，整体极不稳定，开挖过程中产生大规模塌方，如图7.1所示。

7.1.1.3　卡机现象

该工程所用掘进机为罗宾斯260系列敞开式TBM，2008年2月23日TBM掘进至桩

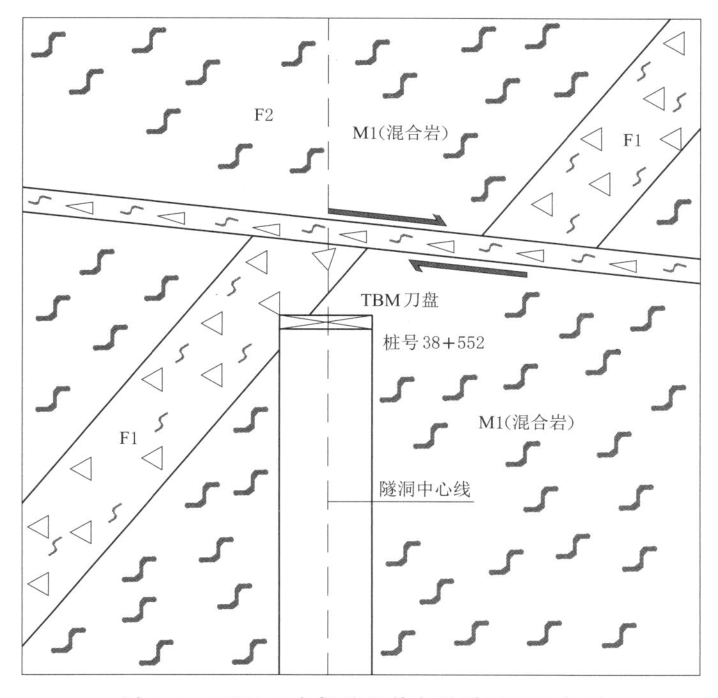

图 7.1　TBM 刀盘侧壁及前方地质平面示意图

号 38+526.00，洞室进入断层影响带，围岩完整性差，岩石强度较低，当日掘进至桩号 38+537.00 后，掌子面左侧开始塌方，在护盾处上方形成约 2.00m 的塌腔，且随 TBM 向前掘进坍塌范围和深度不断增加。至桩号 38+538.40 左侧拱腰至拱肩范围均已出现塌腔，塌腔最深处 4.00m（见图 7.2），且范围继续扩大，给 TBM 施工造成很大安全隐患，随即按Ⅴ类围岩支护，但施工进尺缓慢。

图 7.2　TBM 刀盘侧壁及前方地质平面示意图

2008 年 2 月 26 日，TBM 掘进至桩号 38+548.89 时，由于塌方体从 TBM 指形护盾涌出堆积在 TBM 机头后，导致无法安装钢拱架，从人员和设备安全考虑，决定暂时停止掘进，对机头已支立钢拱架进行加固和塌腔岩面封闭，同时进行底拱清渣以便及时安装钢拱架。但由于断层破碎带围岩本身自稳能力极差，2008 年 2 月 28 日夜间，在 TBM 刀盘前方和左上方产生较大规模塌方并涌出指形护盾，石渣堆积高度达到 TBM 主梁上，导致 TBM 刀盘和护盾被困。

7.1.1.4　卡机原因

TBM 掘进进入断层破碎带后，洞室右壁断续产生小规模的塌方，掘进至桩号 38+545.00 时，洞室左壁及拱肩产生大塌方，清渣支护过程中又多次产生塌方，严重影响了支护进度。2020年2月28日，TBM掘进至桩号38+549.00时，左侧拱肩又一次发生大的塌方，同时在清理塌落的渣体时，TBM刀盘前方和左上方又多次发生塌方，产生的塌方石渣堆积高度达TBM主梁之上。将TBM机头部分埋住，至此TBM无法进行掘进。经多次会议研讨，施工单位采取了多种措施，包括灌注混凝土、氰凝材料、打小导管、打自进式锚杆、喷混凝土等，保证了左侧围岩不再进一步塌方，并将原塌方体全部清除。在处理塌方体及加固上部破碎岩体过程中，发现TBM护盾支撑油缸泄压，最终导致TBM机头被埋住，无法转动。

7.1.1.5 脱困措施

（1）塌腔回填。对塌腔部位采用喷射C25混凝土进行回填，对于无法回填的部位采用氰凝材料注浆（常规水泥浆因其流动度大易固结刀盘，对TBM设备造成损坏）。

（2）上导洞开挖、支护、反向超前支护。考虑到刀盘前方的实际情况，其右侧岩石相对完整、左侧较破碎，故在右侧指形护盾上方施工上导洞，采用超前迈式锚杆+钢拱架+钢筋网+喷射混凝土联合支护方式确保导洞稳定。然后利用上导洞形成的工作空间向左侧施作超前迈式锚杆形成棚护，以清除刀盘及顶护盾上方的松散岩体，清除后及时施作钢拱架支护。具体开挖及支护结构见图7.3。

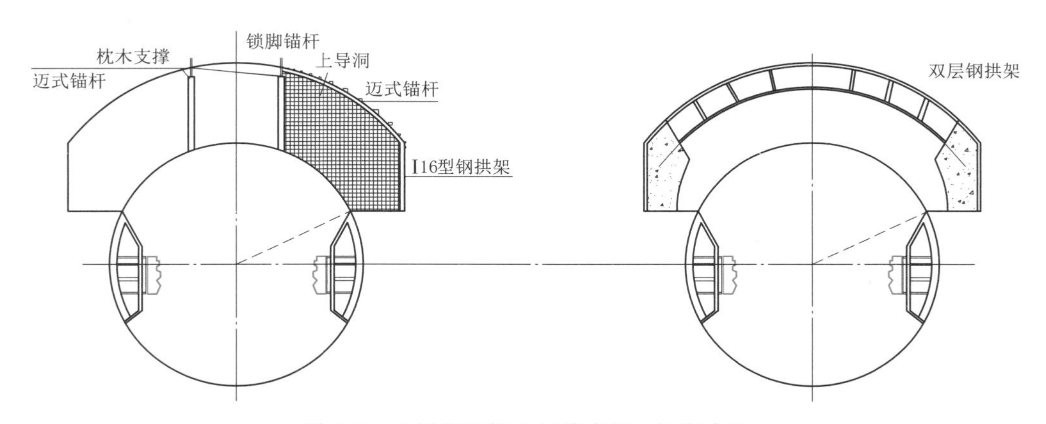

图7.3 上导洞开挖及超前支护、初期支护

（3）对两侧护盾处围岩人工挖除50cm，并浇筑混凝土约30cm，使顶部压力可顺利传递给仰拱，确保洞室稳定，从而实现TBM脱困。

7.1.2 辽宁省西部供水工程

7.1.2.1 工程概述

辽宁西部供水工程引水隧洞130.88km，设计流量70m^3/s，多年平均年引水量18亿m^3。共分五个标段，其中五标共分四段，包括TBM8-1、TBM8-2和TBM7-1、TBM7-2施工洞段，总长约35.08km，采用敞开式TBM施工，断面为圆形，开挖洞径8.50m，成洞直径7.60～8.50m，底坡$i=0.31‰$。工程布置见图7.4。

7.1.2.2 地质条件

TBM8-2施工洞长约7.72km，洞顶埋深92～400m，围岩主要岩性为太古代二长花岗岩，以微风化为主，为中硬～坚硬岩。节理不发育～较发育，节理面多起伏粗糙，微

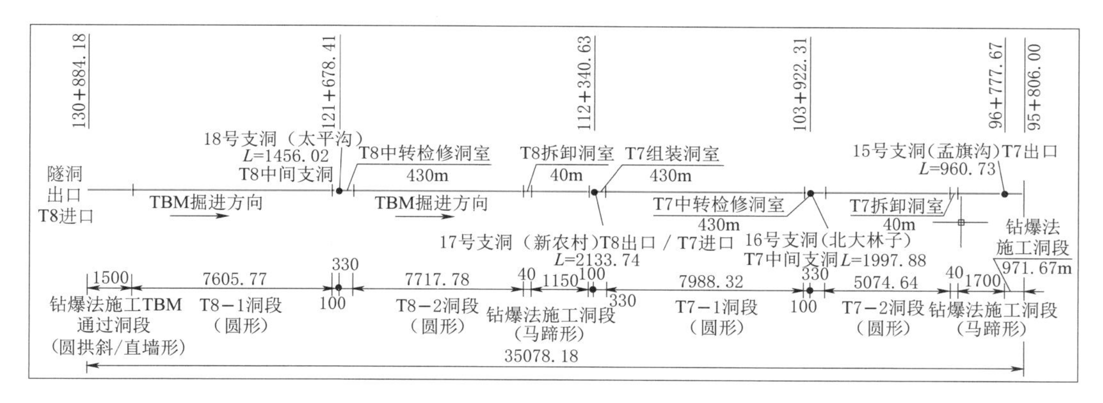

图 7.4　工程布置示意图（单位：m）

张，一般无充填或泥质充填。岩体较破碎～完整性差，局部较完整，地下水一般呈渗水～滴水，局部呈线状流水。F64 断层为压扭性，产状 150°∠50°。桩号 119＋431.00～119＋546.00 范围内为 F64 断层和断层影响带。断层带由断层角砾岩及碎裂岩组成，受压力挤压作用明显，围岩破碎～较破碎，呈散体结构～碎裂结构，地下水呈滴水～线流状，围岩自稳时间很短，极不稳定，为Ⅳ～Ⅴ类围岩。

7.1.2.3　卡机现象

当 TBM 穿越 F64 断层掘进至桩号 119＋508.00 时，隧洞发生大面积塌方和坍塌。塌方体将护盾和刀盘压死，TBM 被困。

7.1.2.4　卡机原因

TBM 卡机后，进入 TBM 刀盘内部，通过 TBM 刀盘前方探孔探测，发现在 TBM 刀盘前方 3m 和上部 5～8m 范围内发生大面积塌方。刀盘前方 3m 及刀盘上部 8m 范围内的塌方体压住刀盘和护盾。

7.1.2.5　脱困措施

在对掌子面前方塌方体的大小和范围进行初步分析、判断的基础上，采用以下方案解决 TBM 卡机问题：①掌子面前方采用化学灌浆加固破碎围岩；②护盾上部采用超前管棚支护加固上部散落岩体，并进行化学灌浆；③清理刀盘上部压住的岩体，恢复刀盘转动。

1. 管棚施工

（1）管棚布置。隧洞中心线左侧 30°至中心线右侧 60°拱部范围内施作 ϕ76mm 超前管棚，布置管棚 16 根，管长 15m，管棚环向间距 30cm，外插角 10°～15°，管棚布置及范围见图 7.5。

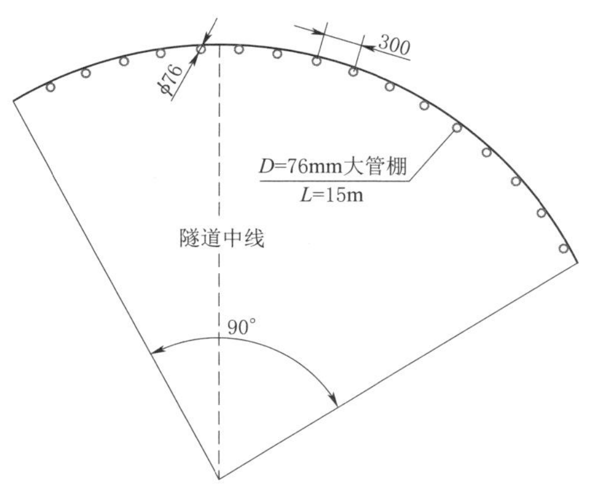

图 7.5　管棚布置示意图（单位：mm）

根据上述管棚设计，管棚全部位于松散岩体内，成孔较困难。若采用跟管钻进进行管棚施工，钻机机体大，TBM 刀盘上部作业空间小；若采用前进式注浆逐段加固松散体施作管棚，则施工时间太长。经综合比选，决定采用普通地质钻机进行管棚施工，利用地质钻的中空钻杆作为注浆通道，进行注浆加固，钻头和钻杆直接埋在松散体内。

（2）注浆。考虑到管棚施工距离TBM护盾较近，灌注普通水泥浆凝固较慢，浆液容易扩散到护盾和刀盘上，将刀盘和护盾与岩体固结在一起，使刀盘转动更加困难。因此选用化学浆液灌浆，既可以保护主机，又可以加固围岩；注浆前用麻丝掺锚固剂将管棚和孔口之间缝隙堵塞牢固，管棚口与闸阀焊接牢固，防止漏浆。管棚注浆施工工艺流程见图7.6。

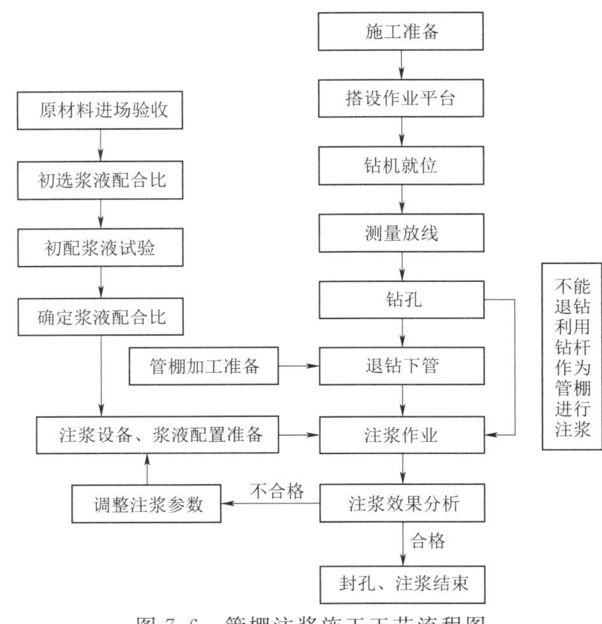

图7.6　管棚注浆施工工艺流程图

（3）注浆参数。为防止管棚注浆浆液渗至护盾和刀盘位置，导致护盾刀盘与岩体固结，选用扩散系数低、凝固快的浆液，注浆时采用低压注浆，浆液采用聚氨酯类，DH-500亲水型（A）和DH-510疏水型（B）。初始注浆压力为0.1MPa，终压注浆压力为0.5MPa。

2. 刀盘前化学灌浆施工

先清理刀盘内部积水及渣体，做好刀盘内施工用作业平台及相关安全防护工作，化学灌浆浆液采用聚氨酯类：DH-500亲水型（A）和DH-510疏水型（B）。

（1）钻孔与注浆。化学灌浆的注浆孔采用改造过的YT28风钻，自进式玻璃纤维中空注浆锚杆。钻孔布置在刀盘全断面范围内，钻孔深度3～4m，通过中心刀刀孔或刮渣板孔人工确定孔位，上部180°范围内均布8个，下部左右两侧布置2个。利用刀盘进入孔在掌子面前方布置3个孔，钻孔角度约60°；通过中心刀及附近刀孔向掌子面前方进行水平钻6个孔。钻孔尽量在进入孔和中心刀孔施工比较方便的位置进行。一共布置18个钻孔。

钻孔及注浆顺序为先实施TBM刀盘前方上下左右的4个孔，然后为中间的6个孔，最后是其余的孔。

（2）安装注射管路。

1）钻杆梅花型钻孔的长度小于2m，孔间距30～40cm。

2）注浆时，在距孔口1.0～1.5m范围内放置封孔器。

3）在注浆管路上做好标记，始终做到每次注浆管路与出浆口连接相互对应。

（3）灌浆施工。

1）安装好灌浆泵后，检查油雾化器、空气凝结器、气动二联件等部件是否能够工作正常，进行试验灌注。

2）缓慢开启注浆泵进风控制阀，使A、B（比例为1∶1）两种灌浆液分别在两个物料桶中循环，待A、B进料管中气泡排净后，检查进料系统部件和进料配比，确保整个系统能够正常运行。

3）灌浆系统运行正常后，停泵，按照规定的方式连接灌浆系统，见图7.7。灌浆时应先低速，再逐步提高灌浆速度，当灌注快完成时降低灌注速度，直至闭浆停泵。

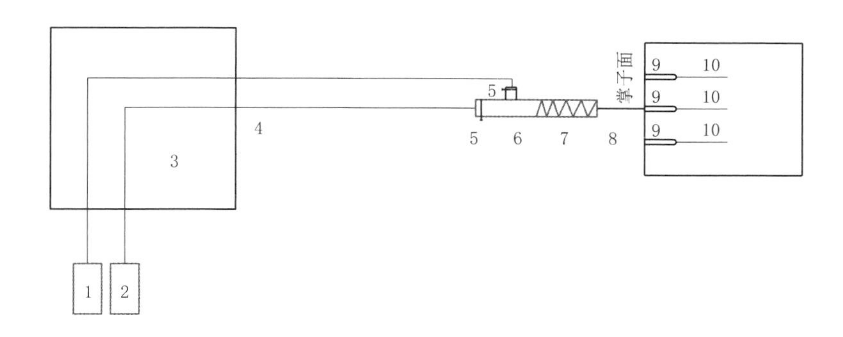

图7.7 化学灌浆示意图

1—灌浆A桶；2—灌浆B桶；3—比例进浆泵；4—浆液输出管路；5—单向控制阀；6—三通；7—混合器；8—可挠曲金属管；9—封孔器；10—玻璃纤维自进式中空注浆锚杆

4）当达到以下条件之一时，停止灌浆：

（a）注浆压力升高至0.6MPa。

（b）掌子面前方表面其他位置有浆液溢出。

（c）单孔灌浆量达到0.2t/m。

5）注浆结束后，用A组分料冲洗混合口，约10s后停止灌浆。

3. 刀盘脱困

采用化学灌浆和管棚加固围岩后，可尝试启动TBM机组，对TBM机组进行后退操作。后退过程中，支撑靴先收回，利用稳定器伸出支撑岩壁，TBM将掘进系统反向操作，主推进油缸伸长反推支撑护盾，紧接着辅助推进油缸按主推进油缸伸长比例收缩，随后支撑靴伸出支撑岩壁，主推进油缸回缩拉刀盘退到指定位置。刀盘后退10cm后，查看护盾是否卡住，并尝试转动刀盘。若刀盘不能启动，通过刀盘进人孔及中心刀部位进入刀盘前方，人工清渣，若刀盘仍然不能启动，继续后退10cm，边清渣边支护，直到刀盘转动。

在刀盘前方形成空间后，及时采用方木（15cm×15cm）与木板（厚5cm）进行支护，将木板紧贴前方围岩，方木横撑在刀盘和木板之间，扒钉固定方木和木板。方木横撑的竖向间距不超过50cm，横向间距不超过100cm。空间上方在横撑之间搭设木板满铺，防止上部掉块。围岩较差时可适当加密支撑，或采用型钢加强支护。

在该次TBM卡机事故脱困过程中，TBM后退90cm后TBM刀盘启动。从卡机到再次顺利掘进，共用时20天。管棚施工与化学灌浆的处理方法能达到加固TBM刀盘上部与前方围岩的作用，同时清理刀盘周边的岩体，减少TBM初始转动扭矩，使TBM能够再次启动。

7.1.3 昆明市掌鸠河引水供水工程

7.1.3.1 工程概况

掌鸠河引水供水工程从距昆明市约65km的禄劝县云龙水库引水至昆明市上公山隧洞，由16座隧洞组成，总长约85.66km，其中TBM施工隧洞长约13.77km，净洞径3.00m，由意大利CMC公司采用一台直径为3.66m的双护盾1217－303型TBM进行开挖。隧洞埋深一般为100～200m，最小埋深10m，最大埋深368m。在上公山隧洞TBM施工过程中，由于卡机造成的停机时间占到了总时间的53%。

7.1.3.2 水文地质条件

上公山隧洞位于昆明市北部海拔1670～2355m的中～高山区，属北亚热带高原季风气候，每年5—10月为雨季，11月至次年4月为旱季，年平均降雨量941.6mm。隧洞位于普渡河背斜南东翼，与近SN向的康滇断裂系的小仓—普渡河断裂组近于平行，与地层走向夹角为5°～40°。小仓—普渡河断裂组系由6条近SN向的长40～80km逆断层及其若干次级走滑断裂及正断裂组成。上公山隧洞位于该断裂系的13号断裂（小仓—银场箐逆断层）和14号断裂（兆乌—龙泉村断层）之间（见图7.8）。在强烈的近EW向构造挤压作用下，该地块中分布着若干NNE，NNW和NEE向的规模相对较小的不同性质次级断裂。断裂数量在已经掘进的7km隧洞中有近30条。这些断层多属高角度走滑断层，少数为缓倾压扭断层。主要穿越岩层为下元古界黑山头组（Pt_1hs）泥质、砂质板岩，石英质砂岩。岩体中等风化到微风化，局部为强风化。隧洞基本位于地下水位以下。褶皱、断裂和软弱围岩及地下水的综合作用，造就了该隧洞复杂的工程地质条件。

7.1.3.3 卡机现象

1. 过程概述

2004年2月22日TBM在桩号4＋356.30处被迫停机。在桩号4＋341.00处人工开挖左右支洞和顶支洞揭露岩层产状290°∠40°～50°。右支洞受地质构造影响较严重，岩体破碎。发现2条与洞轴线基本平行、分别厚20～30cm和5～20cm的糜棱岩带，见图7.9。

图7.8 围岩断层

图7.9 桩号4＋341.00处采集的糜棱岩和断层面擦痕

2004年3月10日桩号4＋436.42处TBM卡住，后护盾被拉开。

2004年3月11日桩号4＋439.37处又发生了一次严重的卡机事故。不仅TBM无法正常掘进，且 TBM 后护盾被拉开，顶部出现 5～11cm 不同程度的挤压变形。

2. 现场情况

观察表明，掌子面围岩岩层产状为 280°∠50°～70°，岩体破碎。图 7.10 和图 7.11 为当时拍到的围岩情况，围岩已经紧紧挤压在护盾上。对支洞内钢拱架的变形情况进行了观察。由于围岩压力，右侧支洞钢拱架已经产生了明显的内鼓。

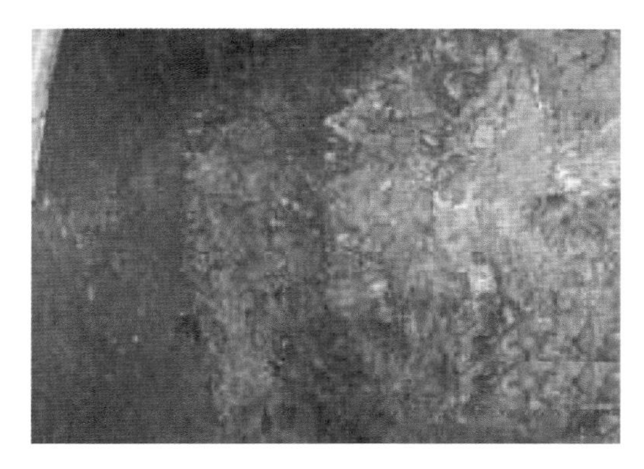

图 7.10 围岩挤压在护盾上的情形

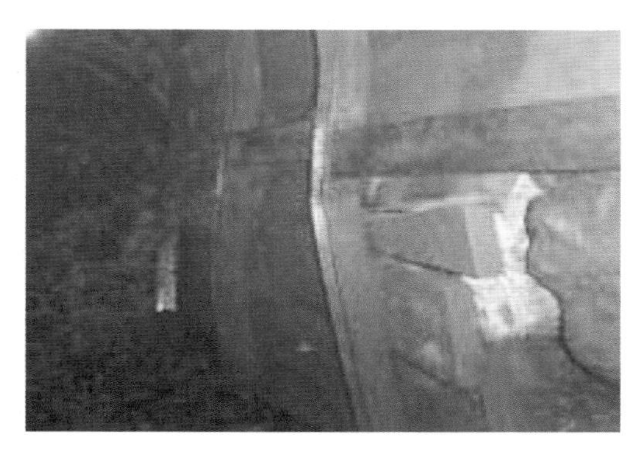

图 7.11 右侧支洞受挤压内鼓的钢拱架

7.1.3.4 卡机原因

(1) 该洞段所处地层为下元古界黑山头组，围岩以变质或浅变质的粉砂质板岩（70%）为主，辅以泥质板岩（30%），两者为层状或互层状结构。隧洞轴线与 SN 向康滇断裂系小仓普渡河断裂近乎平行，且位于间距不到 3km 的 F13 和 F14 两条区域性大断层之间，加上历史上曾发生多次地震，导致隧洞的稳定性非常差。隧洞开挖后，岩体水平应力释放，产生了向护盾方向的水平位移，造成护盾被挤压。

(2) 由于历次构造运动，造成岩体裂隙发育，虽然单个岩块的强度很高，其轴抗压强度达到了 150MPa，但由于裂隙的贯通，岩体碎裂较严重，使得岩体的总体稳定性较差。

(3) 前期提供的地形地质资料与剖面图表明，除进口 0～80m 为不稳定的Ⅴ类围岩，其余洞段Ⅱ类、Ⅲ类、Ⅳ类围岩分别占总洞长的 30%、60%、10%，但实际开挖中Ⅳ类占 52%、Ⅴ类 21%，与前期存在较大出入。桩号 4+350.00～5+050.00 段，原设计未发现断裂，后经物探及补充地质调查工作，新增断裂构造 3 条。而实际施工情况表明，上公山隧洞 90%的勘探孔都曾遇到不同规模的断裂，断裂带及影响带总厚度占勘探总进尺的 12.2%，地质构造十分复杂。不完善的前期地质工作也是造成该 TBM 工程受挫的重要原因。

7.1.3.5 防控和脱困措施

(1) 对于断层规模小的洞段，一般采取低转速、慢掘进、调整作业班次等措施，连续通过不良地质条件洞段，防止围岩大变形造成卡机。

(2) 超前处理措施：根据岩渣及掘进时的 TBM 运行参数以及 TBM 超前地质资料，推测前方是否有不良地质条件。然后根据情况在掌子面前方高压灌注聚氨酯，以提高围岩完整性。对于极端恶劣的地质条件，采取人工开挖支护之后 TBM 再通过的措施，以免卡机的发生。

(3) 掘进中的处理措施：TBM在不同地质条件下掘进所需的推力、扭矩、推进速度、刀盘转速等掘进参数不同。在TBM通过断层破碎带等不良情况时适当减少TBM的推进速度、刀盘转速等掘进参数和采用不用撑靴的高压拉缸模式，以减小对围岩的挠动，使TBM快速、安全通过。另外，由于软弱岩石自稳时间比较短，在保证在不良地质条件下，不停机，使TBM尽快地通过，以免围岩变形过大，造成卡机。

(4) 卡机处理措施：一旦发生卡机，TBM无法启动时，尽快在护盾两侧开挖减压支洞，以释放围岩压力。为使TBM护盾尽快与围岩脱离接触，阻止大变形持续快速发展，实际采用人工扩挖和钢拱架支撑、超前导洞等措施，适当提高辅助液压缸推力，必要时采用高压拉缸，使TBM快速通过软弱围岩地段。在高地应力区，考虑采用环向均匀开挖，使圆护盾受力均匀。当TBM通过膨胀岩段时，做好防水止渗，注意衬砌管片接缝宽度的控制和止水条安装质量，避免洞内施工用水大量渗漏，导致围岩崩解、软化。

7.1.4 山西省万家寨引黄工程南干线段

7.1.4.1 工程概况

山西省万家寨引黄工程国际Ⅱ、Ⅲ标段南干线引水线路总长92.60km，其中4～7号隧洞长90.30km，施工采用4台全断面双护盾掘进机开挖，六边形预制钢筋混凝土管片衬砌。地质资料表明，该段共有34条断层。由于施工选用TBM为双护盾式，对围岩的适应性较强，因此在通过断层破碎带时一般都较顺利。但1999年5月28日TBM通过摩天岭大断层F65影响带时，在CH61+917.17处因岩体塌落使刀盘被卡而被迫停机，处理用了3个月时间，直到1999年8月31日才恢复掘进。

7.1.4.2 地质条件

南干7号洞进口段是断层最集中的洞段之一，该洞段全部在中奥陶系（O_2x、O_2s）灰岩、白云质灰岩地层中穿过，埋深150～250m，主要有摩天岭断层（F65）、小狗儿涧断层（F70）、石碣上断层（F90）和王虎庄断层（F74）。其中摩天岭断层为区域性逆断层，延伸长度数十公里，断距百余米，破碎带宽逾30m，破碎带内构造发育，工程地质条件极差，受其影响两侧地层发生不同程度的牵引和弯曲，并发育次一级结构面，岩体稳定性也较差。

F65断层走向N10°E，倾向SE，倾角约45°，为区域性逆断层。断层下盘岩体为奥陶系下马家沟组二段豹皮状灰岩，上盘为奥陶系下马家沟组一段白云质灰岩。断层带及破碎带主要为Ⅴ类围岩，局部洞段为Ⅳ类，节理发育，受断层影响有部分不规则裂隙，裂隙大部分张开，部分稍张开，部分充填红黏土或黄色亚黏土。断层影响带岩体呈层状碎裂结构，岩块一般小于30cm。断层破碎带围岩为散体结构的破碎岩石，角砾成分为次棱角状、次圆状和部分圆状的灰岩角砾，红黏土和黄色亚黏土充填于角砾间隙中，角砾粒径0.05～2m不等。

7.1.4.3 卡机现象

引黄工程南干7号洞施工过程中，在掘进至F65断层（摩天岭断层）时，出现严重塌方，将刀盘及护盾卡住被迫停机，塌方段长7～7.5m、宽6m、高6.5～7m，处理该事故共用了3个月。

F65断层斜向穿越7号隧洞，断层破碎带位于桩号61+907.80～61+930.80，长

23m，断层影响带位于桩号 61＋785.60～61＋907.80 和桩号 61＋930.80～61＋972.60，宽度计 164m，破碎带和影响带总计长 187m。1999 年 5 月 19 日，掘进机在桩号 61＋685.90 处围岩由Ⅲ类变为Ⅴ类，之后Ⅳ类与Ⅴ类交替出现。5 月 28 日在桩号 61＋913.70 处围岩发生明显变化，施工渣料全部为块状岩石（其中灰岩占 60%～70%）和少量亚砂土与岩屑、红黏土的混合物，岩块直径一般为 10～40cm，个别达 50cm，呈次圆状，表面全部为风化面（偶见切割面的新鲜面），黏结少量红黏土，个别见有方解石脉，据推测该段为断层破碎带中部。由于施工困难，掘进机后退了 60cm，造成机头前塌方，此后掘进机继续向前掘进，至桩号 61＋917.17 处时，因塌落体卡住刀盘，无法旋转，造成掘进机停机。

5 月 31 日下午拆除安装好的管片共 6 片，同时将机头后移，但松散塌落体也随之塌落下来，填满刀盘前刚移出的空间，刀盘仍无法转动。从掘进机观察窗中可看到：掘进机机头前方大块石（直径 1.5～2.0m）堆积，其间充填小块石和少量亚砂土，块石呈现棱状或次圆状。继续拆除装好的管片，使机头后移，并不时启动刀盘，但未成功。由于机头的后移，使已装好的管片向洞中心挤出约 6cm，造成 5 环管片有不同程度的损坏，拆下来的管片破损严重，全部报废。掘进机机头后移共计 256cm。

7.1.4.4 卡机原因

对断层带及其影响带洞段，由于前期地质勘查工作量和技术水平的限制，往往事先对其产状、规模、位置及其危害程度缺乏确切了解。较小的断层破碎带对掘进机的掘进影响不大，在不采取措施的情况下，即可顺利通过。但一旦遇到较大的断层破碎带，往往伴随着大塌方，就可能压住护盾和刀盘，进而发生卡机现象，使掘进机掘进受阻，有时还会对掘进机掘进方向产生不同程度的影响，造成管片大范围破损，安装质量下降，还可能对设备造成不同程度的损坏，如护盾变形等。引黄南干线 4～7 号隧洞共有断层 34 条，而对施工造成重大影响的只有 F74、F65 两条，其余 32 条均未对掘进机掘进造成影响。

7.1.4.5 脱困措施

1999 年 6 月 3 日有关方面就卡机事故的处理方案进行了讨论和研究，为了探明地质情况进行了超前钻探，由于卡钻等原因，4 个钻孔均未达预期深度。与此同时，对掘进机刀盘内室塌落岩石进行清理，以便打开所有滚刀，对岩石条件进行直接观察。在刀盘内通过进入孔、出渣斗和滚刀口对塌落到刀盘上的岩石进行清理，以减小掘进机启动时刀盘所需转矩。脱困期间，用于化学灌浆的钻孔共 72 个，其中 65 孔插入内径 10mm、长度 2.5m 的 PVC 管。

6 月 16 日，根据已进行的工作和现场地质情况确定了最终处理方案（见图 7.12），即：

第一步，将不同长度的 PVC 管插入掘进机刀盘前的塌落岩体中，从管内用树脂进行化学灌浆，在刀盘前及周围形成 2m 厚的固结层。再在树脂灌浆层的上部插入 5～6m 的 PVC 管，通过管子将砂浆灌入塌落岩体中，以使塌落岩体固结。同时，从掘进机后护盾尾部上方开挖一个旁洞，以备灌浆处理后掘进机仍不能启动时，采取常规施工等进一步措施。

第二步，当刀盘开始旋转，岩石又开始塌落而刀盘前树脂灌浆无法控制其塌落时，从

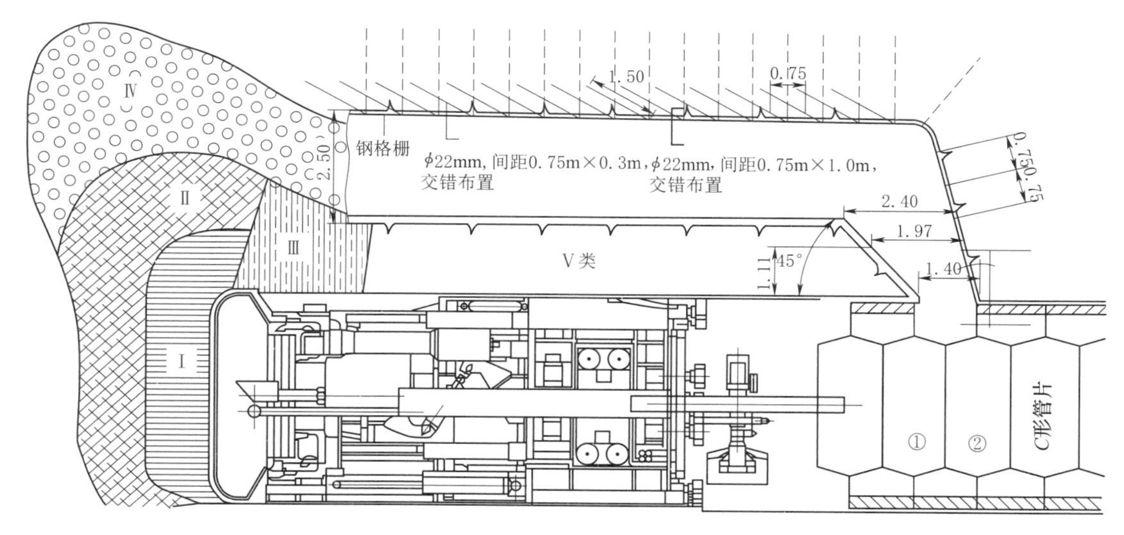

图7.12 引黄南干线7号洞进口摩天岭大断层F65处理示意图（单位：m）

Ⅰ—环氧树脂裂隙堵塞层；Ⅱ—砂浆；Ⅲ—2次灌入环氧树脂裂隙堵塞层；Ⅳ—混凝土回填

掘进机护盾顶部打入长约15m的灌浆钢管，以减少掘进机上塌落体的压力，同时防止岩石再次塌落。

第三步，如果掘进机没有足够转矩供刀盘重新启动，则将旁洞延伸至掘进机刀盘前，用常规方法挖除掘进机前已通过灌浆固结的岩体，直到挖至刀盘可以自由旋转。

按上述方案，从6月16日至7月8日，共进行了两次集中灌浆。第一次灌入82桶聚氨酯，水泥浆2.75m³。由于漏浆严重，只能灌灌停停，说明树脂灌浆未能堵住水泥浆流入机头。6月28日进行了第二次树脂灌浆，共灌入16桶，计720kg。随后分两次进行了7天水泥灌浆，内掺2%～3%的水玻璃，共灌浆1.77m³。

上旁洞开挖准备工作从6月25日开始开挖，位于顶管片上1.5m处，沿洞轴线方向，宽3.4m，高2.4m，计划开挖14m。到7月10日，累计开挖12.1m时，在掌子面桩号61+912.10处右下部出现一个直径约30cm、可见深度约2.5m的空洞。旁洞掌子面部位的岩性为奥陶系上马家沟组（O_2s_2）中厚层、厚层灰岩；整个掌子面原岩层面紊乱；岩体破碎，结构松散，岩块大小不一，棱角分明，岩块之间夹有厚度0.5～1.0cm的黏土及部分糜棱岩，部分岩块表面可见溶蚀现象，并覆有方解石晶物，呈现轻微变质、挤压现象。

7月11日，对掌子面进行了喷混凝土封闭，并采用液压钻（Atlas钻、直径50mm）钻孔57个（孔深3～10m），用气腿钻（直径38mm）钻孔49个（孔深3～6m）。灌水泥浆126.3m³，灌树脂126桶，计3150kg。

8月4日至8月7日，对旁洞进行钻孔爆破。8月7日晚在开挖至大约超出刀盘位置0.5m处时，旁洞前方出现了较大面积的塌方，形成了长约8m、宽约7.5m、高约6.5m的空洞。随后对掌子面前的塌方体进行封闭，并在封闭体中预埋了长度不同的4根2寸钢管，在封闭工作完成后，通过4根钢管对塌方后形成的空洞进行回填灌浆。浆液从洞室底部的孔隙渗出并流向掘进机的四周，之后，对掘进机刀盘周围的岩石和固结的浆液进行清理，1999 年 8 月 19 日掘进机机头露出。

8 月 20 日第一次尝试启动掘进机失败，对掘进机机头周围继续开挖，8 月 21 日再次试图启动刀盘，但由于刀盘两侧被大岩石夹住，在掘进 0.2m 后停机。再次对刀盘周围进行开挖，8 月 22 日刀盘能自由旋转。但由于掘进机尾盾不能向前移动，至 8 月 31 日，掘进机只掘进了 0.8m。同时由于掘进机的强大推力，使掘进机后护盾隔板与尾盾间的联结破坏。经过修复，9 月 6 日，掘进机正常推进。至 9 月 9 日，掘进机掘进了 2.94m。此后进入正常运行，此次停机前后历时 95 天。

7.1.5 新疆 DB 隧洞工程

7.1.5.1 工程概况

DB 隧洞为无压引水隧洞，主洞全长 30.71km，洞线近东西向布置，隧洞 TBM 最大开挖直径 6.9m，六边形预制混凝土管片衬砌，衬砌后内径为 6.0m，管片宽 1.6m，厚度 28cm，主洞埋深 10～260m，围岩岩性以含土砂砾石、膨胀性泥岩、凝灰岩、砂岩为主，Ⅱ类、Ⅲ类围岩洞段占总洞长的 5.52%，Ⅳ类、Ⅴ类围岩和不利地质条件洞段为 94.48%，地质条件极为复杂。TBM 实际平均月进尺 480m，最高月进尺达 1003m，最高日进尺达 58.3m，扣除 TBM 卡机脱困及设备检修期间影响，TBM 实际平均月进尺 630m，达到国内类似工程领先水平。

7.1.5.2 地质断层

近场区活动断裂构造主要有 GL 南断裂（F4）、MZ 断裂（F9）和 F10 断裂。

GL 南断裂（F4）为 GNS 河－YL 河断陷盆地的南缘边界断裂，沿 WS 山北麓延伸，长约 240km，走向近 EW 倾 S∠50°～70°，破碎带宽 150～300m，由多条南倾逆断层组成，破碎带主要由断层泥、断层角砾岩及糜棱岩组成。

MZ 断裂（F9）主要出露于 Y－K 河山口—BL 山一带，走向 NNE，北段错断第四系上更新统（Q_3^{al}）砂卵砾石层。受第四系地层覆盖影响，该断层向南延伸情况不明，在 DB 地段第四系含土砂砾石内未发现有错动迹象。

F10 断裂大部分被第四系地层覆盖，总体产状走向 NW290°～300°倾 NE∠80°～90°。断裂错断第四系砂卵砾石层，并使侏罗系含煤地层超覆于第四系沙砾石层之上。

f18 断层：走向 NW300～320°，倾向 NE，倾角∠68～70°。断层带内为角砾岩、糜棱岩、压碎岩及灰色和黄色的断层泥，断层泥呈软塑状，包裹砂岩、砾岩及泥岩角砾。断层两侧影响带宽 3m 左右，为浅黄色、灰色、褐红色、锈黄色的砂岩、砂砾岩及砾岩，饱和，泥钙质胶结，成岩较差，手能掰开，成分杂，多为碎裂岩，塌方严重，弃渣主要为砂粒和砾粒。断层处地下水呈线状出露，出水量 25L/(s·10m)。

f20 断层：走向 NE80°，倾向 NW，倾角∠55°～70°。断层带由断层泥、糜棱岩包裹角砾岩组成，其中角砾岩不规则，成分和颜色杂乱，主要为灰绿色凝灰岩和紫红色凝灰质安山岩，块径 5～10cm，最大可达 30cm。断层带内物质强风化，散体状。断层影响带为侏罗系中统西山窑组四段 J_2x_4 砂岩、砂砾岩夹泥岩，围岩破碎。断层两盘赋存地下水，有涌水现象，水量约为 15L/(s·10m)。

7.1.5.3 卡机现象

2006年11月14日，TBM掘进至33号冲沟时通过f20断层被困，该段长度29m，脱困用时37天，日平均掘进0.8m、约为正常掘进速度的1/40；2007年3月7日，TBM掘进至29号冲沟时通过f18断层被困，脱困用时31天。

7.1.5.4 卡机原因

断层带内为角砾岩、糜棱岩、压碎岩等散状体，处于饱和状态，断层泥包裹砂岩、砾岩及泥岩角砾呈软塑状，流动性强。当TBM穿越断层时，断层泥包裹砂岩、砾岩及泥岩角砾快速流入TBM机头内，致使TBM皮带压死，并从皮带上溢出，流淌到护盾中，迫使停机。

7.1.5.5 脱困措施

采用玻璃纤维中空注浆锚杆化学灌浆固结处理TBM掌子面松散体。

（1）在刀盘内腰线以上正面和刀盘上半圆周边，从刀座、边刀和铲刀处钻孔布设花管进行化学灌浆固结刀盘掌子面，对顶拱采用固结灌浆进行封堵，以保护刀盘，防止灌浆材料进入刀盘倒锥体。

（2）从前护盾4号、5号、6号、7号、8号孔进行超前钻孔，对刀盘上方和前方松散渣料采用化学灌浆进行固结；钻孔过程中如发现空区采用砂浆回填，然后对松散区进行化学灌浆。

（3）因化学灌浆凝结时间只有10～60s，在灌浆完成后及时进行现场清理，可直接起动设备掘进。

7.1.6 厄瓜多尔科卡科多-辛克雷水电站引水隧洞工程TBM1段

7.1.6.1 工程概况

厄瓜多尔科卡科多-辛克雷（Coca Codo Sinclair，简称CCS）水电站为引水式电站，电站主体工程由首部枢纽、输水隧洞、调节水库、压力管道及地下厂房等组成，电站总装机容量1500MW，是厄瓜多尔最大的水电站。输水隧洞是CCS水电站的控制性工程，为无压明流隧洞，全长约24.80km，采用钻爆法和TBM联合施工，TBM施工段全长约23.80km，由两台大直径双护盾式TBM完成，其中TBM1由2号施工支洞始发向隧洞进口方向掘进，掘进长度约10km，TBM2由隧洞出口向2号施工支洞方向掘进，掘进长度约13.80km，TBM施工布置见图7.13。TBM隧洞开挖洞径9.11m，预制钢筋混凝土管片衬砌、豆砾石回填灌浆，衬砌后洞径8.20m。

两台TBM为德国海瑞克公司（HERRENKNECHTAG）生产的S671、S672型双护盾式TBM，配置和性能基本相同，主要性能参数如下：主机长12.40m，整机长度157.00m，主机及其后配套总重1959t，刀盘开挖直径9.11m，共配备19in的中心刀4把、正滚刀38把、边滚刀13把及扩挖刀3把，采用变频电机（VFD）驱动，刀盘功率4200kW，刀盘转速0～5.95r/min，最大扭矩19179kN·m@2.95r/min、9589kN·m@5.95r/min，配备了超前钻机、管片安装机、豆砾石注入系统、回填灌浆系统、砂浆回填系统等设备。

7.1.6.2 卡机现象

2014年1月25日，TBM1掘进至桩号2+202.00时前盾被卡，采取加大推力、灌注

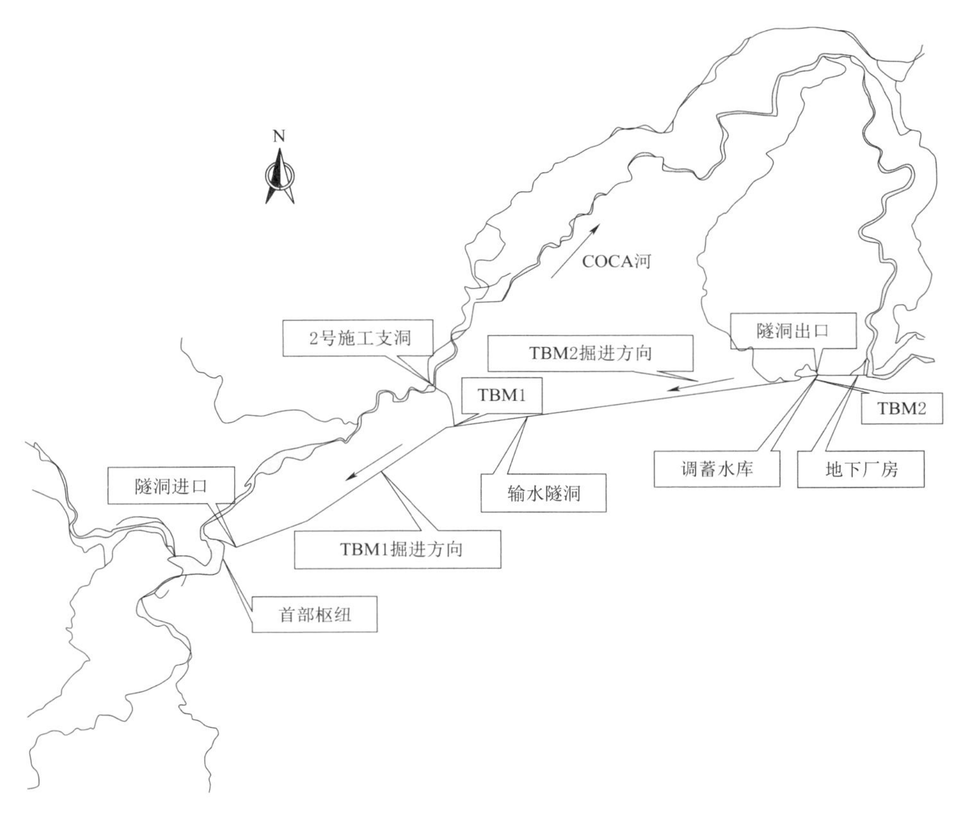

图 7.13　CCS 水电站平面布置示意图

膨润土等措施均未能脱困。2014 年 2 月 2 日施工单位开始在伸缩盾处清渣，但在 2 月 8 日清渣过程中因受前期塌方及施工扰动影响，隔水层破裂导致盾体左侧突发塌方和涌水现象，水与块石一同涌入隧洞，形成泥石流，持续了数小时。塌方体中块石岩性主要为安山岩及少量角砾岩，磨圆较差，块径大小不一，多为 2～10cm，涌水初期水质浑浊，约 10h 后，涌水才变清。这次塌方和涌水导致清渣工作暂停、伸缩盾、尾盾等设备被掩埋，尾盾后方 1～10 环管片渗水，1～4 环管片破损下沉。

7.1.6.3　卡机原因

根据 TBM 掘进参数记录，TBM 在掘进至 4846 环时推力由 13000～15000kN 下降至 10000kN 以下，最低降到 6700kN，扭矩由 3.26MN・m 大幅下降至 1.5MN・m，贯入度却由 15mm/r 上升至 18mm/r，由此推断从 4846 环开始岩石变差。打开伸缩盾，在 TBM 右侧及顶部看到两个断层，其中一个断层宽约 20cm，另一个断层宽约 10cm。断层与隧洞掘进方向成约 60°倾角。断层位置相对干燥，无明显渗水。断层处的围岩为强风化安山岩、玄武岩，岩石破碎有夹泥，围岩类别为Ⅳ～Ⅴ类，极易塌方、掉块、卸荷。根据 TBM 掘进记录和地质资料分析，断层破碎带是导致 TBM 被卡的主要原因，需采取措施对 TBM 护盾和 TBM 前方 20m 范围内的围岩进行处理，使 TBM 脱困并能继续开挖施工。

7.1.6.4　脱困措施

1. 加强已完工程的防护

因为 TBM 尾盾后的管片已经出现破损情况，为了防止塌方对已安装好的管片的影响，防止事故进一步扩大，需对尾盾后 1～5 环管片进行水泥灌浆加固，对尾盾后第 1～9 环管片在隧洞内部用钢支撑进行加固。安装 3 组收敛变形计，一组安装在盾尾盾体上，监测塌方对盾体产生的变形影响；另两组分别安装在盾尾后第 3 环、第 11 环管片上，监测管片变形情况。

2. 开挖排水洞

为了排除地下水，减少渗水对施工作业的影响，在掘进方向右侧盾尾后第 10 环管片处向刀盘方向开挖 PD2 支洞，作为塌方段的排水洞，开挖断面 1.8m×2.0m（局部扩挖至 2.0m×2.5m）。排水洞开挖完成后，采用地质钻机钻两个深 20m 的排水孔，一个垂直顶拱，另一个与隧洞轴线成 60°。

3. 开挖刀盘上方岩体

开挖刀盘上方断层破碎带岩体，并形成可靠的支护体，使 TBM 在支护体的防护下通过断层破碎带。为了到达 TBM 护盾前方进行开挖与支护作业，在掘进方向左侧盾尾后第 10 环管片上开挖导洞 PD1，开挖断面 1.8m×2.0m。PD1 支洞开挖至刀盘前掌子面后，开始处理刀盘、盾体部位塌方区，在盾尾部分塌方区域处理完成后，开始对伸缩盾内、尾盾内掉落的石渣进行清理，并对设备进行检查和恢复。开挖过程中根据地质情况决定增设 PD1－B 支洞，作为刀盘前桩号 0＋19.00～0＋6.50 段开挖支护的施工辅助支洞。

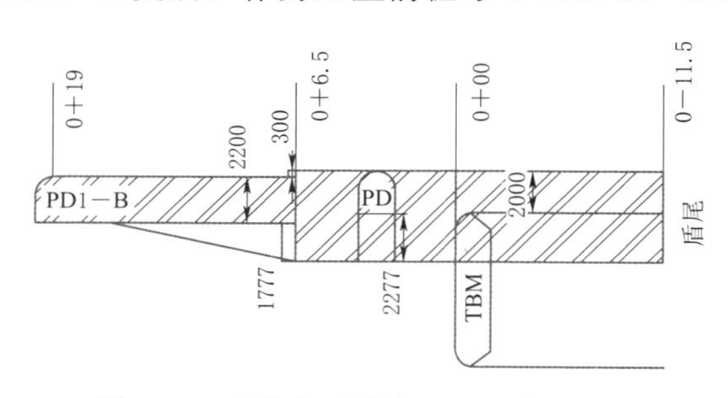

图 7.14　扩挖段总体布置图（单位：m）

刀盘前至 TBM 尾盾部位扩挖段总体方案见图 7.14。

（1）0＋19.00～0＋6.50 段扩挖段开挖。分 3 区开挖，先开挖Ⅰ区，再开挖Ⅱ、Ⅲ区。其中Ⅰ区超前Ⅱ区、Ⅲ区 2～3 排炮。Ⅰ区开挖排炮进尺 1.5～2.0m，钢支撑间距 0.8～1.0m。支护型式：超前锚杆（Φ25mm 钢筋，$L=3$m），工 20 工字钢支撑，挂网喷混凝土。

（2）0＋6.50～0－11.50 段扩挖段开挖。先开挖Ⅰ区，开挖排炮进尺 1.2m，钢支撑间距 0.6m。根据实际情况调整开挖方案，根据涌水情况，先开挖Ⅱ区，再开挖Ⅲ区，最后开挖Ⅰ区。支护型式：超前小导管（ϕ42mm 钢管，$L=3$m），工 20 工字钢支撑，挂网喷混凝土。

7.1.7　吉林省中部城市引松供水工程

7.1.7.1　工程概况

吉林省中部城市引松供水工程总干线三标段线路桩号 K24＋600.00～K48＋900.00，总长度 24.30km。该段为 TBM 施工第一段，桩号为 K47＋460.19～K36＋575.00，共计 10.89km，TBM 逆坡掘进，顺坡排水，坡度为 1/4300。

7.1.7.2 地质条件

该洞段地貌为丘陵及河谷，山势较陡，植被发育，河谷常年流水。岩性为燕山早期石英闪长岩，半自形粒状结构，块状构造。岩石普遍遭受蚀变，主要矿物成分为斜长石、角闪石、黑云母和少量石英，石英占10%～22%。受构造影响，岩体破碎，渗透性弱～中等，与地表水联系密切，施工需注意涌水问题。

该洞段属于F23－2断层影响带，地质条件复杂，断层破碎带多，且断层破碎带与地下水系联通，隧洞施工过程中易引发隧洞坍塌、突水、突泥等地质灾害。

7.1.7.3 卡机现象

2015年5月24日，TBM掘进至K47＋380.00桩号时，前方围岩揭露为断层破碎带，围岩破碎，接触面为断层泥，并伴随渗水，现场确认围岩类别为Ⅳ类，但再掘进1m后，发现掌子面前方围岩整体成碎块加泥，按照Ⅳ类围岩支护不能满足安全要求，随后确认为Ⅴ类围岩，现场按照Ⅴ类围岩进行施工。

2015年5月25日在掘进至桩号K47＋373.00时，发现顶护盾压力接近极限值，证明刀盘上部围岩压力持续增加，随后发现塌方体体积庞大，并且持续塌落，刀盘无法正常运行，为避免卡机决定TBM后退处理，后退过程中，掌子面前方渣体一直跟随TBM向刀盘前方延伸，直至TBM后退14m处才处于稳定。TBM多次尝试向前掘进，都因刀盘压力过大，未能成功，先期进行了管棚灌浆预加固处理并进行了掘进，在掘进过程中仍然塌方，TBM无法通过。

7.1.7.4 卡机原因

TBM施工中，已掘进通过的80m洞段均为完整的石英闪长岩，围岩类别为Ⅱ类，在掘进至桩号K47＋380.00时，围岩发生突变，揭露为断层破碎带，围岩极其破碎，并伴随有少量的渗水。刀盘掘进至桩号K47＋373.00时发生大规模断层破碎带塌方，该洞段埋深110m，地表为山梁、沟谷交错，沟谷宽10～30m，山势较陡，植被发育。岩性为燕山早期石英闪长岩，半自形粒状结构，块状构造。岩石普遍遭受蚀变，主要矿物成分为斜长石、角闪石、黑云母和少量石英。受构造影响，岩体破碎，渗透性弱～中等。经后期处理发现桩号K47＋378.00～K47＋372.00段为碎块石夹杂断层泥；桩号K47＋372.00～K47＋364.00段为类泥石流不良地质条件洞段，刀盘前方及顶部均为级配较好的类泥石流状流态土、砂及水的结合体。断层破碎带是TBM卡机的主要原因。

7.1.7.5 脱困措施

1. 重难点分析及对策

（1）发生塌方洞段位于刀盘前方，施工空间有限，只能利用TBM护盾后方平台进行施工，且仅能满足一台套70A钻孔设备施工，若采用小型钻机，也仅能满足2台钻机同时施工。

（2）TBM施工段K47＋373.00段为断层破碎带，按照设计图纸，该断层破碎带距离原设计查明的F23－2影响带距离较近，但影响范围不确定，根据物探资料，桩号K47＋383.00～K47＋350.00段均为断层破碎带影响范围，处理周期较长。

（3）断层带破碎，充填物力学指标低，且已被扰动，极可能已在掌子面前方上部形成塌方空腔，后续超前支护及灌浆加固难度大。另外，该处埋深较浅，如处理不及时，处理手段不到位，在雨季还可能在掌子面形成突涌泥石流，形成更难处理的局面。

(4) 坚持“加密管棚超前支撑、严格注浆加固、短进尺掘进、钢拱架及时支护”的原则。加强超前判断，对前方异常地段，提前做好超前处理，固结破碎围岩及堵水；同时加强初期支护。针对塌方洞段，采用型钢拱架进行支护，拱架间距按45cm布置，局部根据需要进行加强。

(5) 施工洞段为已发生扰动塌方区域，主要为松散断层堆积物，极可能在掌子面上部埋深较浅处已形成塌空区。受TBM刀盘影响，无法在掌子面形成止浆墙。跟管钻进及灌浆难度极大，任一环节措施或控制不到位，都可能造成支护破坏形成二次塌方。

2. 施工作业平台

由于TBM施工空间有限，为方便施工，作业平台采用TBM护盾后方主梁及钻机平台作为作业平台，同时采用脚手架对该平台左右两侧进行延伸。施工前对钻机平台局部进行调整和改造。灌浆设备布置于主梁下部，通过延伸机车轨道，将注浆泵及储浆罐安放于平板车上，方便来回运输及调整。

3. 探孔施工

探孔布置在管棚开孔线隧洞顶拱最高点，施工参数如下：

(1) 钻孔采用YXZ－70钻机跟管钻进，跟管采用ϕ127mm套管，且套管为实壁管，以便判断前方围岩情况。

(2) 钻孔深度根据现场实际情况确定。若岩层条件较好，钻进过程无阻碍，则钻孔深度为不小于25m；若前方遇塌腔体，则在遇塌腔体位置终孔，进行塌腔体处理，塌腔体处理完成后需要在原探孔左右20cm以内重新布置新的探孔，继续向前加深钻探。

(3) 钻孔遇地下水后，视情况保留钻孔对地下水进行引排。

4. 塌腔体回填

若探孔钻孔遇前方塌腔体，跟管钻进将由于漏风、漏渣而无法继续。此时需先完成塌腔体回填后再重新开孔进行探孔或管棚孔施工。

塌腔体回填采用水泥砂浆或一级配C20混凝土。泵送混凝土设备采用HBT－60A混凝土泵，泵送砂浆采用HS－B8灌浆泵，泵送时从127导管内安装混凝土泵管至空腔内。泵送混凝土前，现场设置排气孔，排气孔内安装不小于32mm的排气钢管，后续排气钢管可作为回填灌浆管使用。塌腔体回填须密实饱满或回填至排气孔内返浆为止。砂浆或混凝土回填完成后，沿排气钢管内注入0.5∶1水泥浆，水泥浆注入时，压力达到0.1MPa时可结束。

5. 堆渣体表面封闭

第一排管棚下方三角区域堆渣体表面封闭采取以下措施：

(1) 沿护盾外沿施工3个钻孔，中间和左右各一个，钻孔间距为2～3m。

(2) 钻孔孔深为进入松渣体1～2m（同时尽可能向前钻进至25m），钻孔直径为150mm，钻孔角度为斜向上10°～15°。

(3) 表面封闭灌浆采用灌注砂浆或速凝砂浆的方式。

(4) 当发现堆渣体表面出现漏浆情况时，采取待凝措施，待凝时间根据现场情况确定。

6. 松渣体固结

结合第一循环管棚支护，在管棚下方、隧洞开挖线上方进行松渣体固结灌浆，以便增加松渣体自稳能力和形成传力的拱形结构，减小超前支护措施承受压力。松渣体固结灌浆的施工参数如下：

（1）钻孔布置：开孔位置位于护盾后沿后移1m、2m、3m处，钻孔间距1.5m。覆盖范围为顶拱150°～180°。现场施工时，视工作面对钻机架设影响情况可酌情调整。钻孔角度为外插5°、13°、20°，整体呈类伞状布置。钻孔深度不小于25m，并尽可能加深。钻孔直径不小于60mm。钻孔设备选用Dm－30钻机。

（2）灌浆方式：自孔口向孔底每5m（结合钻孔情况可延长灌浆段长，但最长不超过10m）为一段灌注，已开挖洞段灌浆压力按照0.3～0.5MPa控制，未开挖洞段灌浆压力为1.0～3.0MPa，采用纯压式灌浆法施工。

（3）灌浆采用1∶1、0.8∶1、0.5∶1三个比级，浆液变换原则和结束标准同灌浆规范中固结灌浆相关要求。

（4）当遇难以结束孔段时，可灌注水泥砂浆、速凝水泥砂浆或水泥-水玻璃双液浆快速结束。灌注完成后扫孔复灌水泥浆。

7. 超前支护施工

超前支护措施分为两种，一种是超前微型钢管桩，一种是超前管棚。①超前微型钢管桩利用松渣体固结灌浆钻孔下入钢管及钢筋，再注浆封孔；②管棚按照“管棚孔造孔（跟管）→下入钢筋束→管棚注浆”的顺序进行。超前支护在松渣体固结灌浆完成之后进行。

（1）超前微型钢管桩施工。在松渣体固结灌浆末段灌浆前，安装微型钢管桩，后进行灌浆及封孔即可。

1）待松渣体固结灌浆终孔段成孔后，沿钻孔下入48mm钢管，钢管之间连接采用焊接方式，并对接头外沿打磨光滑。

2）在钢管内下入32mm钢筋，钢筋接头采用对焊，并打磨光滑。

3）待钢管和钢筋安装完成后，孔口封闭进行灌浆。

（2）管棚施工。

1）施工准备。采用TBM主梁作为操作平台，管棚沿隧洞顶拱弧线间距30cm。在平台上进行管棚施工。

2）测量定位。采用直尺沿护盾壁管棚加固范围（拱顶120°，尽可能做到150°范围，但可能受制于空间，钻机无法摆放）内进行管棚位置放样。管棚布置间距30～50cm。开孔位置为护盾边沿向后至少1m位置（若开孔部位基岩完整，则开孔位置可为护盾边沿），钻孔角度为外插10°，管棚整体呈类伞状布置。120°范围时共布置钻孔15～25个，150°范围时共布置19～33个。

3）开孔。尽量按测量位置进行开孔，如果因TBM布局影响，现场酌情进行调整。开孔前将固定好钻机并调整好孔轴线及角度，以保证管棚质量。

4）钻进要求。

(a) 管棚孔采用YXZ－70锚索钻机全孔跟管钻进成孔，钻头采用ϕ110冲击器带

ϕ150mm 钻具成孔，钻杆采用 ϕ89mm 钻杆。

(b) 钻机开钻时，可低速低压，待成孔 6m 后，可根据地质情况逐渐调整钻速及风压。

(c) 钻进过程中确保动力器，扶正器、合金钻头按同心圆钻进。

(d) 钻孔速度保持匀速，特别是在松散堆渣层时，控制钻进速度，避免发生夹钻现象。

(e) 钻进过程中按照钻进 1.5m，加一次钻杆，加一节套管方式。

(f) 跟管套管采用长 1.5m、外径 127mm 无缝钢管（壁厚 6mm）通过管箍连接。套管加工为注浆花管，其加工要求孔径 12mm，间距 15cm，一周 4 排，呈梅花形排列，套管最前端为 70cm 长特种钢管靴，不需钻注浆花孔，尾端 6m 范围内也不需钻花管孔，作为止浆段。

5) 清孔与验孔。

(a) 钻进结束后用钻机进行来回扫孔，清除浮渣至孔底，确保孔径、孔深符合要求、防止堵孔。

(b) 用高压风从孔底向孔口清理钻渣。

(c) 用经纬仪、测斜仪等检测孔深，倾角，外插角。

6) 钢筋束安装

(a) 采用 ϕ150mm 钻具成孔后，及时将孔口段的跟管与钻孔壁间缝隙填塞密实。

(b) 采用三根 Φ32mm 钢筋焊接组成钢筋束。人工配合安装入孔内后，封孔。

(c) 鉴于施工平台的局限性，钢筋束加工及安装的方式采用边安装边加工的方式进行。钢筋焊接接口必须错开布置，即钢筋束端头钢筋的长度分别为 3m、6m 和 9m，后续均采用 9m 长钢筋与其焊接。

7) 管棚注浆

注浆管的设置：注浆采用全孔一次性注浆，利用自制的注浆套管与管棚用套丝连接，注浆套管上准备出气管与进浆管，由阀门控制开关。采用 8.5mm 塑料管作为排气管，连接注浆管等各种管路，利用锚固剂封闭围岩与管棚间的孔隙，防止漏浆。关闭孔口阀门，开启注浆泵进行管路压水试验，如有泄漏及时检修，试验压力等于注浆终压。

8) 管棚注浆过程控制措施

(a) 管棚施工完成后开始注浆，从下向上，先Ⅰ序孔，后Ⅱ序孔，注浆前对所有孔眼安装止浆塞，同时对管口与孔口外侧进行密封处理。

(b) 水泥浆液采用拌和机制浆，采用高压注浆泵将液浆注入管棚钢管内，注浆前先检查管路和设备状况，确认正常后做压浆实验。

(c) 注浆采用连续灌注，结束标准采用双控：一是注入率小于 1L/min，持压 10min 后停止注浆；二是压力必须达到 0.3～0.5MPa。

9) 注浆过程应派专人负责，填写“注浆记录表”，记录注浆时间、浆液消耗量及注浆压力等数据，观察压力表值，监控连通装置，避免因压力猛增而发生异常情况。

管棚注浆浆液配合比及适用情况详见表 7.1。

表 7.1　管棚注浆浆液配合比及适用情况表

序号	灌注浆液	浆液水灰比	天然细砂比例	水玻璃比例（体积比）	适用情况
1	普通水泥浆液	0.5：1			纯水泥浆液
2	普通水泥砂浆	0.5：1	10%～50%		堆积体表面漏浆或水泥浆灌注难以结束
3	水泥-水玻璃双液浆	(0.8～1)：1		C：S=1：0.8	堆积体表面漏浆、水泥浆灌注难以结束、遇地下水
4	水溶性聚氨酯	LW：HW=7：3			遇地下水

8. TBM 掘进准则与支护参数

(1) TBM 采用软岩掘进的参数，采用低转速、低推力的掘进准则。

(2) 按照Ⅴ类围岩进行锚杆施工，Φ25mm，L=3.0m，间排距 900mm×900mm，锚杆与钢筋排、钢拱架焊接牢固，同时在有可能的情况下采用自进式超前锚杆，型号同Ⅴ类围岩支护锚杆。

(3) 支护中采用迈克拉尼系统（钢筋排）和钢筋网进行支护，钢筋排的钢筋采用 Φ22mm、Φ25mm 螺纹钢，每个断面布设 31 排，每排 3 根，跟随掘进向前延伸，钢筋网采用 ϕ8mm@150mm×150mm 规格施工。

(4) 钢拱架按照 450mm 间距进行施工，如强度不够，可以继续加密，以保证安全。

(5) 过断层破碎带洞段采用 H125（代替工 16）钢拱架进行支护。

(6) 钢拱架之间连接筋根据现场要求，采用工 16、工 14 型钢进行纵向连接，环向间距根据实际支护需要确定。

(7) 钢筋排施工完成后，在外侧安装一层薄铁皮或者钢板，同时在钢筋排上部灌注 20cm 厚混凝土或采用手动喷射混凝土对已施工洞段进行封闭，并将撑靴部位喷平以满足撑靴通过。

7.1.8　巴基斯坦 N-J 水电站引水隧洞工程

7.1.8.1　工程概况

巴基斯坦 N-J 水电站引水隧洞工程单侧轴线总长 28.60km（单线洞和双线洞交错布置），共设置 5 条施工支洞（分别为 A1～A5），其中 A1、A2 支洞之间引水洞原设计为双线洞，单侧轴线长度 13.60km。此段引水隧洞埋深大、地质条件复杂、地温高、通风排烟困难等，影响进度的不确定因素多，工程风险极大。双线洞 T3′-M1 段采用 2 台 TBM 自下游向上游逆坡掘进，单台 TBM 掘进长度约为 11.50km，设计纵坡坡度为 0.79%，设计开挖直径为 8.53m。其余洞段（含拆卸洞室，约 4km）仍由 A1 支洞向下通过钻爆法施工完成。TBM 施工段沿线地质条件复杂，洞室埋深 800～2000m，其中埋深大于 1300m 的洞段超过 8.8km，具有围岩完整性差、软硬围岩变化频繁、洞线长的特点。

TBM 掘进段围岩普遍较差，Q2 类围岩占 6%，Q3 类围岩占 40%，Q4 类围岩占 45%，Q5 类围岩占 9%，且在 A2 支洞附近存在一个 300～500m 宽的断层破碎带。

7.1.8.2 地质条件

1. 地层岩性

隧洞穿过第三系中新世早期 N1 的 MURREE（穆里）组岩层，其岩性主要由砂岩、泥质粉砂岩、粉砂质泥岩、泥岩等组成，2 号 TBM 洞段岩层基本走向 NW350°～355°倾向 NE∠41°～80°。

2. 地质构造

2 号 TBM 隧洞段主要受上游主边界 MBT（或 Murree 逆断层）和跨越于 Thotha 区域的穆扎法拉巴德逆断层（MT）及山体构造隆升、褶皱构造和层间剪切作用所控制。

（1）褶皱构造：

受区域断裂构造影响，隧洞发育向斜、背斜构造，背斜、向斜轴向与地层走向近平行，与隧洞轴线呈大角度相交，其向斜、背斜呈连续分布发育规律，轴部一定范围张性裂隙发育，多形成裂隙密集带，隧洞围岩常失稳坍塌及塌方；受层间错动及挤压隆升影响，局部洞段发育褶曲构造。

（2）断层破碎带：

桩号 8＋420.78～8＋427.23 洞长 6.45m 发育 f6 断层构造破碎带，为压性断层；构造带内为 SS－1 断层角砾岩、糜棱岩及断层泥，围岩呈散体结构，稳定性很差。

3. 剪切构造破碎带

主要发育在 M（泥岩）和 SS－2＋M（砂岩＋泥质岩）地层分布段，受层间错动剪切破坏，薄层砂岩多数呈 3～8cm 碎块，少数呈 5～12cm 碎块，多为 3 组以上裂隙切割，赋存深部裂隙潜水，地下水呈线状流向洞内排泄；在地下水作用下，完全劈理化的泥岩被崩解、软化、泥化；此种破碎带基本无自稳时间，伴随 TBM 开挖逐渐向上部塌落，TBM 出渣大于理论出渣量的数倍且无法前进，顶拱 90°～120°范围形成大于 15m 以上的塌空区，出渣类似稠状泥石流物；这种破碎带往往造成 TBM 埋机和卡机，使 TBM 被困于破碎带中。

4. 裂隙密集带

由 3 组以上裂隙构成。间距多为 2～5cm，少数 3～8cm，张开 0.5～2.0cm。裂隙内充填褐红色泥质及岩屑；多发育在向斜、背斜等褶皱构造的轴部，岩体呈现薄层状结构、碎裂结构，围岩破碎且稳定性差。

7.1.8.3 卡机现象及原因

f5 层间剪切构造破碎带桩号 13＋993.45～14＋097.79，隧洞分布长度 104.34m；由 M（泥岩）和 SS－2＋M（砂岩＋泥质岩）地层组成，围岩呈碎裂散体结构；砂岩中赋存深部裂隙潜水，呈线状流出露；泥质岩完全劈理化，在地下水作用下崩解、软化、泥化，收敛变形大且速率快。顶拱 90°～120°范围形成大于 15m 以上的塌空区，出渣类似稠状泥石流物；隧洞围岩类别 Q5，TBM 被困于破碎带中。

隧洞 14＋083.59～14＋076.16 洞段位于 A2 支洞附近断层的破碎带区域内，上覆岩层厚度为 1010m，山高谷深，构成了 Neelum 河与 Jhelum 河流域的分水岭，其山体两侧发育两条与隧洞轴线近平行的大峡谷，峡谷深切，河床坡降大。

工程区属于喜马拉雅构造体系，地质年代较新，构造活动至今仍在继续。受构造影响，地层陡立，层间错动情况较为普遍。Ⅰ类粉细砂岩中陡、缓倾角裂隙与羽状排列的隐蔽裂隙发育，裂隙结构面平直光滑，张开宽度一般为2.0～5.0mm，半充填灰白色的方解石及岩屑，围岩呈层状-碎裂结构。Ⅱ类砂岩、泥岩互层结构地层受褶皱构造影响，层间错动普遍，发育有厚度不等的顺层挤压剪切破碎带，其沿洞轴线分布的长度与泥质岩类沉积厚度、层次呈正比，挤压剪切带内的泥质岩类呈完全劈理化，“鳞片”状，剪劈理方向与层面近平行，带内可见灰白和白色方解石微细次生岩脉，围岩呈镶嵌-近散体结构。泥质软岩劈理化程度和砂岩中裂隙发育情况见图7.15～图7.19。

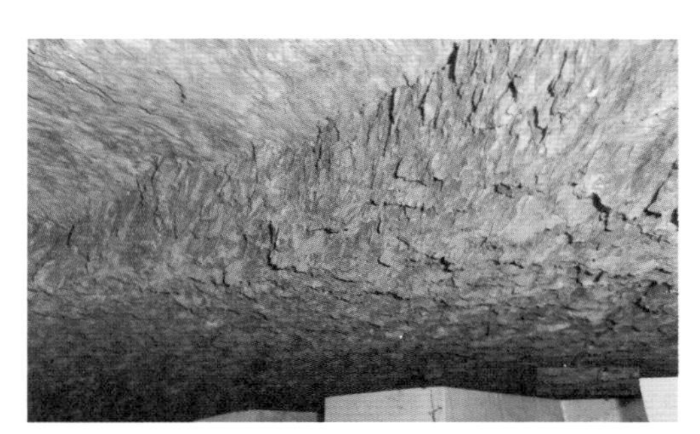

图7.15 完全劈理化的泥质软岩

图7.16 劈理化的泥质软岩在地下水作用下发生软化、泥化

图7.17 泥质软岩近照

图7.18 泥质软岩覆盖钢筋网格

桩号14＋112.50～14＋077.59段Ⅱ类砂岩、泥岩互层结构地层中，在桩号14＋112.50向隧洞上游的紫红色粉砂岩夹层有地下水沿裂隙呈线状流出露，水量12～14 L/min。受封闭的粉砂岩夹层中地下水影响，完全劈理化的泥质软岩被软化、泥化，呈软塑状态，泥化软岩的力学性质指标剧烈下降，围岩失去了基本的自稳条件。在桩号14＋083.59～14＋077.59洞段隧洞顶拱90°～110°范围发生了较大规模的塌方，随着TBM

图7.19 Ⅰ类砂岩中裂隙发育情况

的出渣量增大，塌方体积、高度越发增大，估算方量900～1000m^3，最大塌方高度大于20m。

受上述不利地质条件组合及地下水进一步恶化的影响，围岩体快速松动呈散体结构，失去了自稳条件，导致较大规模失稳塌方，掩埋了TBM刀盘和护盾。

7.1.8.4 脱困措施

1. 前期脱困方案

卡机事件发生前期，塌方区塌空高度小于3m，根据TBM的超前加固设备的实际情况，暂无法实施大型管棚，为快速通过该区域，确定前期脱困方案如下：①人工喷射钢纤维混凝土封闭塌空区掌子面；②采用手风钻自掌子面打入直径28mm自进式玻璃纤维中空注浆锚杆，锚杆深度可至掌子面前6～9m（距刀盘前部2～3m），自进式锚杆前部3m范围做溢浆孔方便化学灌浆；③进行化学灌浆（采用聚氨酯类堵水加固材料），固结护盾及刀盘上部石渣，形成壳体结构；④人工清理刀盘内的石渣，以便刀盘能恢复转动；⑤封闭部分铲斗以减少出渣量；⑥用TH梁配合钢板加强支护。

根据上述方案进行了超前加固工作，随后多次尝试转动刀盘和掘进，都因出渣量大、刀盘向前推进时顶护盾压力过高、扭矩和电流超负荷，导致系统自动保护而脱困失败。

此阶段脱困失败的主要原因有以下几方面：

（1）因停机处理时间较长，在地下渗水作用下，塌空区围岩被刀盘反复扰动后呈层状连续剥落，自进式锚杆＋化学灌浆组合形式承载力有限，松散围岩持续塌方，形成特大空腔。

（2）手风钻施工自进式锚杆仅能到达掌子面前6～9m（实际有效加固区距刀盘仅2～3m），无法真正加固刀盘及护盾上方的围岩。虽能短暂启动刀盘，但出渣后塌方量过大，导致锚杆前端被压垮，刀盘及护盾被松散渣体卡死。

（3）因特殊的地质条件，泥质岩遇水迅速崩解，出渣量异常增大，按常规封闭50%的铲斗仍不能有效控制出渣，导致皮带经常被压死，错失脱困良机。

2. 后期脱困方案

根据对前期脱困的总结分析，证明此时塌方区发展已极为严重，故必须通过在护盾顶部人工开挖小导洞来脱困。开挖小导洞的目的是：①减小护盾上方的应力，为后期脱困做准备；②探测前方围岩情况；③便于加固护盾上方及刀盘前方围岩。

根据塌方实际状况，在TBM顶护盾上部左侧开口，开挖小导洞。开挖至护盾前沿后，继续扩挖右侧，按同样洞径开挖支护至护盾前沿，然后使用自进式锚杆对顶护盾两侧岩体进行锚固施工。

刀盘前上方采用2～4层直径28mm自进式锚杆配合直径60mm钢管组成复合管棚进行超前加固。管棚孔距20～50cm，靠近刀盘的一层管棚采用化学灌浆（聚亚胺胶脂材料加固围岩和保护主机），上面的2～3层管棚采用水泥灌浆加固。

使用风镐及自制工具在护盾顶部开挖城门洞型小导洞，导洞高约1.9m，每循环开挖深度约0.4m。如开挖时出现流渣现象，则对底部采用枕木支撑，及时喷混凝土封闭掌子面并钻自进式锚杆，通过自进式锚杆上的花孔进行化学灌浆加固，待黏结性增强后再开挖。

每开挖 0.4m 后，停止开挖，立即进行钢拱架支护，支护完毕后，对导洞掌子面和两侧喷混凝土封闭，进行下一循环开挖支护。

当左右两侧导洞均开挖至护盾前沿后，封闭掌子面，在导洞两侧楔入直径 28mm 锁脚锚杆，并灌注水泥浆锚固，局部区域加密锚杆。

采用上述方案后，TBM 脱困成功。

7.1.9 陕西省引红济石调水工程

7.1.9.1 工程概况

陕西省引红济石调水工程引水隧洞施工段地貌属侵蚀中山，围岩以带条状大理岩为主，夹角闪片岩、片麻岩、绿泥石片岩及炭质片岩，存在溶蚀裂隙，地下水活动复杂。该段工程地质条件复杂，施工难度大，施工过程中多次出现断层破碎带、涌泥、涌水等突发性地质灾害，卡机事故频繁发生。引红济石 W 标 TBM 施工段采用美国罗宾斯公司生产的转场双护盾 TBM，适用于各种地质，既能适应软岩，也能适应硬岩或软硬岩交互地层。隧洞施工开挖衬砌一次性完成，开挖洞径 3.6m，开挖时同步进行管片拼装。

7.1.9.2 地质条件

根据遥感和野外调查，工程区主要褶皱构造有太白—桃川河向斜南翼的次级褶皱，其中对隧洞影响最大的有 F1、F2、F3、F6、F 16、F 21。在小罐子一带集中发育，相互切割，异常复杂，该段岩体强烈破碎，工程地质条件较差，隧洞开挖易产生坍塌掉快，对隧洞洞室稳定不利。

隧洞工程穿越秦岭山间盆地，地质构造属秦岭褶皱带东西向构造的次级向斜构造盆地。表部被第四系冲洪积和冰碛层覆盖，地质条件复杂，存在有以下工程地质问题：

（1）岩性复杂，岩性变化大。不仅有坚硬的花岗岩、大理岩、片麻岩，角闪片岩，而且夹有千枚岩、云母片岩和炭质片岩等软岩，软硬相间，软岩随机分布。

（2）区域断裂构造发育，不仅发育有与洞线平行的东西向区域大断裂，而且发育一系列 NE、NW 和 SN 向的断裂构造和次生断裂构造，致使岩体破碎，围岩稳定性差。

（3）盆地地表水系发育，洞线位于向斜盆地中，盆底为一向斜构造，隧洞开挖后成为一个集水廊道，地下水丰富，易产生突水、突泥现象。

（4）据地应力测试，隧洞最大水平地应力达 43MPa，最大水平地应力方向为 NE11°，基本与洞线垂直，因而影响洞室的稳定，特别是断层破碎带和软岩段围岩，易产生塑性变形和发生坍塌。线路上主要断裂构造分布如图 7.20 所示。

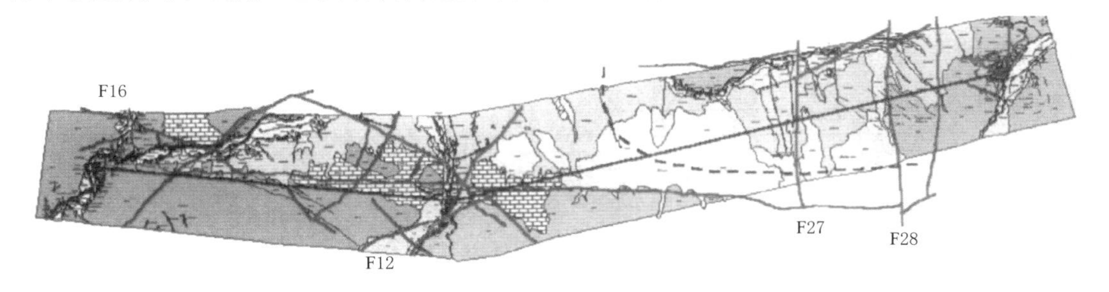

图 7.20 引水线路主要断裂构造分布图

7.1.9.3 卡机现象

项目自掘进以来，共发生大小卡机事故18次，所揭露的实际围岩主要以Ⅳ类和Ⅴ类围岩为主，岩体总体上较破碎，节理裂隙和伴生断层发育，片理发育，地下水局部发育，岩层产状错乱，掌子面围岩软硬不均且变化频繁，稳定性较差，遇水易软化，围岩变形速率较快。受地质条件影响，施工十分缓慢。

2010年5月14日TBM掘进至K15+397.00处发生卡机事故，通过K15+397.00工作面出渣孔观测得知掌子面为薄至中层状灰色角闪片麻岩，岩体以微风化为主，岩体较完整较破碎，石质坚硬，节理裂隙较发育，层间结合一般，呈块状结构，裂隙水发育，自稳能力差。由于施工后配套设置未有效跟进，在地下水作用下围岩变形加大，导致停机7天；5月2—25日继续推进至K15+391.00处，发生围岩坍塌卡机，围岩破碎，呈薄片状碎裂结构，层间结合较差，夹有软夹层，掉块严重，有塌腔。之后TBM进入断层破碎带，在停机处理后，于7月4日再次推进，开挖至K15+371.00处完全被卡，断续停机时间长达155d。

7.1.9.4 卡机原因

卡机段处于太白盆地腹地，位于北东向西河坝背斜近核部的东部，在拉张应力作用下形成正断层，岩体破碎，受季节影响有利于地下水向深部的入渗。隧洞洞身段的整体围岩基本处于Ⅳ～Ⅴ类围岩，根据现场观测刀盘及伸缩盾围岩情况：卡机处左右两侧的岩层产状相差较大；左右两侧岩层有明显的弯曲牵引褶皱出现；有大量的断层泥出现，岩体处于强风化局部微风化状态；岩层面上有摩擦的镜面，且有铁锈出现呈红色；左右两侧岩体的硬度都较大，但中部破碎且夹有软弱夹层，成岩条件差，具有明显的断层特征。卡机的主要原因是断层破碎带的交错发育引起岩体破碎，地下水汇集造成岩体软化失稳。

除受断层影响，构造裂隙和伴生断层发育，该处岩性复杂，相变大，岩体不均一，导致岩层产状错乱，软弱夹层发育，软硬岩相间，岩体破碎，在地下水的作用下易发生拱顶塌方掉块。开挖后围岩发生层间错动，受构造影响沿切割带的导致二次变形，对掌子面的处理不及时岩石裸露时间较长加上地下水的侵蚀冲刷导致围岩泥化掉块，大变形事故发生，TBM在掘进中方向控制难度较大，姿态不正造成卡机；加之隧洞洞径小，作业空间狭小，清渣时费工费时，TBM不能快速通过，停留时间越长，围岩变形造成的作用力使盾体上的压力增加，造成卡机。

7.1.9.5 脱困措施

①采用多种方法，开展地质补勘，进一步探明工程地质情况；②进一步完善超前地质预报工作，利用HSP法进行地质超前预报；③积极主动预加固处理不良地质条件洞段，采用深孔注浆，注化学浆和高强、快凝水泥材料的注浆方案，增加一次加固长度和范围，改良掌子面围岩条件；对富水洞段有针对性地进行预注浆加固实现地下水部分封堵；④针对卡机情况，先后采取超高压换步、人工扩挖、边刀外垫，开挖直径增大5cm、前盾打孔注黄油、支撑盾前小扩挖、研究分析在设备前方绕洞法接应方案等。对塌方空腔及在开挖过程中可能再次出现塌方，导致支护背后出现的空腔，进行豆砾石回填，并随后充填水泥浆。

7.1.9.6 TBM 改造措施

1. TBM 改造的必要性

由于工程地质条件复杂，仍采用原有的双护盾 TBM 施工将面临一定困难：

（1）坍塌卡机。因掌子面围岩破碎，裂隙间主要为泥质充填，且大多破碎地段含炭质片岩，在地下水的作用下，掌子面围岩自稳时间非常短，掌子面即发生坍塌，大量破碎的石块、石渣夹泥水涌入刀盘，皮带机出渣量剧增，刀盘扭矩和电机电流急剧上升，最终导致刀盘无法转动及皮带机无法运转，造成卡机。

（2）收敛变形卡机。局部地段因受地应力影响，围岩收敛变形速率较大，现有 TBM 盾体较长，在通过过程中受围岩收敛变形影响，盾体被收敛后的围岩紧紧抱死，最终导致卡机。

（3）伸缩盾内连水带泥涌入大量石渣占用极长工序作业时间。因破碎围岩混合大量地下水形成泥渣，在 TBM 掘进过程中，大量泥渣涌入到伸缩盾内部，受设备空间结构限制，无法采用大型机械设备进行清理，只能利用人工清渣，占用大量工序作业时间；同时因清渣工序时间较长，且无法对盾体顶部围岩进行加固处理，造成围岩状况恶化，形成恶性循环，严重时导致卡机。

2. TBM 改造方案

双护盾 TBM 洞内改造包括以下几方面：①改进超前钻设备；②内伸缩盾改造；③前盾、外伸缩盾改造；④尾盾改造；⑤刀盘的改造扩挖适应挤压大变形；⑥支撑盾改造；⑦完善单护盾掘进模式；⑧1 号皮带机驱动方式改造；⑨液压系统改造；⑩润滑系统改造。

7.1.10 印度吉萨冈戈水电站引水隧洞工程

7.1.10.1 工程概况

吉萨冈戈（Kishanganga）水电站位于查谟和克什米尔地区斯利那加市以北 52km，电站装机 330MW，引水隧洞全长 23km，其中 TBM 掘进施工 14.6km，开挖直径 6.18m，衬砌预制混凝土管片，管片外径 5.8m，内径 5.2m，厚 30cm。

7.1.10.2 地质条件

此引水隧洞位于印控克什米尔地区的喜马拉雅山脉中，最大埋深 1400m，穿越了主要为安山岩和玄武岩组成的 Panjal 火山岩地层以及后寒武纪的 Hafkhalan 地层、中寒武纪的 Hasthoji 地层和早寒武纪的 Razdhan 地层。

Haf-地层包含稀疏状的粉砂岩并伴有局部夹层的砂岩和页岩，该地层的 GSI 和 RMR_{89} 的估值如表 7.2 所示。

表 7.2 Haf-地层包含稀疏状的粉砂岩特性表

岩石类型	参数	数值	岩石类型	参数	数值
稀疏状粉砂岩	强度	4	稀疏状粉砂岩	地下水	10～15
	RQD	3～8		RMR_{89}	40～57
	断面间隔	8		GSI	30～45
	间隔情况	15～22			

Has-地层含有淤泥的页岩，稀疏粗糙，呈叶状橄榄色并伴有少量的粉砂岩和玄武岩，该地层的GSI和RMR_{89}的估值见表7.3。

表7.3　Has-地层含有淤泥的页岩特性表

岩石类型	参数	数值	岩石类型	参数	数值
松散状的页岩以及夹层中的粉砂岩	强度	2～4	松散状的页岩以及夹层中的粉砂岩	地下水	0～15
	RQD	3		RMR_{89}	20～50
	断面间隔	5～8		GSI	15～30
	间隔情况	10～20			

Ra-地层主要为灰色和黑色的砂岩（含有石英岩和玄武岩）、粉砂岩和夹层间的页岩，该地层的GSI和RMR_{89}的估值见表7.4。

表7.4　Has-地层灰色和黑色的砂岩特性表

岩石类型	参数	数值	岩石类型	参数	数值
砂岩以及夹层中的粉砂岩	强度	7	结构稀疏呈层状的粉砂岩	地下水	15
	RQD	8～17		RMR_{89}	50～60
	断面间隔	8～15		GSI	35～45
	间隔情况	18～24	含有千枚岩的折叠状粉砂岩和关联断面	强度	2
	地下水	15		RQD	3
	RMR_{89}	56～78		断面间隔	5～8
	GSI	40～60		间隔情况	0～20
结构稀疏呈层状的粉砂岩	强度	4～7		地下水	0～15
	RQD	8		RMR_{89}	10～50
	断面间隔	8		GSI	10～30
	间隔情况	15～22			

7.1.10.3　卡机现象

吉萨冈戈（Kishanganga）引水隧洞在施工期间，TBM遇到经历了三次大的地质事件，造成TBM停机97d。

在桩号0+265.00、0+378.00和0+404.00处，在Ⅴ类围岩中含有黏土并且岩石的黏聚力很低，造成大块围岩脱落进入刀盘，隧洞顶部形成大塌空区，TBM掘进缓慢。

2012年2月29日，在桩号1+711.87处，在Panjal火山岩和Tragbal构造的过渡段，TBM遇到了极端不良的地质条件：深灰色页状薄层高石英含量的围岩并含有三个接合面加一个随机接合面，填充了部分黏土，高度风化。在掘进过程中，可以明显地感觉到围岩的挤压：隧洞壁贴着TBM盾体并且中间没有空隙。掌子面和隧洞内壁围岩都很松散且极易塌落，掌子面和隧道顶部分别产生了1.5m和1m的塌空区。

7.1.10.4　卡机原因

掌子面围岩破碎，稳定性差，岩体坍塌将刀盘卡死；围岩破碎坍塌，盾体被塌落岩体包裹，TBM掘进产生的震动使包裹越来越密实，当岩体包裹盾体产生的摩擦力大于TBM

推力时，TBM 盾体被卡住。

7.1.10.5 脱困措施

（1）为了使 TBM 通过坍塌区域，采用了如下措施：

1）注入树脂和泡沫填充塌空区，阻止塌空区继续扩大。

2）在 TBM 上方开挖导洞至 TBM 刀盘，盾体周边架设梯形拱架，打锚杆、挂网，喷射混凝土，直至掌子面。

3）从导洞和刀盘区域注入树脂和水泥灌浆以加固坍塌区域。

4）开挖导洞至刀盘前 1m，清理刀盘面板和周边区域，释放刀盘承受的坍塌围岩造成的压力。

5）通过边超前加固边掘进的方式，使 TBM 始终处在一个稳定状态的围岩中顺利通过坍塌区域。

（2）为了使 TBM 脱困，采取了如下措施：

1）清理盾体表面的围岩以减少盾体的压力。

2）通过刀盘、前护盾和伸缩护盾上的专用预留孔对围岩不同部位固结灌浆。

3）当掘进重新进行时，通过 19 号滚刀扩挖系统进行扩挖。

通过以上措施，吉萨冈戈（Kishanganga）引水隧洞 TBM 平均月进尺 420m，最大月进尺 628m，在 40 个月内完成了在喜马拉雅山脉中掘进衬砌 14km 隧洞的最终目标。

7.1.10.6 经验教训及改进要求

（1）TBM 选型很重要，此工程选择双护盾 TBM 能适应不同围岩类别以及不利地质条件洞段。

（2）针对本工程的主要地质条件，进行 TBM 的主机及后配套设计；为避免卡机，缩短主机长度，进行倒锥体设计；在刀盘、前护盾、伸缩护盾及支撑护盾上预留超前钻探孔窗口，为超前地质处理提供最大的便利。

（3）选择经验丰富的 TBM 施工队伍。

7.1.11 厄瓜多尔科卡科多-辛克雷水电站引水隧洞 TBM2

7.1.11.1 工程概况

见第 7.1.6 节。

7.1.11.2 卡机现象及原因

断层破碎带塌方洞段：TBM2 掘进至桩号 16＋130.00～16＋125.60 段时，掌子面围岩发生塌方，出渣量约为正常掘进的 2 倍，造成主机皮带机倾覆，不得不停机处理。皮带机处理完毕后，启动刀盘掘进，此时刀盘水泵故障，不得不再次停机修理水泵，水泵修理共历时约 36h，启动刀盘后发现刀盘无法转动。进入刀盘对掌子面进行检查，发现整个刀盘被塌方岩体所掩埋，初步估计塌方量为 100～150m^3，塌方岩体最大粒径 60～80cm，部分散落体进入刀盘和滚刀的间隙，决定对掌子面塌方体进行化学灌浆。灌浆完毕后，再次启动刀盘，无法转动，启用刀盘的脱困扭矩后，直至驱动电机过热报警，刀盘还是无法转动。此后对塌方体进行了多次化学灌浆，启动刀盘仍然失败。经业主、设计、监理及施工单位四方会商并征求多位 TBM 专家的意见后，认定本次事故为掌子面破碎岩体塌方引起的 TBM 刀盘被卡的卡机事件。

7.1.11.3 脱困措施

针对刀盘被卡的特征，决定采取开挖旁洞清理塌方体的TBM脱困措施：

(1) 拆除距刀盘约16.2m处的隧洞两侧中上部120°内的两块管片，并采用锚固的方式对顶拱管片和侧壁管片进行固定。

(2) 从管片开口处向与TBM掘进方向的垂直方向开挖旁洞（见图7.21），旁洞断面为城门洞型（见图7.22），宽2.4m，高2.0m，在开挖2.0m后转为与TBM掘进方向平行直至刀盘位置，旁洞开挖时采用自进式锚杆、挂网、喷混凝土、钢拱架等方式进行支护。

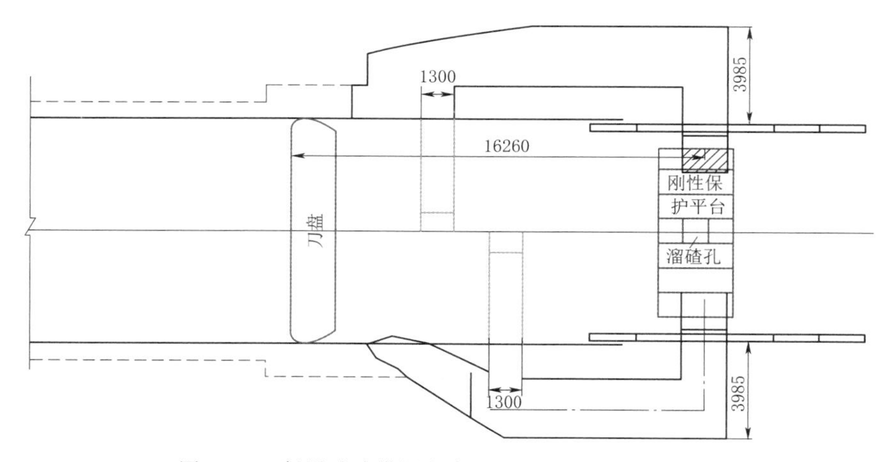

图7.21 断层破碎带洞段旁洞平面位置（单位：m）

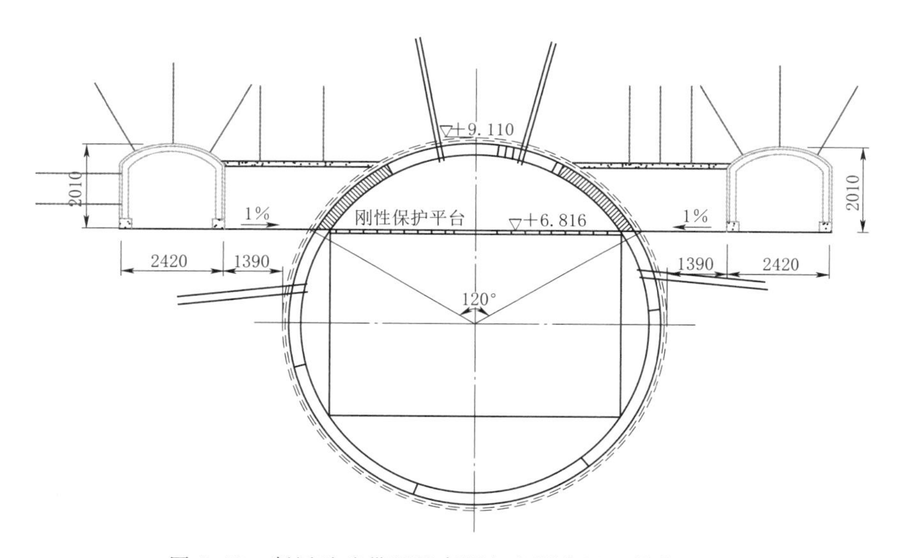

图7.22 断层破碎带洞段旁洞与主洞位置（单位：m）

(3) 左、右两侧旁洞分别开挖至桩号16+132.60、16+128.70时，采用地质钻机沿与TBM掘进方向的平行方向进行水平钻孔，同时采用地震法物探对前方进行超前预报。

钻孔和物探结果表明：掌子面前方桩号 16＋131.00～16＋061.00 处发育有一挤压断层，断层产状 10°～15°∠75°～80°，断层破碎带及其影响带宽度 60～70m，岩性为侏罗纪—白垩纪 Misahualli 地层（J－Km）深灰色安山岩，岩体破碎，呈碎裂—镶嵌结构，可见断层泥、碎裂岩；地下水不活跃，洞壁干燥—潮湿，局部滴水；断层走向与 TBM 掘进方向小角度相交；断层破碎带以Ⅳ类围岩为主，局部为Ⅴ类，围岩不稳定，在 TBM 掘进扰动下，隧洞顶拱及掌子面围岩易塌方。

（4）由左、右两侧的旁洞向中间开挖，形成主洞上方的扩大顶拱，扩大顶拱分为 4 块开挖（见图 7.23），沿主洞轴线方向向前开挖直至穿过整个断层破碎带及影响带，扩大顶拱开挖时采用自进式锚杆、超前灌浆、挂网、喷混凝土、钢拱架等方式联合支护。

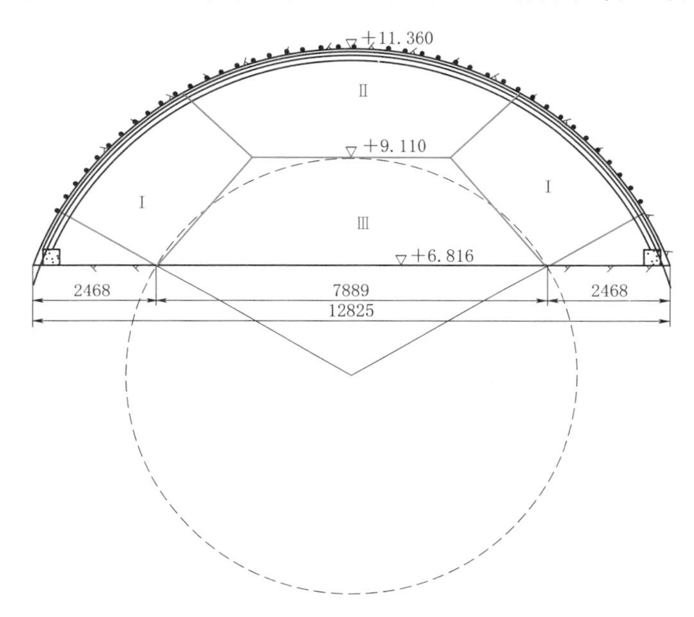

图 7.23 断层破碎带洞段顶拱分块扩挖图（单位：m）

（5）扩大顶拱开挖支护完成后，启动 TBM 刀盘，扩大顶拱下部的岩体由 TBM 掘进出渣，同时安装重型管片，顶部管片与扩大顶拱之间的空隙采用豆砾石回填灌浆，直至通过整个断层破碎带。

7.1.12 台湾省雪山隧道南下线工程

7.1.12.1 工程概况

台湾省北宜高速公路雪山隧道长 12.9km，两条直径 11.74m 的主隧道南下、北上线及一条直径 4.8m 的导坑，规划均采用 TBM 施工。考虑水资源保护，施工期的排水、洞口设施、弃渣运料等因素，确定三条隧道均由南洞口（头城端）以 TBM 出发向北洞口（坪林端）方向开挖。

7.1.12.2 地质条件

雪山隧道位于欧亚大陆板块与菲律宾海板块褶皱冲断构造区，覆盖层厚达 700 余米。主要区域性褶皱有莺仔港向斜（A）及倒吊子向斜（B）两条。其他露出于坪林隧道沿线的小折皱构造则多达9条。

根据地质调查报告，雪山隧道南口段为浑厚的页岩、细至中粒砂岩或薄页岩与石英岩互层，但是受到板块冲撞造成扭曲断裂与垂直错动，实际揭露的地质条件节理裂隙较为发育，岩体较破碎。

7.1.12.3 卡机现象及原因

北上线TBM于1996年5月1日开始开挖，期间经历了7次受困。1997年9月开挖到上新断层的时候，由于断层区域的不利地质条件造成了开挖困难。停工近2个月对地层进行预加固处理和TBM的详细检查。在1997年12月，TBM在通过例行的安全检查之后重新开挖。但仅仅开挖了26.5m，盾尾的预制混凝土加固管片突然坍塌。随后大量地下水涌入隧道，涌水产生的大量废渣将整个TBM掩埋达百余米。1999年9月经专家组的详细判定之后，决定废弃这台TBM，转由钻爆法进行施工。该台TBM总计开挖里程仅456.00m。

南下线TBM则于1996年8月19日在顶导坑（122.00m）之保护下开始开挖。于1997年7月10日，TBM开挖了654.00m，在上新断层附近（里程：38K+858.00）遭遇极其破碎的剪裂泥层。致无法继续向前推进。为考虑南下线TBM安全地通过上新、巴陵、大金面、石牌南、北支等断层．在经业主及监造单位同意下，采用顶导坑及TBM混合工法，在TBM前方先行施作顶导坑，共计1935.00m（里程：38K+858.00～36K+923.00）。TBM整整原地停滞了2年9个月，于2000年4月1日才重新启动，配合前方顶导坑施作，采取渐近式开挖掘进。南下线TBM历经8年半。终于在2005年2月2日上午6时20分开挖至北端钻爆法衔接段，完成了全线贯通的艰巨任务，期间共经历了一次尾盾受夹（里程：36K+670.00）及一次受困处理（里程：36K+440.00）。南下线TBM全断面开挖长度计3863.00m，TBM及D&B（顶导坑）混合工法开挖长度计3453.00m，合计TBM总共开挖7316.00m。

导坑TBM早在1991年7月15日已开始开挖，当北上线TBM于1996年1月出发时，导坑TBM才仅仅开挖了1.60km，且已经历了9次受困，因此导坑隧道的主要功能，如沿线的地质勘察、超前地质加固、排水等都未发挥，这对主隧道施工无疑增加了许多难度和风险。

7.1.12.4 脱困措施

北上线TBM仅开挖456.00m即遭到坍塌掩埋并完全损毁，后改钻爆法施工；针对南下线TBM开挖所遇到的困难，采取技术措施如下：

（1）金盈断层及后续的上新、巴陵、大金面、石牌南、北支断层采用上导坑开挖支护，因撑靴部位已支护，采用双护盾TBM掘进3～4环后，用管片安装孔回填混凝土；撑靴部位采用4支H100型钢进行纵向连接。

（2）金盈断层与上新断层之间的涌水破碎带，采用上导坑进行主隧道顶拱的超前钻孔预注浆堵水和加固围岩。

（3）不良地质条件洞段经超前预注浆加固开挖后，需及时喷混凝土封闭岩面；避免TBM推力造成岩体破坏，撑靴部位采用4支H100型钢进行纵向连接，TBM通过后，利用管片安装孔吹填豆砾石并及时回填灌浆。

（4）当超前地质预报前方有涌水、涌沙、软弱破碎围岩等不利地质条件洞段时，确保

TBM设备的完好率；采用超前灌浆保护主机；并进行超前钻孔预注水泥浆堵水和加固围岩，待凝后TBM方可掘进，掘进时采用低推力、低扭矩、低转速等掘进参数连续通过不良地质条件洞段。

7.1.12.5 TBM进尺与各工序耗时统计

南下线TBM施工，2004年度全年开挖长度共计2491.00m，平均每月开挖207.60m，并于2004年3月创单月开挖最高纪录360.06m/月。创造复杂地质条件下，大直径（D=11.74m）双护盾TBM施工月最高进尺。表7.5、图7.24显示2004年3月份TBM开挖作业时程统计与各作业的耗时比例。

表7.5　雪山主隧道南下线TBM开挖作业时程统计

编号	项　目	时间	百分比/%
1	开挖（机头前伸、拉回）	14030min	31.43
2	复归	1695min	3.80
3	环片背填砾料	755min	1.69
4	环片组立	2475min	5.54
5	削刀检视及更换	4900min	10.98
6	环片背填灌浆	6510min	14.58
7	ZED雷射仪迁移、故障	780min	1.75
8	TBM各机具故障检修及保养	8050min	18.03
9	车辆出轨处理	2390min	5.35
10	铁道维修	320min	0.72
11	其他	2735min	6.13
合计		31d	100.00

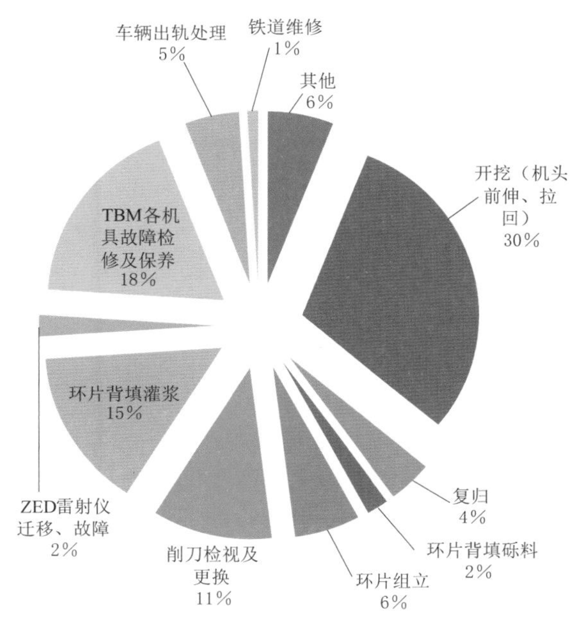

图7.24　各作业耗时比例

7.2 软岩大变形卡机案例

软岩是软弱围岩的简称，其大变形引发隧洞的快速收敛经常会导致卡机等事故的发生。近年来有关隧洞围岩快速收敛变形导致卡机事故的报道很多。例如委内瑞拉长27km的Yacambu隧洞，在泥灰岩段其围岩收敛变形每分钟达到20cm，致使TBM无法正常掘进而被迫停机长达数月；荷兰南部西斯凯尔特河隧洞施工过程中，两台德国海瑞克TBM在含海绿石的粉砂质砂岩地层中掘进时，由于受到围岩的强烈挤压，被困两周；此外，在我国山西万家寨引黄工程和DB隧洞工程的软岩掘进过程中，也发生了由于洞周围岩快速收敛变形而导致TBM被困等卡机现象。

7.2.1 新疆DB隧洞工程

7.2.1.1 工程概况

见第7.1.5节。

7.2.1.2 地质条件

输水隧洞沿线为断褶隆起而成的低山丘陵区，海拔高程870～1100m，总体地势南高北低，沟脊相间，冲沟走向近南北，切割深10～260m不等。沟谷内松散堆积物厚10～100m，局部有基岩出露，其顶板总体向北倾斜。DB隧洞沿线揭露隧洞围岩主要为第四系含土沙砾石层，第四系下更新统（Q1）砂砾岩，侏罗系中统西山窑组第四段（J_2x_4）和第三段（J_2x_3）泥岩、粉砂质泥岩夹中粗砂岩、砂砾岩以及煤层等，二迭系下统凝灰岩、凝灰质安山岩等。隧洞沿线，地层产状趋势无大的变化，但岩性岩相变化频繁，工程地质条件及水文地质条件十分复杂。泥质岩洞段层间错动现象普遍，剪劈理及隐蔽结构面发育，具微～强膨胀性，水理性质差，工程地质条件不良，坍塌掉块与塌方现象显著。

7.2.1.3 卡机现象

2007年6月5日，TBM掘进至27号冲沟时被困，该段长度107m，脱困用时141天，日平均掘进0.76m、不足正常掘进速度的1/40；2007年10月29日，TBM掘进至25号冲沟时被困，该段长度531m，脱困用时60天，日平均掘进8.8m、不足正常掘进速度的1/3；2008年1月12日，TBM掘进至23号冲沟时被困，该段长度1237m，脱困用时94天，日平均掘进13.20m、不足正常掘进速度的50%。

7.2.1.4 卡机原因分析

TBM卡机洞段围岩以泥岩为主，并具有微～中等膨胀性，围岩层间错动普遍，局部泥岩夹砂岩，围岩完整性极差，倾角变化大，塌方严重，泥岩软化快，围岩快速变形，围岩与混凝土管片之间几乎无间隙。TBM在软弱膨胀泥岩的掘进过程中，由于缩径变形比较大，变形应力也比较大，将TBM抱死，被迫停机。

7.2.1.5 脱困措施

对于围岩大变形引起的卡机现象，采取人工导洞开挖释放围岩应力，实现TBM顺利脱困。

7.2.2 山西省万家寨引黄工程北干线段

7.2.2.1 工程概况

山西引黄北干线1号洞全长43.90km，设计过水流量22.2m^3/s，采用钻爆法结合TBM施工方法，其中TBM施工段长25.00km，开挖直径4.82m，成洞洞径4.14m，管片宽1.20m，厚度25cm。

7.2.2.2 地质条件

北干1号隧洞工程区由西向东分为3个地貌单元：偏关河黄土丘陵区、管涔山（虎头山）侵蚀中低山区和平朔黄土丘陵区。北干1号隧洞以虎头山为界，穿过偏关—神池块坪和云岗块坳两大构造单元。偏关—神池块坪地表出露的寒武系、奥陶系碳酸盐岩地层呈舒缓波状，总体上向北向西倾斜，倾角2°～5°，断裂构造不甚发育，发育两组陡倾角节理（NW290°～300°和NE10°～20°）。另外，在虎头山附近，出露太古界集宁群片麻岩和燕山期花岗岩、闪长粉岩等，地震烈度Ⅵ度；云岗块坳为一北东向宽阔的向斜构造，区内发育一系列北东向次一级宽缓褶曲和断裂，主要出露基岩为奥陶系碳酸盐岩，石炭系、二叠系碎屑岩及煤层等，主要发育NE20°～40°，NW280°～300°两组陡倾角裂隙，地层倾向北西，倾角5°～10°，地震烈度Ⅵ度。和工程有关的地下水主要为第四系松散堆积孔隙水，石炭系、二叠系碎屑岩裂隙水和寒武系、奥陶系碳酸盐岩岩溶裂隙水。各类地下水之间水力联系较弱，隧洞大部位于地下水位以下。

7.2.2.3 卡机现象

TBM前4km施工总体顺利，月均进尺约500m。2007年5月8日，掘进机至桩号39+560.00附近，隧洞出现了泥岩、砂质泥岩、泥质砂岩等软弱岩层，开始出现纵坡超差，最大达－10mm，经调整，继续掘进5～6m，至5月15日夜掘进机至桩号39+439.00处，下沉加速，至5月16日凌晨，机头在垂直方向下沉339mm。水平方向右偏223mm。因担心继续下沉停机。停机后对机头处地质情况进行查勘，确认掌子面上部为砂质泥岩与泥岩夹层，呈层状碎裂结构，强度偏低，完整性差，围岩极不稳定，顶部塌方高度0.5～1.0m。以下分布一层强度中等的砂岩，而在掘进机底部为泥岩，以黏土矿物为主黏粒成分含量较高，厚约60cm。其中30cm处于开挖线以下。本次掘进机停机长达4个半月，停机位置处于9号煤层与4号煤层之间，为二叠系地层与石炭系地层的过渡带。岩性以砂质泥岩、炭质泥岩和砂岩为主，夹薄层煤层。停机处机头所处位置位于地下水位以下，岩性复杂多变，节理裂隙发育，软弱岩层，遇水泥化问题突出。

7.2.2.4 卡机原因

掘进机通过软弱岩层，由于岩石承载力低，掘进机掘进过程中底部岩体出现大的变形，导致机头不断下沉偏离设计洞线，并最终导致停机。

7.2.2.5 卡机处理措施

停机以后，处理措施经过多次讨论，采用人工开挖旁洞至机头前方，再由人工开挖支护，形成一长10m的过渡洞室的方案。旁洞在隧洞左侧，长40m，洞径3m，从机头左侧绕至机头前方。旁洞采用格栅支护，挂网喷浆。过渡洞室采用钢拱架，喷锚及二次混凝土支护，加固底板。在过渡洞段施工的同时，对护盾上方坍塌的围岩进行清理扩挖，便于掘进机上抬纠偏。至9月28日，掘进机重新启动，10月3日恢复掘进。

经努力，掘进机虽然通过了该软弱岩洞段，但也付出了增加投资和4个半月工期的代价。

7.2.3 兰州水源地输水隧洞工程

7.2.3.1 工程概况

兰州市水源地主体工程输水隧洞主洞全长31.29km，为压力引水隧洞。输水隧洞施工以双护盾TBM为主，采用两台TBM机从两端相向掘进，中间不利地质条件段辅以钻爆法。TBM施工洞段总长24.65km（局部钻爆法预处理），开挖洞径5.46m，隧洞内径4.6m。

7.2.3.2 地质条件

本工程输水隧洞TBM沿线地质条件复杂，穿过地层主要有石英片岩、花岗岩、泥质砂岩/变质安山岩、变质玄武岩及安山凝灰岩等；围岩类别以Ⅲ类为主，存在部分Ⅳ类甚至Ⅴ类不利地质条件洞段。输水隧洞埋深一般超过400m，最大埋深为920m。现场地应力测试表明，输水隧洞沿线应力场以水平构造应力为主，最大水平主应力为10～18MPa，最小水平主应力为4～9MPa，属中等地应力水平，主构造线方向NW310°～340°，构造应力方向NE40°～70°，隧洞轴线方向NE50°，与构造应力方向近平行。

TBM主机主要技术参数见表7.6，隧洞开挖直径为5.48m，新装刀具具有35mm的扩挖能力，额定推力为21.716MN，机头段长度为11.7m。

表7.6　TBM主机主要技术参数

开挖直径/m	额定推力/MN	额定扭矩/(kN·m)	脱困扭矩/(kN·m)	撑靴压力/MPa
5.48	21.716	3458	5769	<3.3

隧洞沿线的部分软弱不利地质条件段在中等地应力下，围岩存在较大的大变形风险，TBM在该类地层中掘进时，存在偏机、栽头、涌泥掩埋盾体、涌水引起电气故障、收敛变形引起设备被卡等施工风险。

7.2.3.3 卡机现象

输水隧洞中自取水口往兰州市掘进的♯1TBM机从2017年3月9日由前震旦系马衔山群石英片岩（AnZmx^{4}）（桩号T8+836.20）进入加里东期花岗岩段（γ23），在加里东期花岗岩段掘进363.3m后，于2017年3月23日5：57，掘进至4220环1.2m处（桩号T9+199.50）出现掘进异常。刀盘转动正常，但刀盘推力由6000kN增加到9000kN，刀盘贯入度由6mm/r降到0mm/r，掘进速度降为0m/min，刀盘扭矩由300 kN·m降到100kN·m以下，TBM前盾和刀盘无法前进，此时刀盘可正常转动，后盾可移动，可换步；随后TBM设备在双护盾模式下加大推力至14000kN，前盾无法移动；之后将TBM设备换成单护盾模式，推力分别加大至20000kN和30000kN，前盾仍无法移动。通过对掌子面、前盾、外伸缩盾上方的围岩进行检查，发现掌子面无明显塌方，但现场将内伸缩盾拉开20cm后，在11点～2点钟角度范围发现花岗岩岩体挤压住前盾和伸缩盾。

TBM卡机位置位于桩号T9+194.50～199.50洞段，埋深约470m，岩性为加里东中期花岗岩（γ23）。受构造影响，围岩整体上呈碎裂-镶嵌结构，节理发育，产状杂乱无规律，节理面蚀变较严重，节理间多泥质充填（花岗岩中长石蚀变为黏土矿物），少量节理张开，多处发育有 1～2cm 宽的泥质条带，手掰易碎。该位置围岩软硬相间，受开挖卸荷作用的影响，围岩中蚀变程度较高的岩石单轴抗压强度范围 10～30MPa，蚀变程度较低的岩石单轴抗压强度范围 40～70MPa，开挖部位多处渗水～滴水，围岩总体为Ⅳ类围岩。

7.2.3.4 卡机原因

现场人员对设备进行了多次检查，在确认 TBM 姿态正常、边刀磨损量正常后，初步判断 TBM 前盾、伸缩盾外壳被花岗岩岩体挤压住，使得 TBM 主推进系统无法提供足够的推力继续掘进，从而造成了 TBM 卡机。

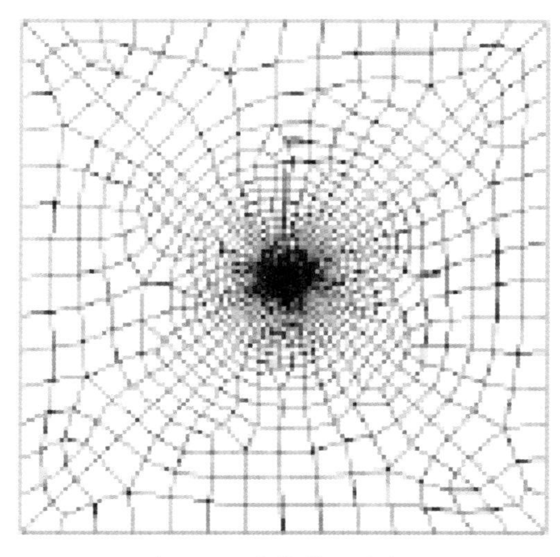

图 7.25 数值模型示意图

为进一步明确 TBM 卡机原因，采用数值计算方法对卡机位置的围岩受力情况进行计算分析。由输水隧洞沿线地应力场的反演结果得到卡机部位的地应力情况为 $\sigma_x=11.66$MPa，$\sigma_z=11.27$MPa，$\tau_{xy}=-3.83$MPa，地应力方向为压正拉负。依据地质勘探结果，变形模量为 4GPa，泊松比为 0.24，黏聚力为 0.6MPa，内摩擦角为 42°。计算时，围岩采用 Mohr - Coulomb 本构模型，数值模型见图 7.25，共包含 1338 个单元和 2726 个节点。数值模型长和宽均为 110m，四周均采用法向约束，隧洞开挖洞径 5.46m。

计算得到开挖后 TBM 卡机部位围岩的最大主应力和位移分布见图 7.26。

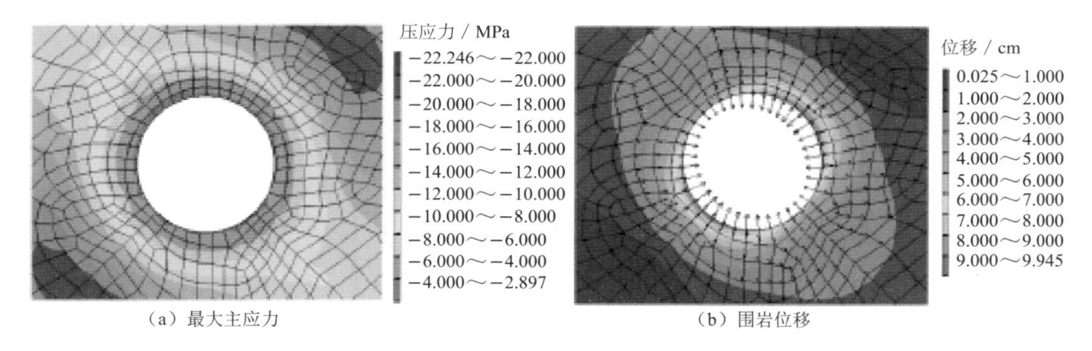

(a) 最大主应力 (b) 围岩位移

图 7.26 卡机处最大主应力和围岩位移分布图

由图 7.26 可知：①隧洞开挖后，在自重应力和水平主应力的作用下，洞周附近围岩最大主应力主要集中于拱顶右上侧和拱底左下侧，最大应力集中达到 22MPa，隧洞洞壁附近围岩压应力为 3～6MPa；②隧洞开挖后，在岩性为Ⅳ类加里东中期花岗岩（γ23）的围岩条件下，洞周最大位移出现在护盾顶部右侧和底部左侧，围岩在前护盾直径方向的相对最大收敛变形约为 16cm（见图 7.27）。与之对应，最大变形方向上前护盾与围岩的总间隙约为 7.97cm。

由此可知，此次TBM卡机事件主要由围岩的挤压变形导致，挤压部位主要位于前护盾顶部右侧和底部左侧，计算结果与现场勘查情况对比表明了计算结果的合理性。

由于TBM卡机段围岩软硬不均，节理裂隙发育，岩体较为破碎，受挤压应力的作用，围岩容易发生碎胀变形。图7.28为TBM卡机部位围岩的塑性区。由图7.28可知，围岩最大塑性区主要分布于护盾顶部右侧和底部左侧，与围岩变形分布一致，塑性区深度为0.8～1.0m。一般而言，可将计算得到的围岩塑性区视为开挖后围岩的损伤破裂区。研究表明，岩石的碎胀系数一般为1.2～1.7，若以体积膨胀率为1.2计算，则0.8m范围的岩体碎胀足以将8cm的空间填满，并将围岩应力传递到护盾表面，在护盾抵抗变形的情况下，围岩对护盾产生较大的压应力，压力在护盾上产生的摩擦力大于辅推油缸的最大推力，使护盾被卡。

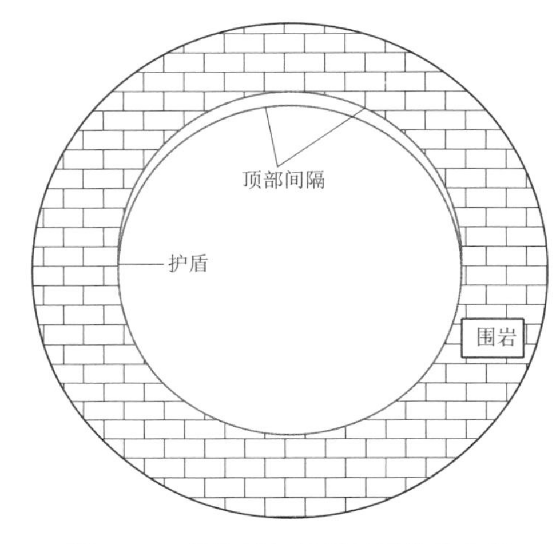

图7.27 前护盾与围岩的间隙分布图

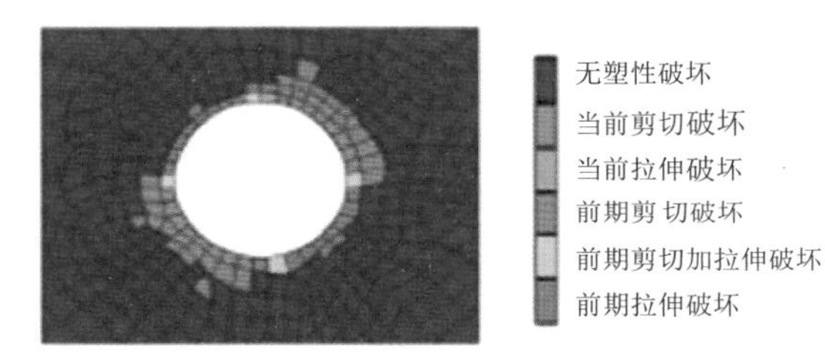

图7.28 卡机部位围岩塑性区分布图

7.2.3.5 脱困技术措施

该TBM卡机事件由软硬相间的破碎围岩产生的挤压变形导致，卡机的主要部位为拱顶右上方和拱底左下方。结合力学计算结果和工程经验，现场选取了侧导坑法作为卡机的脱困方法，即采用人工开挖护盾顶部变形围岩，从而解除围岩对护盾压力。首先，后退支撑护盾，将内伸缩盾与后护盾拉开550mm的间隙；然后，在护盾顶部向掌子面方向开挖中导洞，直至刀盘处，中导洞开挖高度1.5（支护完成后1.3m），开挖宽度1.6m（支护完成后1.2m），开挖长度约4.5m，为保证施工安全，中导洞的洞壁和顶拱均采用方木支护（见图7.29）；在中导洞开挖完成后，再进行右导洞开挖，右导洞开挖高度1.3m（支护后1.1m），宽度1.5m（支护后1.1m），长度约4.5m，为保证施工安全，右导洞的洞壁和顶拱亦采用方木支护；最后，在右导洞开挖完成后，检查中导洞左侧及右导洞右侧围岩与护盾的接触情况，待围岩与护盾脱离接触后进行设备检查，并尝试启动TBM掘进。在采用上述脱困措施后，兰州市水源地建设工程1号TBM机于2017年4月5日成功脱困，恢复掘进。

7.2.3.6 经验教训及改进要求

（1）兰州市水源地建设工程输水隧洞T9+199.5附近的卡机事件为围岩挤压TBM前

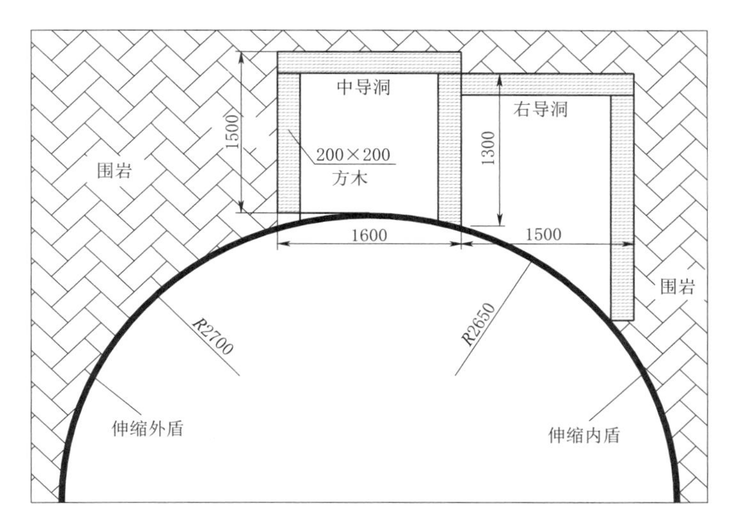

图 7.29 侧导坑法开挖示意图（单位：mm）

盾、伸缩盾外壳造成，卡机的主要部位为拱顶右上方和拱底左下方。卡机部位围岩类别为Ⅳ类，破碎围岩的碎胀变形使得护盾被卡造成此次卡机事件。

（2）结合力学分析结果和工程经验，选取侧导坑法作为本次卡机的脱困方法，最终实现了 TBM 的顺利脱困，研究结果可为类似 TBM 卡机的工程处理措施提供重要参考。

7.3 蚀变岩卡机案例

蚀变岩遇水软化，承载力降低，易出现地基沉降变形。另外，由于蚀变带洞段围岩软弱承载力极低，TBM 设备调向困难，极易出现掘进方向偏差，出现卡机现象。岩石产生蚀变后，影响洞室稳定，表现为塌落、掉块等。塌落深度随蚀变程度的加深而明显增加。蚀变程度不同，塌方、塌落的形式及块度也有所不同。对于中等蚀变岩洞段，岩体失稳形式多为塌方、掉块等，对于强蚀变岩洞段，围岩存在整体稳定问题。以下案例为新疆天山隧洞工程。

7.3.1 工程概况

新疆天山输水隧洞工程出口Ⅳ标出现蚀变岩破碎，遇水即沙化和泥化，造成 TBM 卡机，进度十分缓慢。随着 TBM 在蚀变岩中不断前行，洞顶、洞壁多处出现塌方。

7.3.2 地质条件

该工程侵入岩形成于华力西中晚期，主要分布在天山主峰南侧洞线桩号 12＋046.00～13＋695.00 及主峰北侧洞线桩号 29＋782.00～39＋593.00。岩性主要为花岗闪长岩、二长花岗岩、英安斑岩等。侵入岩主要沿区域性断层 F7 两侧分布，以岩基、岩株、岩墙、岩脉的形式产出。围岩接触带见热接触变质现象，形成角岩和矽卡岩及硅质岩带。二长花岗岩中分布有一系列挤压蚀变破碎带，破碎带厚度变化大，厚度一般为几十厘米，分布形状不规则。其分布规律性差。

蚀变岩洞段围岩分类及岩体蚀变程度见表 7.7。

表 7.7 蚀变岩洞段围岩分类及岩体蚀变程度统计

桩号	长度/m	蚀变情况	地下水	围岩类别
38+538～38+527	11	中等蚀变岩为主，局部为轻微蚀变岩，分布不连续	干燥	蚀变岩Ⅳ
38+527～38+517	10	中等蚀变岩为主，两壁下部分布强蚀变岩	干燥	蚀变岩Ⅴ1
38+517～38+487	30	强蚀变岩夹中等蚀变岩为主	洞室潮湿，洞壁大面积滴水	蚀变岩Ⅴ2
38+487～38+476	11	中等蚀变岩夹强蚀变岩为主，局部夹轻微蚀变岩块	左壁大面积滴水	蚀变岩Ⅴ2
38+476～38+460	16	中等蚀变岩为主，两壁下部分布轻微蚀变岩	该段地下水主要分布在左壁和部分洞顶，以大面积滴水～强滴水；桩号38+470左壁涌水，桩号38+470～38+468局部线状流水	蚀变岩Ⅴ2
38+460～38+442	18	以轻微蚀变岩为主，洞顶左分布中等蚀变岩和强蚀变岩	洞室潮湿，局部滴水	蚀变岩Ⅳ
38+442～38+394	48	以中等蚀变岩和强蚀变岩为主，两壁下部分布轻微蚀变岩	洞室潮湿，局部滴水	蚀变岩Ⅴ1
38+394～38+370	24	以轻微蚀变岩为主，洞顶左侧以中等蚀变岩为主	洞室潮湿，局部滴水	蚀变岩Ⅳ
38+370～38+334	36	中等蚀变岩夹强蚀变岩，局部两壁下部分布轻微蚀变岩	洞室潮湿，局部滴水	蚀变岩Ⅴ1
38+334～38+322	12	右壁以轻微蚀变岩为主，洞顶和左壁以中等蚀变岩和强蚀变岩为主	洞室潮湿，局部滴水	蚀变岩Ⅳ
38+322～38+308	14	以中等蚀变岩为主，结构面附近分布强蚀变岩	洞室潮湿，局部渗水，38+316～38+308段右壁多点滴水	蚀变岩Ⅴ1
38+308～38+283	25	强蚀变岩夹中等蚀变岩，局部夹轻微蚀变岩块	洞室潮湿，左壁局部渗水，右壁滴水，局部线状流水	蚀变岩Ⅴ2
38+283～38+273	10	以中等蚀变岩为主局部夹强蚀变岩，局部夹轻微蚀变岩块	潮湿，局部渗水	蚀变岩Ⅴ1
38+273～38+268	5	以轻微蚀变为主，局部中等蚀变	以滴渗水为主，局部线状流水	蚀变岩Ⅳ
38+268～38+244	24	以中等蚀变岩为主局部夹强蚀变岩，局部夹轻微蚀变岩块	以滴渗水，局部线状流水	蚀变岩Ⅴ1
38+244～38+219	25	以轻微蚀变为主，局部夹中等蚀变和少量强蚀变	潮湿，局部滴水	蚀变岩Ⅳ
38+219～38+093	126	以轻微蚀变岩为主，洞顶左侧和部分左壁分布中等蚀变岩	潮湿～滴水为主，局部线状流水	蚀变岩Ⅲ类

7.3.3 卡机现象及原因

蚀变岩洞段施工过程中存在的主要工程地质问题如下：

（1）塌方。自桩号 38＋538 向洞内方向，岩石具有不同程度蚀变，影响洞室稳定，表现为塌落、掉块等。塌落深度随蚀变程度的加深而明显增加。蚀变程度不同，塌方、塌落的形式及块度也有所不同。

随着 TBM 在蚀变岩中不断前行，洞顶、洞壁多处出现塌方。对于中等蚀变岩洞段，岩体失稳形式多为塌方、掉块等，对于强蚀变岩洞段，围岩存在整体稳定问题。一般具有随蚀变程度增加的部位发生塌方的概率加大的趋势。

蚀变带塌方多有发生，尤其是强蚀变带中塌方的规模及范围更大，给 TBM 掘进造成重大影响。若地下水水量较大则在掌子面形成泥浆，进行化学灌浆效果较差，更难于处理。

从现场调查来看，自桩号 38＋538 向洞内方向，岩石具有不同程度蚀变，影响洞室稳定，出现塌落、掉块等现象。塌落深度随蚀变程度的加深而明显增加。蚀变程度不同，塌方、塌落的形式及块度也有所不同，表现如下：

1）以中等蚀变为主、中等蚀变与轻微蚀变相间分布的洞段，如桩号 38＋538～38＋527 段，顶拱掉块较多，块度大小不一。

2）以中等蚀变为主的洞段，夹有强蚀变岩体的洞段，如桩号 38＋527.00～38＋517.00 段，岩体不稳定，洞顶发生塌落，掉块塌落的形式一种为沿结构面塌落，另一种因岩石蚀变导致岩石强度降低、晶粒结合能力差所导致的岩石断开塌落。

3）以强蚀变为主的洞段，如桩号 38＋517.00～38＋512.00 段，岩体破碎，呈碎块～碎屑状散体结构，塌落深度局部可达 3～4m，甚至更深，存在整体稳定问题。

（2）变形。蚀变岩洞段的钢拱架出现不同程度的变形，对隧洞桩号 38＋295.00～38＋360.00 段拱架变形进行观测，拱架变形量多为 5～15cm，变形量最大多发生在拱架安装之后的 1d 内，其后几日的变形量较前次观测变化不大，见图 7.30 和图 7.31。

图 7.30　钢拱架严重变形（变形量 13cm）

图 7.31　左底拱架小幅位移

由图 7.32 可知拱架沉降量小于 0.10m 的约占 56.2%，拱架沉降量大于 0.20m 的仅占 3.2%。拱架表现出不同程度的变形破坏，分析原因是多方面的：①掘进机在掘进过程中，撑靴对拱架造成了机械性破坏，令拱架呈现出面向洞内方向拱架边缘向下弯曲并可见少量擦痕，个别拱架扭曲的特点。②拱架在架设过程中由于顶部岩体松弛变形而侵占了洞内空间，同时岩石蚀变程度不均，底部岩体蚀变程度高，在拱架顶部无法达到设计高程时进行清底，勉强将拱架架设完成。③拱架上方积聚了较厚的松散块石，也会对拱架变形起到一定作用。④中等蚀变段塌落下来的少量岩石与完整岩体紧密接触也可能传递了部分山岩压力，可能也是拱架变形的一个因素。

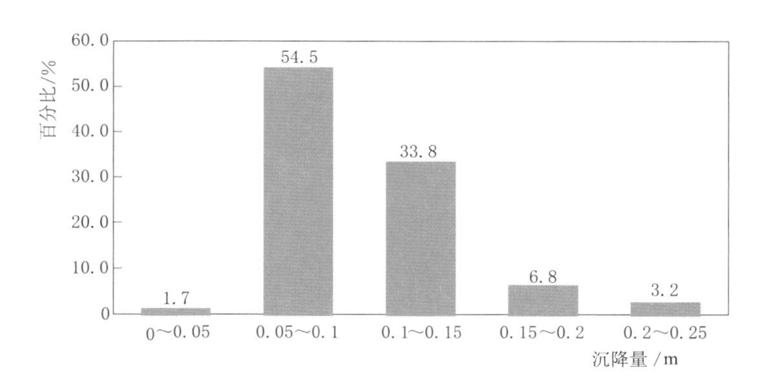

图7.32 拱架不同范围沉降量所占比例

(3) 拱顶及两侧溜渣。TBM在蚀变岩段施工过程中，拱顶及两侧掉渣严重且渣体呈碎屑状，主机底部渣体大量堆积，由于施工中作业空间有限导致人工清渣效率低，严重制约施工进度，见图7.33。

图7.33 洞底板堆积的渣体

(4) 承载力低。

蚀变岩遇水软化，导致承载力降低，出现地基沉降变形及撑靴部位向前掘进的过程中表层硬化的混凝土开裂。

另外，由于蚀变带洞段围岩软弱承载力极低，TBM设备调向困难，极易出现掘进方向偏差。

7.3.4 脱困措施

针对蚀变岩洞段TBM施工时易产生：①塌方卡机；②变形卡机；③溜渣；④撑靴部位接地比压不足；⑤基础承载力低。处理措施如下：

(1) 塌方卡机。盾尾采用小导管或中管棚或钢花管超前化灌堵水和加固围岩，同时兼顾保护主机，顶拱约160°范围内孔深为15m；如掌子面不稳定采用改型YT-28气腿钻或MGY-60B型锚杆钻机，在刀盘腔内采用ϕ32mm玻璃纤维中空注浆锚杆超前化灌，孔深3~6m。

(2) 变形卡机。除采用上述措施外，在预测为中强蚀变岩的洞段，采用提前垫边刀扩挖洞径，释放地应力。

(3) 溜渣。采用钢筋排、钢拱架被覆薄钢板解决溜渣问题。

(4) 撑靴部位接地比压不足加固处理措施：清除松散岩石→挂网→喷纳米混凝土→采用 ϕ40 钢花管或 ϕ25 自进式中空注浆锚杆化灌加固蚀变岩，利用 TBM 检修时间加固，为 TBM 连续掘进创造条件，避免长时间停止再造成卡机事件，见图 7.34。

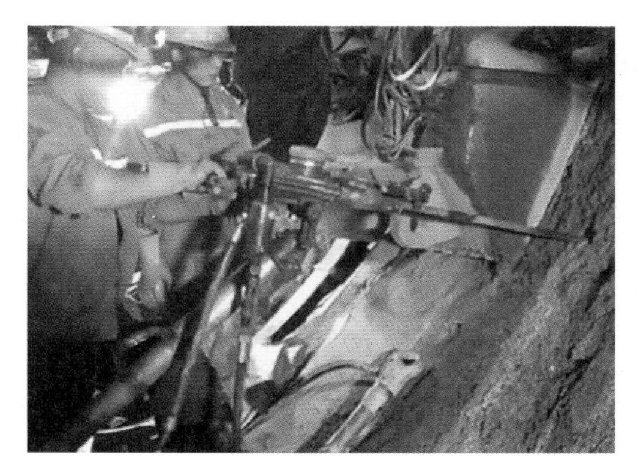

图 7.34 撑靴位置注浆孔钻孔施工

(5) 对底拱 90°范围内基础采用 C25 干硬性混凝土硬化，其余 270°横断面，无外水洞段喷 C30 纤维混凝土，有外水洞段喷纳米纤维混凝土封闭。

7.4 膨胀岩卡机案例

含有蒙脱石、伊利石和高岭石等黏土矿物的岩类在含水率发生变化时，由于结合水量，尤其是弱结合水量的增加，会削弱颗粒间的联结并增大颗粒间的距离，从而使岩土的体积增大。这种由于湿度变化致使其体积增大的性能，称为岩土的膨胀性。岩石产生膨胀型大变形也是 TBM 出现卡机的重要因素。

7.4.1 青海省引大济湟隧洞工程

7.4.1.1 工程概况

引大济湟调水总干渠引水隧洞全长为 24.166km，最大埋深为 1070m，平均埋深约为 840m。隧洞进口段 3025m 采用钻爆法施工，出口段先采用钻爆法施工 1200m，然后采用 TBM 施工 19.94km，由于多方面因素，实施时 TBM 施工段调整为 20.903km。采用 WirthTB593EP/TS 型双护盾 TBM 施工。主机长 12.5m，TBM 开挖直径 5930mm。TBM 洞段采用四边形预制钢筋混凝土管片衬砌。

引水隧洞工程进口段（桩号：K12+000～K16+762）地质条件极为复杂，主要工程地质问题为高埋深（1028m）、高外水（856m）、高地应力（30.7MPa）、中强岩爆以及膨胀岩、软岩缩径大变形，开挖断层破碎带过程中极易产生大涌水、涌泥沙、塌方等问题，该洞段不稳定和极不稳定的Ⅳ类、Ⅴ类围岩占剩余洞长的 51.3%；Ⅱ类、Ⅲ类围岩占剩余洞长的 48.7%。

7.4.1.2 地质条件

1. 黏土矿物成分鉴定

采用 X 射线粉晶衍射分析，对紫红色碎裂岩和灰绿色断层泥等两组岩样进行矿物成分鉴定表明：紫红色碎裂岩的黏土矿物含量占 43%，其中含量最多的是伊利石，灰绿色断层泥的黏土矿物含量占 56%，其中含量最多的是高岭石。

2. 岩石自由膨胀率

工程实践中，表征膨胀岩的膨胀特性常用指标有：自由膨胀率、一定压力下的膨胀率、收缩系数和膨胀力。受取样条件的限制，这里采用自由膨胀率作为表征CH16+775扩挖洞室附近围岩膨胀性的指标。

两组岩样自由膨胀率分别为64%、202%，根据膨胀岩的判别标准可知紫红色碎裂岩为弱膨胀潜势，灰绿色断层泥属于高膨胀潜势软岩，除了岩体自身在地下水作用下产生的膨胀变形外，作为主要围岩的紫红色碎裂岩的轻微膨胀变形，与夹于其间的断层泥的高膨胀潜势，会造成不均匀膨胀变形，使原本被裂隙切割的岩体应力集中更加严重，对洞室稳定性不利。

7.4.1.3 卡机原因

引大济湟工程TBM掘进穿越DB山南缘断裂带时，由于频繁的坍塌和围岩大变形导致TBM进尺很低和经常性的卡机，TBM卡机段位于CH17+000桩号附近。根据对引大济湟总干渠TBM卡机段围岩大变形特征及其环境条件因素的分析，隧洞大变形的机制重要原因之一就是软岩的膨胀变形，膨胀岩石种类包括各种黏土岩、蛇纹岩、片岩等含有大量如蒙脱石、伊利石、高岭石一类的膨胀性矿物。具体卡机机理为：掘进开挖中围岩应力重分布新产生的裂隙为水的进入提供了通道，使地下水与岩体得以充分接触，膨胀性围岩随即发生膨胀变形，导致作用在支护上的荷载缓慢增加。如在TBM被卡的CH16+775桩号附近的岩体膨胀性矿物含量为43%～56%，断层泥的自由膨胀率更是高达200%，TBM掘进至此洞段时，因软岩的膨胀产生大变形，围岩收敛压坏护盾，导致导洞的支护结构发生弯曲等变形。

7.4.1.4 脱困措施

（1）采用长6m的锚杆进行深层锚固。

（2）采用厚2cm钢板对管片的纵、环向缝，以及裂缝、错台等部位进行加固，同时进行减糙处理。

（3）对底板隆起部分进行处理。

7.4.2 新疆DB隧洞工程

7.4.2.1 工程概况

见第7.1.5节。

7.4.2.2 地质条件

隧洞围岩为侏罗系中统西山窑组四段J_2x_4灰黑色中厚层泥岩、粉质泥岩为主，夹粉细砂岩、炭质泥岩，呈微风化，呈层状或碎裂结构。

泥质岩具有微或中等膨胀性，隐蔽裂隙发育，裂隙面普遍有黑色发亮的炭质薄膜，手摸光滑，炭质泥岩剪劈理化，开挖岩渣中可见较多的层间错动产生的擦痕、镜面、阶步等。

桩号79+450附近地层倾向呈反倾，分析为褶皱构造，层面波状起伏，倾角快速变化，层间错动现象普遍，泥岩形成多条剪切劈理带，顶拱160°范围常发生不同程度的坍塌现象，稳定性极差。

围岩软弱，砂岩岩块用手能掰开，弃渣中岩块只有3%左右，泥岩呈硬塑状，层面波状起伏，倾角较陡，隐蔽裂隙发育，砂岩地下水将泥岩软化、泥化，围岩快速变形，掘进中发生严重泥裹刀现象。

工程区段发育的膨胀岩主要是胶结程度较差、在干湿交替作用下易于产生吸水膨胀（或崩解）和失水干缩的沉积型泥质膨胀岩。

从现有的试验成果来看，工程区段的泥质岩（包括粉砂质泥岩和泥质、炭质粉砂岩等）均存在遇水崩解或膨胀的现象，岩石水理性质不良，其遇水膨胀、失水干缩的特性对隧洞围岩稳定性影响较大。

7.4.2.3 卡机现象

遇到膨胀性强的泥岩，砂岩、砂砾岩及炭质泥岩，层间错动普遍，围岩完整性极差，倾角变化大，塌方严重，泥岩软化快，围岩快速变形，先后共卡机 14 次，其中 TBM 掘进 26d 零进尺，115d 平均进尺小于 1.0m。

7.4.2.4 卡机原因

微～中等膨胀性泥岩，局部夹砂岩，围岩层间错动普遍，围岩完整性极差，塌方严重，泥岩软化快，围岩快速变形，围岩与混凝土管片之间几无间隙，掘进中发生严重泥裹刀现象，然后依次卡住刀盘、前盾、伸缩盾以及尾盾，从而将 TBM 紧紧抱死。

7.4.2.5 脱困措施

对于无外水围岩和围岩大变形、膨胀引起的卡机现象，采取人工导洞开挖释放围岩应力脱困。以顶、侧导坑法为例：

从 TBM 两侧或顶部开挖小导洞御压，为人工处理 TBM 刀盘和护盾膨胀泥岩和松散体塌方或挤压大变形提供条件，同时释放围岩地应力，见图 7.35。

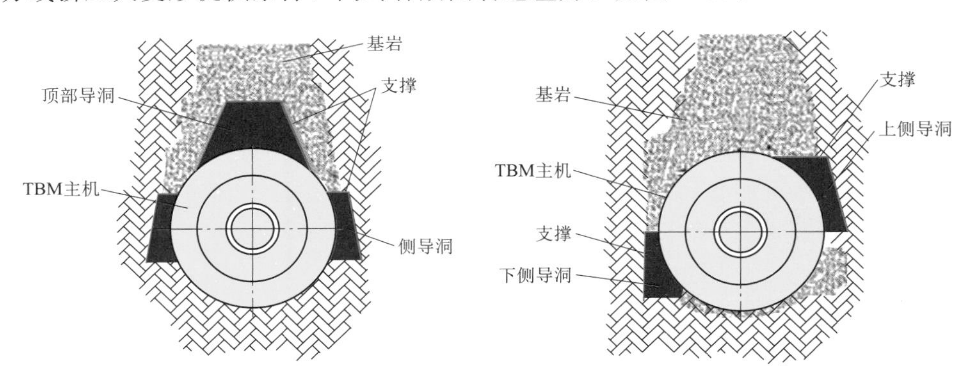

图 7.35 人工开挖导洞施工图

7.4.3 甘肃省引洮供水工程

7.4.3.1 引洮 9 号隧洞概况

引洮供水一期工程 9 号隧洞全长 18.25km。设计输水流量 $32m^3/s$，加大 $36m^3/s$，隧洞采用 1 台直径为 5.75m 双护盾 TBM 施工。

7.4.3.2 地质条件

9 号隧洞Ⅴ类围岩总长 6.516km，围岩由下第三系固原群（Egy）、上第三系 N_2l^3 岩层构成，各占 62.5% 和 37.5%。岩性以极软岩为主，Egy 为泥质胶结砂岩、含砾砂岩、泥质粉砂岩、砂砾岩，N_2l^3 为泥质粉细砂岩、粉砂质泥岩、含砾砂岩，多以泥质胶结。围岩具中厚—薄层状结构，层间结合差，构造不甚发育，以单斜构造为主。下第三系地层分布基岩孔隙水，局部呈面状分布，具微承压，有多层地下水的特征，对围岩有软化、潜蚀作用，对普通混凝土具结晶型硫酸盐性侵蚀。

7.4.3.3 卡机现象

隧洞采用1台直径为5.75m双护盾TBM施工，TBM自2010年3月开始掘进，连续掘进10km后，于2010年11月19日发生卡机现象。如图7.36所示，TBM护盾被变形的围岩卡住，造成TBM停机。后经过1个月的处理后，TBM重新开始掘进。

图7.36 卡机现象现场图片

7.4.3.4 卡机原因

根据TBM卡机现象现场资料，TBM卡机现象工程地质原因如下：

(1) 卡机段围岩为下第三系固原群（Egy）泥质粉细砂岩、砂岩、含砾砂岩与砂砾岩。围岩成岩较差，矿物颗粒间胶结较弱。遇水条件下岩石力学强度明显降低，具有弱膨胀性。根据实地考察，卡机事故段隧洞围岩含水率高于正常围岩含水率，围岩力学强度较低，局部围岩甚至用手即能捏碎。

(2) 洞室属深埋隧洞，围岩层间结合和胶结程度差，开挖后洞室临空面的围岩垂向自重压力与围岩的松弛变形缩径大。特别是洞室上面的围岩体，开挖后，在围岩的垂向自重压力下，在其层间结合部位，开裂下沉较大，造成护盾顶部外来压力大大超过原有设计的负荷，使护盾受压严重变形，最终导致被死死卡住。

(3) 该工程区位于秦岭东西向构造带之西秦岭褶皱带与河西构造体系两大构造体系的复合部位，9号引水隧洞受河西构造体系影响而具有一定的构造地应力，从而增加了卡机事故发生的可能性。由于暂时缺乏可靠的地应力实测资料，因此未考虑水平构造应力的影响。

通过实验，TBM卡机段砂岩颗粒粒径主要分布在5～20mm，属于中—粗砂岩。自由线性膨胀率分别为7%、8%，岩石颗粒具有弱膨胀性。

TBM卡机段隧洞围岩属于Ⅴ级围岩，岩石单轴抗压强度在10MPa以下，围岩具较高的含水率和较低的力学强度，地质因素是造成卡机现象发生的主要因素之一。

7.4.3.5 脱困措施

引洮工程双护盾配备超高压系统，压力可达510bar，总推力可达40575kN。卡机事故发生前，当操作手感觉掘进和换步困难时，采用单护盾模式下掘进，并使用超高压系统进行掘进。在高压系统仍无法脱困的情况下，一般采用化学灌浆和导洞开挖两种措施来脱困。

(1) 化学灌浆。主要用于对松散围岩的固结，确保主机周边围岩的稳定。

(2) 导洞开挖脱困。导洞开挖分为：从两腰线部位向前、后方开挖；从两侧底部向前方开挖；从护盾上方开挖。其主要目的是释放围岩自重应力和水平膨胀应力，根据不同的现场条件可采取不同方案。该项目采用第一种方案，在双护盾TBM尾盾后的左右两侧约第三块管片处开一通道，通道开口宽约1m，高约为1.5m（尽量保持管片的完成性），进入通道内逐渐将通洞空间加大。支护材料采用16号工字钢，间距为600mm支护，工字钢之间用Φ20mm钢筋连接，外侧采用厚度为40mm木板等。当开挖到TBM护盾后方时，尽量将洞室空间加大，使TBM顺利脱困。为防止TBM再次被卡，设备脱困后采用TBM配备的刀盘扩挖功能，成功通过1000m破碎带地层。

7.5 涌水涌泥涌沙卡机案例

在隧洞开挖过程中，涌水是隧洞施工中难以避免的，对深埋长隧洞，突涌水常常具有水量大、水压高、突发性强等特点，因此经常会导致围岩失稳、出现塌方，甚至淹没隧洞，危及洞内施工人员及设备的安全，严重影响TBM施工效率，对隧洞建设及运营也极为不利。

涌（突）水、涌泥沙主要受地质构造、地层岩性、含水层的富水性、隔水岩墙的厚度和地下水压力等的影响。根据隧洞水源和地质构造，可将隧洞突涌水分为以下几种类型：揭穿地表或地下水体涌水、揭穿含水岩层涌水、断层破碎带涌水（富水断层涌水、导水断层涌水、隔水断层涌水）、岩溶管道涌水（溶腔溶洞涌水、地下暗河涌水）、背斜和向斜构造破碎带涌水和层间破碎带涌水。

在TBM卡机的主要水文地质因素中，涌（突）水、涌泥、涌沙的地质现象大都具有伴生性，一般与断层及断层破碎带、溶岩溶洞、地下暗（沟）河等相关。TBM开挖过程中，大量涌（突）水夹杂着断层破碎岩体或溶洞中的泥沙一起涌出，成流～塑态，将TBM全部或部分掩埋，造成卡机。归纳起来，掘进中的突涌水常会给隧洞施工带来以下方面不良影响：

（1）由于水压作用，掌子面发生坍塌，增大刀盘的旋转扭矩，降低掘进效率。

（2）涌水或泥沙淹没TBM机体，使设备不能正常工作，并危及洞内工作人员的生命安全。

（3）洞壁坍塌，撑靴反力不足，致使无法正常推进，同时造成支护、衬砌实施非常困难，不能及时进行支护作业。

下面从国内几个典型的例子，对涌水、涌泥、涌沙造成的卡机问题进行说明。

7.5.1 陕西省引汉济渭工程

7.5.1.1 工程概况

引汉济渭工程秦岭输水隧洞为引汉济渭工程的输水工程，横穿秦岭山脉，地跨陕南、关中两区，连接长江、黄河两大流域，采用无压自流输水方式，全长81.78km，设计流量70m^3/s，洞内平均纵坡1/2500，设计采用钻爆法和2台TBM施工，TBM施工长度39.10km，采用圆形断面，开挖直径8.02m。

7.5.1.2 地质条件

工程位于秦岭岭脊高中山区及岭南中低山区，地形起伏，高程范围1050～2420m，洞室最大埋深约2000m。秦岭隧洞主要穿越变质岩和岩浆岩地层，岩性以变砂岩、千枚岩、片岩、石英岩、大理岩、片麻岩和花岗岩、闪长岩为主。隧洞区大地构造单元上属秦岭褶皱系，主要发育3条区域性断层及4条次一级断层，33条一般性断裂。

主洞施工段地下水为基岩裂隙水，水量较丰富，受大气降水补给。TBM施工段岭南工程地表水较发育。主要为萝卜峪沟、木河、东木河，为常年流水沟，水量较大，水量随季节性变化较大，夏季有山洪暴发，水质良好，对混凝土无侵蚀性。

K27＋643.00～K28＋880.00段1237m为弱富水区（Ⅲ），采用大气降水入渗法预测的该段隧洞正常涌水量为547m^3/d。K28＋880.00～K45＋180.00段16300m为贫水区（Ⅳ），采用大气降水入渗法预测的该段隧洞正常涌水量为3620m^3/d。K45＋180.00～K46＋360.00段1180m为弱富水区（Ⅲ），采用大气降水入渗法预测的该段隧洞正常涌水量为413m^3/d。岭南TBM施工段隧洞总涌水量6113m^3/d，最大涌水量按正常涌水量2倍计算为12226m^3/d。

7.5.1.3 卡机现象

岭南TBM施工段为顺坡掘进，逆坡排水，隧洞突涌水全部通过大功率水泵逐级抽排至洞外。工程自2013年10月1日正式开工以来，TBM在掘进过程中已发生过两次大的突涌水，其中一次发生在2015年11月9日晨，一次发生在2016年2月24日。

2015年11月9日晨，因掌子面右侧9点钟位置大股状涌水，全隧洞最大出水量达700m^3/h，折合16800m^3/d，超过全隧设计最大涌水量12226m^3/d，TBM被迫暂停掘进，项目部立即启动应急预案，全力进行涌水处理施工，此次涌水处理共计耽误26d。

2016年2月24日8时45分，掘进至桩号K30＋381.1时，掌子面右侧突发涌水仅掌子面涌水量就超过300m^3/h，全隧涌水量达到25000m^3/d，导致隧洞排水能力应对不足，TBM段水位上涨，增设排水设施后，TBM掘进段水位开始缓慢下降。2月28日23点，掌子面中线至右侧出现大面积垮塌，再次出露新的出水点，初步估算，掌子面出水量达到了860m^3/h（20640m^3/d），此时，全隧洞总涌水量已达到46000m^3/d，项目部再次紧急启动抢险，截至3月24日，TBM掘进段水位基本得到控制。

7.5.1.4 卡机原因

隧洞在仅完成总掘进1/10（1891m）的情况下，隧洞出水量已达到了设计全隧最大涌水量的3.8倍，远远超过预期值，导致现场排水设施无法应对，TBM无法正常掘进。前期对涌水量预测不足，导致设计的排水系统能力不满足要求，同时工程中并未结合超前预测和超前处理措施来共同应对突涌水问题，导致TBM被卡，难以正常掘进。

7.5.1.5 处理措施

（1）采用激发极化法超前预报，超前钻孔探水，超前堵水。

（2）采用深部截源、浅层封堵和钻孔分流＋表面嵌缝＋浅层封堵＋深层加固的隧洞断面分流和加固方案，堵水率达90%。

（3）制定“以堵为主，堵排结合”的治水原则，以永久泵站＋TBM随机泵站对涌水进行抽排等措施，获得成功。

7.5.2 甘肃省引洮供水工程

7.5.2.1 7号洞概况

引洮供水一期工程总干渠7♯隧洞TBM施工段长度16986m，断面为圆形，沿出口至进口方向为1/1650的上坡，主要采用单护盾TBM施工。开挖直径5.75m，衬砌管片后直径 4.96m，管片背后上部 270°范围进行豆砾石（5～10mm）回填和水泥浆（水灰比 0.6）灌浆充填，要求结石强度为 C15，底部 90 度为回填 M15 水泥砂浆。工程选用一台由法国 NFM 公司设计、北方重工制造的单护盾 TBM 施工。TBM 主机由刀盘、前盾、中盾和尾盾组成，总长 180.30m，其中主机长 10.30m；后配套由 17 节拖车组成，总长 170m。TBM 设计允许最小转弯半径 500m。

7.5.2.2 地质条件

引洮总干渠 7 号隧洞属中、新生代陇渭盆地；隧洞布置于白垩系、上第三系地层之中，地质环境复杂，围岩地质构造较为发育，地层岩相多变，岩性以软岩、极软岩为主，局部洞段有地下水活动，地下水具多层承压性，地下水分布、水量受构造、地层岩性控制变化较大。隧洞围岩分别由不稳定的Ⅳ类和极不稳定的Ⅴ类组成，其中上第三系泥质胶结的细砂岩、粉砂岩、粉砂质泥岩等极软岩构成的Ⅴ类围岩段约占 85.6%，分布于靠近隧洞出口端。

为满足 TBM 施工要求，2009—2010 年，工程建设方引洮公司委托工程勘测设计方对疏松砂岩的分布及含水情况进行补充勘察。补充工程地质勘察是在初设成果所标示的有疏松砂岩分布的洞段（桩号 53＋749.00～61＋300.00 段，并适当扩大范围）进行的细化勘察。通过补充勘察，在桩号 53＋100.00～61＋857.00 段，推测划分了不连续分布的 8 段近 2.70km 长疏松砂岩（N_2l^{2s}）洞段，见表 7.8。

表 7.8 含水疏松砂岩分布分段表

补充勘察			初设阶段勘察	
分段桩号	长度/m	隧洞埋深/m	分段桩号	长度/m
53＋355～53＋513	158	266～289	53＋749～54＋834	1085 呈断续分布
53＋710～53＋907	197	174～206		
54＋132～54＋376	244	153～215		
54＋952～55＋284	332	273～292		
58＋571～59＋125	554	100～175	58＋279～61＋300	3000 呈互层分布
59＋814～60＋030	216	130～148		
60＋343～60＋572	229	113～135		
60＋663～61＋387	724	92～232		
合计	2654			

该 8 段主体岩性为 N_2l^{2s} 疏松砂岩，夹薄层钙泥质砂岩、砂砾岩等，岩性软弱，属极软岩，遇水极易软化崩解，工程地质性质极差。围岩物理力学参数为：天然密度 2.19 g/cm^3；单轴饱和抗压强度 0.99MPa；变形模量 75.00MPa；泊松比 0.35～0.40；内摩擦角 30°，凝聚力 22.80～76.00kPa。有地下水活动，活动状态呈滴～渗水状，局部线状流水，涌水量 4.3～33L/（min·10m），瞬时最大涌水量 80～100L/（min·10m）。N_2l^{2s} 疏松砂岩工程地质条件极差，成洞困难，开挖后，围岩极不稳定，没有自稳时间，塑性变形强烈，掌子面坍塌严重；饱水后极易出现掌子面涌砂现象。

疏松砂岩钻孔岩芯分别见图 7.37、图 7.38。

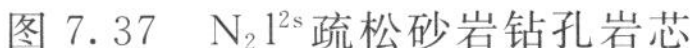
图 7.37 N_2l^{2s}疏松砂岩钻孔岩芯

图 7.38 含水 N_2l^{2s}疏松砂岩钻孔岩芯

7.5.2.3 卡机现象

TBM 自 2009 年 12 月 27 日开始掘进以来，2010 年 1—6 月月掘进进尺分别为 245.00m、493.30m、666.20m、961.00m、183.80m、25.490m（至 6 月 18 日进尺），TBM 在能自稳的砂质泥岩、泥质粉砂岩洞段能正常掘进，通过刀盘喷水控制，能克服糊刀盘刀具的不良影响，自 4 月 20 日进入含水疏松砂岩地层后掘进速度明显下降，掌子面坍塌严重，于 5 月 14 日刀盘被掌子面坍塌下来的大块细砂岩卡住无法转动，通过对刀盘前方围岩进行灌浆加固和刀盘周边塌方体清理，6 月 6 日成功启动刀盘，6 月 8 日再次因坍塌困住刀盘，6 月 17 日成功启动刀盘。2010 年 10 月 6 日，TBM 施工至桩号 60+939.83 时（距离出口 3061.17m），由于地层地下水出露突然增大，掌子面泥化严重，大量泥沙涌入刀盘土仓及 TBM 前盾和中盾内，造成 TBM 主机约 3/4 的部位被埋，管片安装区域至 TBM 主机室之间区域大量堆积涌出的泥沙；经抢险处理后，决定恢复掘进，但由于隧洞底板围岩泥化严重，承载力较低，导致 TBM 持续栽头，且栽头趋势明显，通过调整掘进参数、增加上下主推油缸压力差与铰接油缸行程差等方法均无法控制栽头现象，因此停止掘进。后再次进行 TBM 试掘进施工，但因管片破损、错台严重，盾尾出现涌沙而被迫再次中断施工，停工掌子面桩号 60+931.00。

7.5.2.4 卡机原因

（1）掌子面围岩不能自稳，塌方严重，坍塌下来的大块岩块压住刀盘，使刀盘无法启动，坍塌造成出渣量大，皮带输送能力不能满足出渣需要。

（2）掘进时达不到刀具启动扭矩，导致刀具弦磨损坏，掘进过程中整个刀盘面板与掌子面围岩紧密接触，加快刀盘的磨损。

（3）渣土松散、含水量大，皮带出渣能力不够，导致渣土从 C1 皮带洒落堆积，饱水疏松砂岩出现涌水、涌砂涌入盾尾开口，需在管片安装前进行大量的清渣工作，导致管片无法安装。

（4）掘进后的隧洞围岩坍塌导致豆砾石无法回填、底板泥化，承载力满足不了管片稳定需要，已安装管片变形大。

（5）因施工荷载和围岩压力过大，导致管片出现不同程度的裂缝。

(6) 疏松砂岩含水量高处接近或达到饱和状态，强度极低，天然单轴抗压强度1.90～2.30MPa，力学性质随含水量增加呈恶化态势，水理性质差，浸水崩解，工程性质极差。

综上，可知7号洞卡机主要原因为：隧洞开挖改变地下水渗流状态，为地下水提供了汇集运移通道；施工机械、放炮的振动、扰动导致岩石结构发生变化，重力水从孔隙中析出，使其湿度增加，产生液化，原岩性态恶化，强度衰减；在上覆山岩压力及地下水高水头渗压下，围岩极易出现坍塌、涌砂现象。加上施工围岩支护不及时和施工停顿围岩暴露时间过长因素，掌子面围岩坍塌，出现涌砂现象，导致TBM无法掘进，最终停机。

7.5.2.5 TBM脱困措施

隧洞最大埋深约240m，地质条件为含水疏松砂岩段，冻结主洞长约172m；选择水平钻孔式冻结法、地面垂直钻孔式冻结法，见表7.9。

表7.9 水平冻结法、垂直冻结法优缺点比较

冻结方式	优　点	缺　点
水平冻结法	实际形成的冻土体积相对垂直冻结加固体积少，无效冻结管少	冻结孔施工需要较大的工作空间，斜井内施工水平冻结孔空间不足，需先在迎头外施工扩大硐室用于钻孔施工，扩大硐室本身施工难度较大，需进行土体加固方可施工。此外，水平冻结孔施工精度较差，孔深40m的情况下冻结孔偏斜较大，冻结帷幕质量难以保证
垂直冻结法	地面施工钻孔，施工空间充裕，施工难度小。冻土强度高，井筒开挖无风险，能保证井筒开挖后符合规范要求无渗、漏水。该方案穿井筒冻结管使用的局部冻结专利技术，减少开挖断面内冻土体积及冻土强度，降低开挖难度，加快施工进度。施工工期有保障	开挖期间需割除穿井筒冻结管，需挖部分冻土，冷量损失多，开机量大

1. 冷冻法设计

(1) 根据工程地质条件及其施工条件，确定采用“垂直＋水平冻结加固”的施工方案进行隧洞剩余段的施工。

(2) 施工分为两次三段进行冻结。第一次冻结为2号和3号立井冻结，在地面施工垂直孔，开挖至设计标高，并在地面垂直孔的保护下以井筒中心为基准各开挖10.5m水平隧洞，在端头做1m厚封堵墙并以此为基准进行水平钻孔施工。

(3) 在井筒两侧主洞通道内各预留6根割除的地面冻结孔，作为水平冻结的盐水干管；并在主洞内搭设平台放置盐水箱盐水泵等盐水管路循环设施，盐水箱换热面积约120m^2/处，共两处。

(4) 第二部分的冻结，为以挡土墙为基准进行水平孔的施工，每个工作面钻孔两排，或与第一标段进行搭接，或与水平孔进行搭接；因3号立井往隧洞出口方向无法形成一个封闭的冻结帷幕，需要在地面设置一排孔作为封堵墙与水平方向钻孔共同形成封闭冻土体。

（5）冻结施工完成后，在挡土墙开挖一个 2m×2m 的导洞，导洞采用门字型钢作为临时支撑。导洞开挖至设计进尺后，往回进行全断面开挖，同时拆除临时支撑，边挖边割除中间冻结管，并采用圆形拱架进行临时支撑。

其主要施工顺序为：施工准备→地面钻孔施工（同时安装冻结制冷系统，盐水系统和检测系统）时积极冻结→立井开挖→立井两侧通道开挖→在挡土墙及四周结构进行水平冻结孔施工→探孔试挖→导洞开挖→导洞临时结构施工→全断面回扩→全断面临时结构施工。

冻结孔施工为本工程的关键工序；冻结温度监测、土体变形、压力监测及隧洞支护施工为特殊工序。

2. 冻结方案

（1）冻结方式。冻结工程采取 2 个竖井＋地面垂直钻孔＋水平钻孔冻结施工方式。该方式能够有效确保冻结壁厚度和强度，保证井筒掘砌连续进行，能够实现工期要求。

（2）竖井井筒冻结参数。考虑井筒掘砌施工安全范围，冻土抵抗地压情况，设计冻结壁平均温度取－10℃，计算选取 2 号、3 号竖井冻结壁厚度 3.0m，竖井掘砌段高 3.6m。

（3）隧洞垂直冻结参数。

1）冻结深度确定。根据一次支护断面图、剩余洞段纵断面设计图，确定垂直段隧洞底板有效冻结厚度为 6m。

2）冻结壁平均温度。冻结壁平均温度设计为－10℃。

3）冻结壁厚度。冻结壁厚度确定：封顶厚度不小于 6m，封底厚度 6m；端头封堵确保冻结段与非冻结段隔开；封斜井的侧壁，冻结壁厚度 3.0m。

冻结帷幕设计详见图 7.39。

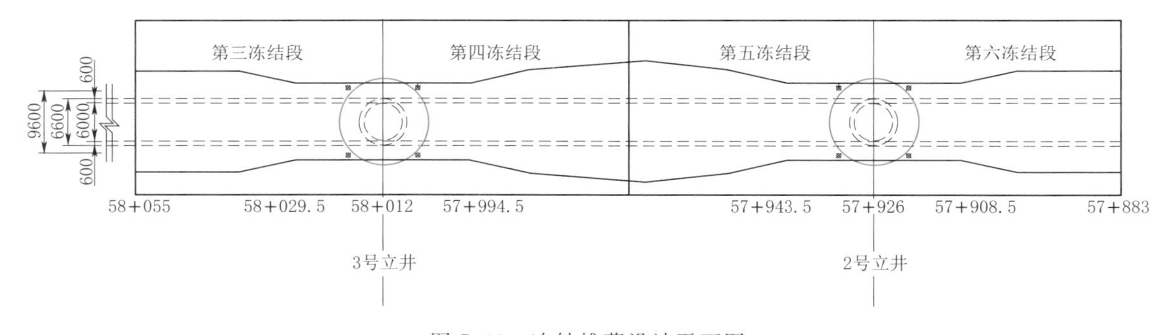

图 7.39 冻结帷幕设计平面图

3. 其他措施

（1）5 月 14 日卡机后，项目部先后采取了灌玛丽散 N 双组分化学浆、杰夫莱 L 双组分化学浆、水泥-水玻璃双液浆，除灌浆加固外人工通过刀孔和刮渣口清刀盘帮助脱困，另外在刮渣斗进渣口处设置钢格栅，避免大块岩块直接进入刀盘或卡在刮渣口处。

（2）针对滚刀的弦磨现象，将部分滚刀更换成撕裂刀，降低换刀频率，为减轻刀盘面板磨损，掘进时控制贯入度在 20mm/转左右。

(3) 加强清渣工作，清理疏松砂岩渣土从皮带洒落和涌入的泥沙。

(4) 管片背后无法回填豆砾石和砂浆时，在管片预留孔中随掘进同步预埋花管，与掘进同步进行浅孔固结灌浆，并对已安装的管片进行变形监测，确保结构安全。

(5) 对管片上出现的宽度大于 0.2mm 的裂缝对进行了跟踪观测。

7.5.3 Gilgel Gibe Ⅱ 水电站引水隧洞

7.5.3.1 工程概况

Gilgel Gibe Ⅱ 水电站引水隧洞位于埃塞俄比亚首都亚的斯亚贝巴西南约 250km 的吉贝河与奥莫河之间。水电站通过穿越吉贝河与奥莫河之间富法山山脊的一条发电引水隧洞和 1.2km 长的压力管道产生 505m 的水头，布置 4 台电站机组，装机 420MW。引水隧洞长 25.80km，圆形断面，成洞洞径 6.3m，有压隧洞，洞内最小压力 2bar，最大压力 7bar，设计流量 $100m^3/s$。使用 2 台双护盾 TBM 分别从隧洞进出口两端相向开挖，开挖直径 6.98m，衬砌 25cm 厚预制混凝土管片，管片外径 6.8m，内径 6.3m，管片宽度 1.6m，两台 TBM 相遇后拆机。

7.5.3.2 地质条件

引水隧洞穿越富法山脊，最大埋深约 1400m，隧洞围岩以玄武岩组成的火山岩地层为主，岩石坚硬但裂隙发育。

7.5.3.3 卡机现象

2006 年 10 月 31 日，在隧洞桩号 4＋196.00 处，突发涌泥，掌子面坍塌，涌出的黏土和泥浆挤压 TBM 刀盘和前护盾，以 40～60mm/h 的速度向 TBM 尾部涌出，致使 TBM 主机后退超过 60cm，并产生了 40cm 的横向位移，TBM 盾体、推进油缸以及已安装的 7 环管片遭到不同程度的破坏，见图 7.40～图 7.43。

7.5.3.4 卡机原因

高压的黏土和泥浆致使掌子面坍塌，黏土和泥浆将刀盘内部及护盾与围岩的间隙填充后，产生高压大推力，将 TBM 向后推动，继而破坏管片、油缸和盾体，使 TBM 产生扭转，姿态发生变化，黏土和泥浆涌入 TBM 内部，致 TBM 被涌泥淹没。

图 7.40 TBM 尾盾变形损坏图

图 7.41 管片产出位移并严重损坏

图 7.42 盾体及推进油缸左侧俯视

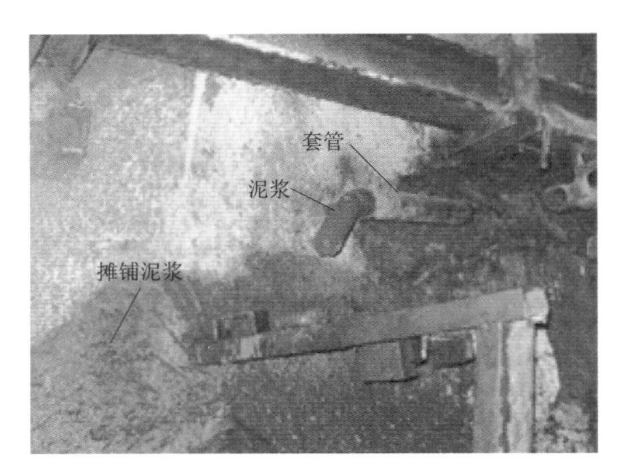

图 7.43 从超前钻预留孔中挤出的泥

7.5.3.5 脱困措施

由于黏土泥浆已将 TBM 主机淹没，利用超前钻机进行超前地质处理已非常困难。鉴于 TBM 设备需要修复，拟人工开挖扩大洞室使 TBM 脱困，在洞室内修复 TBM 被损坏的部件，对其进行检查检修并在洞室内处理前方不利地质条件洞段。同时在连接桥所处的隧洞位置左侧开挖支洞，绕到 TBM 侧面，对 TBM 刀盘前方不利地质条件洞段进行处理，待 TBM 设备修复和前方不利地质条件洞段处理完成后再继续向前掘进。

2007 年 6 月，左侧支洞掌子面发生崩塌，发生了 3 次大的突泥过程，约涌出了 $3500m^3$ 泥浆，填满了整个支洞和 80m 的主洞，如图 7.44～图 7.47 所示。

鉴于以上情况，确定了以下处理措施：

(1) 清除主洞内的所有泥浆和左侧支洞内的部分泥浆。

(2) 从主洞内拆除后配套。

(3) 后配套拆除后，在 TBM 盾体后方布置一台大功率超前钻孔设备。

图 7.44 支洞内涌出的泥浆

图 7.45 支洞入口涌出的泥浆

图 7.46 主洞内涌入的泥浆

图 7.47 泥浆混合物填满了主洞

(4) 在距左侧支洞口 40m 处的主洞右侧再开挖一条新的支洞。

至 2007 年 12 月，在右侧支洞穿过断层区域时，检测围岩的抗压强度较低，并采取如下处理措施：

(1) 安装水平 H200 钢支撑并喷射混凝土封闭掌子面。

(2) 在扩大洞室内拆除 TBM 并运到洞外。

(3) 在洞外检修、改造 TBM 及其设备。

(4) 开挖一个新的 TBM 组装和始发洞室。

(5) 在主洞内拆除部分管片并用混凝土封堵。

(6) 在桩号 3+805.00 处改变洞轴线，并沿新轴线掘进施工。

TBM 设备在洞外检修改造完成后，在洞内始发洞室组装，TBM 开挖直径从 6.98m 增加到 7.07m。2008 年 8 月 1 日，重新组装后的 TBM 沿着调整过的洞轴线开始掘进。2008 年 10 月，TBM 通过断层区域。2009 年 6 月 6 日，两台 TBM 在 8+520.80 处相遇，引水隧洞贯通。

7.5.4 厄瓜多尔科卡科多-辛克雷水电站引水隧洞工程

7.5.4.1 工程概况

见第 7.1.6 节。

7.5.4.2 砂岩崩解沙化洞段卡机及脱困处理

TBM2 掘进至桩号 23+080.00 处时，遇到了流砂地层。地层岩性为白垩纪下统 Hollin 地层（Kh）砂、页岩互层，砂、页岩的比例约为 9∶1，砂、页岩的强度为 20～40MPa，岩石遇水易崩解；受构造影响，节理发育，岩体破碎，地下水丰富，涌水量约 100L/s。TBM 掘进时，在滚刀扰动和地下水的作用下，砂岩快速崩解，崩解后呈中—粗砂的散体状，由于掌子面涌水量较大，大部分砂粒来不及被刀盘铲斗铲起即被冲入洞中，砂粒掩埋了洞内轨道，导致小火车多次跳道脱轨，洞内排水亦受阻，部分设备被淹没；小部分砂粒被铲斗铲起后，卸到主机皮带机上，由于水的作用砂粒与皮带的摩擦力极小，导致渣粒在皮带机上打滑，皮带机无法正常出渣。

针对以上情况，采取了以下处理措施：①调整 TBM 掘进参数，收回支撑靴，伸缩护盾处于收缩状态，采用单护盾模式掘进，降低刀盘推力和刀盘转速，以减少对围岩的扰动，防止掌子面和洞壁围岩塌方；②对洞内的集中涌水点进行封堵；③掘进时减少刀盘喷水量，减缓砂岩的崩解速度；④组织大量人工清理洞底砂粒，将砂粒装袋后由小火车运出洞外；⑤严密监测洞底火车轨道情况，防止砂粒掩埋轨道；⑥安装重型管片，并及时进行豆砾石回填灌浆。通过以上处理措施，TBM慢速掘进，每天掘进2～3环，经过四十余天的努力，终于通过了此不利地质条件段，未发生其他严重事故。

7.5.4.3 突水、围岩失稳洞段卡机及脱困处理

TBM1掘进至桩号2+201.80时，在例行的设备维护工作后，启动TBM准备继续掘进时，发现刀盘可以旋转，但机身无法前进，经过分析认为由于围岩塌方导致TBM前盾被卡。打开伸缩盾之后，从伸缩盾右侧底部可见黏土等细颗粒物质，岩体呈碎裂状，微风化，推测为断层发育。随之采取了一系列措施，加大推力、灌注膨润土等，均未能脱困。然后开始从伸缩盾左侧位置清渣，清渣洞约长6m，断面近似于矩形，尺寸为1.80m×1.60m，清渣洞洞壁干燥无水，节理裂隙发育，岩体破碎，节理面平直光滑，扰动后易坍塌。在清渣过程中盾体右侧岩体突发突泥涌水，并夹杂着块碎石冲出，导致伸缩盾、尾盾等设备被掩埋。初期水质浑浊，流量达到2200L/s，约10h后，涌水变清，经过3～5d，涌水量逐渐稳定到400～500L/s。

清渣洞涌水塌方后，决定采用开挖导洞的方式处理涌水塌方，具体措施如下：

（1）对尾盾后第1～9环管片加固，以防塌方区影响到已安装好的管片。

（2）在尾盾后第10环管片左侧开挖清渣洞M1（见图7.48），向刀盘方向开挖，开挖断面1.8m×2m；在盾尾后第10环管片右侧开挖排水洞M2，向刀盘方向开挖，开挖断面2.0m×2.5m；出渣洞开挖至0+62m位置时，靠近刀盘侧岩面出现大量渗水，即暂停出渣洞开挖，新增M1-B支洞开挖，后转弯与输水隧洞相交，相交桩号为刀盘前19m处，然后从刀盘前19m处向刀盘方向开挖。M1、M2、M1-B支洞在开挖过程中及时采用了超前锚杆、挂网、喷混凝土支护。M1支洞总长约61.8m，M2支洞总长约52.5m，M1-B支洞总长约28.8m。

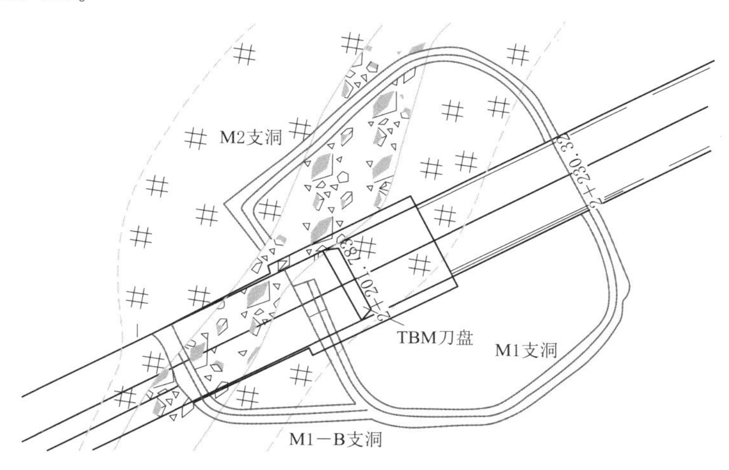

图7.48 突水、围岩失稳段支洞位置图

(3) 在M2、M1-B支洞内沿TBM掘进方向布置了3个水平钻孔，以查明前方地质条件。

(4) 由M1、M2、M1-B支洞开始进行主洞扩大顶拱开挖，扩大顶拱跨度11.739m，顶拱中心距设计主洞顶拱1.80m，开挖时采用超前小导管、锚杆、挂网、钢拱架、喷混凝土联合支护，扩大顶拱穿过整个断层及破碎带。

(5) 扩大顶拱开挖支护完成后，启动TBM掘进出渣，同时安装重型管片，管片与扩大顶拱之间的空隙采用豆砾石回填灌浆。

7.5.4.4 经验教训及改进要求

(1) 不利地质条件对TBM施工影响较大，在国内、外的TBM隧洞施工中，不利地质条件造成的TBM被困事件时有发生。CCS水电站输水隧洞虽然如期完成，但处理TBM1和TBM2仍分别花费了6个月和8个月的时间，造成了较大的经济损失。如果没有这两次卡机事件，输水隧洞至少可以提前半年完工，水电站提前发电所产生的经济效益和社会效益不可估量。

(2) 双护盾式TBM对地质条件的适宜范围较敞开式和单护盾TBM大，但在断层破碎塌方、突涌水等极端地质条件下，由于双护盾TBM能采用的超前处理的手段极其有限，更容易发生TBM被困事故，双护盾TBM被困后，处理起来比敞开式TBM更为困难，所花费的时间更多、经济成本更高。

(3) TBM在不利地质条件洞段掘进时，应降低掘进推力、刀盘转速，以减少对围岩的扰动。由于围岩的塌方失稳与时间直接相关，因此应避免在不利地质条件段内长时间停机，尽量减少停机维护时间，连续掘进以通过整个不利地质条件段。

(4) 详细、准确的地质资料是TBM快速掘进的基本保证。双护盾TBM施工时，受刀盘、护盾和衬砌管片的影响，无法直接获取地质信息，因此在施工中加强超前地质预报十分必要。通过超前地质预报，确定不利地质条件体的位置、规模、性质及其对TBM施工的影响程度，从而有针对性地采取超前处理措施，可避免TBM被困等不良后果。

7.5.5 意大利Frasnadello隧道和Antea隧道扩挖TBM刀盘被卡事故的处理

7.5.5.1 工程概况

Frasnadello隧道和Antea隧道为紧邻的两座公路隧道，由一座桥梁连接，隧道总长2400m。先采用直径为3.9m的TBM开挖导洞，后采用直径为11.8m的护盾式TBM进行扩挖。

7.5.5.2 卡机现象及原因

当扩挖TBM掘进到里程300m位置时，遇断层破碎带，掌子面支撑力不足，突发坍塌、涌水，造成TBM被困。坍塌物充填导洞约17m长，隧道涌水量达6.6～10L/s。

经过论证，决定通过导洞接近扩挖工作面，采用冻结法对地层进行加固，使TBM脱困。为使TBM脱困而采取的地层加固措施见图7.49。

7.5.5.3 TBM脱困措施

(1) 从TBM护盾后方向前上方地层钻排水孔，把涌水量降至3L/s；在顶拱140°～150°范围内进行泡沫树脂和水玻璃超前预注浆，在拱顶形成厚5～8m不透水的加固

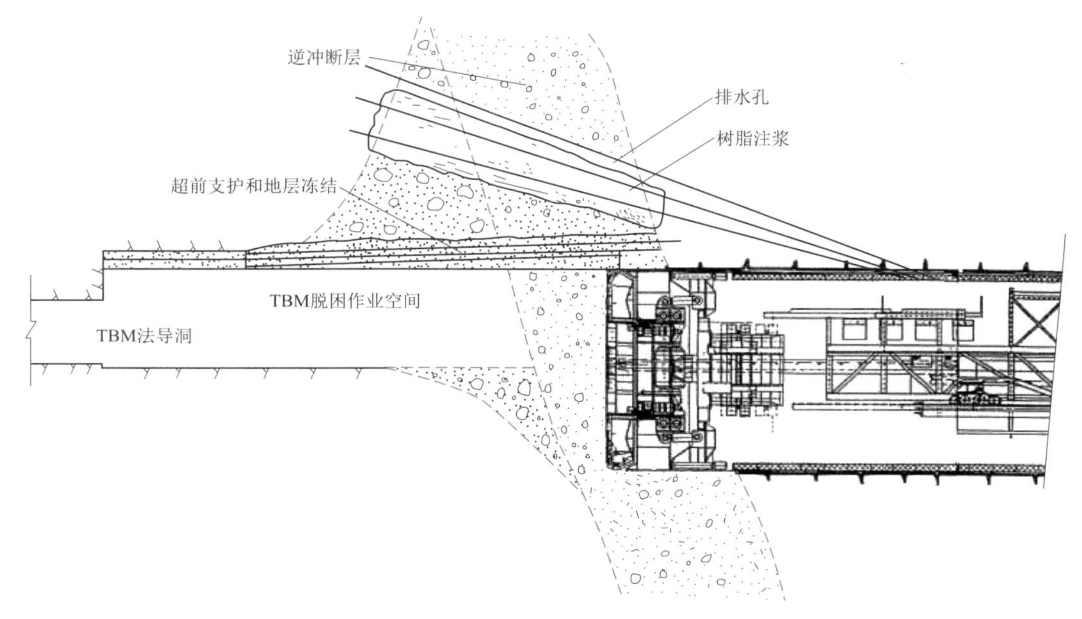

图 7.49　为使 TBM 脱困而采取的地层加固措施

地层。

（2）通过导洞接近扩挖工作面，形成长约 8m 的 TBM 脱困作业空间。从该作业空间向护盾上方完好的石灰岩地层施作长 22m、间距 60cm 的超前管棚预注浆堵水和加固围岩。并设孔口管、闸阀和止浆塞。

（3）进行冷冻施工，在顶拱和拱脚分别形成厚 80cm 和 100cm 的冻结层。

（4）扩挖作业空间至主隧道设计轮廓，直至 TBM 刀盘处。扩挖循环进尺为 0.9m，采用钢支撑和喷射混凝土（厚 20cm）进行临时支护，必要时施作喷射混凝土仰拱。作业空间扩挖期间，采用间歇式冻结，以防止冻结层超出设计范围。

（5）启动 TBM 通过断层破碎带，拼装预制钢筋混凝土管片衬砌，进行豆砾石回填灌浆。

7.6 溶洞卡机案例

TBM 在岩溶发育地区施工时，溶洞的预测和处理十分重要。岩溶型式复杂多样，有的溶洞深浚或基底被松软堆积物充填，基础处理困难；有的溶洞顶板高悬不稳，有严重崩塌危险；有的岩溶发育情况十分复杂，溶洞、暗河上下迂回交错，通道重叠，处理非常困难，特别是岩溶水的袭击，将给施工带来极大困难。如处理不当，轻则出现管片整体下沉、接缝张开、错台严重等问题，重则导致机头下沉、陷落，而大规模溶洞突水将导致淹没隧道等恶性事故的发生。危地马拉 RioChixoy 水电站供水隧洞开挖过程中，一台 TBM 被埋于溶蚀洞穴；越南中部的海文隧道，由于洞内施工过程中溶洞突水（涌水量达 90 L/s），被迫停机近两个星期。

掘进过程中遇到溶洞时 TBM 操作系统有关参数会显示出不正常，因此需时刻注意各参数的变化。为避免机头下沉、陷落等恶性事故，掘进前应对前方洞段开展超前地质预报，查明溶洞的分布、规模及含水、充填情况，防患于未然。当掘进至溶洞边缘时，技术人员可通过检修孔查明溶洞的具体发育情况，并采取相应的处理措施。

（1）对于区域地下水位线以上规模较小的溶洞，如果对 TBM 掘进影响不大，则可不予处理继续掘进；待 TBM 通过后，利用管片回填孔对溶洞回填豆砾石，并进行固结灌浆加固。

（2）对于隧洞下方规模较大的溶洞，如果溶洞被充填，可先对溶洞进行超前注浆加固，待 TBM 通过后，通过管片回填孔对溶洞段进行后期高压固结灌浆。如果溶洞无充填或仅部分充填，则可用豆砾石、砌石、混凝土等材料进行回填并压浆加固，待 TBM 通过后，再通过管片回填孔对溶洞段进行后期高压固结灌浆。

（3）对于隧洞上方规模较大的溶洞，如果溶洞被充填，可利用 TBM 自身携带的超前钻和灌浆设备对溶洞进行全洞周超前注浆处理，以防止 TBM 经过时溶洞充填物塌落；待 TBM 通过后，通过管片回填孔对溶洞段进行高压固结灌浆并施设锚杆。如果溶洞无充填或仅部分充填，则可以采用锚杆加槽钢的半环形钢支撑，用豆砾石、砌石、混凝土等材料进行封堵、回填并压浆加固。

（4）对于含水量较大的溶洞，在掘进前需利用超前钻打排水孔进行排水，并做好排水系统，保证排水畅通；掘进过程中加强对涌水量的监测，避免灾难性突水将隧洞淹没。

7.6.1 万家寨引黄工程北干线段

7.6.1.1 工程概况

工程概况见第 7.2.2.1 节。

7.6.1.2 地质条件

地质条件见第 7.2.2.2 节。

7.6.1.3 卡机现象

掘进机于 2008 年底检修后，一直在奥陶系亮甲山（O_1l）组的Ⅱ、Ⅲ类围岩中掘进，月进尺保持在 600m 左右，进展比较顺利。但 2009 年 9 月 28 日掘进机行进至桩号 23+349 处遇到规模较大的半充填型溶洞，经处理于 12 月 14 日掘进机重新启动，但至桩号 23+335 处时，掘进机再次被坍塌体卡住机头，被迫停机。经再次处理后于 2010 年 1 月 16 日重新启动，正常掘进，前后停机时间约为 110d。

7.6.1.4 卡机原因

溶洞是掘进机施工中最为复杂的工程地质问题之一。由于溶洞发育条件存在差异，导致溶洞类型不同。不同充填类型对双护盾掘进机施工，影响不同。北方亚干旱、亚湿润地区，地下岩溶以溶隙为主。按洞穴充填情况，分为充填型溶洞、半充填型与非充填型溶洞。半充填型溶洞充填材料不均匀，极易发生机头下沉或掉块或坍塌体卡住机头护盾问题，造成卡机。

7.6.1.5 卡机处理措施

处理工作分两阶段进行。

第一阶段：

2009年9月28日，掘进至桩号23+352.5处，掌子面处突发涌水，最大涌水量21 L/s，水位升至主驱动电机位置，掘进机停机，排水清理污泥。至9月30日，缓慢前进3环长4.2m，发现前后出现空腔，空腔下部堆积大量块石，停机后在空腔内喷混凝土，共喷进混凝土61m³，再次启动。至桩号23+349处，机头出现下沉，最大下沉量达10cm，为避免机头快速下沉，确定拆除2～3环管片（实际拆除5环），掘进机后退到安全位置，从机头前方进行彻底处理，直至12月14日再次启动。主要处理措施如下：

（1）探明地质情况。10月3日停机后，地质人员进入到机头前后的空腔内查明情况，证实此处为一高约17m的较大溶洞，洞线处于溶洞的中下部，岩层为白云质灰岩与泥质灰岩，倾角6～7℃，掌子面顶部充填黄土。溶洞的成因与地底层中的易溶物质有关，而隧洞此处位置为背斜轴部，结构面张开，构成了渗水量大，产生溶蚀、崩塌的条件。

（2）清理洞顶不稳定危岩，同时采用挂网喷浆、锚杆支护等方法加固洞壁，确保施工安全。与此同时，采用潜孔钻及手风钻等手段查明洞底溶洞充填物状况。

（3）对退出5环的隧洞底部破碎软弱岩石，铺填混凝土加固，便于掘进机滑行。在机头前方底部塌落体灌注水泥浆，铺设钢筋网，浇注混凝土进行加固，防止滑行中机头下沉。

（4）采用钻孔、液压胀裂、人工挖掘等方法将竖立在两壁的危岩和已经塌落的岩块和泥石体，通过皮带机出渣口人工清出洞外，对掌子面顶拱做超前小导管注浆。

（5）安装9榀钢支撑（间距80cm），用锚杆固定在岩壁上，在钢支撑中心线上下挂网喷混凝土，形成支撑靴垫，做成滑行洞段。

第二阶段：

12月14日掘进机开始滑行，并掘进6环，至桩号23+335处，突然有重约150～200t的巨石塌落，机头下沉6.5cm。掘进机停机后退1环，确认上部存在9m深的空腔，采用与上一段类似的方法进行处理，对掘进机，主要是伸缩护盾进行检查，防止变形或卡块。对洞壁可能塌落部位进行喷锚，挂网喷浆，预注浆，形成稳固的工作面。处理塌落下来的大石块，将其解小清理出洞，继续安放钢支撑拱架，形成滑行洞段，为保证安全，掘进机每后退1环，安放2榀钢支撑，共安放5榀，于1月16日掘进机再次启动脱困。如图7.50～图7.53所示。

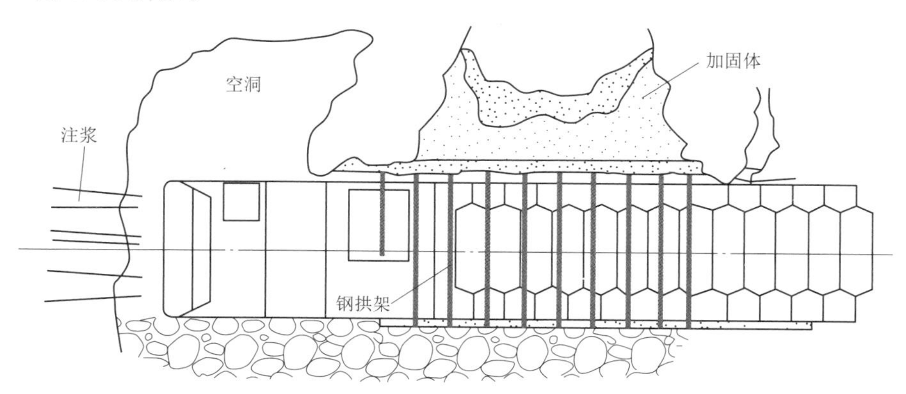

图7.50 半充填连续溶洞处理

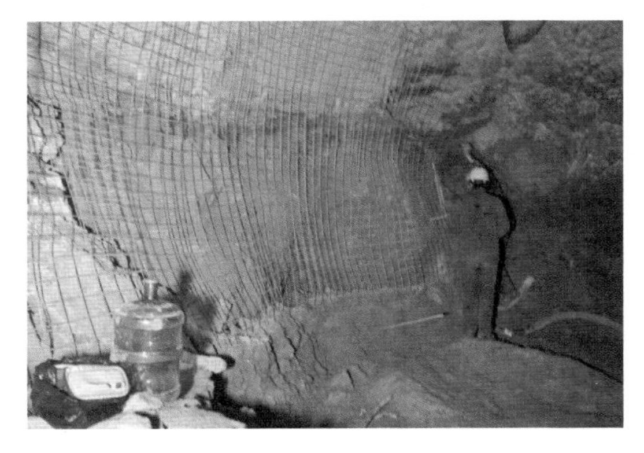

图 7.51 挂网喷浆

图 7.52 机头前方溶洞

7.6.2 万家寨引黄工程南干线段

7.6.2.1 工程概况

山西省万家寨引黄工程南干线 6 号隧洞长 14.4km，纵坡 1/1250，设计流量 25.8 m^3/s，隧洞采用双护盾 TBM 施工，隧洞断面为圆形，开挖直径 4.82m，衬砌内径 4.2m，采用六角形预制钢筋混凝土管片衬砌，每环衬砌由 4 片管片组成，每片管片宽度 1.4m，管片衬砌厚度 22cm，衬砌管片和围岩间采用豆粒石回填灌浆，厚度 9cm。

图 7.53 破石出渣

7.6.2.2 岩溶发育特征

南干线 6 号隧洞处于华北断块之吕梁～太行断块的次一级构造单元偏关～神池块坪的东南部地区，地表出露地层以奥陶系碳酸盐岩为主，隧洞穿越地层主要为奥陶系亮甲山组、下马家沟组灰岩、上马家沟组灰岩、白云质灰岩、白云岩及泥灰岩，产状平缓并略呈波状起伏，倾角一般不超过 10°，断裂构造相对比较发育。

岩溶主要为深埋古岩溶，形态以溶洞为主，溶隙、溶孔、溶槽、溶沟次之，受平缓地层和隔水岩层控制，形成了由多个溶洞组成并为溶隙连通的水平岩溶发育带，其形态为以多个或大或小的溶洞构成藕节状或串珠状的溶洞群，仅局部存在单个较大溶洞。引黄工程南干线 6 号隧洞近一半洞段穿越在岩溶发育带中，根据溶洞与引水隧洞的接触关系，分为 4 种类型：第一为包容型溶洞，即隧洞被溶洞所包容，围岩均为溶洞充填物；第二为底拱型溶洞，即溶洞位于隧洞底拱以下；第三为顶拱型溶洞，即溶洞位于隧洞顶拱以上；第四为边拱型溶洞，即溶洞位于隧洞两侧边拱以外。

7.6.2.3 卡机原因及处理

TBM 施工对围岩的判别主要采用观察窗观察结合碎渣的判定方法，在岩溶发育段，应超前预报，探明岩溶的发育情况。TBM 通过岩溶段一般采取以下两种方法：第一种为停机超前处理，对停止发育的干小溶洞，TBM 后退（必要时打旁通洞）至溶洞边缘，对溶洞充填物进行清除，然后采用砌石、豆砾石或混凝土等可灌性好的材料进行封堵、回填并压浆加固；对于大型溶洞，采用全断面超前注浆措施。第二种为掘进过程处理，采用临时措施保证TBM通过岩溶地区，然后待TBM通过后再进行回填灌浆处理，该种方法可能伴随掘进机蛇形前进，机头下沉，管片衬砌整体下沉，接缝张开、错台严重、管片与围岩之间的空隙减小，豆砾石回填灌浆层厚度、强度及抗渗达不到设计要求等情况。无论采用哪种施工方法，均将影响TBM的正常掘进。

7.6.3 天生桥二级水电站引水隧洞工程

7.6.3.1 工程概况

天生桥二级水电站地处贵州省安龙县与广西隆林县交界地段，坐落在珠江水系红水河上游干流南盘江上。于1983年引进2台10.8m的全断面硬岩掘进机，2台掘进机分别承担1号、2号主洞的掘进任务，分别先后从2号施工支洞进入主洞向上游推进，终点为1号施工支洞与相应主洞的交叉点附近。

7.6.3.2 地质条件

三条引水隧洞位于南盘江右岸，呈平行布置。洞线通过灰岩、石英质灰岩地段长达约8.1km，岩石坚固系数 $f=4\sim6$。隧洞沿线地质具有下列特点：

（1）溶洞强烈发育、岩溶地质复杂。隧洞沿线以灰岩、白云质灰岩为主，占洞线全长的85%，沿线岩溶发育强烈，并具有下列特征：①桩号0+000～3+800洞段，以发育充填型溶洞为主要特征，溶洞垂向分布范围大，从洞线高程600m位置至河谷深部，地下水位500m以下处仍有较大的溶洞发育；②桩号3+800～7+400洞段，岩溶发育以竖井状、斜管状溶洞为主，是排泄大气降水汇入南盘江的主要通道；其余洞段则表现为地表大面积沉陷和溶洞大规模泥石流成因。

根据开挖揭露的岩溶，其主要类型有溶洞和暗河道。按岩溶充填量情况分：有充填型、半充填型和非充填型溶洞。主要充填物有淤泥、黏土或黄土、砂、砾石、块石等。掘进所及之处，往往发生大规模塌方和泥石流，其量小至百余方，大至数万方不等。

涌水是岩溶地质复杂的另一种表现形式，由于隧洞沿线地表多为封闭洼地，大气降水不易从地表直接排入南盘江，主要通过岩溶裂隙和岩溶管道补给地下水，经地下暗河流入南盘江。

（2）隧洞沿线存在着岩层破碎带、溶蚀裂隙带和砂页岩软弱围岩的严重塌方问题。

7.6.3.3 卡机现象及原因

1号掘进机（353-197）位于2号支洞工作面。自1985年3月18日调整试运转起，期间遇到大小溶洞、暗河道、岩溶涌水带40余处（其中大溶洞16个）沿洞线方向累计溶洞长度有225.4m。

2号掘进机（353-196）于1988年7月9日进入2号主洞运转投产，至1992年6月21日，总进尺2871.0m，其间遇到大溶洞6个、涌水带（$>1m^3/s$）3处，断层破碎带和岩爆段累计长度1165.7m，占掘进长度的40.60%，累计不利地质条件洞段长度为1278.6m，占该机开挖进尺的44.54%。

在天生桥二级电站引水隧洞掘进机施工过程中，遇到了大量的喀斯特溶洞，暗河泥石流、涌水、断层、破碎带及沿线分布较广的岩爆等不利地质条件，给隧洞掘进机施工造成了极大的困难，严重影响了工期、投资和施工安全。

7.6.3.4 处理措施

1. 岩溶暗河处理

1985年7月23日，当掘进机在桩号0+619附近掘进时，洞渣中伴有黄泥、块石、碎石等岩溶填充物；掘进机后退20余米后，岩溶填充物大量涌入洞内。地质人员经探洞深入岩溶暗河道。溶洞向下游（支洞左下方）延伸30m处有地下水可见，向上游（支洞右上方）延伸较长，溶洞全长无法查清，人迹所及177m范围内，管状溶洞截面为8m×7m～12m×16m（宽×高），靠近支洞轴线处为溶洞漏斗，最初可见高度达25m。主要采用如下措施：

（1）开挖旁通洞。掘进机机头部分的进入孔（60cm×100cm）狭窄矮小，为满足施工要求，开挖旁通洞是唯一有效的途径。旁通洞进口布置在掘进机水平支撑靴板后缘外5m的洞壁下部，洞线拟八字形，人员和小型施工设备可绕过掘进机进入前方工作面和暗河道。旁通洞断面尺寸为2.5m×2.0m（宽×高），全长28m。

（2）钢筋混凝土衬砌与掘进机减速运行。掘进机正常运转时，水平推力高达28000kN，经分析论证，决定采用环形钢筋混凝土结构，撑靴部位设双层钢筋。在环形衬砌与暗河道两侧岩体交界面上，设置两排ϕ32mm锚杆，间距80cm，呈梅花形布置，锚杆长分别为2.0m和2.5m，外露0.5m和1.0m，深入钢筋混凝土环形衬砌内，使环形衬砌与岩壁连成一体。

为使环形钢筋混凝土衬砌适度轻型化，掘进机通过暗河道时，采取减载运行措施，即降低推进力和推进速度，使水平支撑力降低30%以适应适度轻型的钢筋混凝土结构的承载能力。

2. 大溶洞段处理

掘进机在桩号支0+985.00处通过长约20m充填型溶洞段，支洞与溶洞的交会段两端、溶洞切割支洞段面的上半部；交会段中部、溶洞切割整个支洞断面。溶洞内充填物为泥石混合体；支洞底拱以上高达30余米，底拱以下的深度难以探明。决定采用边掘进、边探索、边支护的方法，以及各种有效的支护手段，使掘进机安全顺利地通过溶洞泥石充填段。主要采用如下措施：

在溶洞的始末两端，支洞围岩上半部为溶洞泥石充填，下半部为厚层灰岩。据此地质特点，采用半环钢支承临时支护。掘进机开挖推进一段（70～80cm），在支洞两侧岩壁上施作楔缝式锚杆，其上焊置1～2根槽钢制作平梁，形成支座，然后以此为基础，架设预制成型的20号环形工字钢，用角钢以连系杆、剪刀撑的形式与前一棍拱架焊接成一体。环形钢支撑的间距一般为70cm。在拱架与充填物之间用木方垫死，或用木块跳板封堵。局部有一定坍塌高度的地段，在拱架之上设置槽钢支撑体系，辅以垫块堵塞、木板封堵。按此循序渐进。

在支洞与溶洞交会段中部，支洞两侧为砂质壤土，顶部为泥夹石充填，底部为半固结状态的粉砂质壤土。为了防止塌方，确保施工安全，采用型钢圆环与混凝土侧墙联合支护。掘进机开挖推进一段，紧跟护盾板之后安设工字钢圆环，并用角钢或槽钢作联系杆，使各圆彼此相连。对顶部塌陷较高、山岩压力较大的部位，根据拱圈上部空间状态，在钢环上部再设置折线拱并用槽钢或角钢焊接成组合拱架，各拱架间以连系杆、剪刀撑相连。对未发生塌落而山岩压力较大的部位，可适当加密型钢圆环的间距和加设上弦杆，此溶洞段圆环的最小间距只有40cm，钢圆环或钢圆环一线拱系统的作用是稳住上部泥石体。

为满足掘进机水平支撑要求，在钢圆环支撑系统的保护下，掏挖洞壁两侧壤土，按设计洞径浇筑C20号钢筋混凝土侧墙，墙顶高出支撑靴板上缘80cm。基础坐落在半固结粉砂质壤土上。另外，根据侧墙外的地质情况，在左右两侧混凝土侧墙内紧靠圆环位置分别预埋ϕ32mm的锚筋和20号的工字钢，供支承环形钢支撑之用。在混凝土浇筑完毕达一定强度后，将圆环边拱与锚筋和预埋工字钢焊接起来、然后把掘进机靴板以下部分的钢圆环割断取出，以便掘进机支撑系统和后配套系统顺利通过。

若支洞底拱围岩的土质更差，以致不能承受由环形钢支撑一混凝土侧墙系统传来的荷载，这时，应在底部钢圆环间挖土开槽，浇筑混凝土底拱梁，形成闭合环，支撑来自侧墙的荷载，保证在割取下半个钢圆环后整个支护系统安全可靠。

钢支撑架设完毕后，在有渗水的地方采用集水槽引水入橡皮导水管下泄，以缩小影响带。然后在钢支撑间喷射一次混凝土，厚度5～8cm，局部为10cm，充填钢支撑与岩壁间的空间，使它们紧贴在一起，防止岩石分化及掉块。在掘进机后配套通过以后，对溶洞部位及影响带挂钢筋网、喷射两次混凝土，厚度以覆盖钢支撑外缘为限，形成以钢支撑为骨架的钢筋混凝土拱圈。

3. 小溶洞段处理

(1) 贯通隧洞全断面的溶洞段。该溶洞是地下水沿断层溶蚀发育而成的，沿支洞轴线最大宽度5.5m、最小宽度3.5m，横穿整个支洞断面。洞内充填物为黄泥夹少量块石，处理方法按二步法施工：

第一步掘进机推进3m后，停机退至溶洞边缘，使原来被掘进机护盾支撑着的溶洞部分充填物塌落，然后将掘进机推进，空载运转，靠掘进机铲斗挖出泥石。

第二步利用溶洞两侧的岩石布置锚杆，再用槽钢顺隧洞两侧边线拼焊一对组合桁架梁，其两端与埋入溶洞两侧岩壁内的锚杆连接，然后以桁架梁为支座架设球形钢支撑。支撑环顶面铺设两层竹跳板作为防护层，局部存在泥夹石或危石段仍用型钢支护。掘进机水平支撑靴板范围仍采用钢筋混凝土衬砌。

(2) 贯通开挖断面上部的溶洞段。对于只贯通开挖断面上部的小溶洞，处理方法较为简单，掘进机退机挖除溶洞充填物的方法同前，支护采用以锚杆一槽钢系统为支座的半环钢支撑。

7.7 岩爆卡机案例

岩爆是深埋长隧洞在高地应力、硬脆性岩体中隧洞开挖诱发的一种工程地质问题，严重威胁洞内施工人员和设备的安全，影响隧洞正常施工。TBM施工对围岩扰动较小，且开挖断面多为圆形，在一定程度上减弱了围岩应力局部集中现象，降低了岩爆发生的可能性。尽管如此，在国内外一些TBM隧洞施工过程中，仍然有岩爆发生，如我国的新疆某输水隧洞、齐热哈塔尔水电站引水洞、锦屏二级水电站排水洞、引汉济渭秦岭输水隧洞和天生桥二级水电站引水隧洞等工程，在施工中均发生了不同程度的岩爆。

地应力场是岩爆发生的决定因素，发生岩爆地区实测的地应力均较高。高应力区的主要特征是：①最大水平应力（σ_h）大大超过垂直应力（σ_H），$\sigma_h \gg \sigma_H$；②$\sigma_h > 25$MPa；③$\sigma_h > 2R_c$（R_c为岩石单轴抗压强度）。

在高山峡谷地区，地应力的分布状态受地形影响较大，通常存在应力松弛区（应力降低区）、应力集中区（应力高度异向区）和初始应力区（正常应力区），所以在构造活动强烈、地形高差悬殊的峡谷地区，当地下洞室位于应力集中区时，产生岩爆的几率较高，如岷江太平驿隧洞、雅砻江二滩隧洞工程等。

岩爆的等级与围岩强度应力比S（岩石单轴抗压强度R_b/最大主应力σ_m）具有如下关系：

S为4～7时为轻微岩爆（Ⅰ级）。

S为2～4时为中等岩爆（Ⅱ级）。

S为1～2时为强岩爆（Ⅲ级）。

S小于1时为极强岩爆（Ⅳ级）。

不同等级岩爆一般现象不同，造成影响也不同。

（1）轻微岩爆。岩石表层发生爆裂脱落、松弛和碎裂现象，零星间断发生破坏，一般影响深度小于0.3m，内部有噼啪、撕裂声，持续时间相对较短。

（2）中等岩爆。围岩爆裂脱落、剥离现象较为严重，围岩表层时常呈板裂化，一般影响坑深度为0.3～1.0m，有少量弹射，伴有清脆的响声。TBM在埋深超过1000m以上的围岩洞段中掘进，发生中等岩爆的几率增加。

（3）强岩爆。当TBM掘进至埋深超过1500m时，可能出现围岩大片爆裂脱落和强烈弹射，一般影响深度1～3m，持续时间较长，即发生强岩爆。

（4）极强岩爆。TBM在接近或超过2000m处于褶皱的核心区域掘进过程中，围岩易发生大片严重爆裂，往往容易沿结构面发生大面积的崩塌。其振动强烈，一般影响深度超过3m，能量巨大，对TBM构成严重威胁，甚至摧毁设备和工程。

在TBM掘进过程中除岩爆强度和形式不同外，岩爆发生的空间部位也不一样，一般可分为掌子面岩爆、刀盘及护盾部位岩爆、护盾后岩爆；按照岩爆相对TBM横截面的位置分为顶拱岩爆、侧墙岩爆和底拱岩爆。

7.7.1 锦屏二级水电站引水隧洞工程

7.7.1.1 工程概况

锦屏二级水电站为引水式地下电站，引水系统并排布置4条引水隧洞和1条排水洞，单条隧洞长约16.67km。其中，1号、3号引水洞和排水洞东段采用TBM掘进，TBM直径分别为12.4m、12.4m、7.2m。排水洞TBM先于引水隧洞TBM掘进，因遭遇不可预见的极强岩爆设备毁灭性损坏而停止掘进。

7.7.1.2 地质条件

引水隧洞和排水洞自东向西分别穿越盐塘组大理岩、白山组大理岩、三叠系上统砂板岩、杂谷脑组大理岩、三叠系下统绿泥石片岩和变质中细砂岩等地层。隧洞平均埋深1500～2000m，最大埋深2525m。隧洞以自重应力为主，实测最大主应力值达42.11MPa，围岩强度应力比大多小于2，实测岩爆倾向指数为1.3～5.8，具备发生高地应力破坏的强度条件。

7.7.1.3 强岩爆段解决方案

对于强～极强岩爆段TBM穿越方案，结合排水洞TBM施工洞段遭遇到的极强岩爆的危害，以及2号引水隧洞极强岩爆的表现特征，经过专家咨询和参建各方的研究分析，一致认为锦屏二级的极强岩爆是TBM难以承受的施工风险，在施工中应规避极强岩爆。通过多方面论证和现场试验，确定TBM在引水洞极强岩爆段采取先钻爆法开挖导洞，然后由TBM进行剩余断面掘进的开挖方案。通过钻爆法施工导洞放应力，完成隧洞顶拱系统支护，然后在顶拱相对安全的条件下，TBM完成下部围岩的开挖，以规避TBM在极强岩爆段的施工风险。

7.7.2 陕西省引汉济渭岭南隧洞工程

7.7.2.1 工程概况

工程概况见第7.5.2.1节。该标段位于陕西省宁陕县四亩地镇境内，隧洞长18.28km，桩号为K28+085.00～K46+360.00，采用一台罗宾斯公司提供的Φ8.02m全新敞开式硬岩掘进机施工。主洞工程18275m（K28+085.00～K46+360.00）。由TBM辅助洞室（405m）、钻爆接应段（2540m）和TBM掘进施工段（8521m+6809m）组成。辅助施工支洞4号支洞，水平距离长5784m，主要解决TBM长距离施工通风、出渣及部分施工材料供应等问题。施工布置图如图7.54。

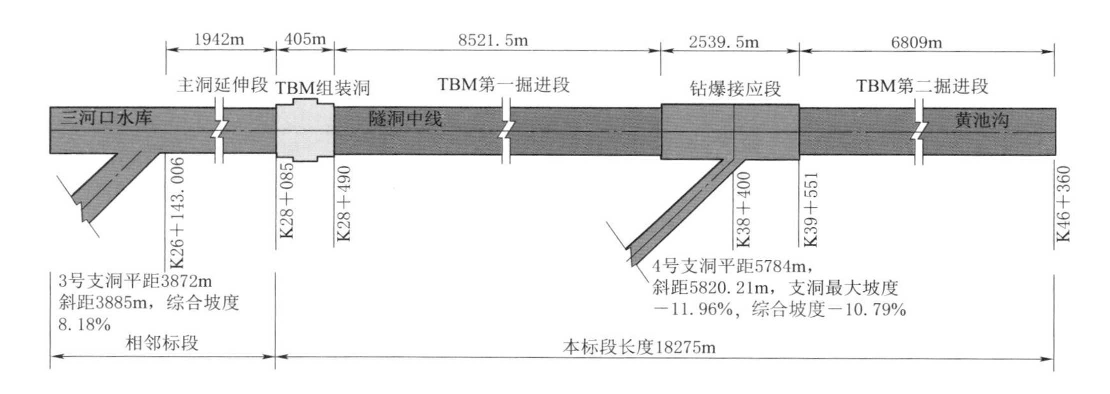

图7.54 标段平面布置示意图

7.7.2.2 地质条件

地质条件见第7.5.2.2节。秦岭隧洞岭南TBM施工段主要岩性特性见表7.10。

岩石物理力学指标见表7.11。

通过前期地质勘探水压致裂测试及印模定向测试，最大水平主应力值为16.11～23.7MPa，最小水平主应力值为10.11～15.41MPa，最大水平主应力方向为N30°～46°W，优势作用方向为北西向。

表 7.10 秦岭隧洞岭南 TBM 施工段主要岩性特征表

序号	岩性	岩性特征	分布	长度/m	备注
1	石英岩	灰白色，主要矿物成分为石英、长石等，细粒变晶结构，块状构造，岩体表层强风化，风化层厚度1～3m。	K28＋085～K28＋630	545	
2	花岗岩	灰白色，主要矿物成分为斜长石、钾长石、石英、黑云母及角闪石，粒状变晶结构，块状结构。岩体表层强风化，风化层厚度1～3m。	K28＋630～K42＋380	13750	
3	闪长岩	灰色及灰白色，主要成分为斜长石、石英、普通角闪石、黑云母，中细粒、中粗粒结构，节理裂隙不发育，岩体完整，岩质坚硬，岩体表层强风化，风化层厚度1～3m。	K42＋380～K46＋360	3980	
4	碎裂岩糜棱岩	灰～灰白色，原岩以花岗岩、闪长岩为主，块状构造，岩体较破碎，结构面较发育。	K35＋450～K35＋480 K45＋180～K45＋370	220	断层

表 7.11 秦岭隧洞岭南 TBM 施工段岩石物理力学指标统计表

岩性			石英岩	花岗岩	闪长岩
矿物组成	碎屑物/%	石英	58～97	25～30	10～18
		斜长石	3～19	26～39	50～70
		长石		31～44	5～21
		角闪石			4～6
		绢云母			
	胶结物或基质/%	黑云母	1～14	3～6	8～12
物理性质	颗粒密度/(g/cm^3)		2.75～2.89	2.65～2.81	2.73～3.01
	重度/(kN/m^3)	自然 γ_a	26.6～27.7	25.0～27.1	26.4～29.3
	吸水率 W_{a2}/%		0.04～0.11	0.23～0.79	0.29～0.31
	饱和吸水率 W_{sa}/%		0.06～0.14	0.27～0.88	0.33～0.34
	孔隙率 n_o/%		0～8.7	0.04～2.8	0.2～0.3
抗压指标	干燥 R_a/MPa		86.1～216	96.7～242	127.3～167
	饱和 R_b/MPa		74.9～184	85.0～193	116.4～138
变形指标	变形模量/(×10^{4}MPa)		5.35～7.84	1.31～10.60	3.19～5.20
	弹性模量/(×10^{4}MPa)		3.66～6.05	3.52～9.39	3.24～5.60
	泊松比		0.18～0.19	0.13～0.25	0.17～0.31
抗拉强度 σ_t/MPa			2.5～6.8	2.1～3.3	3.4～5.7
抗剪强度	内摩擦角 ϕ/(°)		58.5～62.63	51～68.53	51.5～67.02
	内聚力 c/MPa		2.98～16.21	1.44～12.53	1.8～15.21
波速	弹性波速/m		3922～6950	2985～7250	3390～6250
	完整系数		0.55～0.83	0.59～0.89	0.41～0.70

7.7.2.3 岩爆卡机说明及预测

1. TBM掘进段

在TBM掘进过程中，岩爆的防治成为施工组织的常态，其中第一掘进段出现对施工产生影响并在一定程度上制约掘进进度的岩爆段共计397段，累计4808.20m，占总掘进长度的53.8%，岩爆影响时间占施工总时间的10%。

在TBM第二掘进段施工中，共发生岩爆活动17698次，其中强烈活动5386次，能量大于100kJ的发生1720次，能量大于800kJ的发生了88次，能量最高达4080kJ。在TBM施工过程中一定程度上制约掘进并造成停机支护的岩爆段共计758段，影响段落长度累计1767.30m，占已掘进长度1837.10m的96.2%，岩爆段加强支护及停机待避等占总施工时间的51.8%。经统计，拱部滞后性强烈岩爆23次，隧洞底板滞后性岩爆11次，破坏支护结构体系，被迫进行停机避险与防护，如图7.55和图7.56所示。

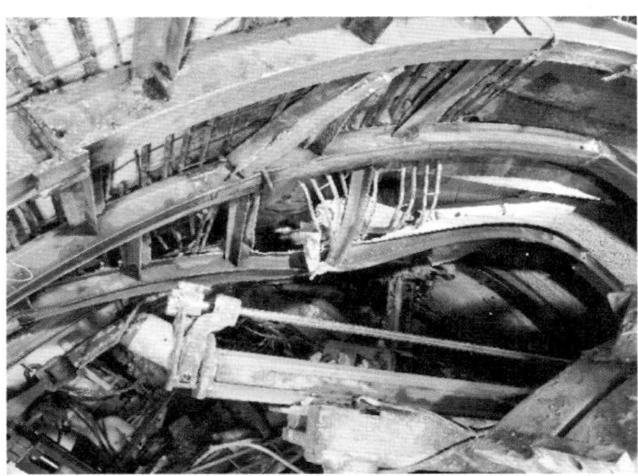

图7.55 隧洞拱部发生滞后性岩爆

图7.56 隧洞底板发生滞后性岩爆

2. 岩爆预测

遵循先预测后施工的原则，通过有效的预测结合现场岩爆规律，超前评判掌子面前方一定范围内的岩爆等级，根据不同等级岩爆提出相应的主动与被动防护措施。

采用微震监测为主，岩体倾向性指标与已施工段岩爆规律总结相结合，综合分析掌子面前方约20m长洞段岩爆等级、应力集中部位。将岩爆按轻微岩爆、中等岩爆、强烈岩爆、极强岩爆4个等级进行超前评判，具体划分标准见表7.12。

表7.12　　基于微震监测技术的岩爆风险预判别标准

岩爆等级	微震参数				
	频次	矩震级	能量/J	短标准事件分布范围/m	超标准事件数量/个
轻微	＜10	＜1.0	＜3万	＞30	0～3
中等	10～30	1.0～2.5	3万～10万	20～30	＞3
强烈	30～60	2.5～3.5	10万～80万	10～20	＞8
极强	＞60	＞3.5	＞80万	＜10	＞15

7.7.2.4　岩爆防控措施

首先是控制TBM掘进开挖速率，以最大限度地降低二次应力局部集中造成隧洞四周高应力能量的聚集。在掘进过程中，掌握待开挖洞段地质条件，准确把握待开挖段岩石力学性质及开挖卸荷下的力学行为，识别可能的岩爆类型。

进行岩体地应力能量的预释放及能量转移。根据地质分析及地应力检测数值分析等，确定应力集中和能量集中较大的部位，确定应力释放孔的位置及其优化布置参数。通过分析岩体脆性转换的围压效应，开挖后及时喷混凝土封闭基岩，增加岩体的延性，降低岩体的脆性。

制定针对性支护方式，优化支护措施，避免或降低岩爆的发生风险。如采用纳米或仿纤维混凝土、涨壳式预应力锚杆等新工艺、新材料，尽可能地吸收岩爆破坏时释放的能量，有效控制岩爆。

针对不同岩爆等级，TBM施工段采取的具体处理措施见表7.13。

表7.13　　TBM施工段岩爆治理措施

岩爆等级	支护措施
轻微岩爆	以柔性支护为主，围岩出露后，立即对岩面高压喷水，促使应力释放和调整；局部拱部120°范围内采用格栅拱架、钢筋排；按照快速支护封闭原则，及时喷射混凝土，必要时可采用部分柔性钢丝网或普通钢筋网
中等岩爆	对岩面进行高压喷水促使应力释放和调整；拱部根据围岩的破碎情况使用Φ18mm钢筋排结合H125型钢拱架支护，间距0.9m；拱部180°范围施作Φ25mm涨壳式预应力中空注浆锚杆，L=3.2m，间距1.2m×1.2m；仰拱块以上施作Φ6.5mm柔性钢丝网，网格间距15cm×15cm；及时喷射C20纳米仿纤维混凝土，厚度15cm
强烈岩爆	施工时放慢掘进速度，待后部初支体系稳固之后再推进。拱部120°范围内安设Φ22mm钢筋排，采用H150全圆型钢拱架支护（间距0.9m），拱架之间采用H150半刨型钢连接；拱部180°范围施作ϕ32涨壳式预应力中空注浆锚杆，L=3.2m，间距1.0m×1.0m，锚杆垫板20cm×20cm×8mm；必要时，初喷纳米仿纤维混凝土封闭，与支护钢拱架形成联合支护体系；同时对岩爆塌腔内部回填C20混凝土。必要时，采用消能锚杆与钢拱架缓冲岩爆冲击能量

续表

岩爆等级	支护措施
极强岩爆	先实施超前应力解除爆破（超前钻机顶部钻孔爆破应力释放、掌子面中部手风钻钻孔爆破应力释放、超前小导洞应力释放等模式），然后再评估能否继续采用TBM施工，能施工则参照强烈岩爆治理措施进行施工，不能施工则进行专题讨论，确定绕洞或者改钻爆等施工方案

7.8 超硬岩掘进案例

在高硬度、完整性好的岩体中掘进时，存在的主要难点是：掘进推力大，贯入度小，刀具磨损及异常损坏严重，掘进效率低下。若刀盘整体强度和刚度不能满足要求，则容易出现刀盘面板开裂，一旦刀盘开裂，由于受条件件和环境等限制，修复质量将难以保证，势必造成推力无法充分发挥，从而使掘进效率大幅降低。

7.8.1 青海省引大济湟工程

引大济湟工程中，TBM在极硬岩中掘进累计达2km左右。桩号K12+201～K12+442和K15+292～K16+088，围岩主要为片麻岩、花岗岩、石英岩、花岗片麻岩、闪长岩，岩石坚硬，饱和抗压强度60～160MPa，掌子面裂隙不发育，完整性非常好，石英含量极高，导致掘进速度非常慢，且刀具磨耗严重，换刀数量大、频繁，对工期及整体进度影响很大，总干渠隧洞工程区岩石（体）物理力学指标见表7.14。

表7.14 总干渠隧洞工程区岩石（体）物理力学指标

岩组代号	岩性	岩石饱和抗压强度/MPa	抗剪断峰值强度		弹性模量/(×10³MPa)	单位弹性抗力系数/(MPa/cm)	泊松比	坚固系数
			内摩擦角/(°)	内聚力/MPa				
Pt1	石英片岩、石英岩等	70～160	42.9	2	9～20	150～200	0.25	7～16
Pt1	角闪斜长片麻岩、角闪片岩、花岗片麻岩	93.6	33.4	0.9	15～20	200	0.19	9.4
δ3	闪长岩等	58.8～130	47.7～69.7	1.0～2.0	18～21	220～260	0.18	5.9～13

根据掘进过程参数统计，以上部位单环掘进最长用时336min，平均每环用110min，刀盘转速6.2～6.5r/min，总推力9000～11000kN，贯入度0.9～3.1mm/(r/min)，扭矩200～1200kN·m。掘进速度约0.5m/h，远低于TBM正常掘进速度，虽然TBM能够掘进，没有造成卡机，但进尺较小，严重影响掘进效率。

7.8.2 陕西省引汉济渭秦岭输水隧洞工程

7.8.2.1 工程概况及地质条件

工程概况及地质条件见第7.5.2.1节和第7.5.2.2节。工程掘进穿越岩石以石英岩（4%）、花岗岩（约占75%）和闪长岩（20%）为主，石英含量高（石英岩最高达97%、花岗岩最高达30%、闪长岩最高达18%），岩石强度高（花岗岩最高达242MPa），完整性好。高强度岩石含量较高，属于高磨蚀性硬岩地段，对于TBM掘进提出了更高的要求。

7.8.2.2 卡机现象及原因分析

引汉济渭秦岭隧洞岭南工程TBM掘进以来，掘进速度1.2m/h，远低于TBM正常掘进速度，破岩效率低下。岩石强度高，对刀盘刀具设计参数以及系统推力提出了更高要求，现有参数难以满足快速破岩的要求，大大影响了掘进效率；同时高石英含量加剧了刀盘的磨损，使得刀盘使用寿命大大降低，增加了换刀频率，严重影响TBM的正常掘进。

7.8.2.3 高磨蚀硬岩影响及处理措施

1. 硬岩掘进效率低、设备损伤严重

岭南TBM自掘进以来，以Ⅰ类、Ⅱ类极硬岩、硬岩为主，围岩强度高、完整性好、石英含量高、耐磨值大，刀盘贯入度小，掘进速度缓慢，TBM平均掘进速度1.2m/h，硬岩洞段掌子面及隧洞成型如图7.57所示。

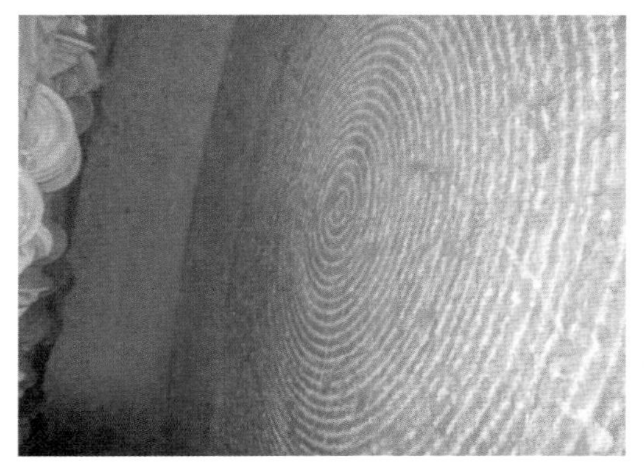

图7.57 硬岩洞段掌子面及隧洞成型

经统计，已掘进段石英含量平均71.6%，最高92.6%；围岩干燥抗压强度平均193.8MPa，最高317MPa；耐磨值Ab平均5.36（1/10mm），最高5.81；完整性系数平均超过0.8；凿碎比功平均576.3J/cm^3，最高595.3J/cm^3。截至2020年8月，延米消耗量达到0.7把/m。刀盘面板、铲斗等部件损伤速率加快，每掘进不足1000m就需要进行停机大修。

2. 处理措施

（1）优化TBM掘进参数。通过对掘进参数分析和不断摸索，对于高磨蚀性硬岩地段，TBM掘进参数拟定宜采用高转速、低贯入度、高推力、低扭矩的“两高两低”模式。

（2）刀具技术攻关。开展刀具专项试验，基本摸索出适合于本工程的刀具，一定程度上减少了刀具成本支出。此外，通过增加刀盘检查频次及换刀人员，减少了刮板、刀座的磨损和消耗。

（3）优化设备结构、引入新型材料。优化刮板座结构：刮板座由原来单个组装焊接结构更改为整体铸造结构，使其受力更均匀，刮渣板更换更简易，减少异常损坏。

引进新材料：易磨损部件改用耐磨材料或堆焊耐磨材料，达到增加耐磨的效果。

第8章 结语与展望

8.1 结语

TBM是一种通过机械能直接破岩来掘进隧洞的大型联合施工设备，可实现破岩、出渣、支护和衬砌等各工种、多工序综合机械化联合作业，具有掘进效率高、对围岩扰动小、超挖量小、施工环境好、安全性高等一系列优点。自问世以来，发展十分迅速。目前，TBM掘进机直径已达15m，使用寿命接近40km。TBM在水利、铁路和交通等行业得到了广泛应用。但TBM施工对地质条件要求相对较高，施工灵活性较差。对于断层破碎带、软岩、岩溶发育及地下水丰沛洞段，施工存在一定风险。在掘进过程中，如不及时采取措施进行处理，极易出现卡机事故，不仅造成巨大财产损失，且严重影响工期。随着相关设计制造技术和掘进施工技术的发展，考虑与新奥法施工相配合，通过配备扩挖边刀、超前钻机、注浆等辅助施工设备，TBM目前已能处理一定程度的不良地层。

我国目前已成为TBM隧洞掘进建设规模和需求最大的国家。但对于埋深大、距离长的隧洞施工中，TBM仍面临严峻的技术挑战，施工卡机事故时有发生。如何通过超前地质预报、超前处理措施和TBM操控等手段防止卡机事故发生，通过合理的脱困技术快速处理可能发生的卡机事故，以及如何根据隧洞地质环境和隧洞设计参数综合评价，合理选择TBM类型，是实现TBM安全、高效掘进的基础，也是摆在我们面前的重要课题。

8.1.1 TBM卡机机理和预测

TBM施工隧洞环境极为复杂，为了准确定位和提前识别不良地质和灾害风险，目前的主要做法是采取超前地质预报方法进行预判，即建立融合地质分析、地震波法超前探测、激发极化超前探测、超前钻探以及基于TBM掘进参数和渣土性态的预测法来综合判断近前方待掘岩体状况和地质环境。

卡机灾害是TBM与围岩之间相互作用产生的结果。在不良地质条件下，围岩因TBM开挖扰动而产生具有时间效应的大变形，使得围岩与TBM设备发生接触，当TBM无法克服接触带来的摩阻力或无法承受足够的推进反力时，便可能导致TBM刀盘或者护盾无法动作而卡机。

卡机致灾机理的关键是围岩与TBM的接触及相互作用模式。根据TBM与围岩接触面相互作用模式的不同，可分为刀盘与围岩的相互作用，护盾与围岩的相互作用，及撑靴与围岩的相互作用。

不良地质条件是诱发TBM卡机灾害的关键因素。有效判别TBM隧洞不良地质构造，并明确其地质特征与孕灾模式，是TBM灾变防控的基础。对TBM卡机灾害赋存的地质环境的快速识别与评价有助于成功识别TBM卡机灾害风险源。通过构建TBM卡机致灾构造地质识别系统，联合隧洞洞外宏观识别与洞内地质勘察工作，可实现不良地质构造影响和地下水影响评估，并进一步能够揭示卡机灾害赋存的不良地质的特性，从而实现对TBM卡机致灾构造的快速判识与评价。

8.1.2 TBM选型和适应性评价

TBM的合理选型是影响TBM成败的关键，合适的TBM设备类型将有效提高TBM对不同地质条件的适应能力，降低设备故障率，提高掘进效率。掘进机施工能否发挥其效率，并达到安全、快速掘进的目标，主要取决于掘进机的工作条件。

TBM选型应考虑以下因素：隧洞断面形状、几何尺寸、隧洞长度、坡度、转弯半径、埋深等设计参数；隧洞沿线围岩类别、岩体自稳性、物理特性、节理裂隙走向和发育程度，断层、破碎带和节理裂隙密集带的位置、规模和形状，可能存在的有害气体及放射性元素，地下水位和水的化学成分，水系分布情况、涌水点和涌水量、地应力等地质资料；隧洞进出口是否有足够的组装场地，是否具有掘进的大件运输、吊装条件，施工现场气候条件、水电供应、交通情况等地理位置环境因素；隧洞施工总工期、准备工期、开挖工期等隧洞施工进度要求；施工队伍的技术水平和管理水平等。

根据隧洞的施工条件、工期要求等因素，在确定使用TBM开挖后，TBM及其出渣和材料运输设备的选型一般遵循以下原则：安全性、可靠性、经济性相统一；满足隧洞外径、长度、埋深和地质条件，满足沿线地形以及洞口条件等环境条件；满足安全、质量、工期、造价及环保要求；根据隧洞的衬砌形式要求选择TBM配套的锚喷支护或管片支护设备；根据隧洞开挖直径及掘进长度选择出渣方式；TBM及其配套的出渣和材料运输方式必须有序结合。

TBM选型可按下列步骤进行：根据地质条件、施工环境、工期要求、经济性等因素进行敞开式与护盾式等TBM之间的选择，确定TBM类型；针对具体隧洞设计参数、地质条件、隧洞掘进长度，进行同类TBM之间结构、参数的比较，确定主机主要技术参数，选择对地层适应性强、整机功能可靠、可操作性及安全性较强的主机；根据生产能力与主机掘进速度相匹配原则，确定后配套设备的技术参数与功能配置。敞开式TBM需特别重视钢拱架安装器、喷锚等辅助支护设备的选型和配套，以适应隧洞地质条件的变化。

复杂条件下的TBM选型及其适应性评价受多种不确定因素的影响。TBM设计参数、隧洞设计参数、地质条件等因素的单位、属性不同，不具公度性，很难做到对其进行相互比较。另外，从大量的因素中筛选出主要或关键的影响因素，然后尽可能采用某种可度量的指标对其进行描述，也是适应性评价的难题之一。

对于影响因素较多的TBM选型及掘进适应性评价，采用模糊综合评判方法可得到较为准确的结果。首先筛选并确定评价指标，建立TBM掘进适应性的模糊综合评价指标体系，对影响TBM掘进适应性的主要因素进行分析。在对TBM掘进适应性的主要影响因素分析的基础上，构建TBM掘进适应性评价指标隶属函数。对于已构建的适应性评价指标体系，进一步确定各评价指标的相对权重。针对具体工程，根据隧洞设计要求及沿线地形地质条件，对隧洞进行分段，并结合专家权威性分析，计算不同TBM类型在各隧洞段的适应度值，然后得出整条隧洞的综合适应度值。

8.1.3 TBM卡机防控和脱困

卡机防控的基本原则以实现“掘进顺利，洞室不塌，通过后稳定”为目标。在确保人员、工程设备及结构安全的前提下，对可能促发卡机的因素进行分析预测，依据不同的预测成果提出针对性防控方案，并采取相应措施实现TBM顺利掘进。如何做好卡机防控、保证TBM安全高效掘进是TBM施工研究的重点。

TBM卡机事故的发生与人、设备、材料、方法和环境等因素相关，而大量的工程实例表明，TBM卡机多由不良地质条件引起。充分认识TBM施工隧洞的地质条件和面临的主要地质问题并采取合理措施进行应对是防控TBM卡机的关键。

TBM卡机防控是隧洞工程勘察设计、超前地质预报及掘进全过程多要素控制的系统性工作。在实际中，应遵循以下基本思路，即勘察设计阶段根据卡机地质风险预测，有针对性地完善设备设计，并提出处理预案；超前地质预报阶段加强卡机地质风险详查及预案匹配；掘进过程中，做好预案实施并及时进行动态调整。各阶段以防控主要影响因素“环、机、法”的分析为重点，并兼顾“人和料”的影响，对不同阶段各种可能造成卡机的要素特征进行识别，并提出针对性的防控措施。

卡机防控措施包括通用防控措施和针对性防控措施两类。通用防控措施包括人员组织、材料供应、设备选型及制造、施工组织等。针对性防控措施是通用性防控措施的补充和细化，主要针对不同地质卡机类型提出具体的应对措施，根据不同地质条件造成的卡机原因，可分为围岩松散塌压、围岩变形挤压、脆性围岩产生的岩爆、岩溶和溶洞等四种情况，主要措施包括设备提升措施及施工方案的优化。卡机防控技术包括基于掘进参数变化的直接预报技术、地质分析预报技术、物探技术、微震监测技术、考虑时间空间效应的预留变形量分析技术、敞开式TBM出护盾封闭支护技术、基于监控指标的反分析等技术。

TBM卡机脱困是一项系统工作，需综合考虑人、机、料、法、环等多个要素，处理方式应具有针对性。遇到卡机后，应首先提取卡机前TBM运行记录的各种参数，根据卡机前TBM运行参数、物探、钻探资料、TBM机型及技术参数，判断是否有快速通过的可能，如有快速通过可能应优先选用快速通过、后续处理的方式。如无快速通过可能，则通过钻探等超前预报措施对掌子面前方地质条件进一步确认或确定，有针对性地选择处理方法和措施；当不良地质洞段较长时，则应逐段进行超前预处理，并根据脱困后试掘进运行参数，调整下一段超前预处理参数；通过不良地质洞段后恢复正常掘进。

卡机脱困处理措施包括导洞（坑）卸压法、旁洞法、超前加固法、TBM机扩挖法、冷冻法、TBM设备改造和后退法等方法，需根据地质条件、卡机原因、TBM性能，并综合考虑处理难度、处理工期和费用等加以选用。卡机脱困成套处理技术则包括超高压灌浆堵水技术、软岩和破碎带脱困技术、高地应力及岩爆脱困技术、涌水、涌泥、涌沙脱困技术等，在脱困处理过程中需根据卡机具体情况进行调整和优化。

8.1.4 TBM高效掘进

TBM是一种高度集成的隧洞开挖装备，由于地质条件的不确定性，施工过程中可能遭遇长时间卡机风险，能否高效掘进是TBM的一项重要考核指标，也是评价工程是否成功关键因素。TBM高效掘进一方面与设备自身性能有关，同时也与熟练的操作、正确的维保和周密的施工组织有密切关系。在建设施工过程中需做好TBM掘进参数选择、检查和维护、防卡机措施、施工组织管理、TBM操控等工作。

TBM掘进参数选择主要取决于围岩条件和TBM本身的设计能力。刀盘驱动系统是用于驱动刀盘机构旋转的动力系统，其设计不仅要保证转速、扭矩要求，还要克服频繁启停、正反转、强载荷下的脱困启动、刀盘驱动系统安装等技术难题。电液双驱是一种可以实现变频电机和液压马达随时切换的驱动方式，在不同地质条件下可实现变频电机驱动和液压马达驱动随时切换，从而使掘进机获得较大扭矩，大大降低TBM卡机的风险。为了防止大变形段出现卡盾壳的情况，TBM应设计能够满足半径方向一定范围的扩挖功能，并考虑减小刀盘暴露长度、减小对岩层的扰动及摩擦阻力等措施。双护盾TBM盾体宜设计成倒锥形形式，盾体直径从前到后逐渐变小，刀盘与盾体采用偏心设计，最大限度扩大主机顶部间隙。盾体设计成合适的超前处理孔位，以满足超前地质探测和处理的需要。TBM应预留超前钻机安装接口，必要时可安装超前钻机进行超前地质探测与围岩加固。

TBM施工是以掘进作业为核心，以支护、出渣为主要作业，以通风、供电、供水、排水等为辅助作业的综合化施工过程，具有并行性、协调性、连续性和密集性等特点。应根据TBM施工特点，建立各作业工序间的合理联系，优化施工管理主要内容、方法和措施。应合理选择掘进模式和掘进参数。若围岩较硬，应以推力变化为参照，选择掘进参数，使得推进压力不超过额定值；若围岩节理发育、裂隙较多或遇破碎带、断层带等时，应以扭矩变化并结合推进力参数选择掘进参数。在岩石软弱条件下采用扭矩和贯入度控制掘进，同时兼顾各种参数变化。在TBM掘进过程中应将超前地质预报纳入施工工序管理，超前地质预报以第三方超前地质预报成果为依据。结合掘进参数、出渣情况和成洞质量对掌子面围岩做出准确判断，从而为下一步掘进施工措施的选择提供可供借鉴的依据。TBM掘进时应根据地质预报及现场围岩观察情况，确定掘进模式和掘进参数调整范围，适时调整掘进推力、撑靴压力、刀盘转速和循环进尺，在尽量保护设备的前提下实现快速掘进。由于地层软硬不均以及操作等因素的影响，TBM推进不可能完全按照设计的隧道轴线前进，而会产生一定的偏差。TBM施工中须采取有效技术措施控制掘进方向，使掘进偏差处于质量标准允许的范围。在软弱围岩中施工时，TBM会对周边围岩造成较大扰动，导致围岩剥落，增加支护工作量，甚至会卡住刀盘或护盾，造成掘进方向出现过大偏差；若TBM撑靴位置出现塌腔，会造成撑靴支撑不到位或打滑，这些问题会制约TBM的施工进度。为了避免上述问题的发生，在软弱围岩段施工，必须对TBM施工中的掘进参数进行必要的调整。

8.2 展　　望

我国属于水资源十分短缺的国家，且地区间水资源分布严重不均衡。为保障国民经济有序发展，兴建长距离调水工程是必要的。截至目前，已建成南水北调东、中线一期、引黄入晋、辽宁大伙房输水等工程，在建和拟建的工程包括引汉济渭、滇中引水工程、南水北调西线工程、引江补汉工程、甘肃白龙江引水工程等众多大型跨流域调水工程。这些工程中，大部分位于我国西部地区，沿线地形地貌多为崇山峻岭，受条件制约，不得不采用大埋深长距离隧洞进行输水，目前最大埋深已超过2200m，最大单洞长度已超过280km。由于埋深大、距离长，这些隧洞在建设过程中已遇到或将遇到一系列特殊技术难题。如因超高埋深导致的高地应力问题及岩爆和软岩大变形问题，高地下水压力带来的强突涌水问题，这些均是隧洞建设的世界性难题，特别是部分隧洞由于地处构造作用和岩溶发育强烈地区，使得上述问题变得更为复杂，风险更大，而这些工程不得不采用TBM进行施工，给TBM的设计、制造和施工带来了极大的挑战，迫切需要在隧洞的超前预报、处理措施、施工控制和TBM的设计制造等技术上取得更大发展和进步，并融合信息化和智能化，使TBM的适应性不断提高，使TBM掘进更安全、更高效。

为适应长距离大埋深输水隧洞及特殊地质条件带来的挑战，确保TBM安全高效掘进，需对与TBM相关的设备制造技术和掘进技术进行深入研究，主要研究领域包括TBM掘进效率提升、复杂地质条件下岩体可掘性评价和TBM掘进性能预测、TBM与围岩相互作用过程信息获取/融合/反馈、TBM掘进过程设备状态智能感知/决策/动态控制及TBM辅助施工技术提升等方面。通过这些研究为TBM设备设计和施工提供重要的理论和技术支持，使得TBM施工技术取得更大进步和发展，以更好地为经济社会发展服务。

8.2.1 TBM掘进效率提升

8.2.1.1 扭矩及推力提升

在硬岩洞段掘进中，TBM往往需要更大的推力以有效地穿透岩石表面，而在软岩隧洞中，则需要较大的扭矩。刀具和刀盘设计制造技术的改进，将极大地促进大直径TBM的使用。目前，TBM施工最大开挖直径已超过15m，随着刀盘的推力和扭矩不断增大，将进一步提升TBM施工洞径以及不良地质条件下TBM的适应性和掘进效率。

8.2.1.2 刀盘刀具尺寸增大和材质性能提高

目前，大直径刀盘及刀具在TBM掘进中的应用逐渐广泛，且优点较多。虽然岩石与刀盘的接触面积增大会导致在相同推力下的贯入度减小，但刀盘承载能力显著提高，并可适当增大刀距，减少刀盘上的滚刀数量，提高刀具的破岩效率。此外，刀具尺寸增加后，允许磨损度提高，也将提升TBM掘进效率。为了进一步提升硬岩隧洞TBM掘进效率，还需从材料角度出发，研制高强度、高耐磨的刀具，并构建实时刀具磨损检测系统。

8.2.1.3 TBM掘进辅助破岩

刀具磨损严重是影响TBM施工效率的重要因素。除提高刀具耐磨性外，采用辅助破岩技术提高施工效率也十分重要。目前，正在研究并具有一定应用前景的技术包括高压水破岩、微波破岩以及激光破岩等。其中，高压水破岩技术是根据岩石的抗拉和抗剪强度小于其抗压强度的力学特性，在刀盘掘进过程中通过高压水流使岩石裂隙扩容增压，加速裂纹的产生和扩展最终破碎岩石。微波辅助破岩是利用岩石矿物对微波吸收差异性的特征进行破岩，差异性的内力使岩石内发生沿晶断裂和穿晶断裂，从而使岩石产生损伤和微裂纹。激光辅助破岩是通过激光照射岩石表面，使岩石发生热应力破碎，其破岩效率取决于矿物成分、激光功率、照射时间以及环境湿度等因素。

8.2.1.4 软硬混合地层TBM双模式掘进

隧洞沿线地质条件复杂且变化较多，单一模式的TBM已难以适应实际隧洞工程的施工。为提高 TBM 适应性，迫切需要对双模式或多模式 TBM 设备进行开发，以满足软硬岩隧洞的施工。

1. 土压-敞开双模 TBM

土压-敞开双模 TBM 是一种同时具备皮带机出渣和螺旋输送机出渣两种出渣方式、可同时适应软弱地层、围岩较差地层和硬岩地层的多功能掘进机。双模 TBM 在地层地质和水文变化时可提前转换掘进模式及出渣方式，以减小对配套施工的干扰，降低工程风险、缩短施工工期。双模 TBM 同时配备土压平衡盾构和单护盾 TBM 的相关设备和系统，如单护盾 TBM 的中心皮带机出渣系统、溜渣系统、除尘系统、豆砾石系统等；土压平衡盾构具有的螺旋输送机出渣系统、泡沫系统、双液同步注浆系统、膨润土系统等。

2. 泥水-敞开双模 TBM

泥水-敞开双模 TBM 是一种同时具备皮带机出渣和泥水排浆管出渣两种出渣方式、可同时适应高水压地层和围岩性质较好地层的多功能掘进机。该类型 TBM 同时具备泥水平衡掘进模式和敞开掘进模式。其优点是：可采用泥水模式应用于地质稳定性较差的软土、软泥、高水压等地层，设备带压掘进，具有平衡掌子面压力的功能；可采用敞开模式应用于地质稳定性较好的硬岩地层，设备可常压掘进，降低了隧道施工的成本。

3. 双结构 TBM

为应对极端复杂地质环境下的掘进施工，既能适应软弱围岩掘进，又能在岩爆洞段安全施工，双结构 TBM 应运而生。双结构 TBM 在不改变传统敞开式 TBM 的主要结构和主要功能的基础上，设置多功能拼装机，既可进行钢拱架安装，也可进行管片或型钢骨架安装，并在盾体周边布置辅助推进油缸，以达到：①在强岩爆段对作业人员和设备提供防护；②在破碎围岩下能够快速支护，并减少清渣量；③在软弱地层撑靴无法提供推进反力时，采用辅助推进，实现推力转换。

8.2.2 TBM 与隧洞围岩相互作用相关技术研究

8.2.2.1 TBM 与深部复合地层相互作用与致灾机理研究

深部复合地层 TBM 破岩掘进及挤压大变形卡机在本质上取决于 TBM 与围岩的相互作用，具体表现为两个方面：①复杂多变的岩性和岩体结构对 TBM 破岩效率与可掘性的控制作用；②高应力软弱围岩挤压大变形对 TBM 掘进安全的控制作用。传统 TBM 适用于硬岩和中硬岩地层掘进，而深部复合地层岩性和岩体结构变化剧烈，对 TBM 掘进破岩效率和刀具寿命产生极大影响。同时，TBM 开挖扰动改变了岩体的初始应力状态，造成开挖扰动区围岩体强烈挤压变形，导致刀盘或护盾被卡。因此，需深入开展高地应力作用下复合地层软硬界面和软弱岩层的 TBM 破岩机理、可掘性评价理论和 TBM 卡机的围岩挤压大变形孕育演化机制等研究。

8.2.2.2 TBM 施工隧洞围岩分类研究

围岩分类是隧洞稳定性分析、支护设计及施工方法选择的基础，现有 TBM 隧洞围岩分类主要参照矿山法隧洞围岩分类进行。但 TBM 法与矿山法施工相差较大，因此需要建立 TBM 隧洞围岩分类方法。对于 TBM 施工隧洞的围岩分类，不仅需考虑围岩的稳定性，还需考虑围岩的可掘性。施工过程中，支护体系的建立需考虑不同围岩分类的稳定性、TBM 掘进特性、设备支护能力等，开发适应 TBM 施工的支护形式及支护参数，并在施工过程中可根据揭示的围岩情况灵活选用。

8.2.3　TBM智能化掘进

受复杂多变的地质环境信息认知缺乏及掘进参数受主观经验控制影响，TBM掘进过程中工程灾害及事故较多，造成工期延误及施工安全等问题。为解决上述问题，必须深入研究TBM智能化掘进，即基于大数据、云计算、物联网、人工智能等新兴技术对掘进过程中形成的海量数据如地质、掘进参数等进行深度挖掘，通过算法探索岩-机数据之间的相关性，形成智能远程自主监控决策机制，并自适应动态调控掘进状态，最终实现TBM隧洞的安全高效掘进。

8.2.4　TBM辅助施工技术提升

8.2.4.1　超长距离隧洞独头高压通风

独头高压通风技术是超长距离TBM掘进的必要条件。现有的通风措施，已很难满足此种条件下的掌子面正常供风需求，因此部分工程采用高压供风，但该技术所需空压机数量较多，且存在占用隧洞有限空间，以及钢管重量大、成本高等问题。因此需要研究开发简便、高效、可靠、经济的高压通风技术，方便洞内布置、减小通风过程漏风，并结合除尘、气幕发生器等多种设备改善隧洞通风质量。

8.2.4.2　超长距离皮带运输

超长距离皮带输送的可靠性是TBM连续掘进的重要保障。为提高皮带机系统的可靠性和运输效率，一是研究对皮带输送机关键部位的运行状态在线自动监测，做好提前预警、提前维修保养；二是开发高强度、大运量、承载能力强的皮带输送机，确保渣土的连续可靠运输；三是研究支洞通风竖井内增设垂直皮带运输系统的设计及施工技术，尽可能缩短皮带运输距离，减小皮带系统的故障率。

参考文献

[1] 杜旭峰. 新疆超长隧洞“一洞双机”TBM施工技术及掘进性能测试分析 [D]. 石家庄：石家庄铁道大学，2019.

[2] 郝满仓. 水工隧洞施工支洞的选择与布置 [J]. 山西水利科技，1995 (S1)：33-36.

[3] 姚志国，杜士斌，杨金宝. 超长隧洞TBM施工段设置中间施工支洞的必要性 [J]. 水利水电技术，2006，37 (4)：30-31.

[4] 邬强. 齐岳山隧道涌水量预测的研究 [D]. 西南交通大学建筑与土木工程，2006.

[5] 魏永庆，杜士斌. 大断面超长输水隧洞的施工特点 [J]. 水利水电技术，2006，37 (3)：8-11.

[6] 诸葛妃，王怀斌，高莹，等. DHF水库输水工程支洞的合理布局及设计 [J]. 水利水电技术，2006，37 (3)：55-56.

[7] 姚志国，杜士斌，揣连成. TBM在超长隧洞工程施工中的转场 [J]. 安徽农业科学，2007，35 (19)：5984-5985.

[8] 蔡仲银，董崇民，汪雪英，等. 南水北调西线一期工程超长隧洞施工通风设计：中国水利水电勘测设计协会调水工程应用技术交流会 [C]. 沈阳，2009.

[9] 邓勇. 大断面TBM组装洞室设计与施工 [J]. 现代隧道技术，2010，47 (1)：66-71.

[10] 范以田，章跃林，王彦峡，等. 特大断面Ⅳ类围岩TBM拆卸洞室设计与施工技术研究//第三届全国水工岩石力学学术会议 [C]. 上海，2010.

[11] 姚晓明. TBM在超长隧洞施工方法研究 [D]. 成都：西南交通大学，2011.

[12] 杜彦良，杜立杰，等. 全断面岩石隧道掘进机——系统原理与集成设计 [M]. 武汉：华中科技大学出版社，2011.

[13] 许海强. 引红济石工程TBM设备改造扩挖洞室设计与施工技术浅析 [J]. 延安职业技术学院学报，2012，26 (1)：108-109.

[14] 袁亮. TBM地下组装洞室的设计与施工 [J]. 水电站设计，2012，28 (B12)：48-50，57.

[15] 朱永全，李文江，赵勇，等. 软弱围岩隧道稳定性变形控制技术 [M]. 北京：人民交通出版社，2012.

[16] 叶英. 隧道施工信息化预警 [M]. 北京：人民交通出版社，2012.

[17] 刘永林，陈永彰，李晓明，等. 特长输水隧洞工程设计研究 [M]. 北京：中国水利水电出版社，2012.

[18] 陈洪来，宗传阳，苏军安. 复杂地质条件下地下工程施工支洞动态设计与调整 [J]. 水力发电，2013，39 (3)：46-49.

[19] 王云龙，谭忠盛. 渤海海峡隧道竖井设置及施工技术探讨 [J]. 中国工程科学，2013 (12)：85-89，100.

[20] 王俊生. 煤矿长大斜井TBM法施工排水技术研究 [J]. 铁道建筑技术，2013 (7)：35-37，55.

[21] 毛本庆. 西康铁路秦岭隧道Ⅰ线TBM施工反坡排水方案设计与实施：2013年全国公路隧道学术会议 [C]. 重庆，2013.

[22] 仲建华. 城市轨道交通工程硬岩掘进机（TBM）技术 [M]. 北京：人民交通出版社，2013.

[23] 吴世明. 大直径盾构隧道技术工程示范 [M]. 北京：人民交通出版社，2013.

[24] 文镕，李世新，范以田，等. 达坂岩石隧洞全断面掘进机（TBM）施工技术 [M]. 北京：中国水

利水电出版社，2013.
[25] 卿三惠，等. 高速铁路施工技术（隧道工程分册）[M]. 北京：中国铁道出版社，2013.
[26] 白云等. 隧道掘进机施工技术 [M]. 北京：中国建筑工业出版社，2013.
[27] 薄飞. 云桂铁路小寨隧道反坡施工排水技术研究 [D]. 成都：西南交通大学，2014.
[28] 宁稳强. 浅谈长大隧道 TBM 拆卸洞施工技术 [J]. 科技资讯，2014（4）：104-105.
[29] 徐博，林瀚. TBM 施工供排水设计分析 [J]. 黑龙江水利科技，2014，0（8）：109-110.
[30] 蒋先和. 浅谈煤矿斜井 TBM 工法施工防、排水处置技术 [J]. 低碳世界，2014（23）：201-202.
[31] 陈韶章，陈越，等. 沉管隧道施工手册 [M]. 北京：中国建筑工业出版社，2014.
[32] 夏明耀，曾进伦. 地下工程设计施工手册 [M]. 北京：中国建筑工业出版社，2014.
[33] 龚秋明. 掘进机隧道掘进概论 [M]. 北京：科学出版社，2014.
[34] 李静. DHF 水库输水工程 TBM 洞内拆卸方案设计 [J]. 水利建设与管理，2015，35（9）：24-27.
[35] 李卫国，孔凡彬. 锦屏二级水电站引水隧洞工程 TBM 施工 [J]. 四川水力发电，2015，34（z2）：5-8.
[36] 陈光明，韦薇，胡益华. 特长公路隧道斜井、竖井设计技术与经验 [J]. 隧道建设，2015（4）：342-349.
[37] 曹海涛. 复杂地质深埋长大引水隧洞施工技术研究 [D]. 石家庄：石家庄铁道大学，2015.
[38] 李胜. 公路隧道防排水系统施工质量检测与分析 [D]. 广州：华南理工大学，2015.
[39] 张泰. 城市轨道交通 TBM 拆卸洞室设计及安全性研究 [J]. 铁道建筑，2016（2）：62-65.
[40] 冯欢欢，陈馈. 西秦岭隧道洞内拆机方案设计与探讨 [J]. 铁道工程学报，2016，33（3）：87-92.
[41] 黄金光. TBM 拆卸洞及拆机起重系统优化设计研究 [J]. 隧道建设，2017，37（2）：242-249.
[42] 王磊. 深竖井支洞在水工隧洞中的应用 [J]. 甘肃水利水电技术，2017，53（3）：62-65.
[43] 蒋于波，阳前坤. 特长深埋 TBM 施工隧洞反坡排水施工技术 [J]. 水利建设与管理，2017，37（1）：22-26.
[44] 王磊. 钻爆法超长施工支洞设计 [J]. 黑龙江水利科技，2017，45（7）：47-51.
[45] 杜立杰. 中国 TBM 施工技术进展、挑战及对策 [J]. 隧道建设，2017.
[46] 孟诗然. 某 TBM 施工隧洞排水系统设计 [J]. 东北水利水电，2018，36（5）：12-13.
[47] 白青波. 深部竖井 TBM 掘进开挖支护变形研究 [J]. 铁道勘察，2018，44（1）：67-70.
[48] 李颖，齐江鹏，陈园，等. 超长深埋隧洞施工布置方案研究 [J]. 水利水电技术，2019，50（12）：144-150.
[49] 李世民. 大型敞开式 TBM 长大隧洞内无损拆机技术 [J]. 云南水力发电，2019，35（5）：126-128，135.
[50] 李宁，赵建敏，吴世华. 拉孟山隧道斜井段反坡排水施工管理技术 [J]. 云南水力发电，2019，35（6）：20-25.
[51] 杨继华，梁国辉，曹建锋，等. 兰州市水源地建设工程输水隧洞 TBM1 施工段关键技术研究 [J]. 现代隧道技术，2019，0（2）：10-17.
[52] 加尔恒·多那依. 长距离、大坡度隧洞 TBM 施工排水系统设计浅析 [J]. 陕西水利，2019（9）：186-187，192.
[53] 陈馈，等. TBM 设计与施工 [M]. 北京：人民交通出版社股份有限公司，2018.
[54] 姜朝刚，赵艳杰. TBM 豆砾石回填灌浆施工技术 [J]. 城市建设理论研究（电子版），2013，（22）：1-3.
[55] 赵弟厚. 双护盾全断面掘进机施工管片安装衬砌技术要点 [J]. 山西水利，2007，23（3）：96-97，134.

[56] 敖春来，吕光辉，韩卫东，等. 遥感技术在阿里高原地质调查工作中的应用［C］// 2016 年全国工程勘察学术大会，2016.
[57] 杨三凤. 基于遥感数据的地质灾害调查与分布规律分析［J］. 国土资源信息化，2020（02）：48－53.
[58] 山克强，潘明，林宇. 无人机航空遥感地质解译在岩石地层单元识别中的应用——以 1：50000 西南岩溶区填图试点为例［J］. 地质力学学报，2016，22（4）：933－943.
[59] 梁彦平. 基于低空遥感的矿山地质数字化测量技术研究［J］. 世界有色金属，2019（9）：35－35.
[60] 时彬. 航磁数据在城市地质调查中的应用［J］. 地质装备，2020，21（2）：23－26.
[61] 张泰丽，孙强，伍剑波，等. 助力提升台风暴雨影响区重大地质灾害识别精度［J］. 华东地质，2020，41（1）：26.
[62] 荆志东. 特长隧道地质超前预报方法研究［J］. 铁道勘察，2005，31（3）：46－47.
[63] 赵永贵. 中国工程地球物理研究的进展与未来［J］. 地球物理学进展，2002，17（2）：301－304.
[64] 卢松，李苍松，吴丰收，等. HSP 法在引汉济渭 TBM 隧道地质预报中的应用［J］. 隧道建设，2017，37（2）：236－241.
[65] 卢松，汪旭，李苍松，等. 适于 TBM 施工的 HSP 法实时预报技术设计与实现［J］. 隧道建设，2019，39（8）：1255－1261.
[66] 许新骥. TBM 掘进破岩震源地震波超前地质探测方法及工程应用［D］. 济南：山东大学，2017.
[67] BORM G，GIESE R，OTTO P，et al. Integrated seismic imaging system for geological prediction during tunnel construction［C］// Proceedings of 10th ISRM Congress，International Society for Rock Mechanics. 2003：137－142.
[68] LI S，LIU B，XU X，et al. An overview of ahead geological prospecting in tunneling［J］. Tunnelling and Underground Space Technology，2017，63：69－94.
[69] 李术才，刘斌，孙怀凤，等. 隧道施工超前地质预报研究现状及发展趋势［J］. 岩石力学与工程学报，2014，33（06）：1090－1113.
[70] Lüth S，Giese R，Rechlin A. A seismic exploration system around and ahead of tunnel excavation－Onsite［C］. World Tunnel Congress 2008：119－125.
[71] Rechlin A，Lüth S，Giese R. OnSITE：Integrated seismic imaging and interpretation for tunnel excavation［C］. Proceedings of the International Conference on Rock Joints and Jointed Rock Masses. 2009：1－7.
[72] KNEIB G，KASSEL A，LORENZ K. Automatic seismic prediction ahead of the tunnel boring machine［J］. First Break，2000，18（7）：295－302.
[73] 宋杰. 隧洞施工不良地质三维地震波超前探测方法及其工程应用［D］. 济南：山东大学，2016.
[74] 程久龙，王玉和，于师建，等. 巷道掘进中电阻率法超前探测原理与应用［J］. 煤田地质与勘探，2000，284：60－62.
[75] 黄俊革，阮百尧，王家林. 坑道直流电阻率法超前探测的快速反演［J］. 地球物理学报，2007，50（2）：619－624.
[76] 黄俊革，王家林，阮百尧. 坑道直流电阻率法超前探测研究［J］. 地球物理学报，2006，49（5）：1529－1538.
[77] 刘斌，李术才，李树忱，等. 隧洞含水构造直流电阻率法超前探测研究［J］. 岩土力学，2009，30（10）：3093－3100.
[78] 李术才，刘斌，李树忱，等. 基于激发极化法的隧道含水地质构造超前探测研究［J］. 岩石力学与工程学报，2011，30（7）：1297－1309.
[79] 李术才，聂利超，刘斌，等. 多同性源阵列电阻率法隧道超前探测方法与物理模拟试验研究［J］. 地球物理学报，2015，58（4）：1434－1446.
[80] KAUS A，BOENING W. BEAM－Geoelectrical Ahead Monitoring for TBM－Drives［J］. Geome-

chanics and Tunneling，2008，1（5）：442－450.

[81] 李国勇. BEAM超前地质预报技术在锦屏二级水电站中的应用 [J]. 建设机械技术与管理，2010（3）：77－80.

[82] 杨卫国，王立华，王力民. BEAM法地质预报系统在中国TBM施工中应用 [J]. 辽宁工程技术大学学报（自然科学版），2006，25（S2）：161－162.

[83] 曾昭发. 探地雷达方法原理及应用 [M]. 北京：科学出版社，2006.

[84] 李尧. 隧道施工不良地质跨孔雷达超前探测方法与工程应用 [D]. 济南：山东大学，2017.

[85] 于群，唐春安，李连崇，等. 基于微震监测的锦屏二级水电站深埋隧洞岩爆孕育过程分析 [J]. 岩土工程学报，2014，36（12）：2315－2322.

[86] 马天辉，唐春安，唐烈先，等. 基于微震监测技术的岩爆预测机制研究 [J]. 岩石力学与工程学报，2016，35（3）：470－483.

[87] RISPOLI A，FERRERO A M，CARDU M，et al. Determining the Particle Size of Debris from a Tunnel Boring Machine Through Photographic Analysis and Comparison Between Excavation Performance and Rock Mass Properties [J]. Rock Mechanics & Rock Engineering，2017，50：2805－2816.

[88] BARTON N. TBM tunnelling in jointed and faulted rock. Balkema，Brookfield，2000，p173.

[89] PREINL Z T B V，TAMAMES B C，FERNANDEZ J M G，et al. Rock mass excavability indicator：New way to selecting the optimum tunnel construction method [J]. Tunnelling and underground space technology，2006，21（3/4）：237.

[90] 温森，赵延喜，杨圣奇. 基于Monte Carlo－BP神经网络TBM掘进速度预测 [J]. 岩土力学，2009，30（10）：3127－3132.

[91] GRIMA M A，BRUINES P A，VERHOEF P N W. Modeling tunnel boring machine performance by neuro－fuzzy methods [J]. Tunnelling& Underground Space Technology Incorporating Trenchless Technology Research，2000，15（3）：259－269.

[92] MAHDEVAR S，SHAHRIAR K，YAGIZ S，et al. A support vector regression model for predicting tunnel boring machine penetration rates. International Journal of Rock Mechanics & Mining Sciences 72（2014）214－229.

[93] HASSANPOUR J，ROSTAMI J，KHAMEHCHIYAN M，et al. TBM Performance Analysis in Pyroclastic Rocks：A Case History of Karaj Water Conveyance Tunnel [J]. Rock Mechanics and Rock Engineering，2010，43（4）：427－445.

[94] DELISIO A，ZHAO J，EINSTEIN H H. Analysis and prediction of TBM performance in blocky rock conditions at the Lötschberg Base Tunnel [J]. Tunnelling& Underground Space Technology，2013，33：131－142.

[95] ZHAO Y，GONG Q，TIAN Z，et al. Torque fluctuation analysis and penetration prediction of EPB TBM in rock－soil interface mixed ground [J]. Tunnelling and Underground Space Technology，2019（91）：103002.

[96] Armaghani D J，Koopialipoor M，Marto A，et al. Application of several optimization techniques for estimating TBM advance rate in granitic rocks [J]. Journal of Rock Mechanics and Geotechnical Engineering，2019，11（4）：779－789.

[97] GAO X，SHI M，SONG X，et al. Recurrent neural networks for real－time prediction of TBM operating parameters [J]. Automation in Construction，2019，15：130－140.

[98] 王江. 引水隧洞双护盾TBM卡机分析及脱困技术 [J]. 隧道建设，2011，31（3）：364－368.

[99] 黄兴，刘泉声，彭星新，等. 引大济湟工程TBM挤压大变形卡机计算分析与综合防控 [J]. 岩土力学，2017，38（10）：2962－2972.

[100] 刘泉声，黄兴，时凯，等. 超千米深部全断面岩石掘进机卡机机理 [J]. 煤炭学报，2013，38 (1)：78-84.

[101] 温森，孔庆梅. 隧洞塌方引起的 TBM 刀盘被卡事故风险评估 [J]. 长江科学院院报，2014，31 (4)：59-62.

[102] 刘泉声，刘鹤，张鹏林，等. TBM 卡机实时监测预警方法及其应用 [J]. 岩石力学与工程学报，2019，38 (S2)：3354-3361.

[103] 孙振川，秦银平，周建军，等. 一种敞开式 TBM 破碎地层预警方法及系统 [P]. CN110738825A，2020-01-31.

[104] HASANPOUR R，ROSTAMI J，SCHMITT J，et al. Prediction of TBM jamming risk in squeezing grounds using Bayesian and artificial neural networks [J]. Journal of Rock Mechanics and Geotechnical Engineering，2020，12 (1)：21-31.

[105] HUANG X，LIU Q，PENG X，et al. Mechanism and forecasting model for shield jamming during TBM tunnelling through deep soft ground [J]. European Journal of Environmental and Civil Engineering，2019，23 (9)：1035-1068.

[106] HASANPOUR R，SCHMITT J，OZCELIK Y，et al. Examining the effect of adverse geological conditions on jamming of a single shielded TBM in Uluabat tunnel using numerical modeling [J]. Journal of Rock Mechanics and Geotechnical Engineering，2017，9 (6)：1112-1122.

[107] NUH B. An appraisal of TBM performances in Turkey in difficult ground conditions and some recommendations [J]. Tunnelling and Underground Space Technology incorporating Trenchless Technology Research，2016，57.

[108] MARINOS V，STOUMPOS G，PAPOULI D，et al. Selection of TBM and geotechnical assessment of a microtunnel in a difficult geological environment：a case of a natural gas pipeline beneath an active landslide (Albania) [J]. Bulletin of Engineering Geology and the Environment，2018.

[109] BIN L，QIAN G，ZHENGYU L，et al. Comprehensive ahead prospecting for hard rock TBM tunneling in complex limestone geology：A case study in Jilin，China [J]. Tunnelling and Underground Space Technology incorporating Trenchless Technology Research，2019，93.

[110] XING H，QUANSHENG L，KAI S，et al. Application and prospect of hard rock TBM for deep roadway construction in coal mines [J]. Tunnelling and Underground Space Technology incorporating Trenchless Technology Research，2018，73.

[111] 尹俊涛，尚彦军，傅冰骏，等. TBM 掘进技术发展及有关工程地质问题分析和对策 [J]. 工程地质学报，2005，13 (3)：389-397.

[112] 何小新，朱学文，詹建军. 隧道掘进超前地质预报技术的比较与选择 [J]. 矿山机械，2005，33 (8)：6-8.

[113] 宋天田，刘冀山，王洪新. 昆明市掌鸠河引水工程上公山隧洞 TBM 施工问题及对策 [C]//第九届全国岩石力学与工程学术大会论文集. 北京：科学出版社，2006.

[114] 赵国斌，徐学勇，廖卓，等. 齐热哈塔尔水电站引水隧洞岩爆破坏及机理研究 [C]//2016 年全国工程地质学术年会. 2016.

[115] 刘绍宝. 锦屏二级水电站施工排水洞不良地质洞段 TBM 施工技术 [C]//2009 年地基基础工程与锚固注浆技术研讨会. 2009.

[116] 谷明成，何发亮，陈成宗. 秦岭隧道岩爆的研究 [J]. 岩石力学与工程学报，2002，21 (9)：1324-1329.

[117] 张津生，陆家佑. 天生桥二级水电站引水隧洞岩爆研究 [J]. 水力发电，1991，000 (10)：34-37.

[118] 袁亮，彭邦兴. 锦屏二级水电站引水隧洞岩爆段 TBM 穿越技术 [J]. 水电站设计，2012 (28).

[119] 刘朝祯. 太平驿引水隧洞岩爆的预测和防治 [J]. 铁道建筑技术，1994 (3)：8-12.
[120] 张超. 青海“引大济湟”工程 TBM 卡机段围岩大变形特性及扩挖洞室支护方案研究 [D]. 成都：成都理工大学，2012.
[121] 齐三红，畅建成，冯连. 引大济湟调水总干高埋深隧洞围岩工程地质分类 [J]. 华北水利水电大学学报（自然科学版），2004，25 (4)：58-60.
[122] 李立民. 引汉济渭工程秦岭隧洞主要工程地质问题分析研究 [J]. 铁道建筑，2013 (4)：68-70.
[123] 党建涛，刘福生，王红霞，等. 引汉济渭工程秦岭隧洞 TBM 的刀具选型试验 [J]. 水利水电技术，2017，48 (12)：63-69.
[124] 梁承喜. TBM 法在山西引黄入晋工程中的应用 [J]. 水利技术监督，2002 (4)：41-42，47.
[125] 山西省万家寨引黄工程管理局. 双护盾 TBM 的应用与研究 [M]. 北京：中国水利水电出版社，2011.
[126] 田志斌. 山西中部引黄工程 TBM 卡机成因分析及脱困技术 [J]. 水利水电快报，2018，39 (5)：31-34.
[127] 温森，杨圣奇，董正方，等. 深埋隧道 TBM 卡机机理及控制措施研究 [J]. 岩土工程学报，2015 (7)：1271-1277.
[128] 于茂，池建军，章跃林，等. 一种敞开式 TBM 的盾尾支护结构 [P]. 天津：CN209892209U，2020-01-03.
[129] 于茂，池建军，章跃林，等. 一种敞开式 TBM 的装配式支护钢管片 [P]. 天津：CN211422668U，2020-09-04.
[130] 陈心茹，朱祖熹. 隧道与地下工程防排水技术近年来的探索与改进 [J]. 隧道建设，2015，35 (4)：292-297.
[131] 王刚，张超，胡伟耀，等. 多脉冲电渗透技术在地下综合管沟防水中的应用 [C]//中国土木工程学会隧道与地下工程分会防水排水专业委员会学术交流会，2011.
[132] 西南交通大学，等. 锦屏二级水电站引水隧洞强岩爆大涌水段施工技术总结 [R]. 2017.
[133] 谭天昆. 放射性地质区隧道勘测与辐射防护设计 [J]. 隧道建设，1996 (3)：11-14.
[134] OKUBO S，FUKUI K，CHEN W. Expert System for Applicability of Tunnel Boring Machines in Japan [J]. Rock Mechanics and Rock Engineering，2003，36 (4)：305-322.
[135] 陈川. 深埋复合地层 TBM 适应性评价指标体系及方法研究 [D]. 北京：北京交通大学，2016.
[136] 顾伟红，王恩茂，张文达. 铁路隧道 TBM 施工风险评估 [J]. 安全与环境学报，2018，18 (3)：843-848.
[137] 郭灿. 高黎贡山隧道 TBM 适应性设计和掘进性能的测试分析 [D]. 石家庄：石家庄铁道大学，2019.
[138] 韩晓，何明，李金林，等. 基于灰色关联度的科研项目风险评价方法 [J]. 北京理工大学学报，2002，22 (6)：778-781.
[139] 何小新，吴庆鸣. 隧道掘进机选型智能决策支持系统的研究 [J]. 铁道学报，2007，29 (3)：127-131.
[140] 李双宏，苏华友. 深圳地铁 8 号线双护盾 TBM 选型及其适应性研究 [J]. 居舍，2019 (6)：175.
[141] 刘志华. 全断面硬岩隧道掘进机及其配套运输设备的选型 [J]. 建筑机械化，2016，37 (7)：51-53.
[142] 吕瑞虎. 城市地铁 TBM 施工适应性评价研究 [J]. 现代隧道技术，2017，54 (1)：31-39，47.
[143] 毛卫洪. 隧道掘进机（TBM）选型探讨 [J]. 国防交通工程与技术，2011，9 (5)：15-17，4.
[144] 齐祥. 深部复合地层 TBM 选型与掘进适应性分析及评价软件开发 [D]. 北京：北京交通大学，2017.
[145] 齐志冲. 长大隧道敞开式 TBM 地质适应性与施工技术研究 [D]. 石家庄：石家庄铁道大

学，2015.

[146] 邵诚俊. 大型掘进装备地质适应性控制与纠偏控制 [D]. 杭州：浙江大学，2017.

[147] 宋志成. 双护盾 TBM 开挖隧道围岩稳定性研究 [D]. 成都：西南交通大学，2017.

[148] 田军兴. 全断面硬岩掘进机滚刀对岩石节理的适应性研究 [D]. 沈阳：沈阳建筑大学，2016.

[149] 詹金武. 基于人工智能的 TBM 选型及掘进适应性评价方法与决策支持系统 [D]. 北京：北京交通大学，2019.

[150] 詹金武，李涛，李超. 基于人工智能的 TBM 选型适应性评价决策支持系统 [J]. 煤炭学报，2019，44 (10)：3258-3271.

[151] 张兵. 基于改进信息熵值分析的 TBM 掘进参数研究 [J]. 河南科学，2019，37 (5)：785-791.

[152] 张铸. TBM 工作原理及设备选型 [J]. 科技情报开发与经济，2007，17 (9)：264-265.

[153] 赵录学. 城市轨道交通工程 TBM 选型分析研究 [J]. 现代隧道技术，2013，50 (2)：7-13，33.

[154] 赵延喜，徐卫亚. 基于 AHP 和模糊综合评判的 TBM 施工风险评估 [J]. 岩土力学，2009，30 (3)：793-798.

[155] 杜彦良，杜立杰等. 全段面岩石隧道掘进机-系统原理与集成设计 [M]. 武汉：华中科技大学出版社，2011.

[156] 杜士斌. 敞开式 TBM 在 DHF 输水隧洞工程中的应用 [J]. 水利水电技术，2010 (1)：48-53.

[157] 许成发. 不良地质条件对 TBM 施工的影响及预防应对措施 [J]. 科技创新导报，2017 (28)：42-42.

[158] 苏枢，杜长青，程向民. 万家寨引黄工程 TBM 施工段的地质问题及施工对策 [J]. 水利水电技术，2001，32 (4)：15-17.

[159] 尚彦军，王思敬，薛继洪，等. 万家寨引黄工程泥灰岩段隧洞岩石掘进机 (TBM) 卡机事故工程地质分析和事故处理 [J]. 工程地质学报，2002，10 (3)：293-298.

[160] 马骋. DB 隧洞 TBM 脱困处理措施 [J]. 东北水利水电，2014，32 (11)：21-23.

[161] 张忠宝. 浅谈厄瓜多尔辛克雷水电站隧道掘进机施工 [J]. 中国高新技术企业，2013 (9)：114-115.

[162] 翟梁皓，吴景华. TBM 在吉林中部城市引松供水施工中的应用 [J]. 长春工程学院学报 (自然科学版)，2016，17 (1)：71-74.

[163] 彭会椿. 巴基斯坦 N-J 水电站引水隧洞 TBM 段支护参数的优化设计 [J]. 土工基础，2017，31 (6)：738-742.

[164] 郭毅. 引红济石工程 TBM 卡机原因分析及处理 [J]. 陕西水利，2013 (2)：62-63.

[165] WANNELL N，PALMER M，BARLA G，et al. Geotechnical risk management approach for TBM tunnelling in squeezing ground conditions [J]. Tunnelling & Underground Space Technology Incorporating Trenchless Technology Research，2016：201-210.

[166] 冷耀东，谢玉山. 台湾雪山隧道主隧道 TBM 工法 [C]//第六届海峡两岸隧道与地下工程学术与技术研讨会，2007.

[167] 郭卫新，杨继华，齐三红，等. 花岗岩地层双护盾 TBM 卡机原因分析及处理措施 [J]. 资源环境与工程，2017，31 (5)：610-613.

[168] 辛凤茂，于茂，解红. 富水蚀变岩隧洞 TBM 掘进支护措施与稳定性研究 [J]. 水利规划与设计，2019，193 (11)：145-147.

[169] 徐浩. 富水强蚀变岩洞段注浆模拟试验及应用研究 [J]. 水利与建筑工程学报，2018，16 (6)：126-131.

[170] 郎发来，路静. 甘肃引洮供水超长隧洞双护盾 TBM 卡机处理措施 [J]. 水利水电施工，2013 (1)：55-57.

[171] 蒋于波，赵伟，刘福生，等. 堵水注浆在引汉济渭工程岭南 TBM 施工段的应用研究 [J]. 水利

水电技术，2017，48（2）：67-73.

[172] 张利民. 引洮单护盾 TBM 掘进通过不良地质洞段施工技术 [J]. 甘肃农业，2012（17）：101-102.

[173] GHOLAMNEJAD J，TAYARANI N. Application of artificial neural networks to the prediction of tunnel boring machine penetration rate [J]. Mining Science and Technology，2010，20（5）：727-733.

[174] 梁晋平. 万家寨引黄工程南干线不良地质段 TBM 施工有关问题探讨 [J]. 山西水利科技，1999（2）：10-12.

[175] 张荣山. 全断面掘进机在天生桥二级水电站的应用 [J]. 水利建设与管理，2008（8）：16-20.

[176] 汪华东，沈洪波. 浅谈锦屏二级水电站 TBM 施工岩爆防治 [J]. 华东科技：学术版，2014（2）：426-426.

[177] 王佐荣. 引汉济渭工程秦岭隧洞岭南 TBM 施工段岩爆防治措施探讨 [J]. 陕西水利，2014（3）：91-92.

[178] 蔡昱，祝和意，杨小玉，等. 引汉济渭秦岭隧洞高磨蚀性硬岩 TBM 滚刀磨损试验研究 [J]. 隧道建设，2018，38（9）：1579-1584.

[179] 邓铭江，谭忠盛. 超特长隧洞集群 TBM 试掘进阶段存在的问题与施工技术发展方向 [J]. 现代隧道技术，2019，56（5）：1-12.

[180] 刘泉声，黄兴，刘建平，等. 深部复合地层围岩与 TBM 的相互作用及安全控制 [J]. 煤炭学报，2015，40（6）：1213-1224.

[181] 佘诗刚，林鹏. 中国岩石工程若干进展与挑战 [J]. 岩石力学与工程学报，2014，33（3）：433-457.

[182] 郭光旭，王恩选. 软弱围岩隧道智能机械化配套施工技术探讨与展望 [J]. 高速铁路技术，2020，11（3）：101-107.

[183] LIU Q，HUANG X，GONG Q，et al. Application and development of hard rock TBM and its prospect in China [J]. Tunnelling and Underground Space Technology，2016，57（8）：33-46.

[184] 钱七虎. 隧道工程建设地质预报及信息化技术的主要进展及发展方向 [J]. 隧道建设，2017，37（3）：251-263.